动物组织学与组织病理学彩色图谱

王选年　王新华　王天有　主编

中国农业出版社

北　京

编 者 名 单

主　编：王选年（河南农业大学）

　　　　王新华（河南科技学院）

　　　　王天有（河南科技学院）

副主编：高　佩（河南科技学院）

　　　　陈玲丽（河南科技学院）

　　　　泰　刚（山西省检验检测中心/山西省标准计量技术研究院）

　　　　张二芹（河南农业大学）

　　　　丰兰竹（新乡市农业农村局）

　　　　李慧珍（娄底职业技术学院）

　　　　李春艳（新乡市动物检疫站）

参　编（按姓氏笔画排序）：

　　　　王平利（河南农业大学）

　　　　王异民（河南科技学院）

　　　　王英华（河南省动物疫病预防控制中心）

　　　　王秋霞（河南科技学院）

　　　　石晓龙（北京同心缘宠物诊所有限公司）

　　　　中姗姗（河南科技学院）

　　　　朱妞平（河南农业大学）

　　　　朱昱波（河南科技学院）

　　　　孙琼飞（河南科技学院）

　　　　杨凡凡（沁阳市农业综合行政执法大队）

　　　　杨玉荣（河南农业大学）

　　　　徐之勇（河南科技学院）

　　　　徐加利（浙江农林大学）

　　　　银　梅（河南科技学院）

　　　　雷海波（玉门油田分公司）

　　　　魏小兵（河南科技学院）

审　稿：潘耀谦

　　动物组织病理学在动物疾病诊断、药物安全检验、食品安全检验和毒物学检验等工作中具有十分重要的意义。动物机体在各种有害因素作用下，机能、代谢、形态结构都会出现一系列变化。组织病理学检验是查明这些变化，判断有害因素的重要手段。然而，组织、细胞的病理变化千变万化，千奇百怪，因而需要检验人员熟练掌握正常组织学图像和病理组织学图像。为此我们将几代老师教学、科研和社会服务中积累的组织切片和病理切片整理、拍照，认真解读、归纳总结、编辑成册，以为在校本科生、研究生和相关人员提供一部学习参考书。

　　本书将正常的动物组织与组织病理变化结合编写，以方便对照辨别。这种编写方法是一种尝试，也是本书的一个亮点。

　　全书分为三篇。第一篇为组织学与病理变化。其中，组织学内容包括上皮组织、结缔组织、肌肉组织与神经组织等，组织病理学内容包括细胞的损伤、细胞和组织内的病理性产物、循环障碍、适应与修复、炎症、肿瘤。第二篇为器官、系统的组织学与病理变化。其中，组织学内容包括循环系统、免疫系统、呼吸系统、消化系统、泌尿生殖系统和神经系统的组织学，病理学内容包括循环系统、免疫系统、呼吸系统、消化系统、泌尿生殖系统和神经系统的病理变化。第三篇为疾病病理，收录了病毒性、细菌性与支原体性、真菌性、寄生虫性和营养代谢性等近四十种疾病的病理组织图片。

　　对每一种组织、系统的组织学内容和每一种病理变化或每一种疾病，进行简要文字介绍，对图片的病变要点进行扼要描述和标注提示。并力求文辞精练、准确，图片清晰，色彩逼真，图文并茂。

全书共收录彩色图片800余幅，绝大多数系作者提供，也收录了国内同行专家的部分图片（均注明提供者），在此对图片提供者表示诚挚谢意。

本图谱是本科兽医病理学教学和研究生应备的工具书，也可作为兽医病理检验工作者及相关人员的学习参考书。

本书由河南农业大学河南省高等学校"双一流"创建工程项目、国家重点研发计划（2023YFD1801200）、河南省重大科技专项项目（221100110600）、河南省重点研发专项项目（241111112900）资助出版。

感谢河南科技学院动物科技学院提供病理切片和拍摄设备、潘耀谦教授对书稿的审核。感谢中国农业出版社和黄向阳老师、刘伟老师大力支持，感谢郑州远光瑞业仪器有限公司提供组织切片的扫描服务。

学识所限，难免存在不足之处，敬请同行专家和广大读者不吝赐教。

王新华

2024.4

目录
CONTENTS

第二篇　器官、系统的组织学与病理变化

第三篇　疾 病 病 理

第一篇

组织学与病理变化

第一章

组　织　学

动物组织由形态结构、生理机能相同的细胞群和细胞基质构成。动物体的组织可分为上皮组织、结缔组织、肌肉组织和神经组织四大类。

第一节　上皮组织

上皮组织由密集的细胞和少量的细胞间质共同构成。上皮组织具有明显的极性，朝向体表或管腔的一面，称游离面；与游离面相对的一面连于基膜上，称基底面。根据上皮组织结构和机能的不同，可将其分为被覆上皮、腺上皮等。

一、被覆上皮

被覆上皮即通常所说的上皮组织。被覆于体表、各种管腔及囊的内表面，具有保护、分泌、吸收和排泄等功能（图1.1.1.1、图1.1.1.2）。

图1.1.1.1　单层扁平上皮（兔肠系膜铺片）

单层扁平上皮由一层扁平细胞构成，细胞呈多边形，边缘呈锯齿状或波浪状，相邻细胞互相嵌合在一起。细胞核椭圆形，位于细胞中央。上皮细胞（➡），镶嵌连接（➡）。镀银染色×400

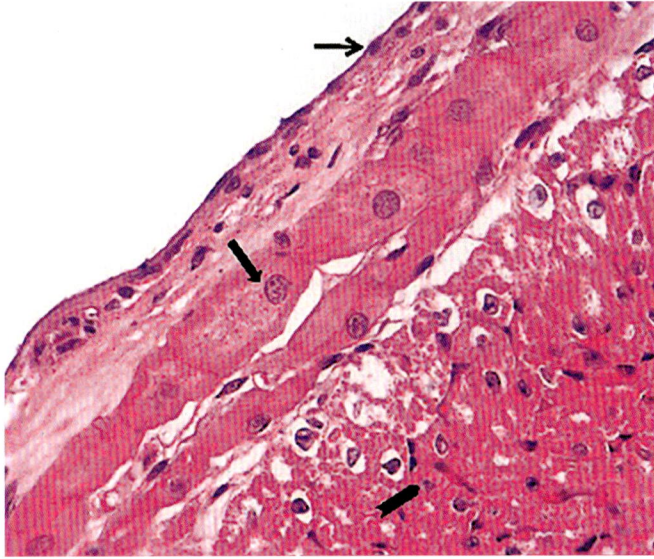

图 1.1.1.2　单层扁平上皮（猪心）

从垂直切面观察，上皮细胞呈长梭形，胞质很少。衬贴在心、血管和淋巴管腔面的称内皮；分布在胸、腹腔和心包膜表面的称间皮。内皮（→），蒲肯野纤维（➡），心肌细胞（▬）。HE×400

变移上皮是被覆上皮的一种，多分布于泌尿系统。其细胞形态会随器官内液体压力的变化而改变（图1.1.1.3）。

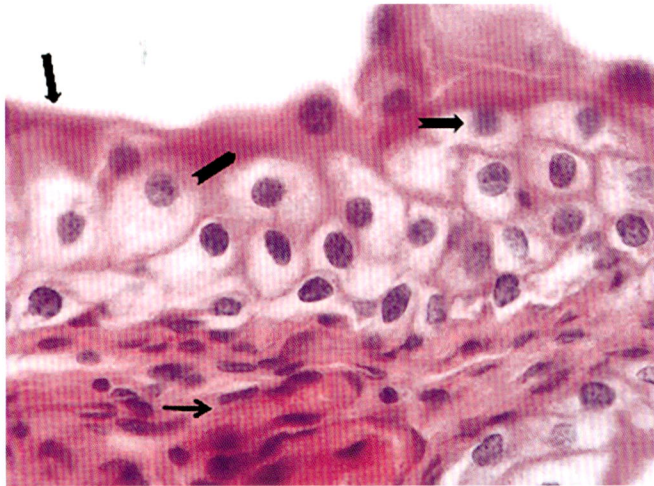

图 1.1.1.3　变移上皮（兔膀胱）

在膀胱扩张状态下，上皮变薄，盖细胞呈扁平状，中间层细胞呈多角形，基底层细胞变为不规则的扁平状。固有膜（→），变移上皮（➡），壳层（▬），盖细胞（➡）。HE×400

二、腺上皮

以分泌机能为主的上皮，称腺上皮；以腺上皮为主构成的器官，称腺（图1.1.1.4、图1.1.1.5、图1.1.1.6）。

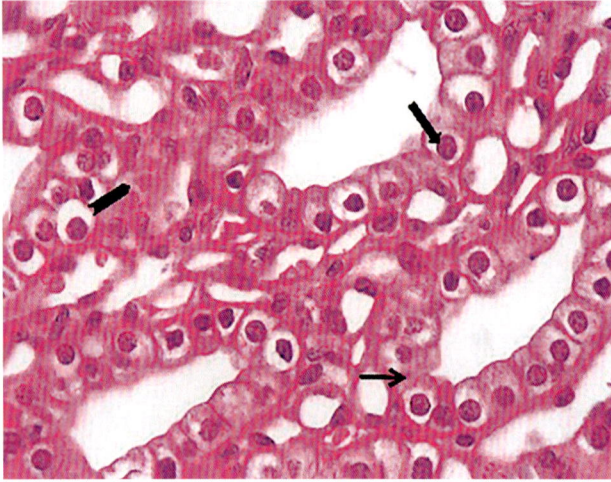

图1.1.1.4 单层立方上皮（兔肾脏）

肾髓质内含有大量由单层立方上皮构成的集合管。上皮细胞近似立方形，紧密排列成一层。细胞个体较大，细胞核呈球形，位于细胞的中央。集合管（→），立方上皮（➡），毛细血管（➡）。HE×400

图1.1.1.5 单层柱状上皮（猪空肠）

单层柱状上皮由一层棱柱状细胞构成。细胞核长椭圆形，位于细胞近基底部，在柱状细胞间夹杂有杯状细胞。柱状细胞（→），纹状缘（➡）。HE染色×400

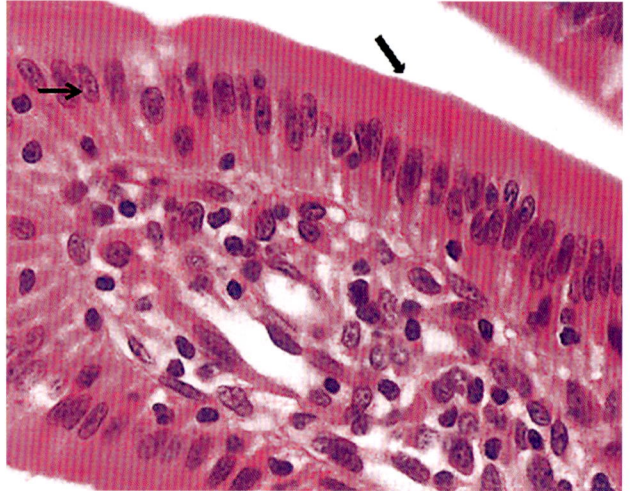

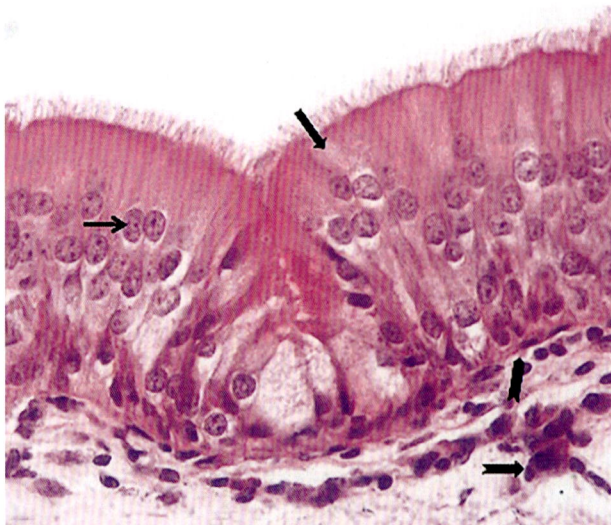

图1.1.1.6 假复层柱状纤毛上皮（羊气管）

假复层柱状纤毛上皮由柱状纤毛细胞、杯状细胞、基底细胞构成，在某些动物尚有神经上皮小体。柱状纤毛细胞（→），杯状细胞（➡），固有膜（➡），神经上皮小体（➡）。HE×400

第二节　结缔组织

结缔组织由细胞和大量细胞间质构成。结缔组织的细胞数量较少，但种类较多，功能各异。细胞间质很多，包括基质和纤维。基质可呈液态、胶状或固态。纤维呈细丝状，可分为胶原纤维、弹性纤维和网状纤维三种。一般所称的结缔组织是指固有结缔组织，固有结缔组织分为疏松结缔组织、致密结缔组织、脂肪组织和网状组织四种。

一、疏松结缔组织

疏松结缔组织又称蜂窝组织，其特点是细胞种类多，纤维数量少，排列稀疏（图1.1.2.1）。疏松结缔组织广泛分布于器官和组织之间，具有连接、支持、防御和修复功能。

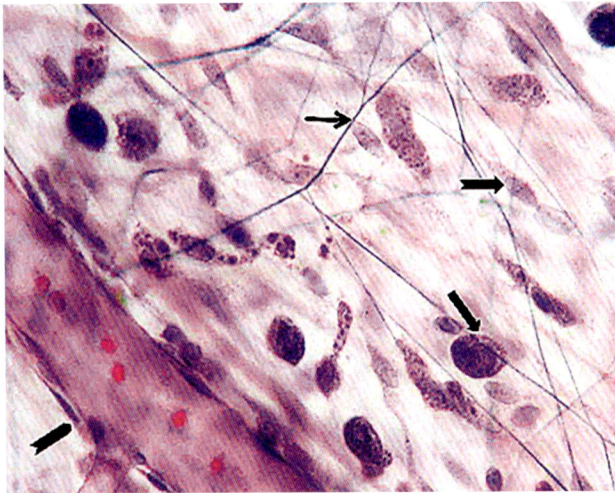

图1.1.2.1　疏松结缔组织（兔肠系膜铺片）

巨噬细胞个体较大，形态不规则，呈圆形、椭圆形或不规则形。给动物注射台盼蓝，在胞质内可出现许多吞噬颗粒而易于识别。弹性纤维（➡），组织细胞（➡），毛细血管（➡），成纤维细胞（➡）。Mallory 氏染色×1 000

二、致密结缔组织

致密结缔组织以纤维为主要成分，纤维粗大，排列致密。细胞主要为成纤维细胞，其形态多样，集中排列在纤维束之间。致密结缔组织以支持和连接为主要功能。根据纤维的性质和排列方式，可分为规则致密结缔组织、不规则致密结缔组织、弹性组织。

1.规则致密结缔组织　主要构成肌腱和腱膜。粗大的胶原纤维束沿受力方向密集平行排列，纤维束之间有成行排列的腱细胞。腱细胞伸出薄翼状突起包绕纤维束，长椭圆形的细胞核位于细胞的中央。

2.不规则致密结缔组织　不规则致密结缔组织主要构成真皮、肌腹、腱膜、骨外膜等（图1.1.2.2）。粗大的胶原纤维彼此交织成致密的板层结构，纤维之间仅有少量的基质和成纤维细胞。

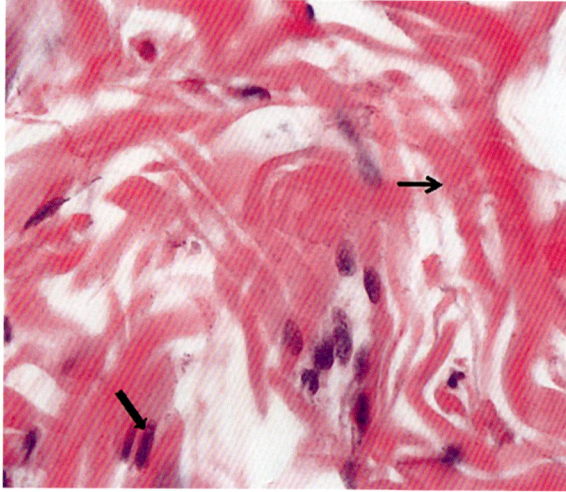

图1.1.2.2　不规则致密结缔组织（羊皮肤）

不规则致密结缔组织中粗大的胶原纤维纵横交织，形成致密的板状结构。胶原纤维之间含有少量基质和成纤维细胞。胶原纤维（➡），成纤维细胞（➡）。HE×400

三、网状组织

网状组织由网状细胞、网状纤维和基质构成。主要分布于造血器官和淋巴组织（图1.1.2.3）。网状细胞呈星形、多突起，细胞核大、着色淡。相邻的网状细胞以突起彼此连接成网。网状纤维由网状细胞产生，且多分支，沿网状细胞突起分布。

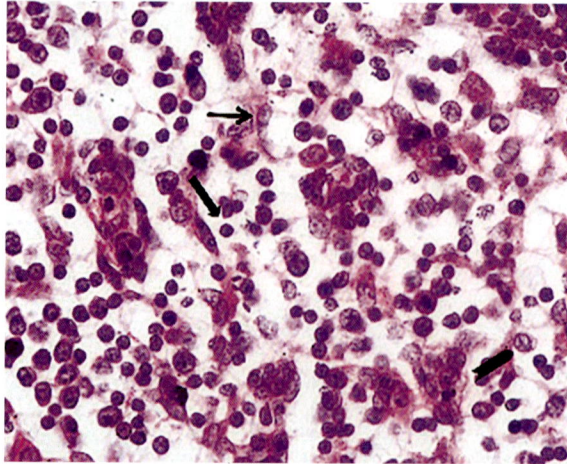

图1.1.2.3　网状组织（羊淋巴结）

网状组织主要分布于造血器官和淋巴组织，构成支架，为实质细胞提供适宜的微环境。网状细胞（➡），淋巴细胞（➡），浆细胞（➡）。HE×400

四、脂肪组织

脂肪组织由大量的脂肪细胞聚集而成。在成堆的脂肪细胞之间有少量的疏松结缔组织，将其分隔成许多脂肪小叶（图1.1.2.4）。脂肪组织主要分布在皮下、网膜、系膜和肾脂肪囊等处。具有填充、贮存脂肪、保持体温、缓冲、支持、参与能量代谢的作用。

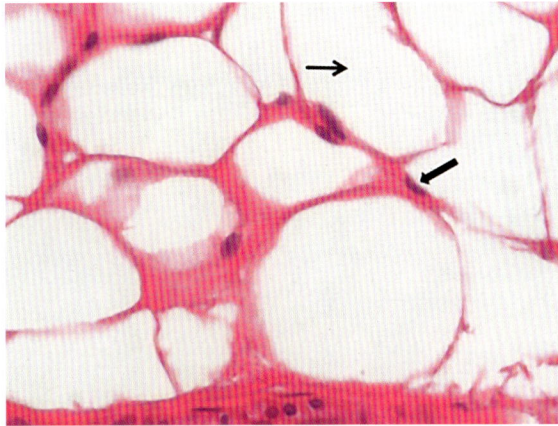

图1.1.2.4　脂肪组织（猪结肠）

白色脂肪由大量群集的脂肪细胞构成，每个脂肪细胞含有一个大的脂滴，小而扁平的细胞核被挤向一侧。疏松结缔组织将其分隔成许多脂肪小叶。脂肪细胞（→），成纤维细胞（➡）。HE×100

五、软骨组织

软骨组织由软骨细胞和细胞间质所组成。间质包括纤维和凝胶状基质。

软骨细胞位于软骨基质形成的软骨陷窝内。幼稚软骨细胞个体较小，常单个分布，多位于软骨的周边部分。软骨细胞随着成熟度的增加，胞体逐渐增大，变成圆形或椭圆形，并依次分裂成2～8个细胞，它们聚集在一个软骨陷窝内，称为同源细胞群。

软骨基质由软骨细胞分泌而来，由纤维和基质组成。基质呈凝胶状，嗜弱碱性。纤维埋于基质中，使软骨具有韧性和弹性。软骨可分为透明软骨和弹性软骨。软骨内无血管。

1.透明软骨　透明软骨由中央的软骨组织和表面的软骨膜所组成（图1.1.2.5）。软骨组织由软骨细胞、基质和胶原纤维构成。

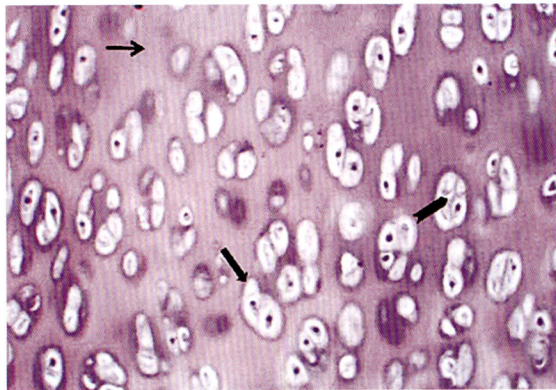

图1.1.2.5　透明软骨（兔气管）

透明软骨分布于各关节面，并构成鼻、喉、气管、支气管的支架和肋软骨。软骨间质（→），软骨囊（➡），同源软骨细胞群（▬）。HE×100

7

2.弹性软骨 结构特征与透明软骨相似（图1.1.2.6）。主要区别是间质内的纤维不是胶原纤维，而是大量交织成网的弹性纤维，使软骨具有较大的弹性。弹性软骨主要分布在耳郭和会厌等处。

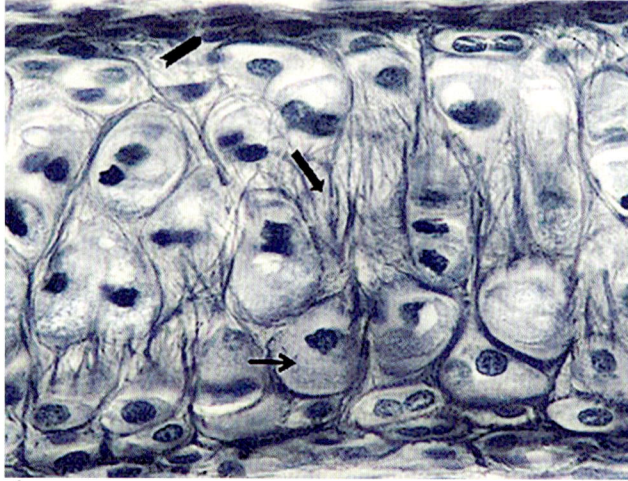

图1.1.2.6 弹性软骨（兔耳）

弹性软骨由软骨细胞和软骨基质构成。基质内含有大量交织成网的弹性纤维，使软骨具有较大的弹性。中央的软骨细胞个体大，呈不规则圆形。周围的呈长椭圆形。软骨细胞（ → ），弹性纤维（ ➡ ），软骨膜（ ➤ ）。Gomor氏醛品红染色 ×400

六、骨组织

骨由骨组织、骨膜及骨髓腔构成。骨组织由大量钙化的细胞间质和细胞组成（图1.1.2.7、图1.1.2.8）。

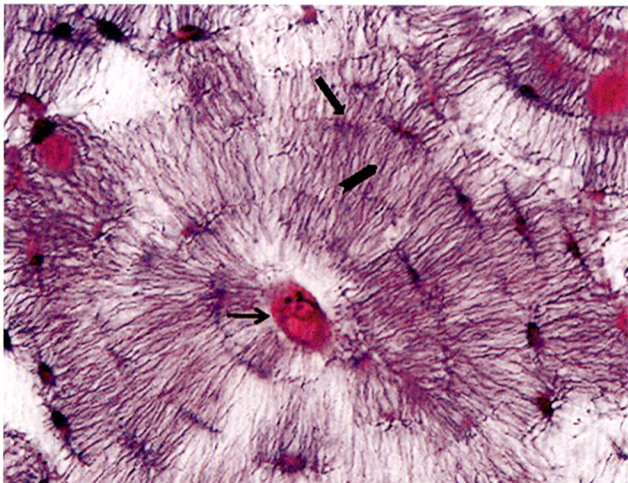

图1.1.2.7 长骨（磨片）

骨单位位于内、外环骨板之间，由数层骨板环绕中央管排列成长筒状，与骨的长轴平行。骨细胞单个位于骨陷窝内，细胞突起位于骨小管内。中央管（ → ），骨细胞（ ➡ ），骨小管（ ➤ ）。亚甲蓝-酸性品红染色 ×100

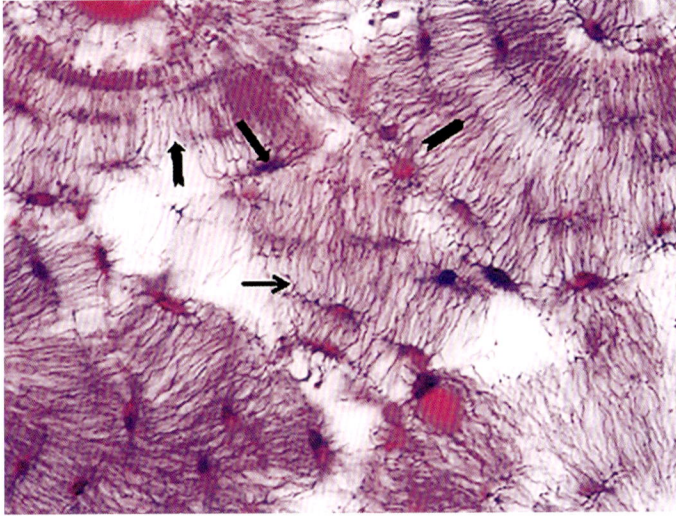

图1.1.2.8　长骨（横断面磨片）

间骨板填充在骨单位之间，是骨单位吸收改建过程中残留下的不规则的骨板结构。间骨板（➡），骨细胞（➡），骨小管（➡），骨单位（➡）。亚甲蓝-酸性品红染色 ×100

细胞间质又称骨质，由有机成分和无机成分构成。有机成分主要为胶原纤维和基质，使骨具有极强的韧性。无机成分主要为钙盐，占密质骨重量的75%。钙盐借骨黏蛋白黏合在平行排列的胶原纤维上形成板层结构，称为骨板。

细胞分骨原细胞、成骨细胞、骨细胞和破骨细胞。骨原细胞为造骨干细胞，位于骨膜内，个体小，呈梭形。成骨细胞分布在骨组织表面，呈立方形，通常排列成单层。骨细胞为多突起细胞，单独分布在骨陷窝内。破骨细胞数量少，散在分布于骨组织边缘，是一种多核巨细胞（图1.1.2.9、图1.1.2.10、图1.1.2.11）。

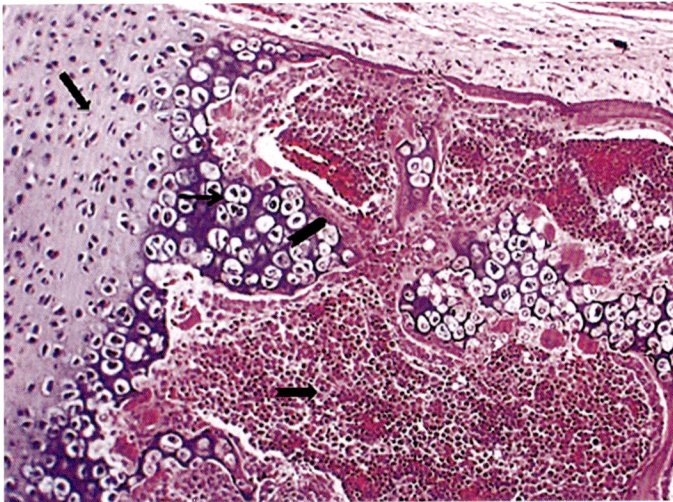

图1.1.2.9　鸡胚切片

软骨内成骨最早发生在软骨雏形中段。骨领形成时，被骨领包围的软骨开始退化。软骨细胞（➡），软骨膜（➡），骨领（➡），骨髓（➡）。HE染色 ×100

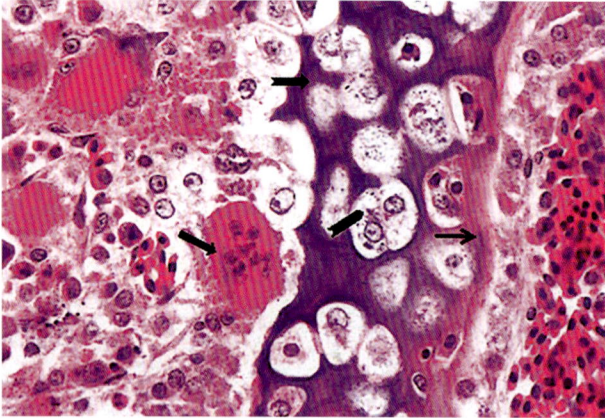

图1.1.2.10　鸡胚切片

软骨内成软骨细胞退化、死亡。骨外膜的血管、骨原细胞、破骨细胞穿越骨领进入形成初级骨化中心。成骨细胞（→），破骨细胞（➡），软骨细胞（➡），软骨基质（➡）。HE染色×400

图1.1.2.11　鸡胚切片

膜内成骨部位的间充质先分化为原始的结缔组织膜，膜内血管增生。间充质细胞分化为骨祖细胞，进而分化为成骨细胞，在此生成骨组织。类骨质（→），增生的血管（➡），破骨细胞（➡），成骨细胞（➡）。HE染色×400

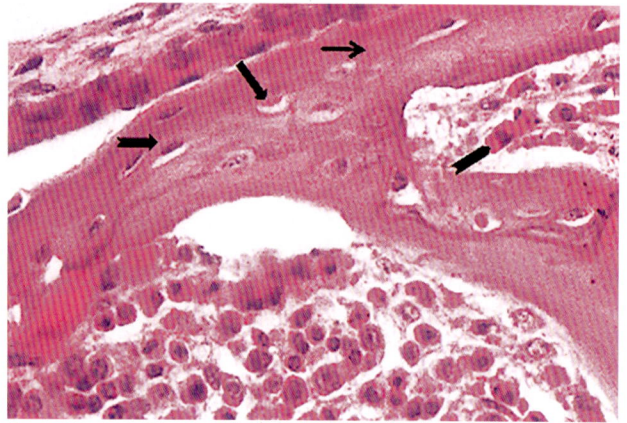

七、骨髓

　　红骨髓是动物造血组织。它包括血管外造血组织和血管窦两部分。造血组织内富含血细胞和起支架作用的结缔组织细胞。骨髓内的多潜能干细胞可分化为多种单潜能干细胞，每一单潜能干细胞进一步分化为红细胞、有粒白细胞、无粒白细胞或巨核细胞（图1.1.2.12）。在细胞分化过程中，形态不清晰的干细胞分化成特定的成熟血细胞，这些特定的细胞共同构成一个细胞系。骨髓标本中所见的皆属于红细胞系和有粒白细胞系。

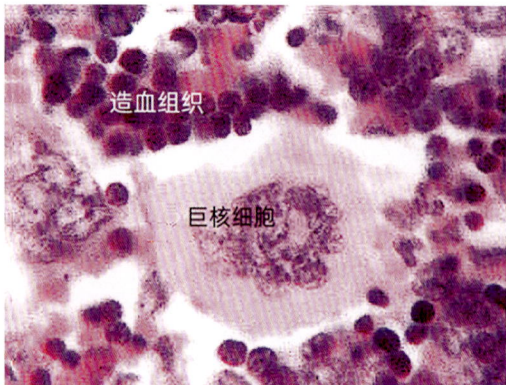

造血组织

巨核细胞

图1.1.2.12　红骨髓（羊）

巨核细胞呈不规则形，核分叶。由原巨核细胞、幼巨核细胞等发育分化而来。滑面内质网将胞质分隔成许多小区，每个小区脱落进入血液成为血小板。HE×400

前红细胞（原始红细胞、原成红细胞）经一系列分化后形成嗜碱性幼红细胞（早幼红细胞），再分化为多染性中幼红细胞，再进一步分化为晚幼红细胞，最终细胞核排出，变成无核的网织红细胞，再分化为成熟红细胞。

原始粒细胞进一步分化为早幼粒细胞、中幼粒细胞后，再进行分化。根据细胞质内所含颗粒成分不同，分化成中性粒细胞、嗜酸性粒细胞和嗜碱性粒细胞。

第三节　肌　肉　组　织

肌肉组织由细长的肌细胞构成。肌细胞又称肌纤维。肌纤维之间有少量的疏松结缔组织、血管、淋巴管和神经纤维等。肌细胞由细胞膜、细胞质和细胞核三部分构成。细胞膜称肌膜，细胞质称肌浆。肌浆内含有许多与肌纤维长轴平行排列的肌丝，它们是肌纤维收缩的物质基础。

根据肌纤维的形态结构和功能特点，可将肌肉组织分为骨骼肌、心肌和平滑肌三种。骨骼肌和心肌都具有横纹，属横纹肌。骨骼肌受躯体神经支配，为随意肌；心肌和平滑肌受自主神经支配，为不随意肌。

一、骨骼肌

骨骼肌借肌腱附着于骨骼上，致密结缔组织包裹在整块肌肉外面形成肌外膜。肌外膜的结缔组织伸入肌肉内形成肌束膜，包裹肌束，分布在肌纤维之间的结缔组织称肌内膜。在肌浆中含有大量沿肌纤维长轴平行排列的肌原纤维。每条肌原纤维上都有明暗相间的带，称为明带和暗带。暗带中央有一条浅色的H带（图1.1.3.1）。

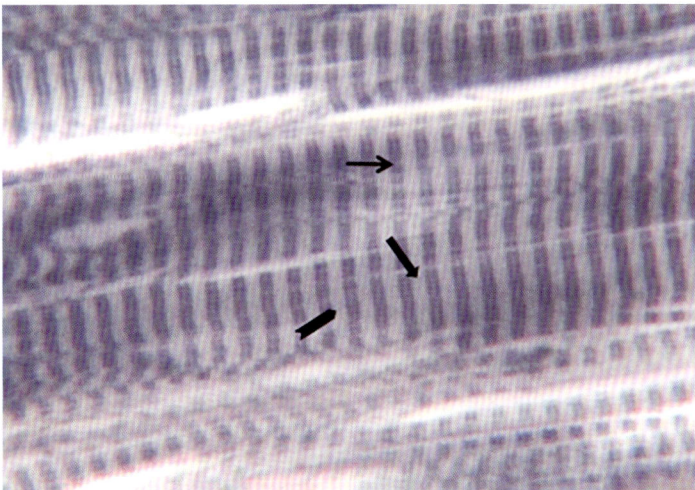

图1.1.3.1　骨骼肌（猪）

在肌浆中含有大量沿肌纤维长轴平行排列的肌原纤维。每条肌原纤维上都有明暗相间的带，称为明带和暗带。暗带中央有一条浅色的H带。暗（A）带（➡），明（I）带（➡），H带（➡）。IH×1 000

二、心肌

心肌分布于心脏和临近心脏的大血管上。心肌纤维有自动节律性。心肌纤维呈不规则的短柱状，有分支，分支互相连接成网。连接处染色较深，称闰盘。心肌纤维一般有一个细胞核，少数心肌纤维可有双核（图1.1.3.2、图1.1.3.3）。

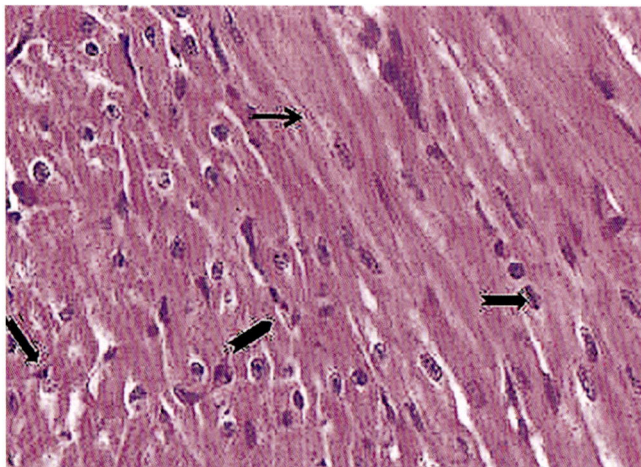

图1.1.3.2　心肌（猪）

心肌分布于心脏和临近心脏的大血管上。在同一心脏切片上可以看到心肌纤维纵不同切面。心肌纤维（纵切）（➡），心肌纤维（横切）（➡），心肌纤维（斜切）（➡），细胞核（➡）。HE×100

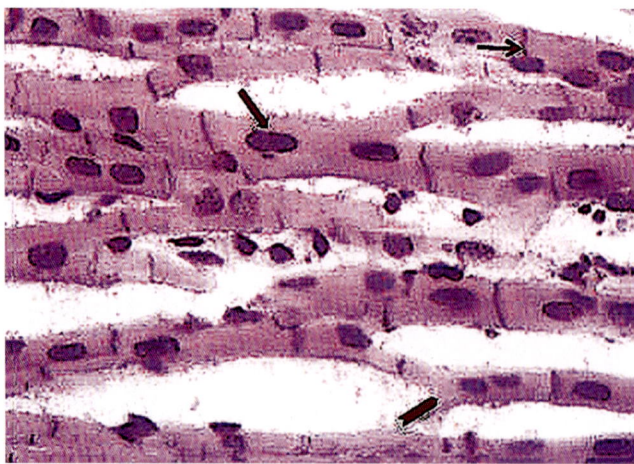

图1.1.3.3　心肌（兔）

心肌纤维呈不规则的短柱状，有分支，分支互相连接成网。连接处染色较深，称闰盘。心肌纤维一般有一个细胞核，少数心肌纤维可有双核。闰盘（➡），细胞核（➡），心肌纤维分支（➡）。IH×400

三、平滑肌

平滑肌广泛分布于消化管、呼吸道、血管等中空性器官的管壁内。平滑肌纤维呈长梭形，细胞核呈杆状或长椭圆形，位于细胞的中央，细胞质呈嗜酸性，无横纹（图1.1.3.4）。

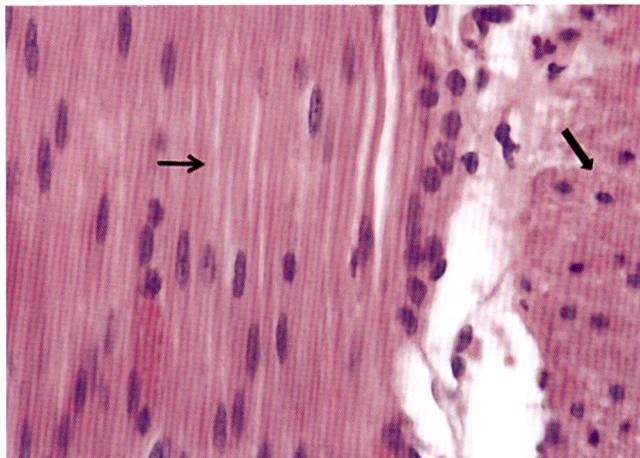

图 1.1.3.4　平滑肌（猪空肠）

平滑肌纤维呈长梭形，细胞核呈杆状或长椭圆形，位于细胞的中央。细胞质呈嗜酸性，无横纹。平滑肌纤维（纵切）（→），平滑肌纤维（横切）（➡）。HE×400

第四节　神经组织

神经组织由神经细胞和神经胶质细胞组成。神经细胞又称神经元，是神经组织的主要成分。神经元是高度分化的细胞，具有接受刺激、整合信息和传导冲动的能力，有的神经细胞还具有内分泌功能。神经组织通过神经元之间的联系，将接收的信息加以分析或贮存，并可将信息传递给骨骼肌、内脏平滑肌和腺体等，以产生效应。神经胶质细胞对神经细胞具有支持、营养、绝缘和保护的作用。

一、神经细胞

神经细胞由胞体和胞突两部分构成。胞突分为树突和轴突两种（图1.1.4.1、图1.1.4.2、图1.1.4.3、图1.1.4.4）。根据神经元突起的数目分为假单极神经元、双极神经元和多极神经元三种。

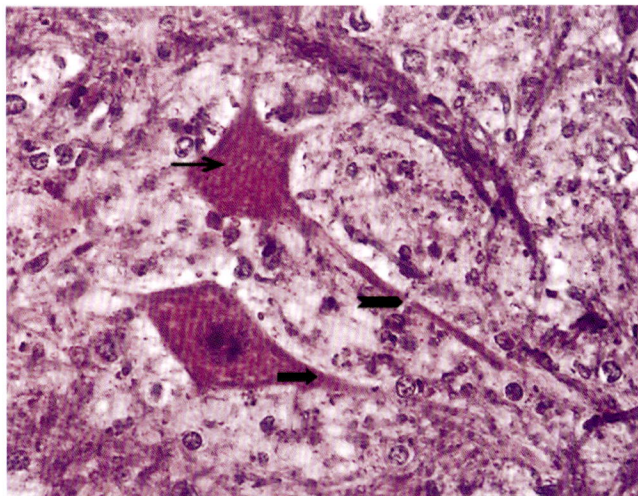

图 1.1.4.1　神经细胞（猪脊髓）

多极神经元的胞体一般位于中枢系统的灰质和外周神经系统的神经节内。有多个树突和一个轴突。轴突外包裹神经膜细胞构成神经纤维。胞体（→），树突（➡），轴突（➡）。HE×400

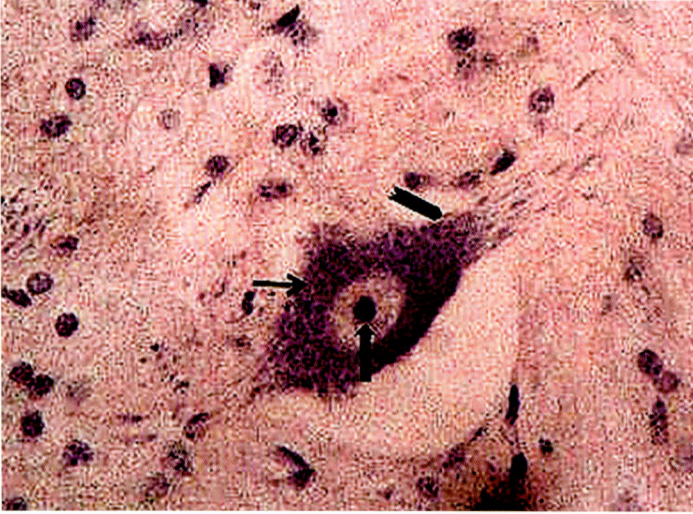

图1.1.4.2　神经细胞（猪脊髓）

　　神经元胞体由细胞膜、细胞质和细胞核组成。硫堇染色时细胞质内显示有大量蓝紫色颗粒状的尼氏小体。细胞核内含有大而深染的核仁。尼氏小体（→），细胞核（➡），树突（➤）。硫堇染色 ×400

图1.1.4.3　蒲肯野氏细胞（兔小脑）

　　蒲肯野氏细胞体内含有大量棕黑色细丝状纤维，称为神经原纤维。神经原纤维分布于胞体和树突、轴突内。蒲肯野氏细胞（→），树突（➡）。硝酸银染色 ×200

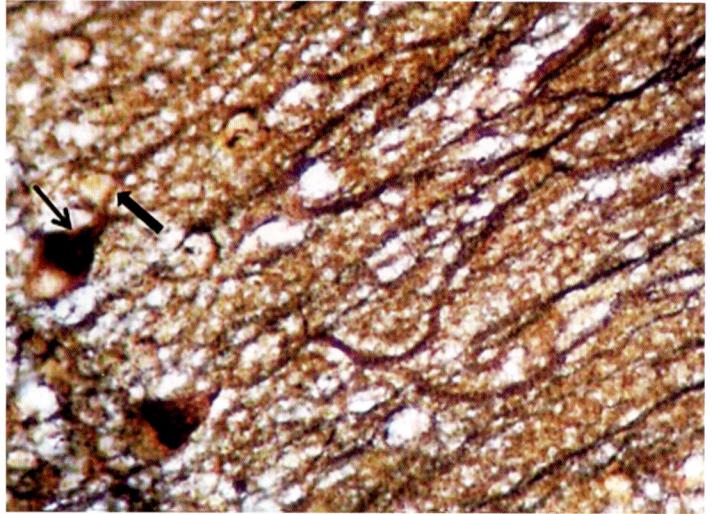

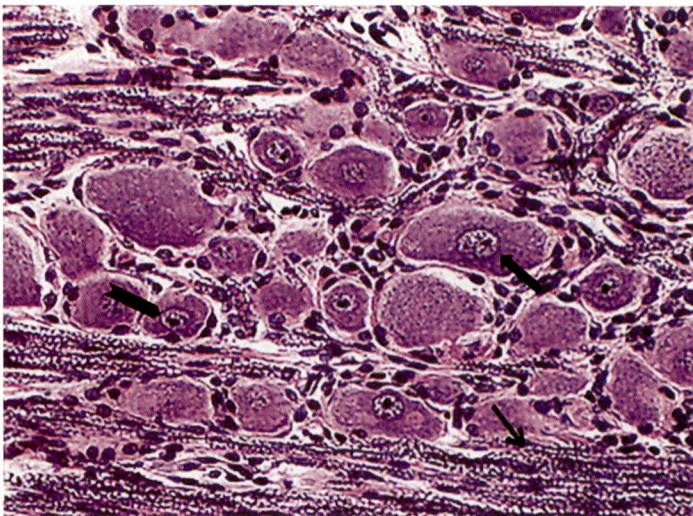

图1.1.4.4　神经细胞（兔脊神经节）

　　脊神经节内的神经元为假单极神经元，胞体呈卵圆形或不规则形，细胞质丰富，细胞核大，位于胞体中央，核仁大而清晰。神经纤维（→），胞体（➡），细胞核（➤）。HE×200

二、中枢神经系统的胶质细胞

中枢神经系统的胶质细胞有室管膜细胞、星形胶质细胞、少突胶质细胞和小胶质细胞四种（图1.1.4.5、图1.1.4.6、图1.1.4.7、图1.1.4.8）。

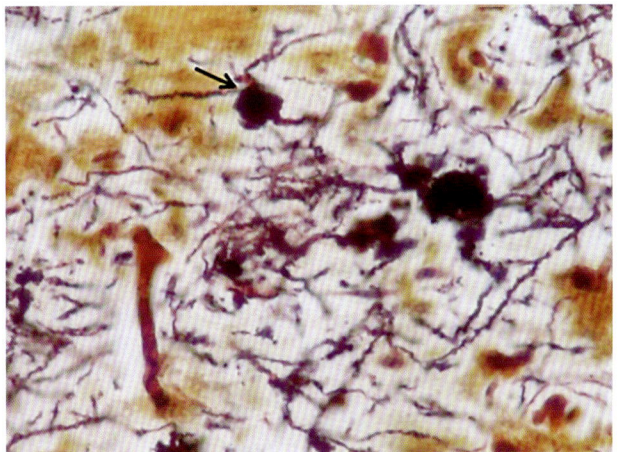

图1.1.4.5　原浆星形胶质细胞（兔小脑）

原浆星形胶质细胞个体较大，数量较多，胞突多而粗短，分布于脑和脊髓灰质内。通过其足板包围毛细血管，与内皮细胞构成血-脑屏障。毛细血管（→），原浆星形胶质细胞。（➡）。镀银染色×400

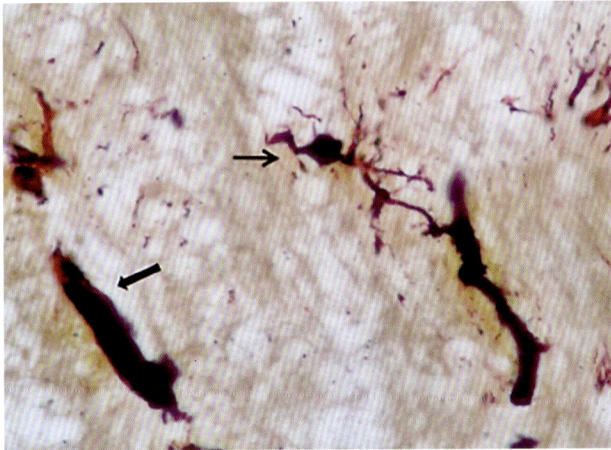

图1.1.4.6　纤维星形胶质细胞（兔小脑）

纤维星形胶质细胞分布于脑和脊髓白质内。胞突细长，分支少。通过足板包围毛细血管，与内皮细胞共同参与构成血-脑屏障。纤维星形胶质细胞（➡），毛细血管（➡）。镀银染色×400

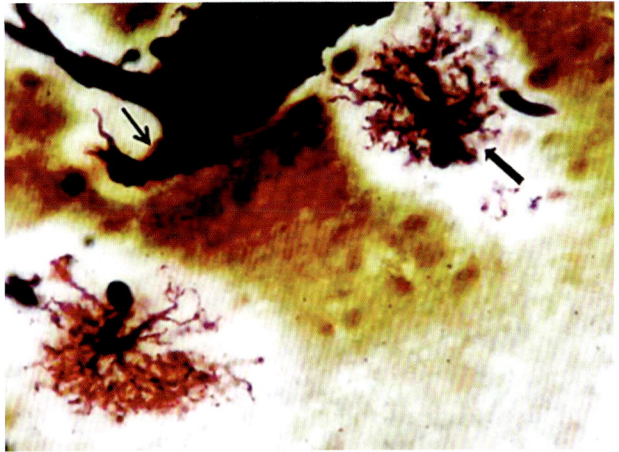

图1.1.4.7　少突胶质细胞（兔小脑）

少突胶质细胞分布于神经元胞体附近及轴突周围。它是中枢神经系统的髓鞘形成细胞。少突胶质细胞（➡）。镀银染色×40

15

图1.1.4.8　小胶质细胞（兔小脑）

　　小胶质细胞个体较小，数量较少，胞突较少。分布于中枢神经系统内。中枢神经损伤时，可转化为巨噬细胞，吞噬坏死的组织碎片。小胶质细胞（➙），毛细血管（➡）。镀银染色×400

三、外周神经系统的胶质细胞

　　外周神经系统的胶质细胞有卫星细胞（脊神经节内）和神经膜细胞两种（图1.1.4.9）。

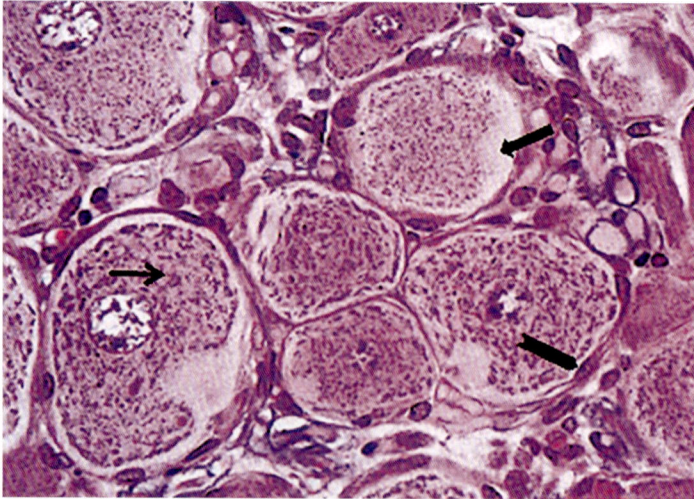

图1.1.4.9　卫星细胞（猪脊神经节）

　　卫星细胞是神经节内包裹神经元胞体的一层扁平细胞，卫星细胞外表面有基膜。胞体（➙），轴丘（➡），卫星细胞（➤）。HE×400

四、神经纤维和神经末梢

　　神经纤维和神经末梢见图1.1.4.10、图1.1.4.11、图1.1.4.12。

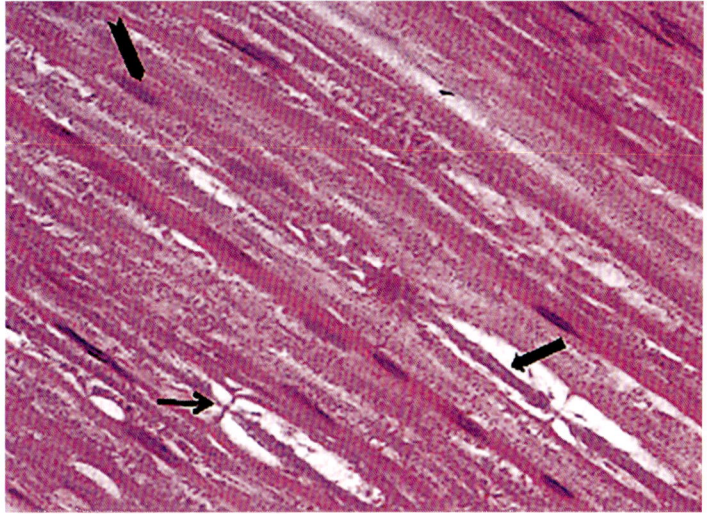

图1.1.4.10 无髓/有髓神经纤维
　　　　　（猪脊神经纵切）

　　无髓神经纤维细，轴突位于神经膜细胞的纵沟内；有髓神经纤维较粗，轴突外有神经膜细胞形成的髓鞘。郎飞结（→），轴索（➡），神经膜细胞（➡）。HE×400

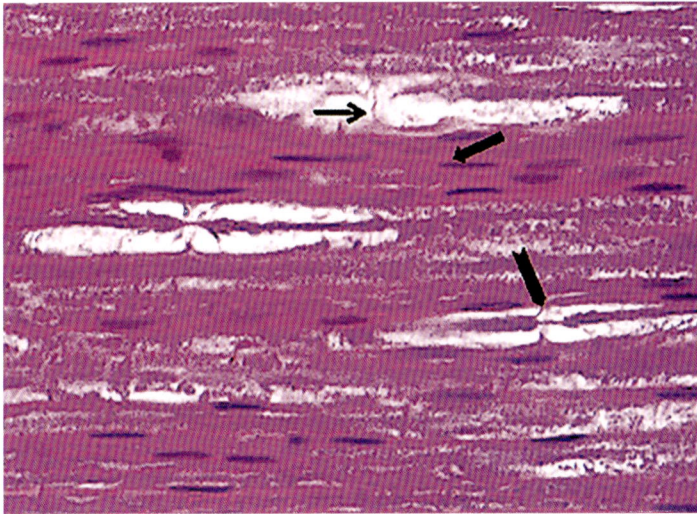

图1.1.4.11 神经纤维（猪脊神经
　　　　　纵切）

　　无髓神经纤维的神经膜细胞呈不规则的长柱状，表面有数量不等的纵沟，纵沟内有较细轴突；有髓神经纤维的神经膜细胞呈长圆筒状，它们一个接一个地套在轴突外面。相邻神经膜细胞不完全连接处，称郎飞结。郎飞结（→），无髓神经纤维（➡），有髓神经纤维（➡）。HE×400

图1.1.4.12 运动终板（猫肋间肌
　　　　　装片）

　　运动终板是一种躯体运动神经末梢，附着于骨骼肌纤维上，将神经冲动传递给骨骼肌纤维，引起肌肉收缩。运动终板（→），运动神经（➡），骨骼肌纤维（➡）。氯化金染色×400

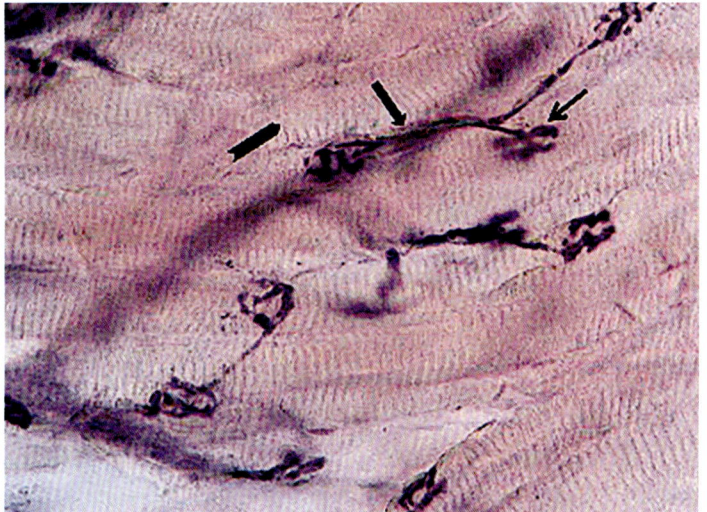

第二章

细胞与组织的病理变化

在疾病过程中，由于致病因素的作用致使细胞和组织的物质代谢障碍，因而细胞和组织在形态、结构上常出现各种损伤性与抗损伤性病理变化。例如，细胞的损伤，细胞与组织内出现异常物质，由于血液循环障碍而导致的充血、出血、血栓形成和栓塞，炎症，肿瘤，以及为了抗御疾病而发生的适应与修复性反应等。

第一节　细胞的损伤

细胞的损伤是指在疾病过程中由于物质代谢障碍，导致细胞形态、结构发生改变，因而在显微镜下可观察到一些不同的病理变化，如细胞变性和坏死等。

一、细胞变性

常见的细胞变性有颗粒变性、水泡变性、脂肪变性、淀粉样变和透明变性等。因这些变性常发生在实质器官，又称实质变性。

1. 颗粒变性　又称浑浊肿胀，简称浊肿，是一种最常见的轻微的可复性细胞变性。其发生是由于在缺氧、中毒、发热、急性感染等过程中，细胞内氧化酶系统受损，三羧酸循环中氧化磷酸化过程障碍，ATP 生成减少，钠泵缺乏能量，转运功能减弱，致使钠离子在线粒体内蓄积，线粒体内水分增多而膨大，从而在光学显微镜下可以看到大量微细的颗粒状物。将颗粒变性的组织切片置于高倍光学显微镜下，可见细胞体积增大，细胞内出现大量微小红染颗粒状物。常见的有肝脏细胞颗粒变性、肾脏颗粒变性、心肌颗粒变性等（图 1.2.1.1、图 1.2.1.2、图 1.2.1.3、图 1.2.1.4、图 1.2.1.5、图 1.2.1.6、图 1.2.1.7）。

若病因消除，变性的细胞仍然可以恢复正常形态。

2. 水泡变性　是在变性的细胞内出现大小不等的水泡（图 1.2.1.8、图 1.2.1.9、图 1.2.1.10、图 1.2.1.11）。其发生原因和机制与颗粒变性相同，并且与颗粒变性先后或同时发生，水泡变性是颗粒变性的进一步发展。多发生在烧伤、冻伤、病毒感染（如痘病毒、疱疹病毒）等。

3. 脂肪变性　是在变性的细胞内出现大小不等的脂肪滴的一种细胞变性。脂肪变性常和颗粒变性同时或先后发生，多出现在肝脏、肾脏和心肌。将脂肪变性的组织切片，置于显微镜下，看到的只是空泡，脂肪在制片时被二甲苯溶解掉了（图 1.2.1.12、图 1.2.1.13、

图1.2.1.14、图1.2.1.15、图1.2.1.16）。脂肪变性的发生原因与颗粒变性基本相同。当难与水泡变性区分时，可以进行脂肪染色以便区别，常用的脂肪染色法有锇酸和苏丹Ⅲ染色法。

4.**淀粉样变** 是指淀粉样物质在某些器官的网状纤维、血管壁或组织间沉着的病理变化。淀粉样物质与淀粉无关，它是一种糖蛋白，病变组织遇碘变红褐色，具有淀粉的显色反应，故称淀粉样变。淀粉样变多发生于伴有长期组织破坏的慢性消耗性疾病和慢性抗原刺激的病理过程中，如慢性化脓性炎症、结核、鼻疽以及制造免疫血清的动物。淀粉样变的发生机理还不完全清楚，总的说来与全身免疫反应有关。常见的淀粉样变有以下几种：肝淀粉样变、肾淀粉样变、脾淀粉样变等（图1.2.1.17、图1.2.1.18、图1.2.1.19、图1.2.1.20、图1.2.1.21、图1.2.1.22）。

5.**透明变性** 又称玻璃样变，是指在间质内或细胞中出现一种均质无结构的蛋白样物质（称为透明蛋白），可被伊红和酸性复红染成鲜红色。透明变性按发生部位和机理分为三种类型。

（1）血管壁透明变性 血管壁透明变性常发生于心、脾、肾及其他器官的小动脉。在致病因素作用下动脉中膜平滑肌细胞变性、坏死，原纤维固有结构消失变成致密无结构的透明蛋白。

（2）纤维组织透明变性 常见于慢性炎症、瘢痕组织和增厚的器官被膜，它是由于胶原纤维之间有胶状蛋白沉积，使胶原纤维互相黏着，最后融合成均质无结构的透明物质。

（3）透明滴状变 慢性肾小球肾炎时，肾小管上皮细胞内可见透明滴状物，鲜红色圆球状（图1.2.1.23、图1.2.1.24、图1.2.1.25、图1.2.1.26、图1.2.1.27）。

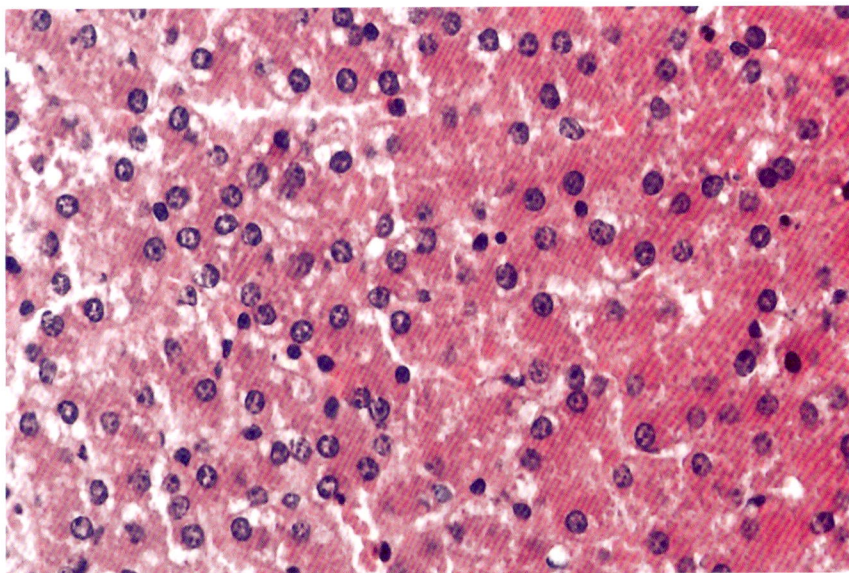

图1.2.1.1 肝细胞颗粒变性

肝细胞肿大，细胞界限明显，胞质中充满颗粒状物，部分肝细胞坏死，核浓缩。HE×400

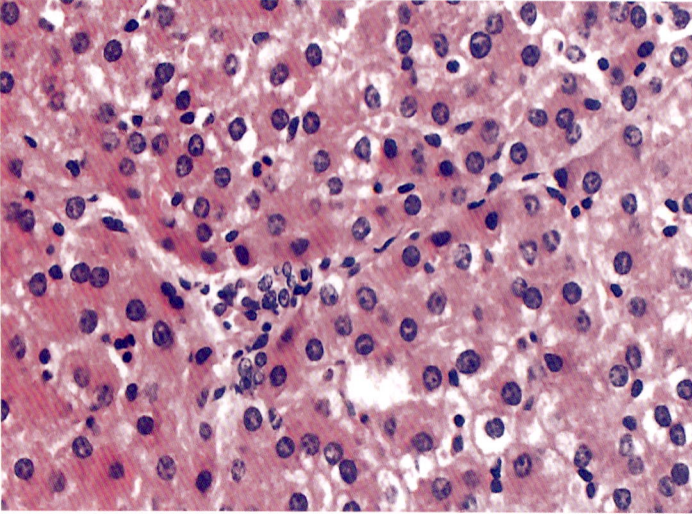

图1.2.1.2　肝细胞颗粒变性兼有水泡变性

肝细胞肿大，细胞内有颗粒状物，同时部分肝细胞中出现大小不等的水泡，细胞核被挤压到一侧或悬浮于细胞中央，少量肝细胞坏死。HE×400

图1.2.1.3　肝细胞颗粒变性-水泡变性

肝细胞颗粒变性-水泡变性，细胞内出现微细蛋白颗粒和空泡。HE×400

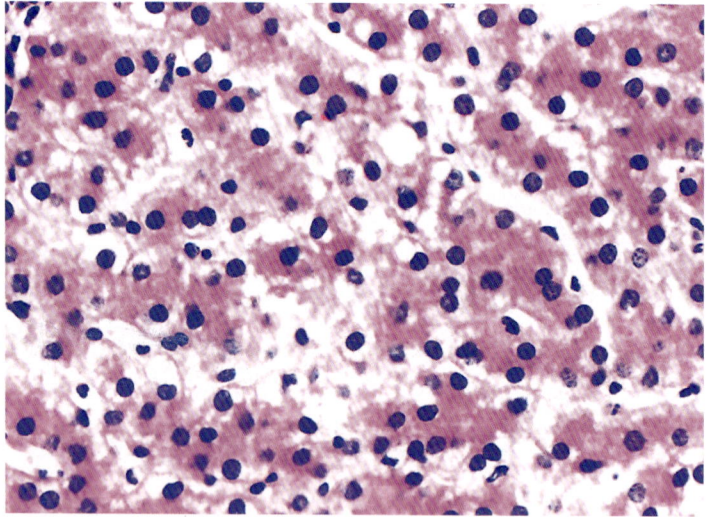

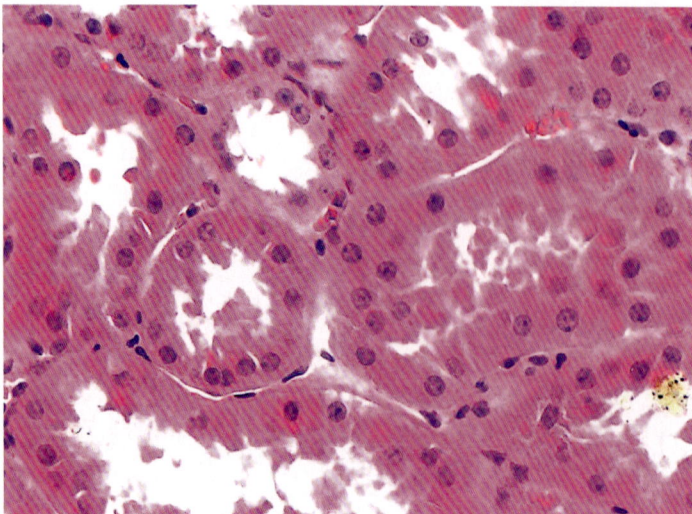

图1.2.1.4　肾小管上皮细胞颗粒变性

肾小管上皮细胞内充满粉红色颗粒状物，有些上皮细胞的破溃颗粒状物流失至管腔内，形成蛋白管型，有些细胞核丢失。HE×1 000

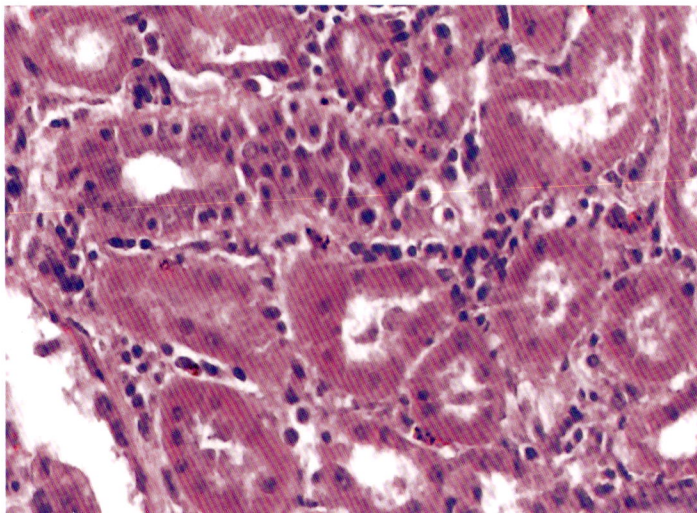

图 1.2.1.5　肾小管上皮细胞颗粒变性
　　肾小管上皮细胞内充满粉红色颗粒状物，致使管腔狭窄，不规则，有些上皮细胞的破溃颗粒状物流失至管腔内，细胞核大多溶解消失。HE×400

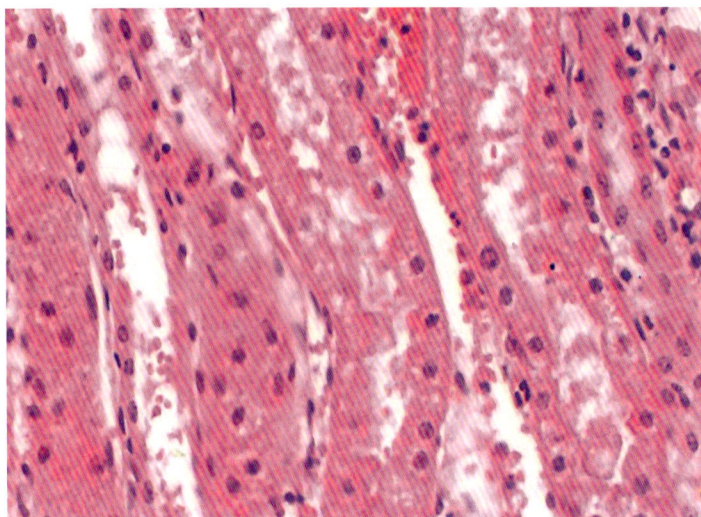

图 1.2.1.6　肾小管上皮细胞颗粒变性
　　肾小管上皮细胞内充满粉红色颗粒状物，有些上皮细胞的破溃颗粒状物流失至管腔内，有些细胞坏死，核溶解消失。HE×400

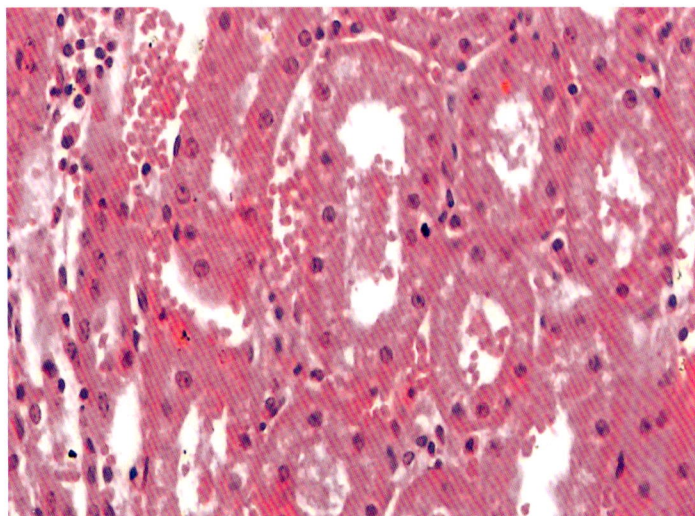

图 1.2.1.7　肾小管上皮细胞颗粒变性
　　肾小管细胞内有大量红染颗粒，部分上皮细胞的破溃颗粒状物流失至管腔内，部分细胞坏死，细胞核溶解消失，有些呈核浓缩。HE×400

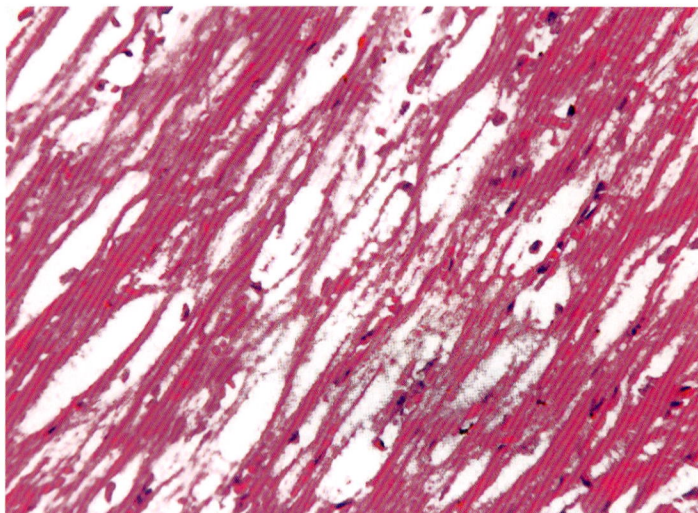

图1.2.1.8　心肌水泡变性（纵切面）

心肌纤维中出现大小不等的水泡，呈梭形排列，心肌被撕裂。HE×400

图1.2.1.9　肝细胞水泡变性

肝细胞肿大，细胞质淡染呈透明状，细胞界限分明，细胞核悬浮于细胞中央。HE×400

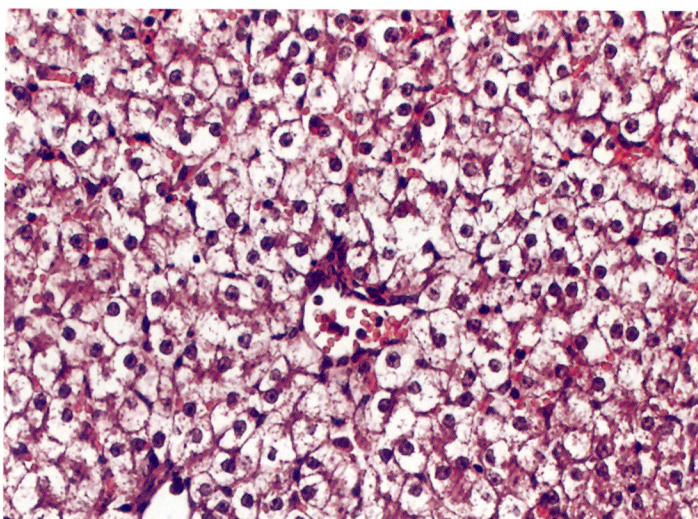

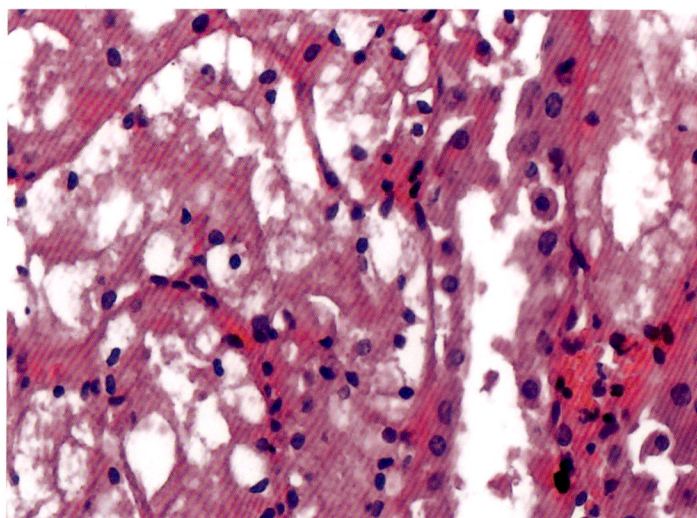

图1.2.1.10　肾小管上皮细胞水泡变性

多数肾小管上皮细胞内出现大小不等的水泡，细胞核被压向基底膜，有些细胞核已丢失。HE×400

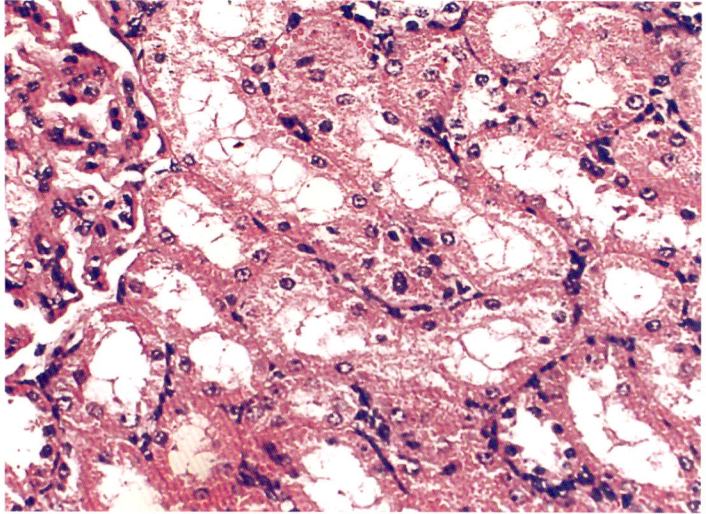

图1.2.1.11 肾小管上皮细胞水泡
变性

肾小管上皮细胞内积聚大小不等的
空泡。HE×400

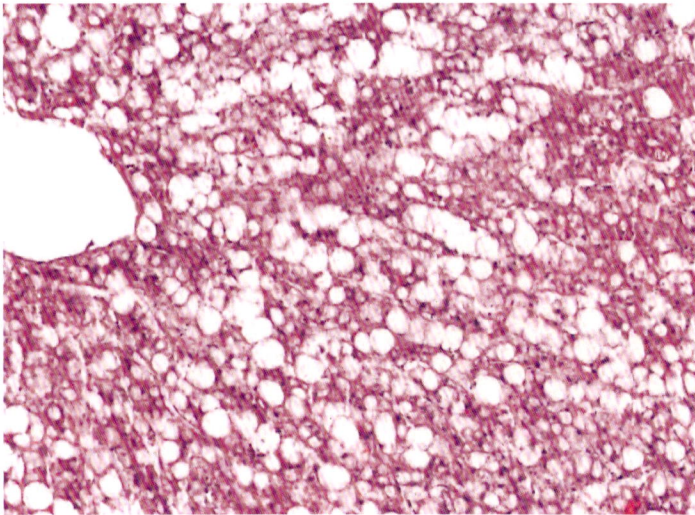

图1.2.1.12 肝细胞脂肪变性

肝细胞内出现大小不等的脂肪滴，
肝细胞核被挤压到一侧，肝索结构凌
乱。HE×100

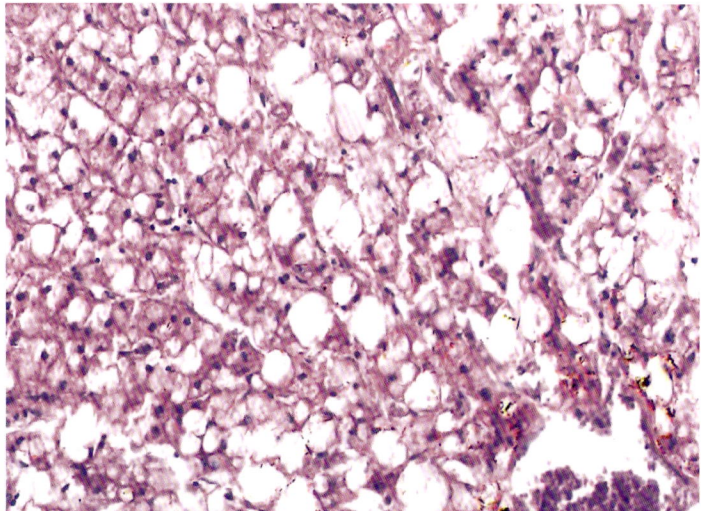

图1.2.1.13 肝细胞脂肪变性

肝细胞内出现大小不等的脂肪滴。
HE×100

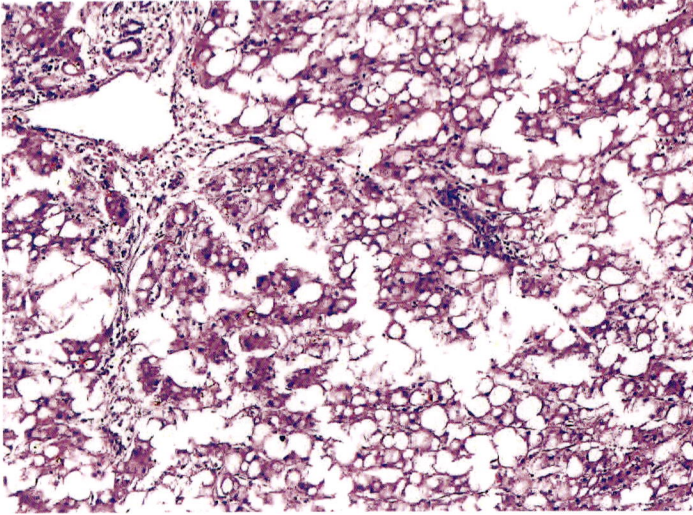

图1.2.1.14 肝细胞脂肪变性

肝细胞内大的脂肪滴互相融合，呈大片不规则的空白区，肝小叶结构紊乱。HE×100

图1.2.1.15 肝小叶中心脂肪变性

病变主要要发生在肝小叶中心中央静脉周围，肝细胞内出现数量不等的脂肪滴。周边肝细胞病变较轻，肝窦有少量淤血。HE×100

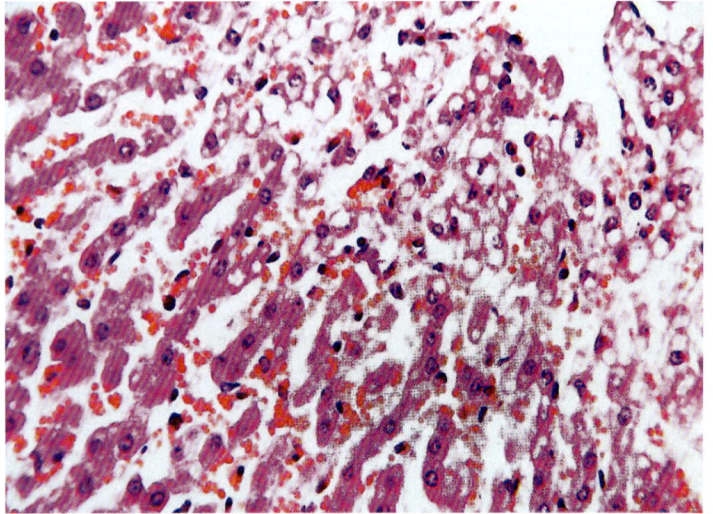

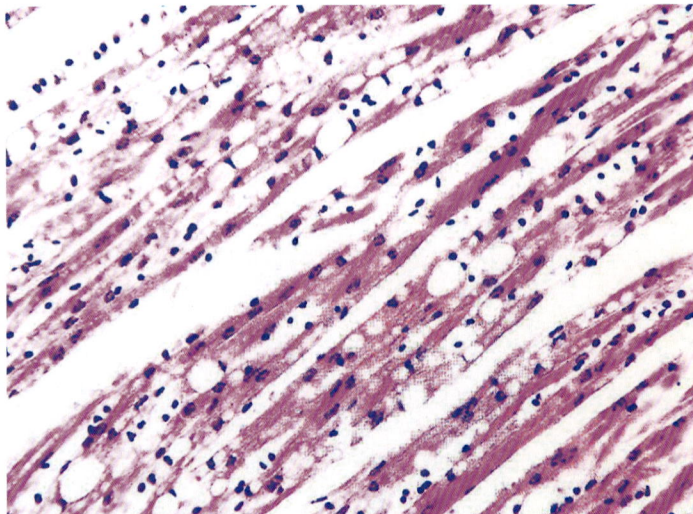

图1.2.1.16 心肌脂肪变性（纵切）

心肌细胞内有呈串珠状排列的脂肪滴，大小不等，肌纤维增粗，横纹消失。HE×400

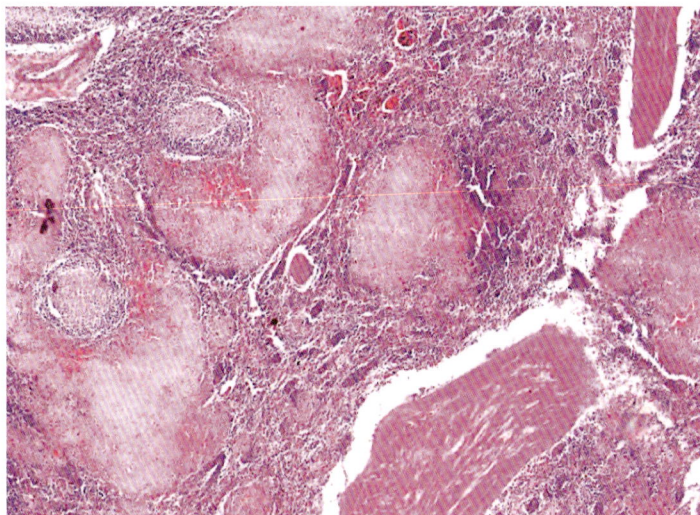

图1.2.1.17　脾脏淀粉样变
脾小体和红髓中出现团块状粉红色
淀粉样物质沉着。HE×40

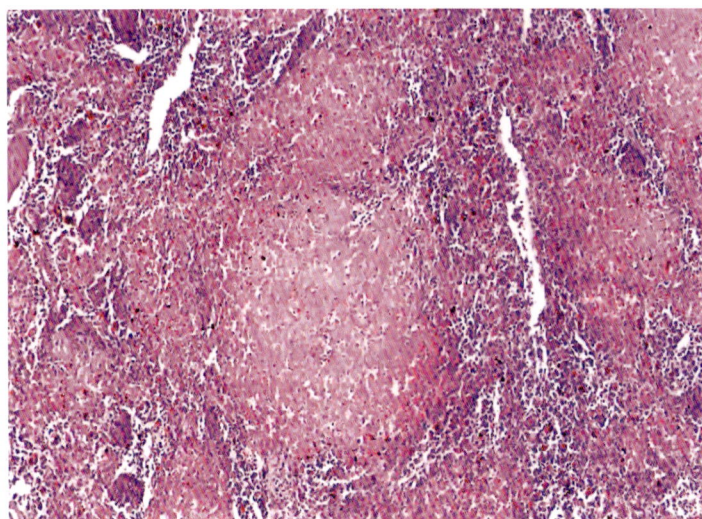

图1.2.1.18　脾脏淀粉样变
脾脏红髓中出现团块状粉红色淀粉
样物质沉着。HE×100

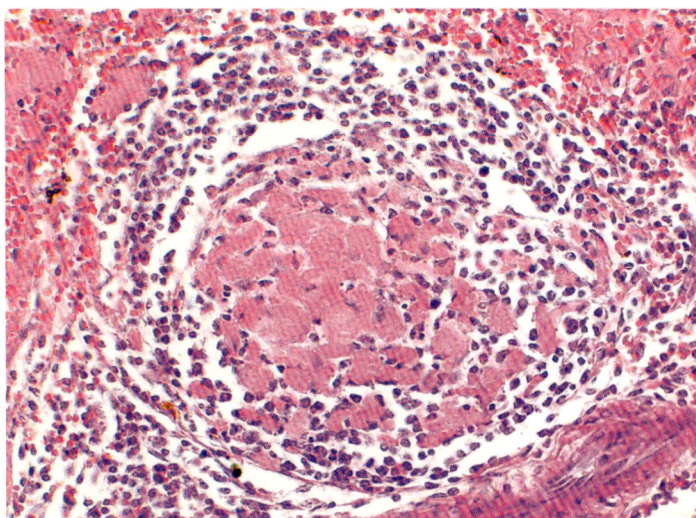

图1.2.1.19　脾小体淀粉样变
脾小体网状纤维上沉着淀粉样物质。
HE×400

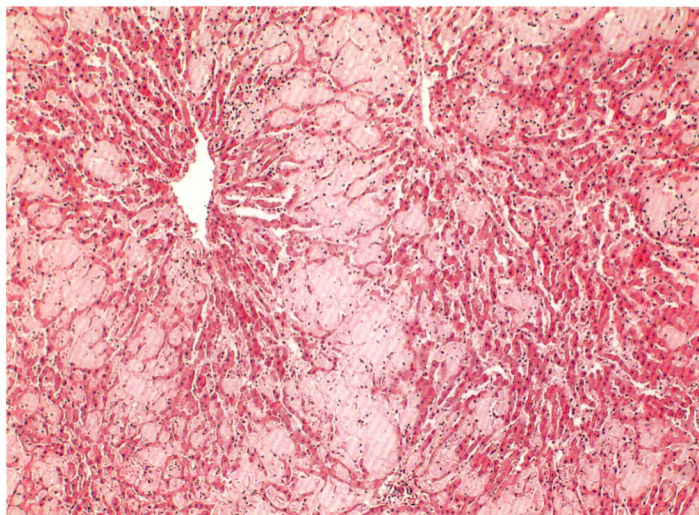

图 1.2.1.20　肝脏淀粉样变

肝小叶周边窦状隙内淀粉样物质沉着。HE×100

图 1.2.1.21　肝脏淀粉样变

淀粉样物质团块周围出现较多嗜酸性粒细胞（➡）。HE×400

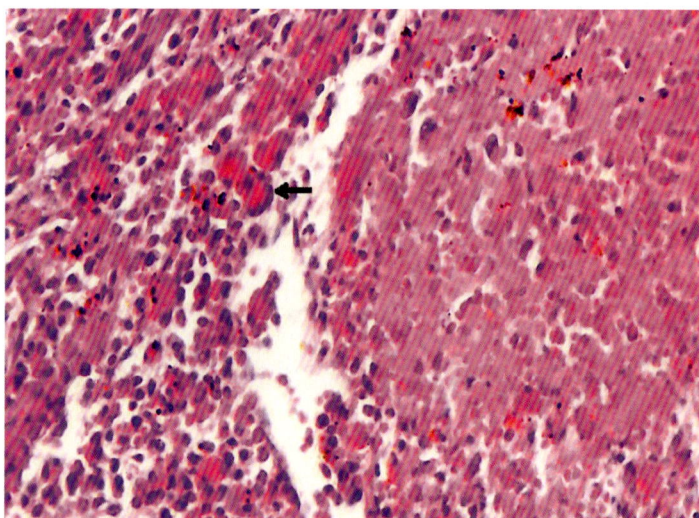

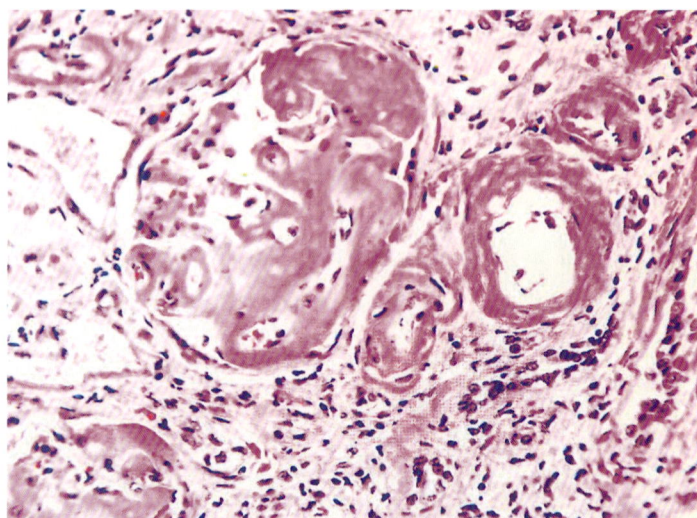

图 1.2.1.22　肾脏淀粉样变

肾小球毛细血管基膜和肾小动脉壁上有淀粉样物质沉着。HE×400

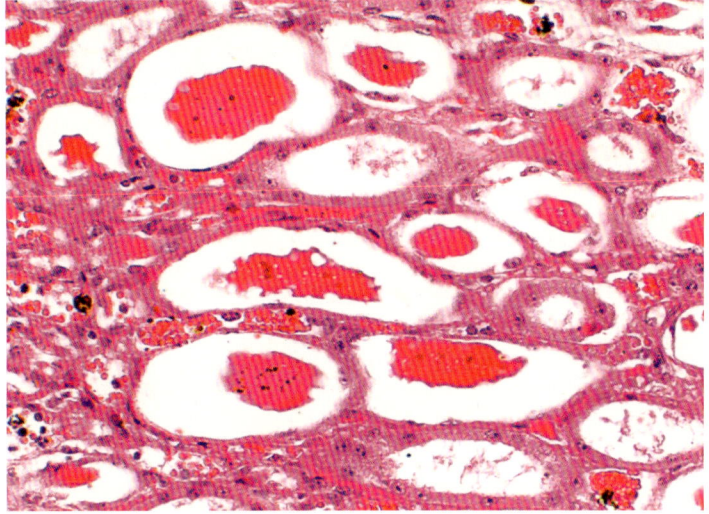

图 1.2.1.23　肾小管透明变性
肾小管上皮细胞坏死、凝集成红色
玻璃样物。HE×100

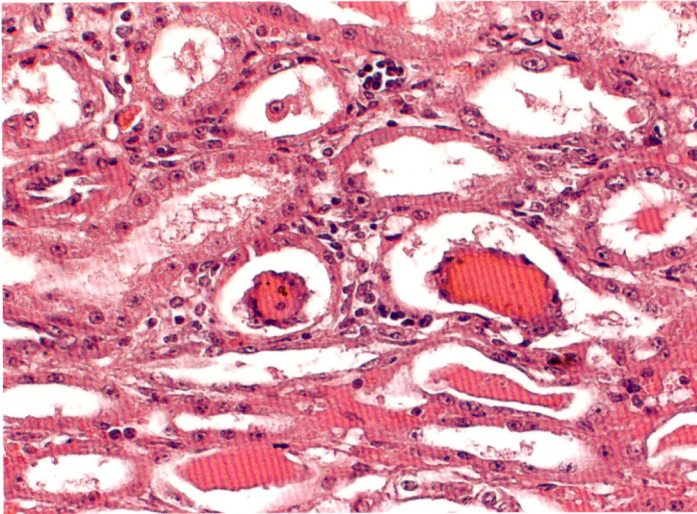

图 1.2.1.24　肾小球透明变性
肾小球结构丧失，变成一团红色玻
璃样物。HE×100

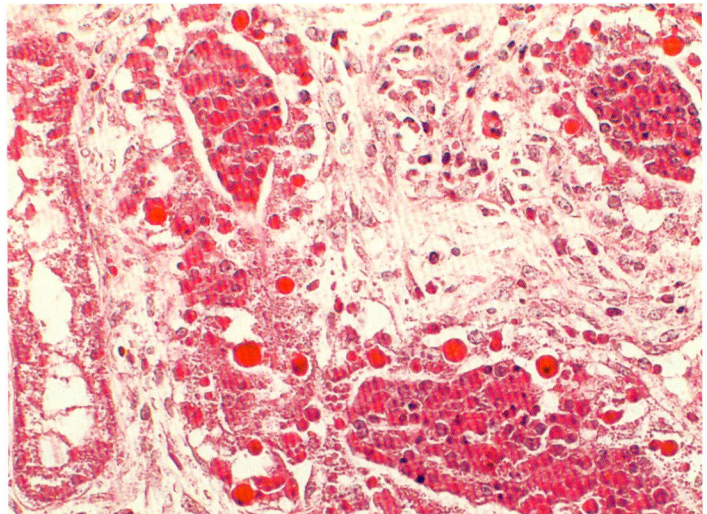

图 1.2.1.25　肾小管透明滴状变
肾小管上皮细胞中有红色圆球状物，
上皮细胞颗粒变性、破溃、坏死致上皮
细胞残缺不全，细胞核也溶解消失，肾
小管内有大量细胞管型。HE×400

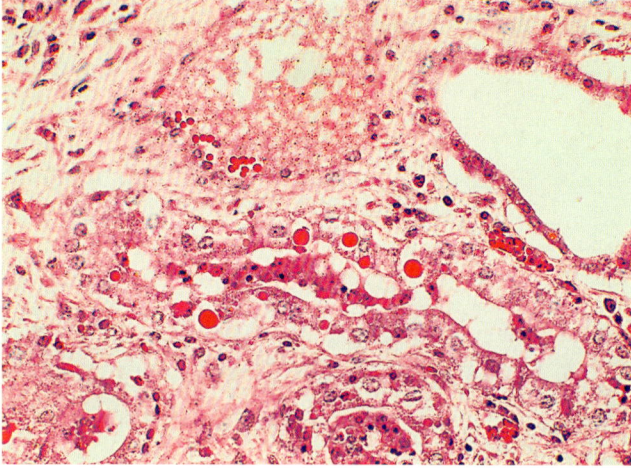

图1.2.1.26　肾小管透明滴状变
肾小管上皮细胞中出现正圆形鲜红色球状物。它比红细胞大得多。HE×400

图1.2.1.27　肺泡腔内疑似透明滴状变
肺泡内疑似球形玻璃样物（疑为渗出的纤维蛋白凝聚而成）。HE×400

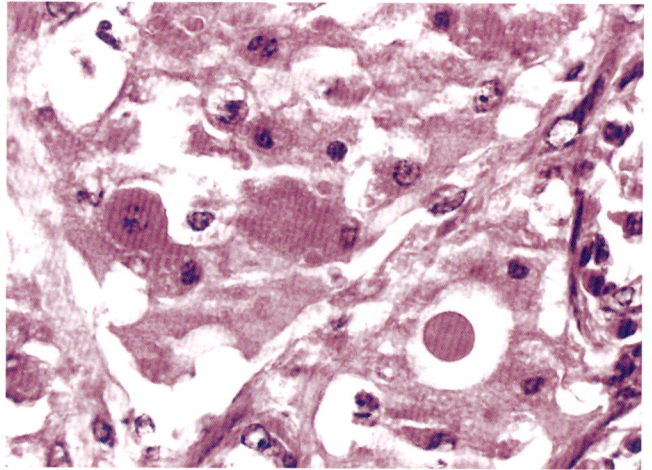

二、坏死

活的机体内局部组织或细胞的病理性死亡称为坏死。大多数坏死是在变性的基础上发展而来的，故称为渐进性坏死。细胞坏死的主要标志是细胞核的变化，表现为核浓缩、碎裂和核溶解（图1.2.1.28、图1.2.1.29、图1.2.1.30）。坏死细胞核的变化，由于致病因素的强弱和病程的进展快慢不同而有差别。致病力弱而持久时，细胞核经历浓缩、碎裂和溶解的变化过程；若致病力强而经过短暂，则首先表现为核染色质边集，随后核碎裂，甚至可从正常的细胞核迅速进入核溶解状态。组织坏死时，实质细胞坏死后，间质也会发生坏死。间质坏死表现为基质解聚、胶原肿胀、崩解、断裂或液化，形成无结构的红染物质，或具有纤维素样特征，称此为纤维素样坏死（图1.2.1.31、图1.2.1.32）。根据坏死的原因和组织特性不同，分为凝固性坏死、液化性坏死和坏疽。

1.凝固性坏死　是指组织坏死后呈现凝固状态，又可分为贫血性梗死、干酪样坏死、蜡样坏死和脂肪坏死。贫血性梗死是典型的凝固性坏死，显微镜下梗死区组织轮廓依然存在，嗜酸性增强，细胞核发生浓缩、深染或碎裂、溶解（图1.2.1.33、图1.2.1.34、图1.2.1.35、

图1.2.1.36、图1.2.1.37、图1.2.1.38）。干酪样坏死多发生于结核、鼻疽等疾病中，由于结核分枝杆菌产生类脂质抑制中性粒细胞渗出，缺乏蛋白溶解酶，而使组织呈凝固状态（图1.2.1.39）。显微镜下可见坏死组织固有结构完全破坏、消失，成为均质红染的颗粒状物。蜡样坏死多发生于肌肉组织，镜下可见肌纤维断裂、肿胀，横纹消失，呈均质红染无结构蜡样物质。蜡样坏死多见于白肌病、马麻痹性肌红蛋白尿病和牛气肿疽等（图1.2.1.40）。脂肪坏死是一种比较特殊的凝固性坏死，常见于胰腺炎，由于胰腺中的酶逸出并被激活，使胰腺周围和腹腔脂肪组织发生坏死（图1.2.1.41）。镜下仅见组织轮廓，细胞核消失。

2.液化性坏死 是组织坏死后由于蛋白分解酶的作用使组织呈液化状态。化脓性炎症是典型的液化性坏死（图1.2.1.42）。液化性坏死还常发生于脑组织，如霉玉米中毒、硒和维生素E缺乏症时可见脑组织出现液化灶，通常称为脑软化（图1.2.1.43、图1.2.1.44、图1.2.1.45）。组织内小的化脓灶肉眼很难看见，但切片检查时可见到很多中性粒细胞集聚，其他组织未见明显变化，此时可认为是小化脓灶。

3.坏疽 是一种特殊形式的坏死，它是指组织坏死后受外界环境的影响或/和继发不同程度腐败性细菌感染而呈现的特殊形态改变。又可分为干性坏疽、湿性坏疽和气性坏疽。坏疽一般肉眼即可确诊，无须组织学检查。

此外，在正常的组织切片中，在组织中可能见到零星散在少量坏死细胞，其周围细胞和组织无任何变化，这种现象应属于细胞凋亡。细胞凋亡，也称为程序性细胞死亡，是指为了维持细胞内环境稳定，由基因控制的细胞自主的有序性死亡，它涉及一系列基因的激活、表达及调控等作用，是一个由基因决定的自动结束生命的过程，因而具有生理性和选择性。细胞凋亡的概念源自希腊语，原意是指树叶和花的自然凋落。而细胞发生程序性死亡时，就像树叶和花的自然凋落一样。细胞凋亡与细胞死亡不同：凋亡是在基因控制下主动的死亡过程，凋亡细胞散在于正常组织细胞中，不会引起细胞的炎症反应，不遗留疤痕；死亡的细胞碎片很快被巨噬细胞或邻近细胞清除，不影响其他细胞的正常功能。

细胞凋亡现象普遍存在于动物和植物的生长发育过程中，对于多细胞生物个体的正常发育起着非常重要的作用。在生物体的发育过程中，在成熟个体的组织中，细胞的自然更新就是通过细胞凋亡来完成的。

另外，可调节的细胞死亡还有细胞焦亡、细胞自噬、细胞铁死亡等。

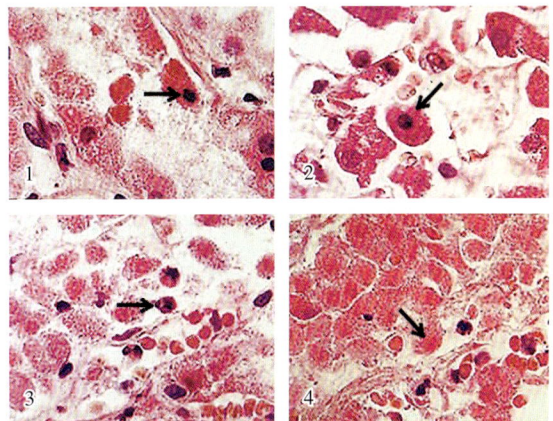

图1.2.1.28 坏死细胞胞核的变化
1、2.核浓缩（→）；3.核碎裂（→）；4.核溶解（→）。
HE×400

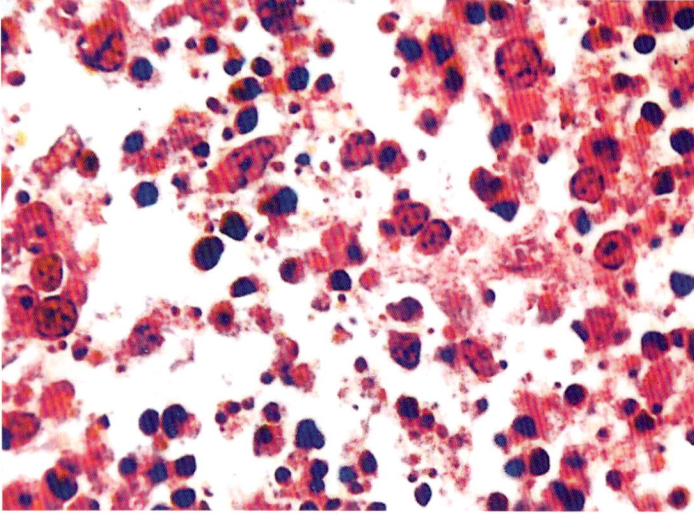

图1.2.1.29　核浓缩、核碎裂

脾脏淋巴细胞坏死，核浓缩、碎裂。HE×400

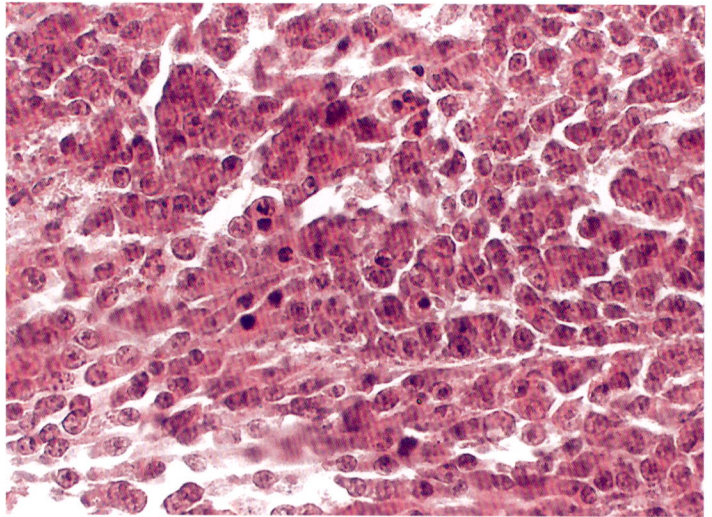

图1.2.1.30　肝细胞坏死、核浓缩

图中几乎所有的肝细胞都发生核碎裂，有几个核浓缩的肝细胞。HE×400

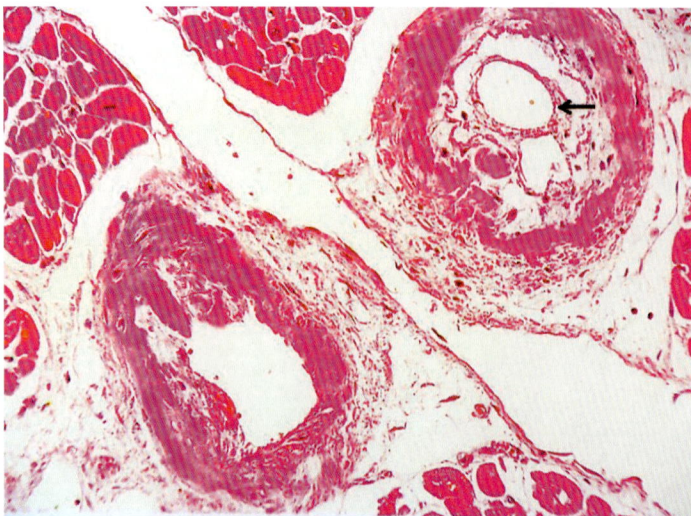

图1.2.1.31　心脏血管壁纤维素样坏死

心肌间小动脉壁不均匀的增厚，失去正常的层次感，其结构似纤维素样，其中一个血管有两个腔隙（➡），疑为血栓再通。HE×100

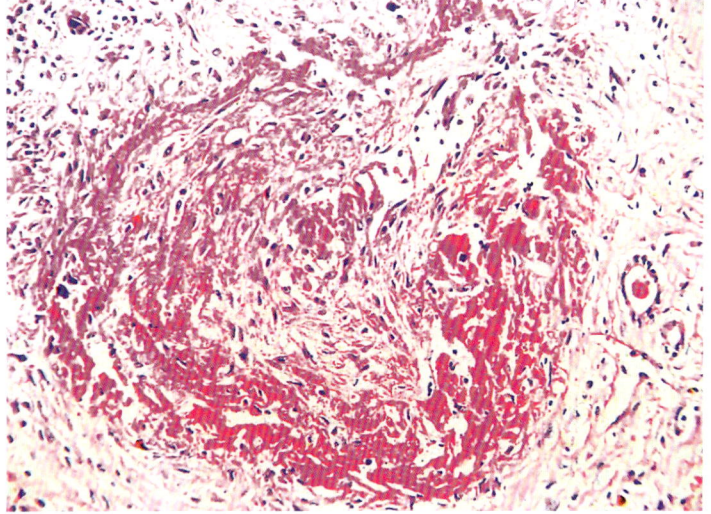

图1.2.1.32　肾小动脉纤维素样坏死

小动脉管壁增厚，管腔高度狭窄，管壁外侧有大量团块状嗜酸性纤维蛋白样物质。有一小血管内有血栓形成。HE×50

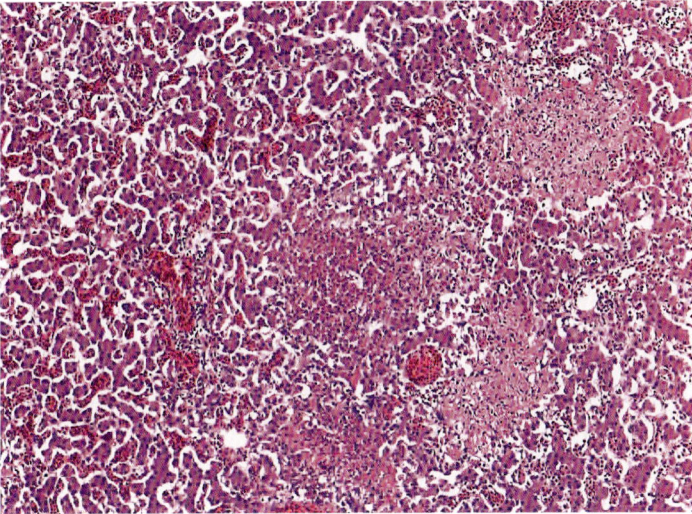

图1.2.1.33　肝脏焦点状坏死

肝脏淤血，组织中散在点状坏死灶，坏死灶染色变淡，结构模糊。HE×100

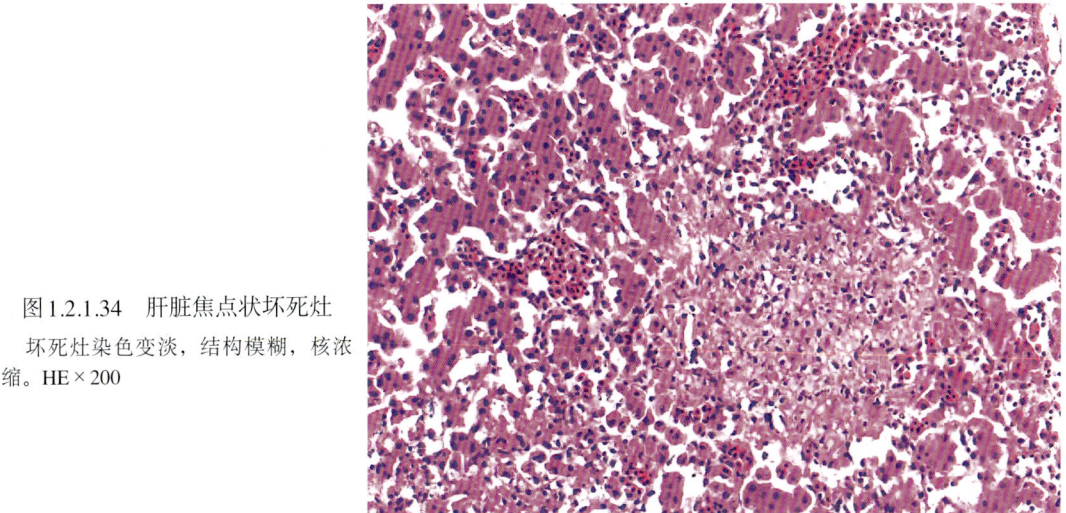

图1.2.1.34　肝脏焦点状坏死灶

坏死灶染色变淡，结构模糊，核浓缩。HE×200

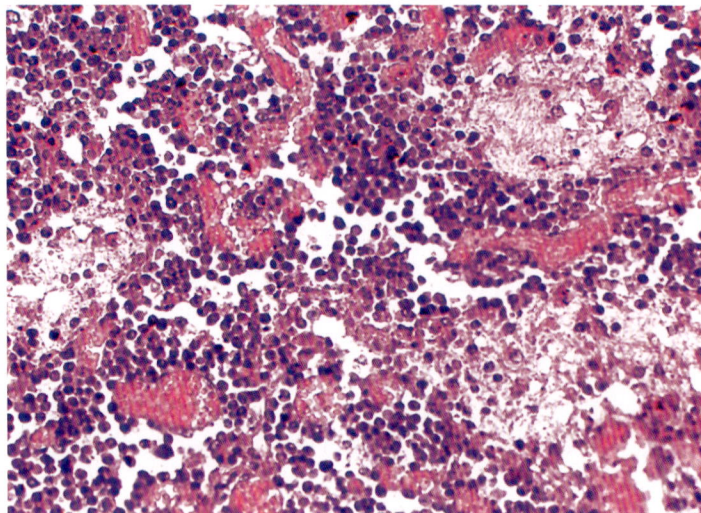

图1.2.1.35　脾脏点状坏死

脾脏中散在许多小的坏死灶，染色淡，淋巴细胞核溶解消失。HE×400

图1.2.1.36　鸡法氏囊坏死

法氏囊淋巴滤泡坏死，淋巴细胞淡染伊红，核浓缩。HE×20

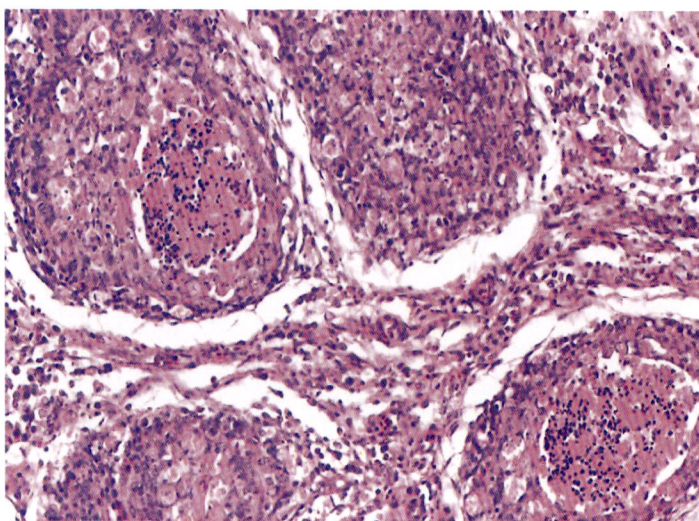

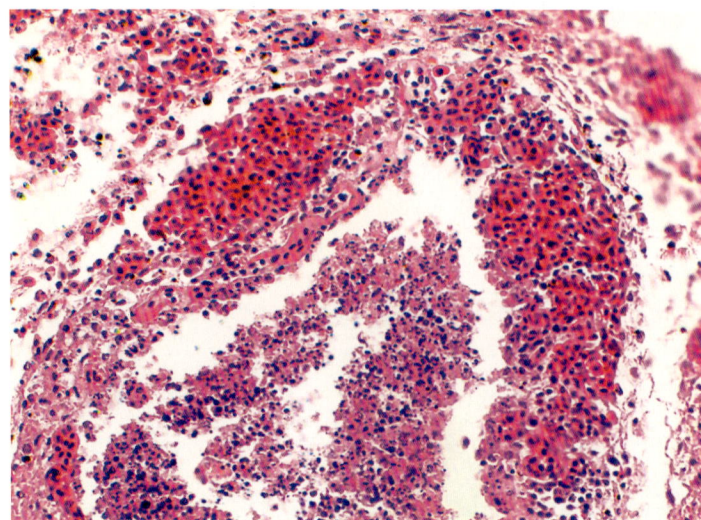

图1.2.1.37　鸡法氏囊坏死

淋巴滤泡周边出血，中心坏死，淋巴细胞淡染伊红，核浓缩，间质水肿。HE×200

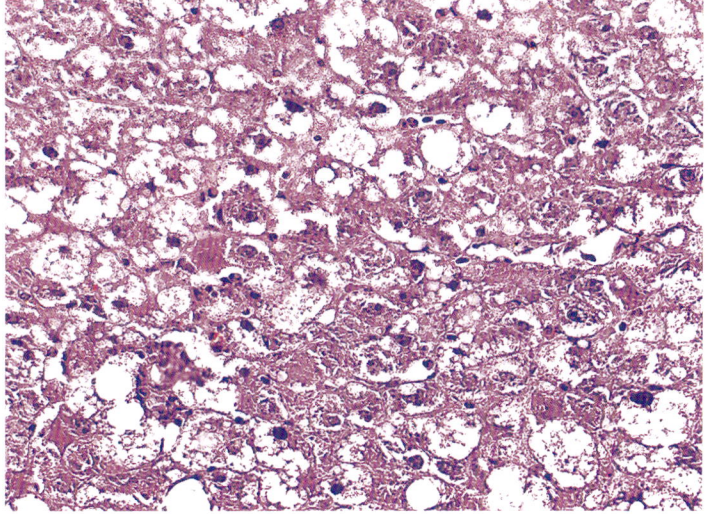

图 1.2.1.38 肝细胞坏死
肝细胞核基本都溶解消失，胞质内出现空泡。HE×400

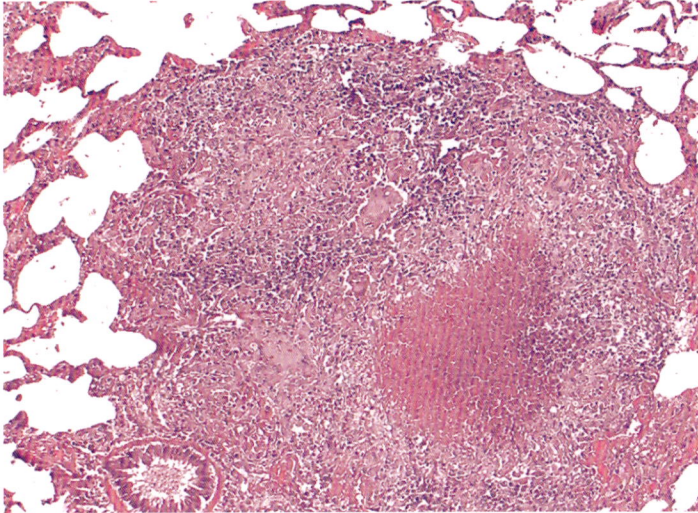

图 1.2.1.39 肺结核干酪样坏死
肺结核结节中心发生干酪样坏死。HE×40

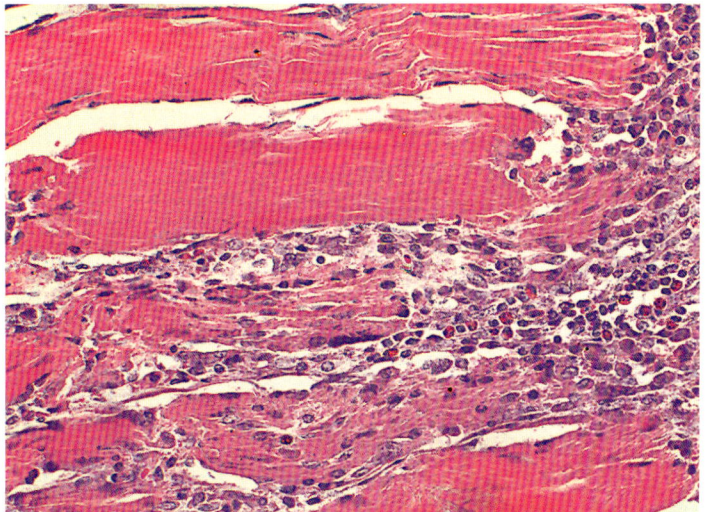

图 1.2.1.40 骨骼肌蜡样坏死（仔猪白肌病）
肌束发生蜡样坏死，呈均质无结构的蜡烛样，横纹消失，肌束断裂，肌束之间炎性细胞浸润。HE×400

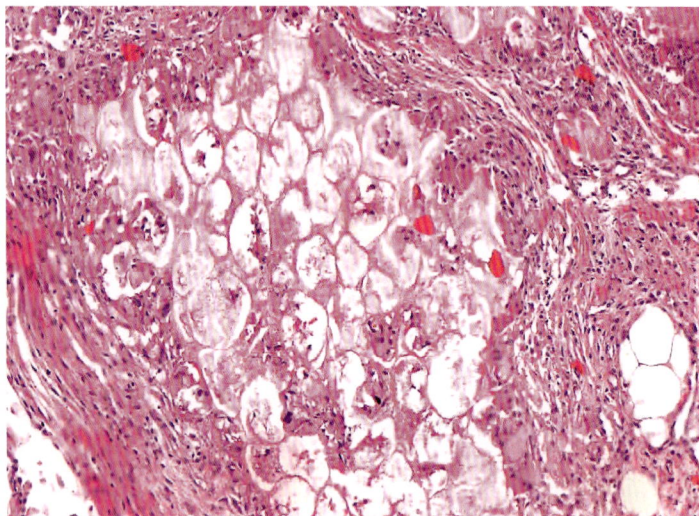

图 1.2.1.41　脂肪坏死

脂肪组织坏死，细胞核消失，胞质嗜伊红，周边有炎性细胞和纤维组织增生包围坏死组织。HE×100

图 1.2.1.42　鸡法氏囊坏死

法氏囊滤泡中心淋巴细胞发生液化性坏死，呈淡红色液体，残存淋巴细胞核浓缩、碎裂。HE×1 000

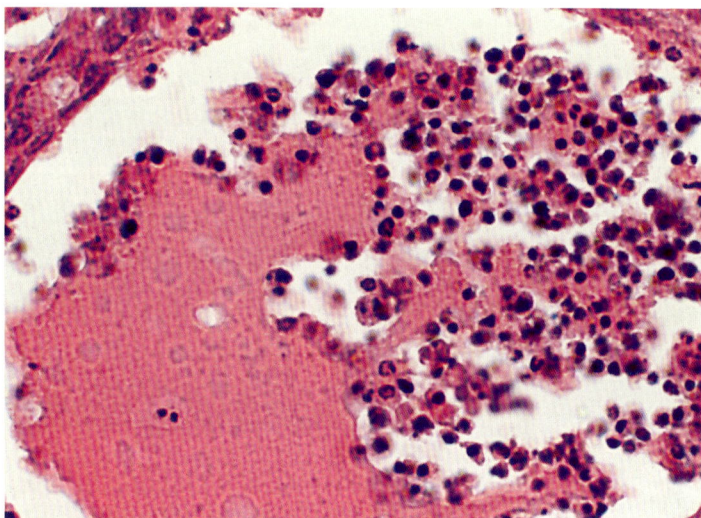

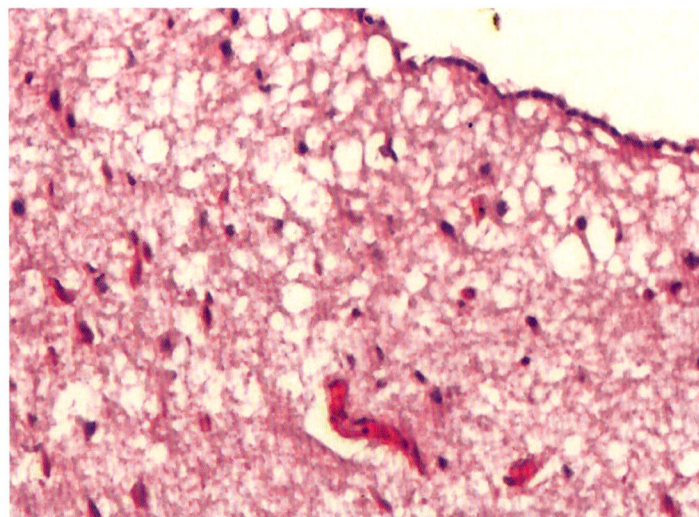

图 1.2.1.43　脑液化性坏死（脑软化）

小脑脑膜下发生液化性坏死，呈筛孔状，小血管内有微血栓。HE×400

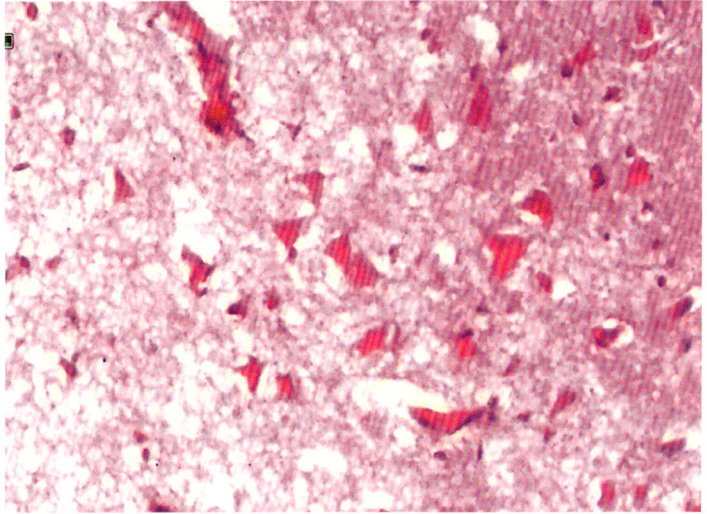

图1.2.1.44 脑液化性坏死（脑软化）
大脑实质中发生液化性坏死，呈筛孔状，神经细胞发生凝固性坏死。HE×400

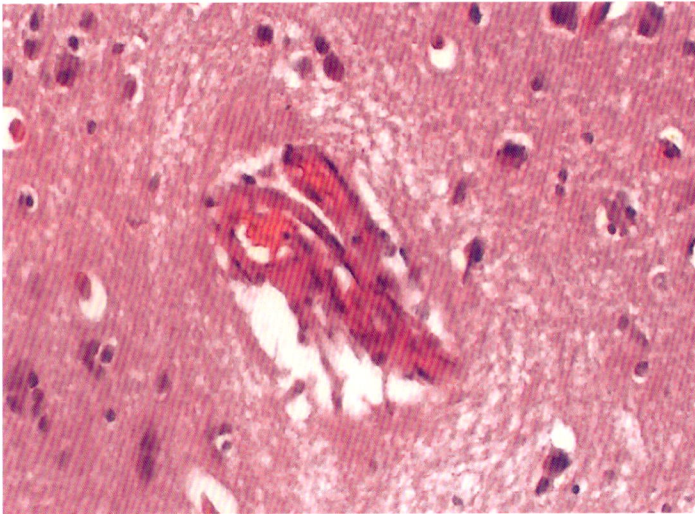

图1.2.1.45 脑液化性坏死（脑软化）
小血管周围淋巴间隙增大、水肿，血管周围脑组织发生液化性坏死。HE×400

第二节 细胞和组织内的病理性产物

在疾病过程中由于致病因素的作用和动物机体对致病因素的反应，可能在细胞或组织中产生一些异常物质，有时一些外界的物质也会出现在细胞或组织内。细胞和组织内常见的病理性产物有钙盐、病理性色素等，分别引起病理性钙化、病理性色素沉着等。

一、病理性钙化

在正常机体内除骨骼、牙齿外，其他软组织内不会有固体状态的钙。在病理状态下，固体状态的钙盐在其他组织内沉积称为病理性钙化，简称钙化。沉积的钙盐主要是磷酸钙，其次是碳酸钙。病理性钙化分为营养不良性钙化和转移性钙化。

1.营养不良性钙化 是指血液或组织中溶解状态的钙盐，以固体形式沉积于病变

35

或坏死组织中。这种钙化常发生在干酪样坏死灶、贫血性梗死灶、脂肪坏死及蜡样坏死组织中。此外，死亡的寄生虫虫体和虫卵、陈旧血栓和其他异物中也可见钙盐沉积（图1.2.2.1、图1.2.2.2、图1.2.2.3、图1.2.2.4、图1.2.2.5）。病理性钙化是机体在进化过程中获得的一种适应性反应，它可以将病灶局限化，防止病原扩散。

2.**转移性钙化**　当机体全身钙磷代谢障碍时，血钙升高，钙盐在未受损害的组织内沉积，称为转移性钙化。例如，当甲状旁腺机能亢进、维生素D摄入过多，会导致钙磷比例失调，引起血钙升高，发生转移性钙化。此外，引起骨质破坏的疾病也可引起血钙升高，从而发生转移性钙化。转移性钙化多发生于肾小管、肺泡壁、胃黏膜和动脉中层。镜检时组织内钙化灶呈不规则的蓝色团块或颗粒状。

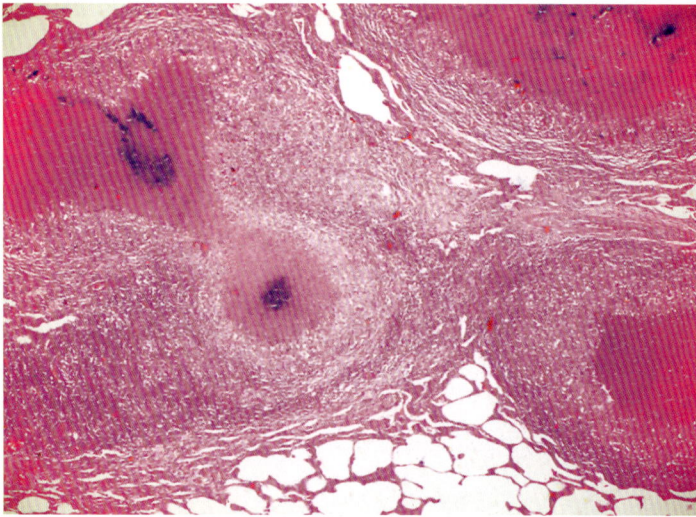

图1.2.2.1　肺结核干酪样坏死灶钙化

在粉红色干酪样坏死灶中心发生钙化，钙化物质呈深蓝色。HE×40

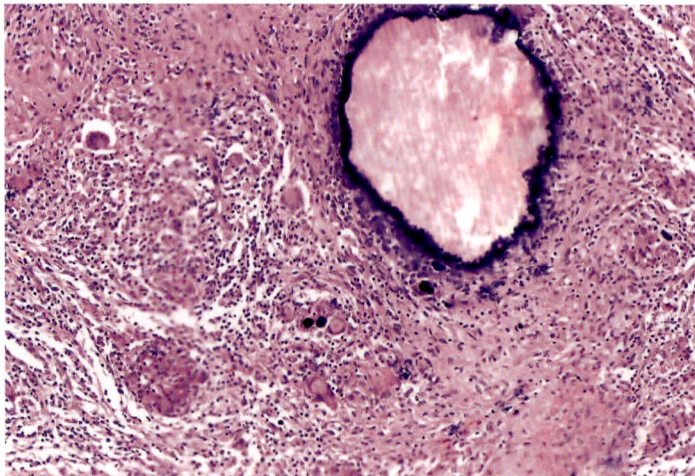

图1.2.2.2　淋巴结结核干酪样坏死灶钙化

坏死灶中心为粉红色干酪样物质，其周围发生蓝紫色钙盐沉着。HE×100

图 1.2.2.3　淋巴结结核干酪样坏死
灶钙化

上图放大，图中有几个朗格汉斯细
胞，其中有些发生钙化。HE×100

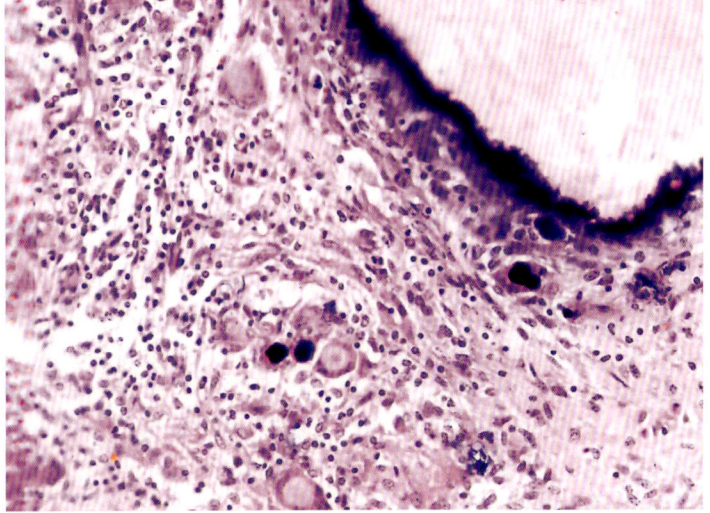

图 1.2.2.4　梗死灶钙化
贫血性梗死灶中心钙盐沉积。HE×40

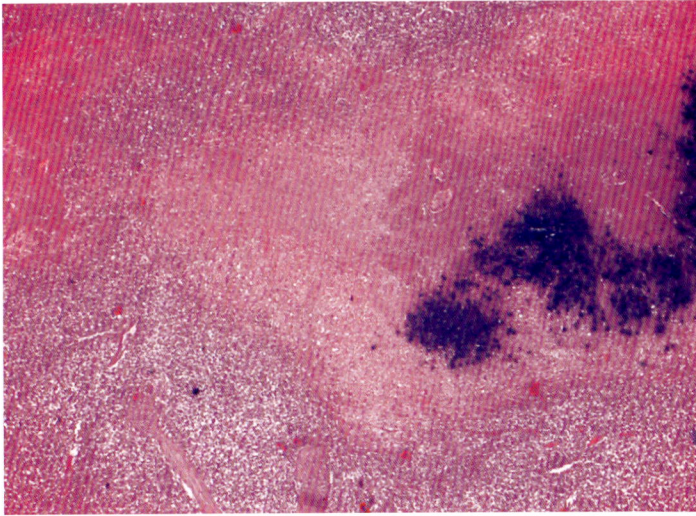

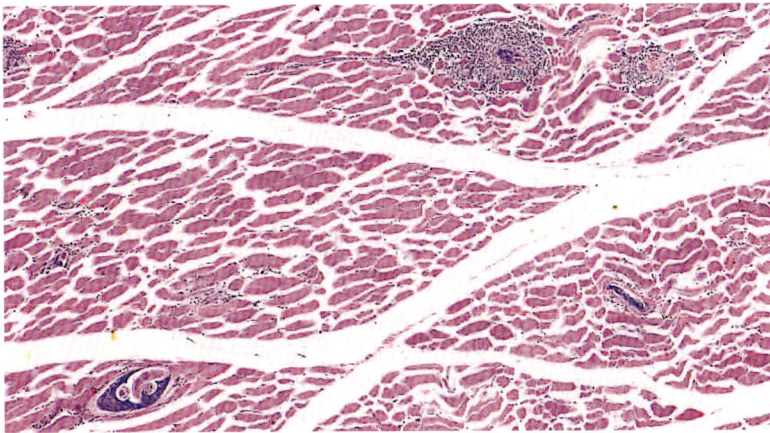

图 1.2.2.5　旋毛虫虫体钙化
组织中有些虫体完全被钙盐沉积取代，有些虫体尚在，但其周围发生钙盐沉着。HE×100

二、病理性色素沉着

病理性色素沉着是指组织中的色素增多或原来不含色素的组织中有异常色素沉着。组织中的色素可分为两类：一类是内源性色素，由机体自己产生；另一类是外源性色素，是从外界进入体内的。内源性色素包括含铁血黄素、卟啉、胆红素、脂褐素、黑色素等。另外，动物患黄疸时会造成胆汁淤滞和胆色素沉着（图1.2.2.6、图1.2.2.7、图1.2.2.8、图1.2.2.9、图1.2.2.10、图1.2.2.11、图1.2.2.12、图1.2.2.13、图1.2.2.14、图1.2.2.15、图1.2.2.16、图1.2.2.17、图1.2.2.18）。外源性色素包括炭末、各种粉尘等（图1.2.2.19、图1.2.2.20、图1.2.2.21、图1.2.2.22）。

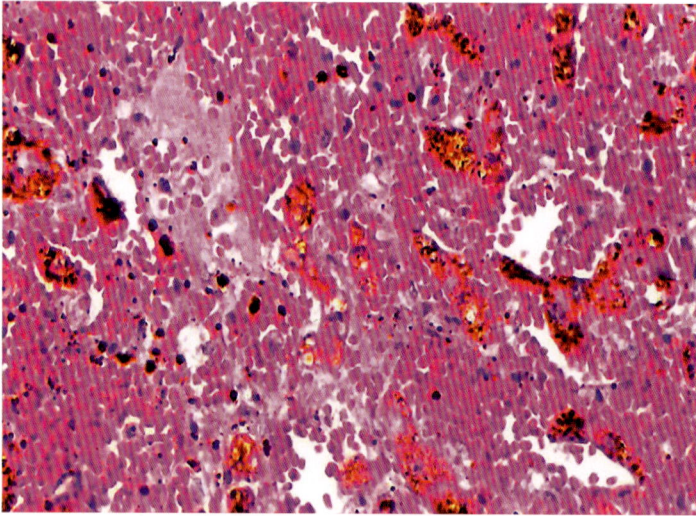

图1.2.2.6　肝脏含铁血黄素沉积
肝淤血，同时含铁血黄素沉着。HE×100

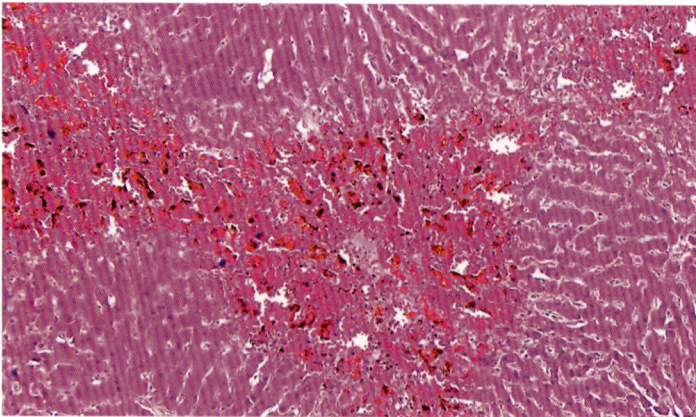

图1.2.2.7　肝脏含铁血黄素沉积
肝组织中有较多的黄褐色不规则的团块状物沉着。HE×400

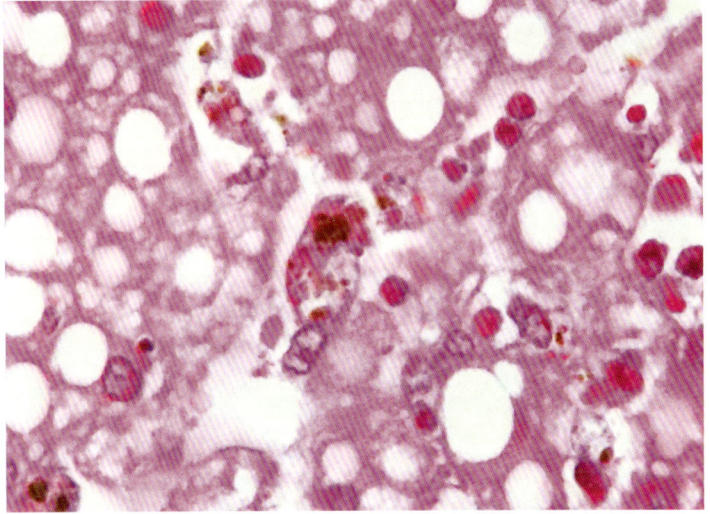

图1.2.2.8　肝脏脂肪变性、含铁血
　　　　　黄素沉积

　肝细胞内含有大小不等的脂肪滴，
肝窦中沉积有含铁血黄素。HE×1 000

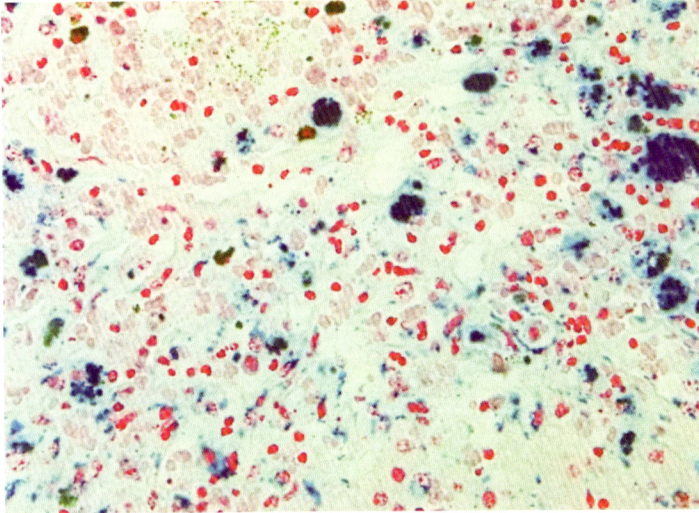

图1.2.2.9　肝脏含铁血黄素沉积

　肝脏中沉积含铁血黄素。普鲁士蓝
染色×400

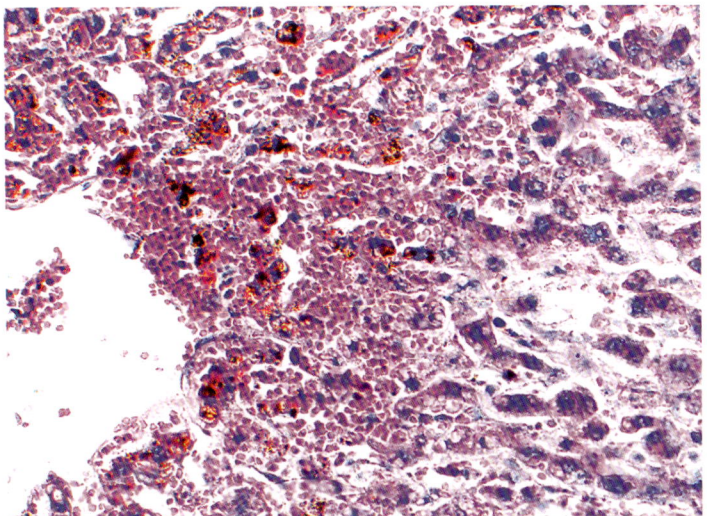

图1.2.2.10　肝淤血、含铁血黄素
　　　　　　沉着

　中央静脉周围淤血，同时含铁血黄
素沉着。肝细胞受压迫、消失，肝索狭
窄。HE×400

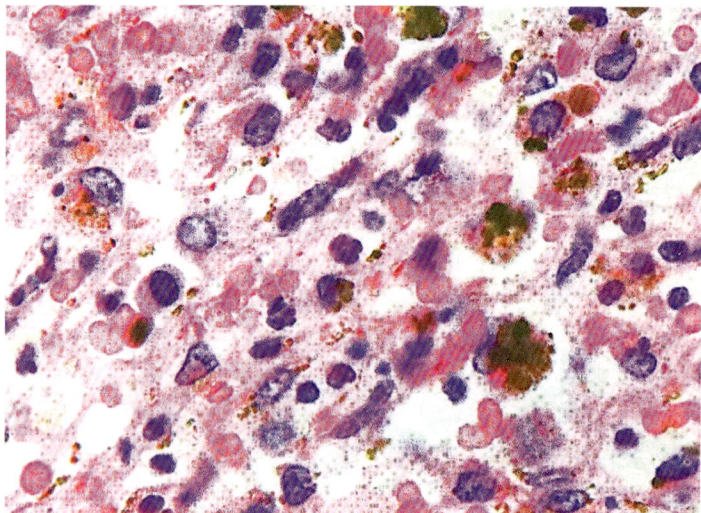

图1.2.2.11　肝含铁血黄素沉着
肝窦内沉着的团块状含铁血黄素。
HE×1 000

图1.2.2.12　脾脏含铁血黄素沉着
脾组织中散在多量黄褐色团块或颗
粒状物质。HE×400

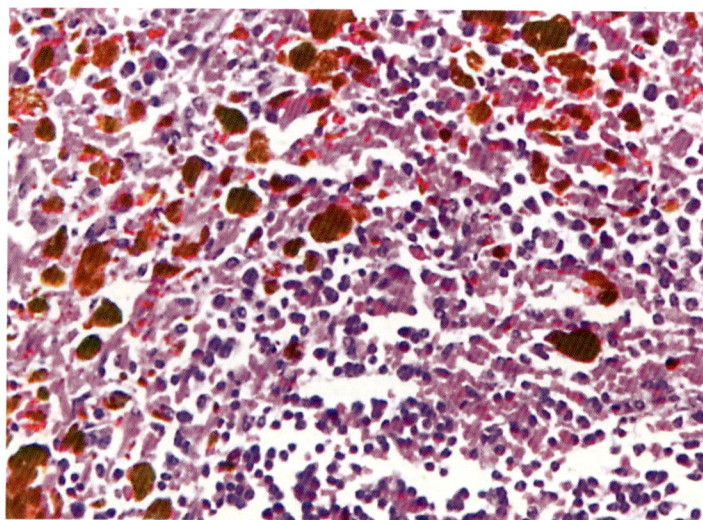

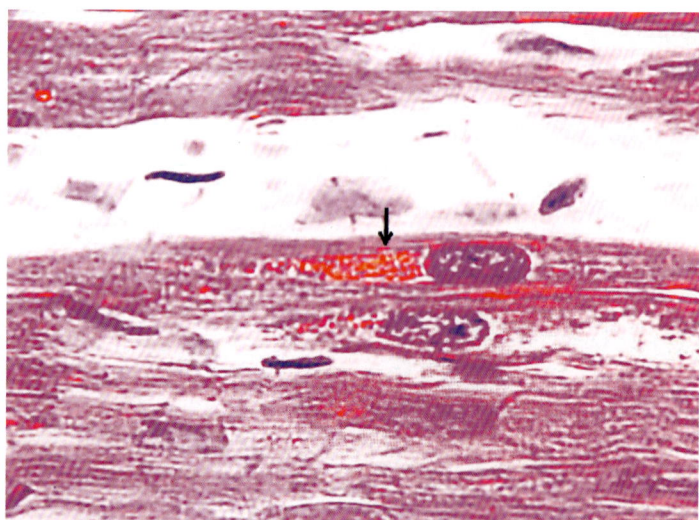

图1.2.2.13　心肌脂褐素沉着
心肌细胞核的两端沉着大量黄褐色脂
褐素颗粒（➡）。HE×1 000（陈怀涛）

图1.2.2.14 心肌脂褐素沉着
心肌细胞核两端棕黄色脂褐素（➡）
沉积。HE×1 000（王异民）

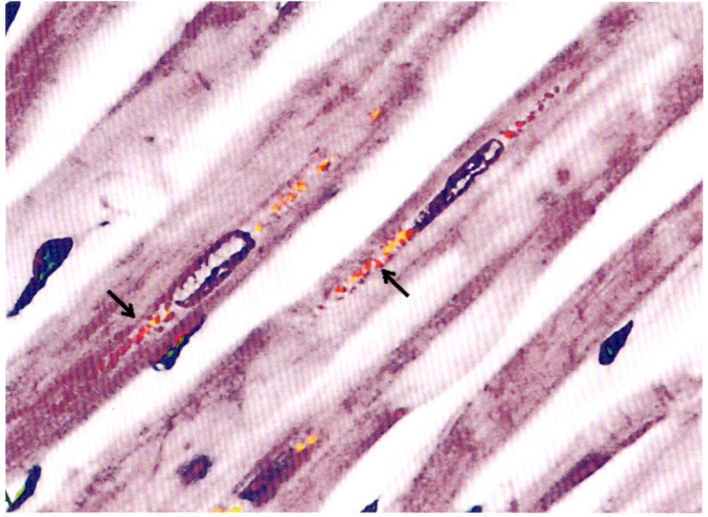

图1.2.2.15 皮肤色素沉着
皮肤生发层和棘细胞层内有大量黄
褐色物质沉着。HE×1 000

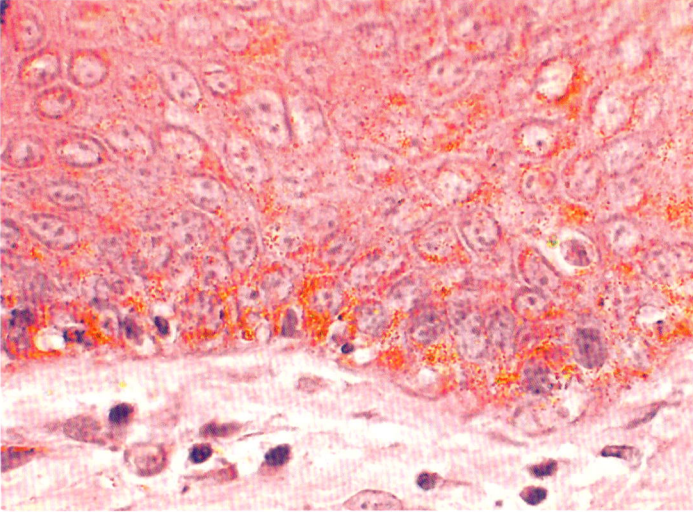

图1.2.2.16 肝脏黑色素沉着
肝细胞胞浆内沉着大量黑色素颗粒。
HE×400（刘宝岩）

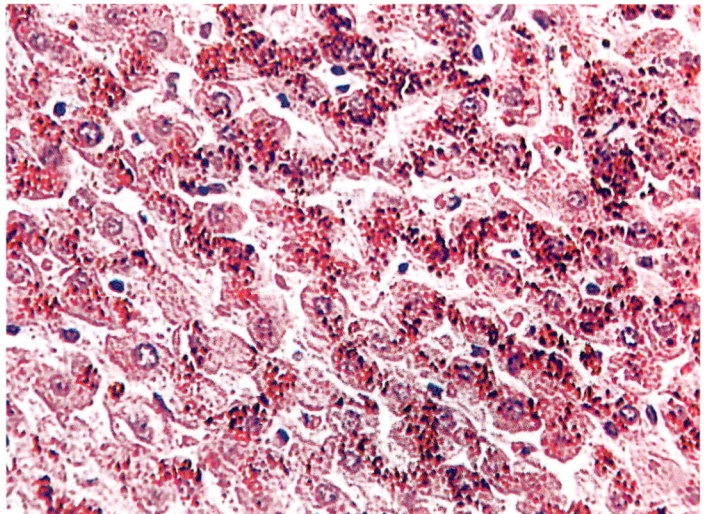

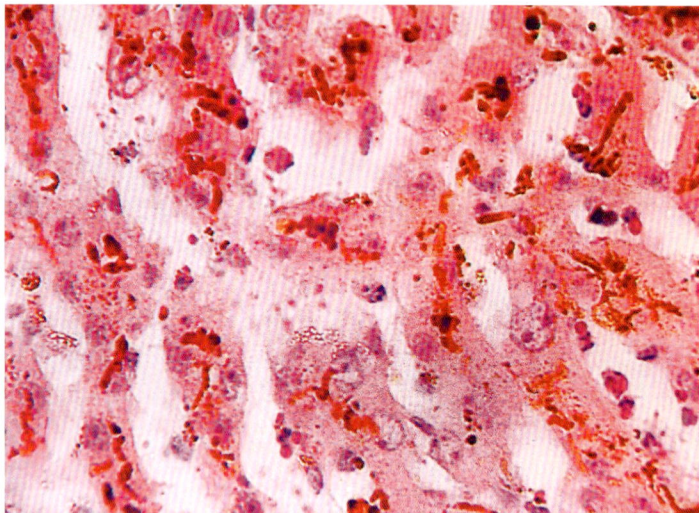

图 1.2.2.17　肝脏胆汁淤滞
肝索内毛细胆管胆汁淤滞，毛细胆
管扩张，形成胆栓。HE×132（刘宝岩）

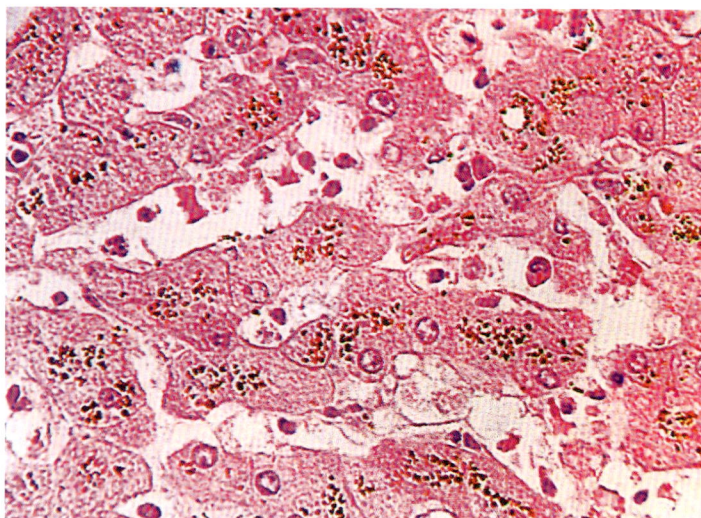

图 1.2.2.18　肝脏胆色素沉着
肝细胞内沉着大量黄褐色微细的胆
色素颗粒。HE×132（刘宝岩）

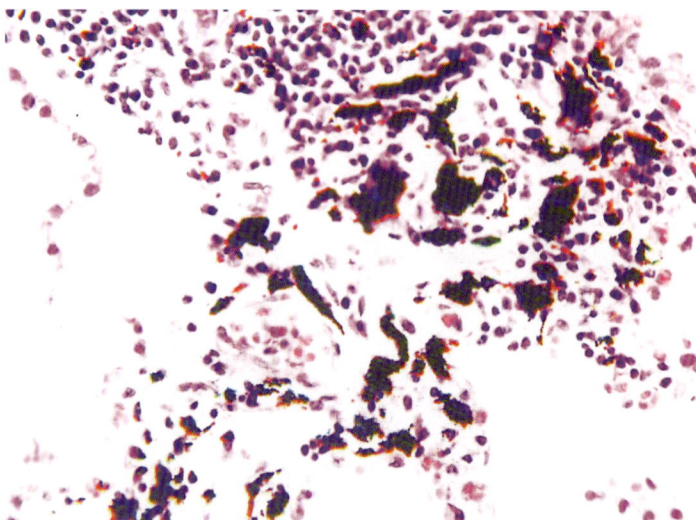

图 1.2.2.19　肺脏炭末沉着
肺支气管和周围组织中沉着多量不
规则的炭末颗粒。HE×400（陈怀涛）

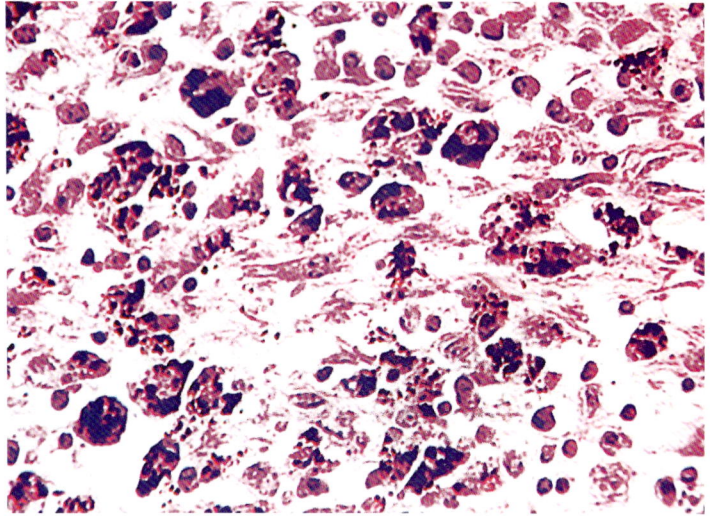

图1.2.2.20　支气管淋巴结粉尘沉着
　　淋巴结皮质窦中吞噬粉尘的巨噬细
胞，胞质内含有黑色颗粒，细胞外也有
粉尘颗粒。HE×132（刘宝岩）

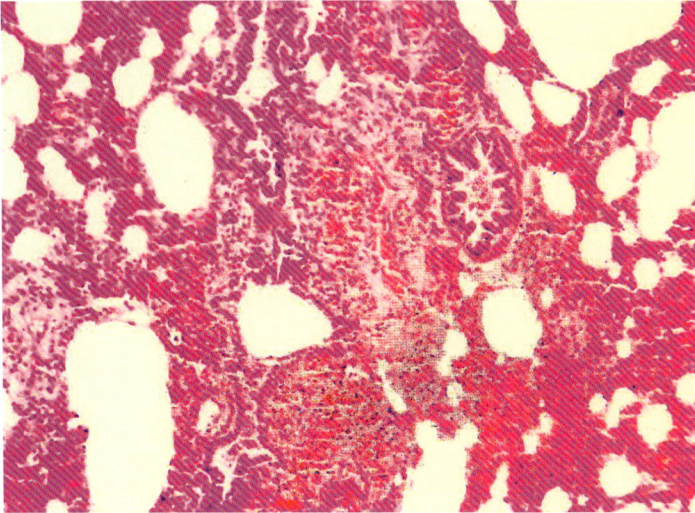

图1.2.2.21　肺脏粉尘沉着
　　肺细支气管、血管周围及肺泡隔等
处有棕黄色粉尘沉着，肺泡隔增厚，结
缔组织增生。HE×100（王雯慧）

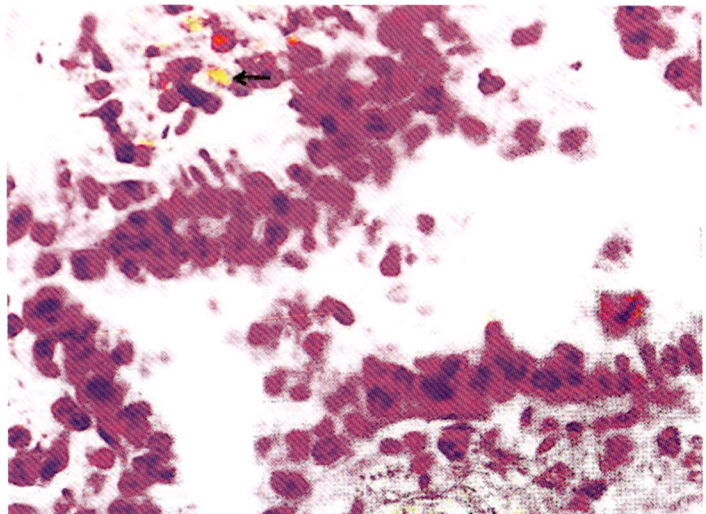

图1.2.2.22　肺脏粉尘沉着
　　上图放大，细支气管周围组织增生，
其中散在棕黄色不规则结晶（➡）。
HE×400（王雯慧）

第三节　循环障碍

循环障碍包括血液、组织液和淋巴液循环障碍。血液循环障碍又可分为全身循环和局部循环障碍。由循环障碍引起的病理变化表现为充血、出血、血栓形成、栓塞与梗死、水肿等。

一、充血

充血可分为动脉性充血和静脉性充血。动脉性充血简称充血，是组织器官由于功能增强或病因刺激动脉血管扩张流入血量增多，流出正常，致使组织器官动脉血含量增多。充血多半是暂时性的，一旦病因除去即可回复正常，如持久严重动脉性充血，则可能发展为静脉性充血。静脉性充血简称淤血，是由于心脏功能不全或局部组织器官受到挤压，致使静脉血回流障碍，血液淤积在小静脉和毛细血管内，而出现淤血（图1.2.3.1、图1.2.3.2、图1.2.3.3、图1.2.3.4、图1.2.3.5、图1.2.3.6）。长时间淤血可发生组织水肿、出血，甚至组织萎缩、变性、坏死，慢性长期淤血可导致结缔组织增生。

二、出血

血液流出心脏或血管之外称为出血。出血分为渗出性出血和破裂性出血。渗出性出血是指细菌、病毒、毒素及组织崩解产物作用于血管壁，使血管壁通透性增强，造成红细胞漏出（图1.2.3.7、图1.2.3.8、图1.2.3.9、图1.2.3.10、图1.2.3.11、图1.2.3.12、图1.2.3.13、图1.2.3.14、图1.2.3.15、图1.2.3.16）。出血在传染病、中毒、寄生虫病等疾病的诊断中有重要意义。破裂性出血是指血管受到机械损伤、炎症、肿瘤的侵蚀发生破损而出血。

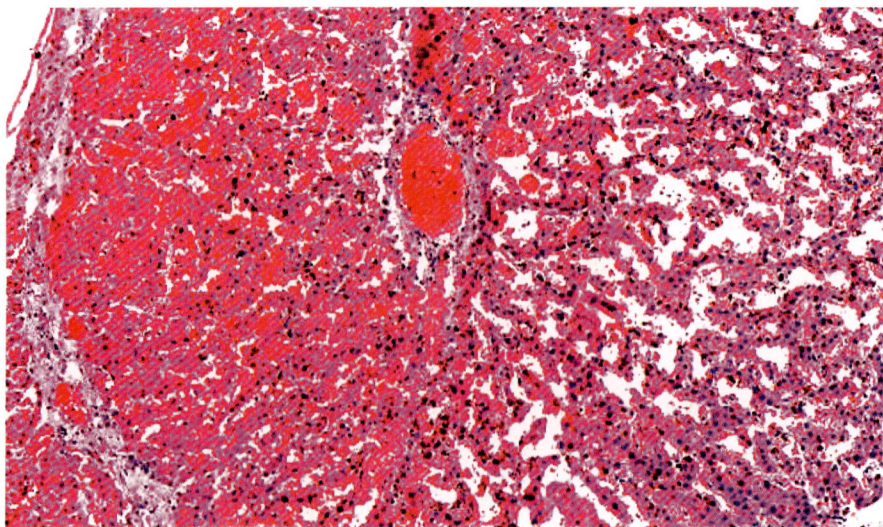

图1.2.3.1　肝淤血
中央静脉及其周围肝窦充满红细胞。HE×40

图1.2.3.2 肝淤血

肝窦显著扩张，充满红细胞，肝索
狭窄，肝细胞坏死，核浓缩，组织中有
含铁血黄素沉积。HE×400

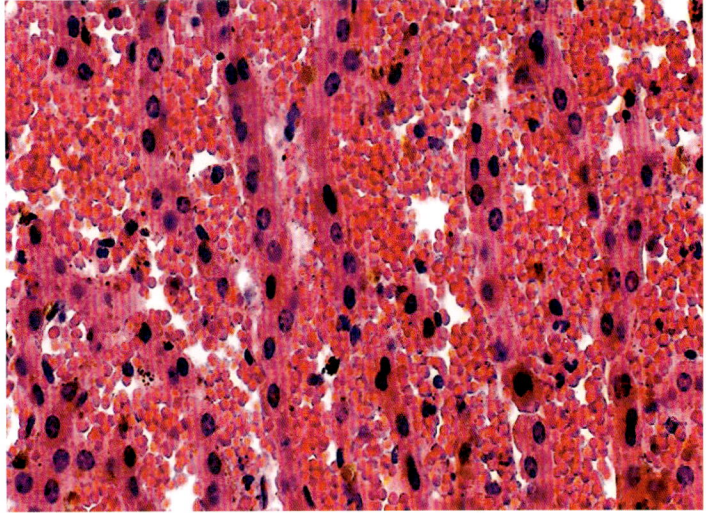

图1.2.3.3 肝淤血（鸡）

肝窦内充满红细胞，肝索萎缩，有
两处出血灶。HE×200

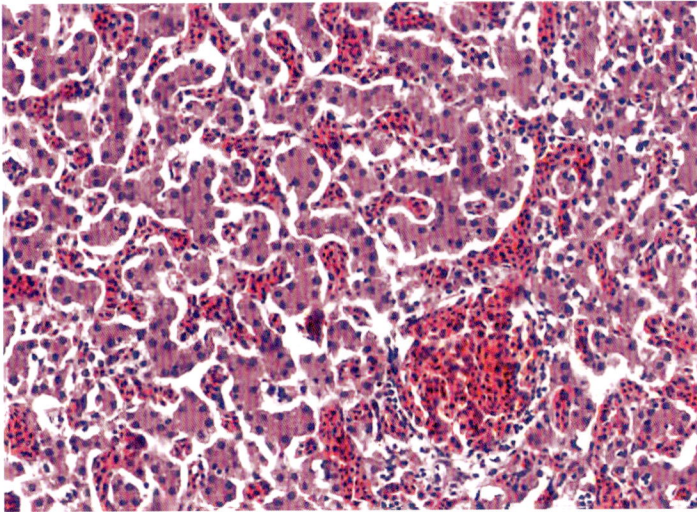

图1.2.3.4 脾淤血

脾脏小血管内充满红细胞。HE×400

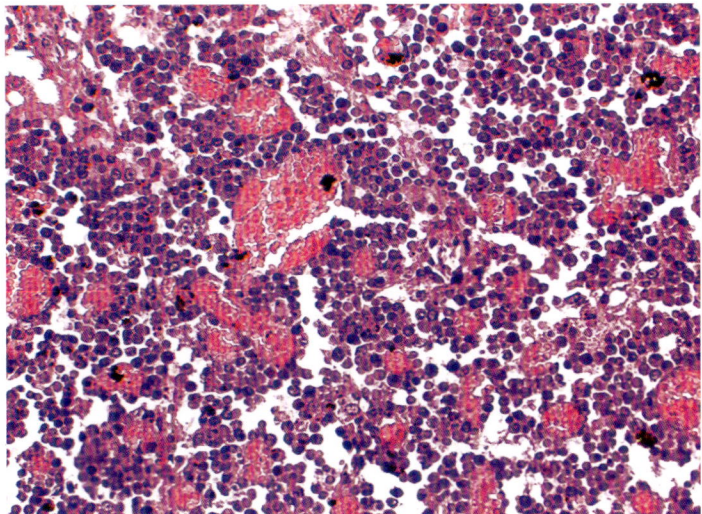

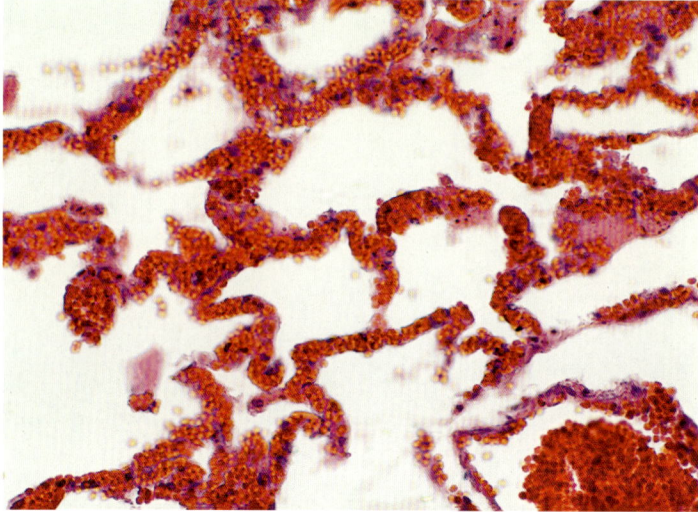

图1.2.3.5　肺淤血
肺泡壁毛细血管内充满红细胞。HE×400

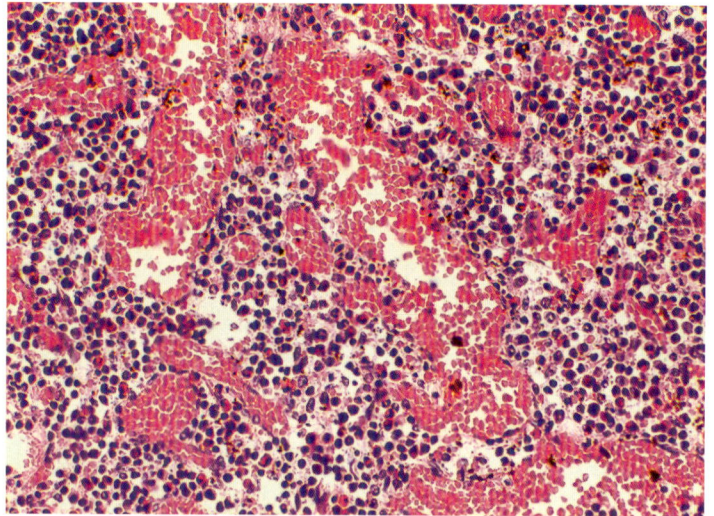

图1.2.3.6　淋巴结淤血
淋巴窦内淤积大量红细胞。HE×400

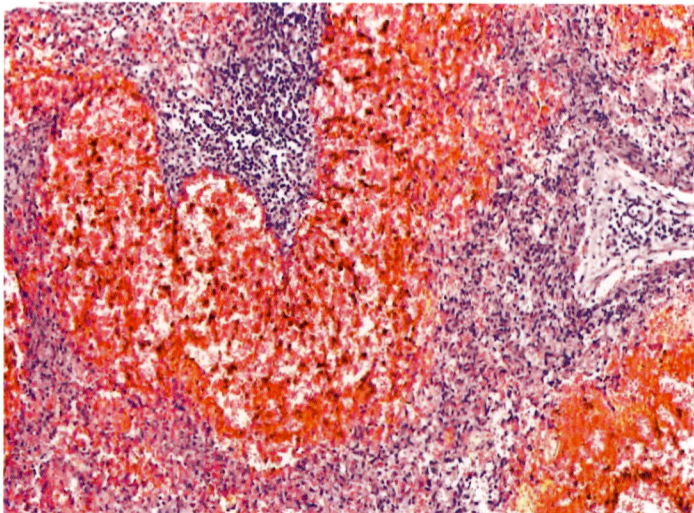

图1.2.3.7　淋巴结出血
淋巴结大面积出血、淤血。HE×100

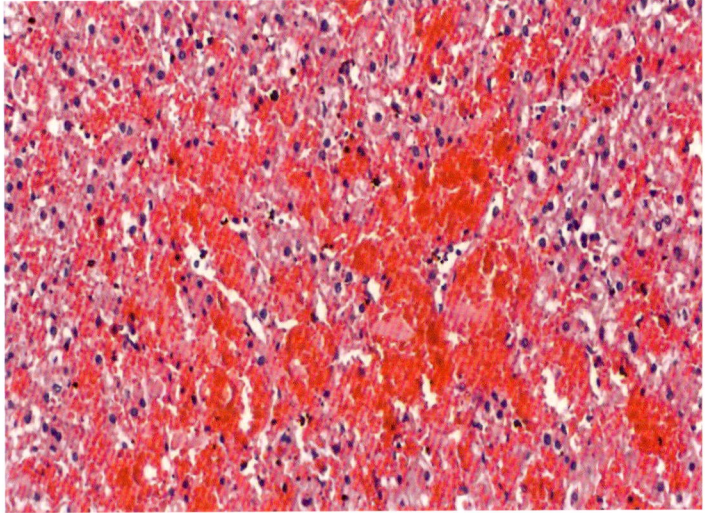

图1.2.3.8　淋巴结出血
淋巴结严重出血。HE×100

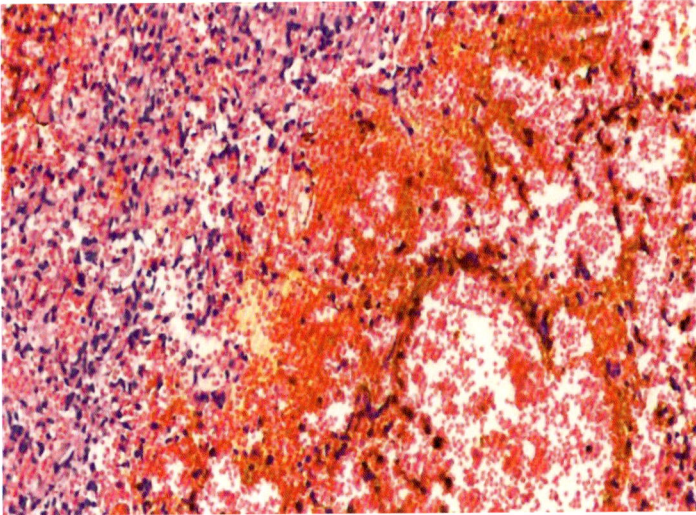

图1.2.3.9　肝出血
肝脏大面积出血。HE×100

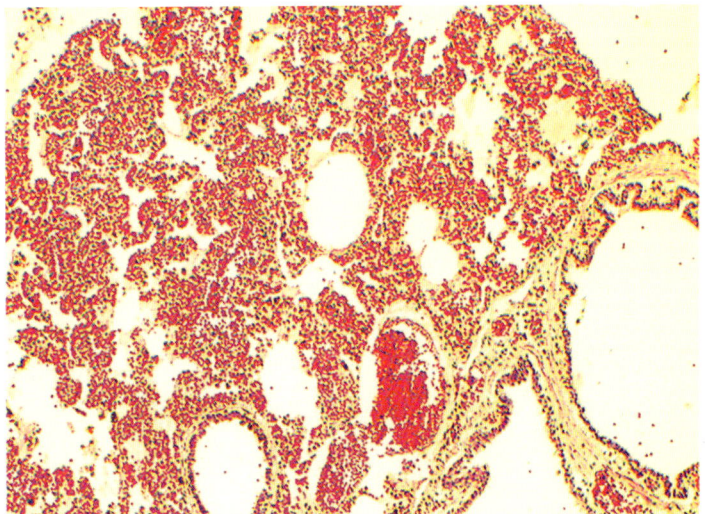

图1.2.3.10　肺出血、淤血
肺脏严重出血、淤血。HE×40

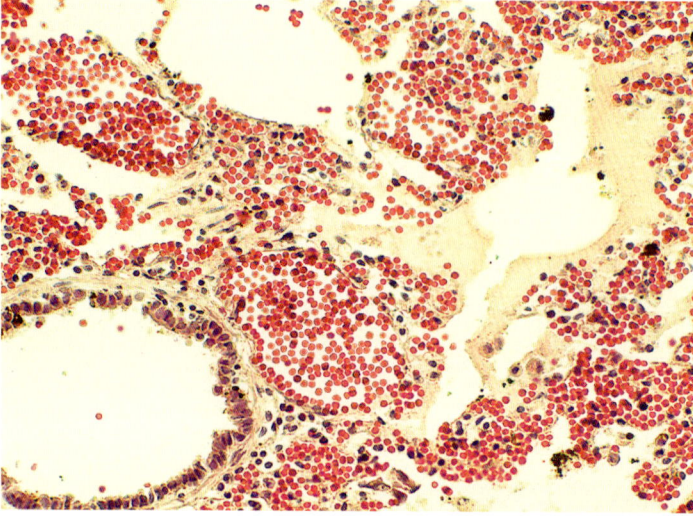

图 1.2.3.11　肺出血、淤血
肺泡和肺间质内出血，淤积大量红细胞和淡黄色浆液。HE×400

图 1.2.3.12　肾出血
肾小管之间成堆集聚的红细胞，肾小管上皮细胞变性、脱落。HE×400

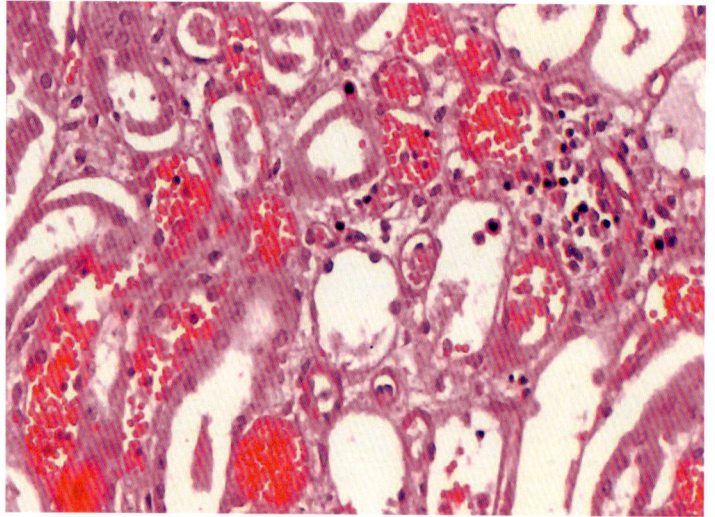

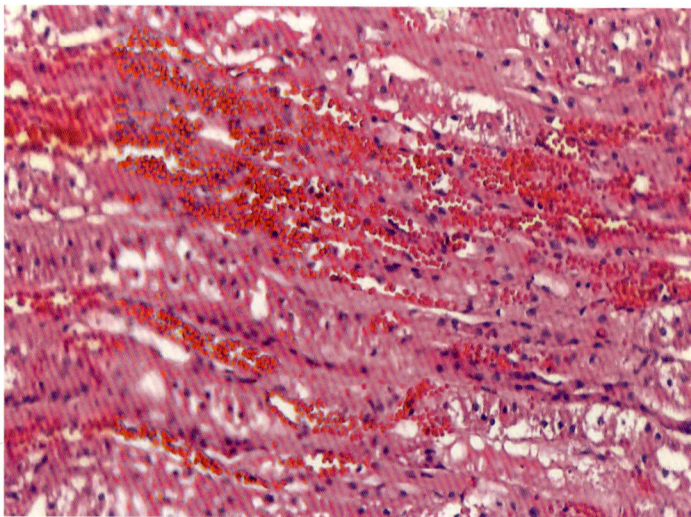

图 1.2.3.13　肾出血
肾小管间质内蓄积大量红细胞。HE×200

图1.2.3.14 肾出血
肾小管之间发生出血。HE×400

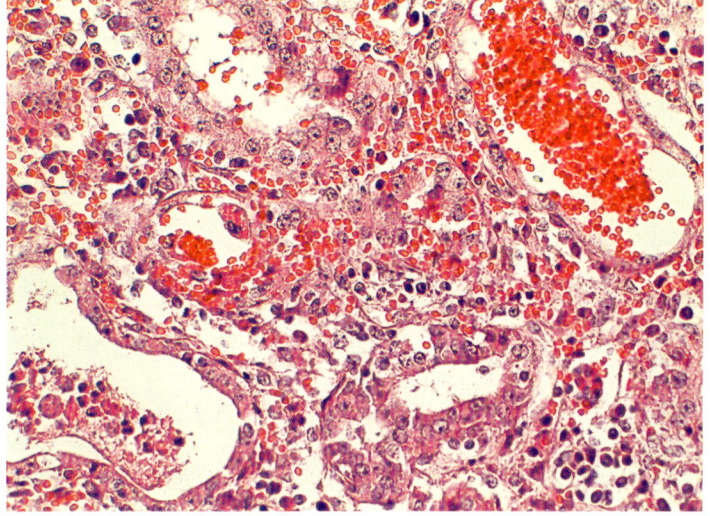

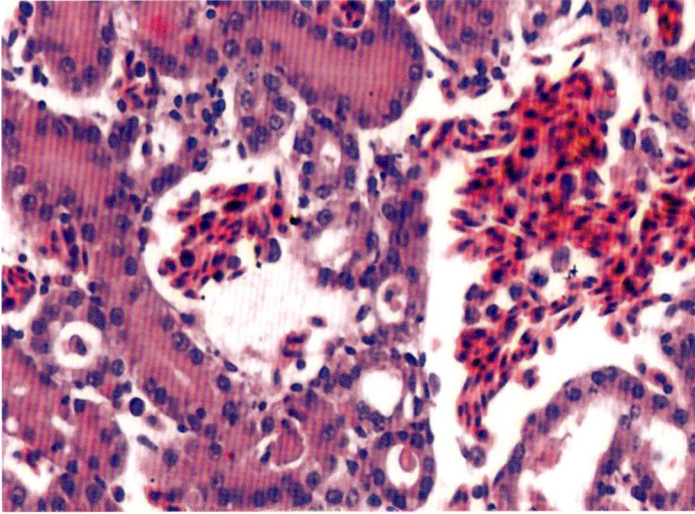

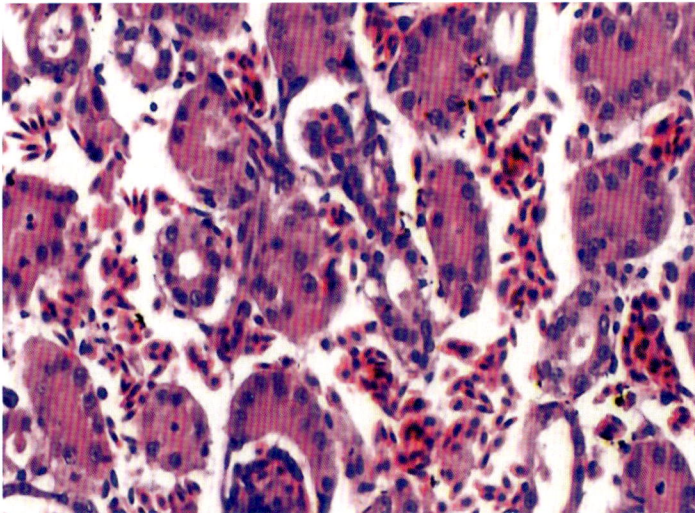

图1.2.3.15 肾出血（鸡）
肾间质中蓄积大量红细胞。HE×400

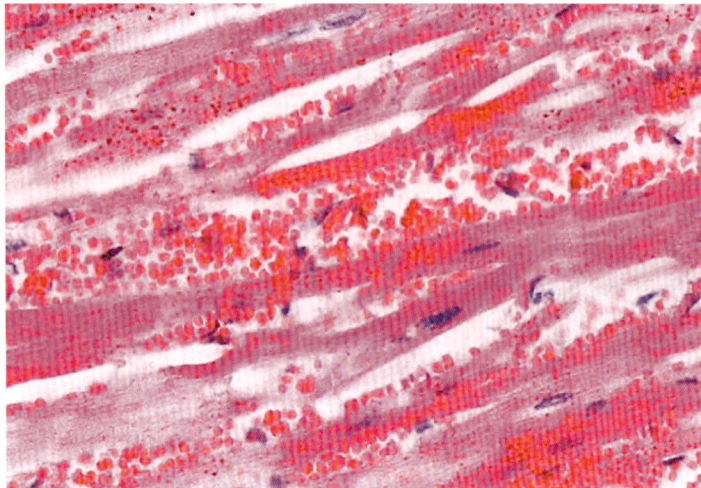

图1.2.3.16　心肌出血

心肌纤维之间有大量红细胞聚集。HE×400

三、血栓形成、栓塞与梗死

血栓形成是指在活体的心脏或血管内，血液发生凝固或凝聚而形成固体物质的过程。所形成的固体物质称为血栓。根据血栓形成的过程和特点，分为白色血栓、混合血栓、红色血栓和微血栓。白色血栓是血栓的头，白色血栓由大量纤维蛋白、白细胞和少量红细胞构成；混合血栓是血栓的体，是由血小板、纤维蛋白、红细胞、白细胞呈层状排列构成；红色血栓是血栓的尾，由大量红细胞及少量血小板、纤维蛋白和白细胞构成。在脑部、肺脏、肾小球中尚可见微血栓形成，微血栓主要是由纤维蛋白构成，微血栓也称透明血栓（图1.2.3.17、图1.2.3.18、图1.2.3.19、图1.2.3.20、图1.2.3.21、图1.2.3.22、图1.2.3.23、图1.2.3.24、图1.2.3.25、图1.2.3.26、图1.2.3.27、图1.2.3.28）。

栓塞是指在正常血液中出现异常固体物质阻塞血管的过程。该固体物质称为栓子，常见栓子有血栓栓子、细菌栓子、寄生虫栓子、空气栓子等。

梗死是指组织器官因动脉血流断绝而导致的局限性坏死，又可分为贫血性梗死（白色梗死）和出血性梗死（红色梗死）（图1.2.3.29）。

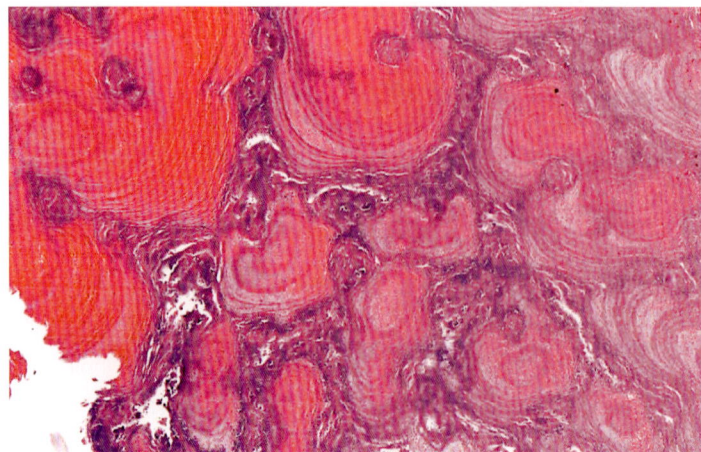

图1.2.3.17　混合血栓（横切）

血栓横切面，像树木的年轮样结构，可揭示血栓形成过程。HE×20

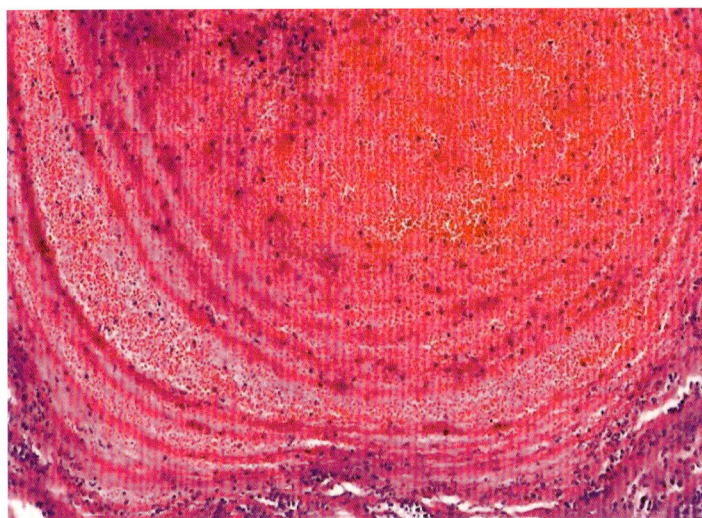

图 1.2.3.18　混合血栓（横切）
血栓横切面，像树木的年轮样结构，可揭示血栓形成过程。HE×40

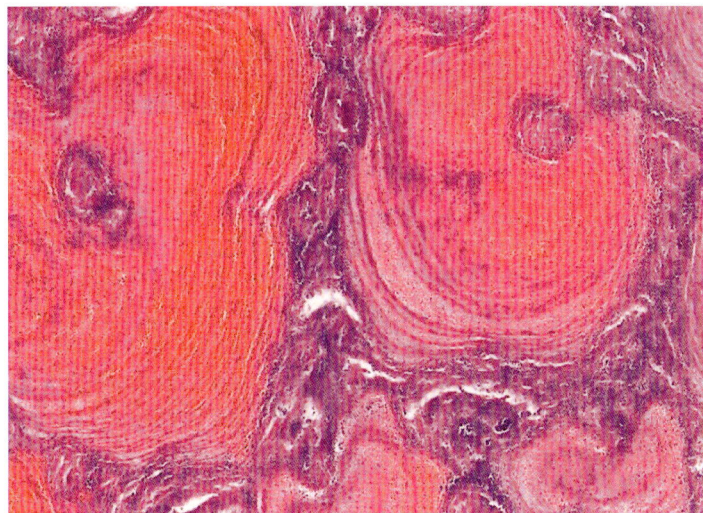

图 1.2.3.19　混合血栓（横切）
白色部分由大量纤维蛋白、血小板、白细胞和少量红细胞构成，红色部分由大量红细胞及少量血小板、纤维蛋白和白细胞构成，由于成分不同而呈现红白交替的轮层状。HE×100

图 1.2.3.20　混合血栓（横切）
血栓的最外层是由血小板和纤维蛋白形成的白色血栓，中心是由红细胞和纤维蛋白形成的红色血栓，其中有少量白细胞。HE×200

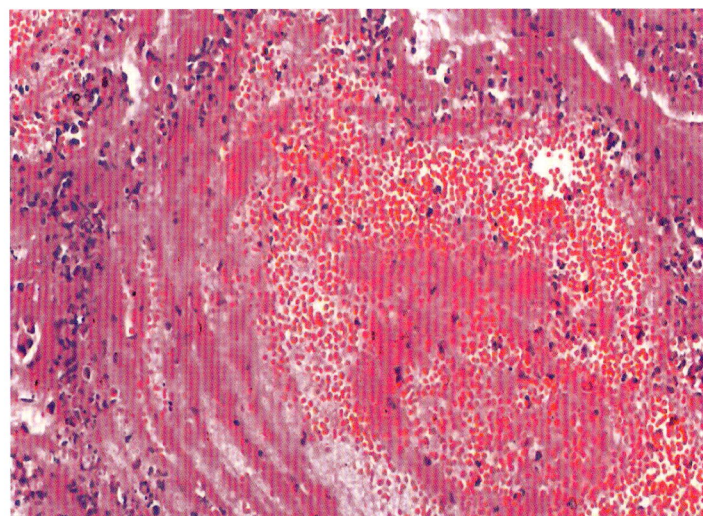

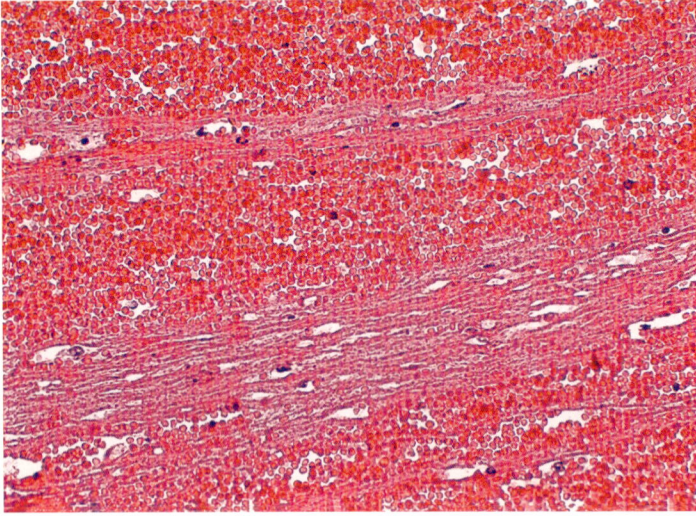

图 1.2.3.21　脾脏血栓
脾脏混合血栓。HE × 100

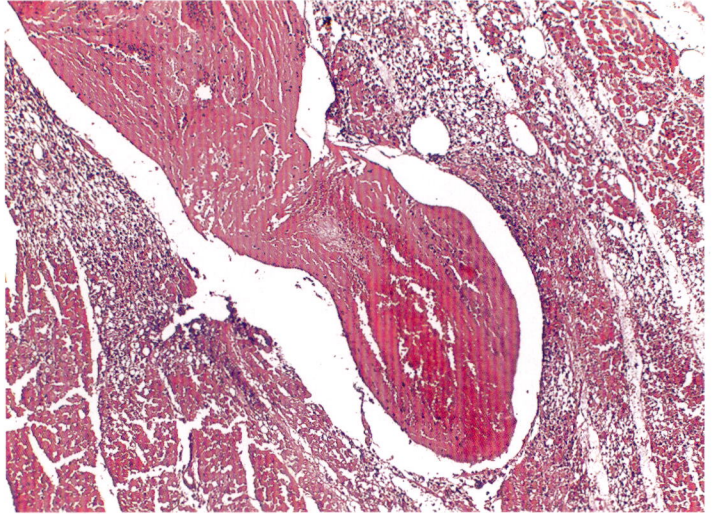

图 1.2.3.22　肝脏混合血栓（纵切）
纤维蛋白与红细胞明显呈层状分布。
HE × 100

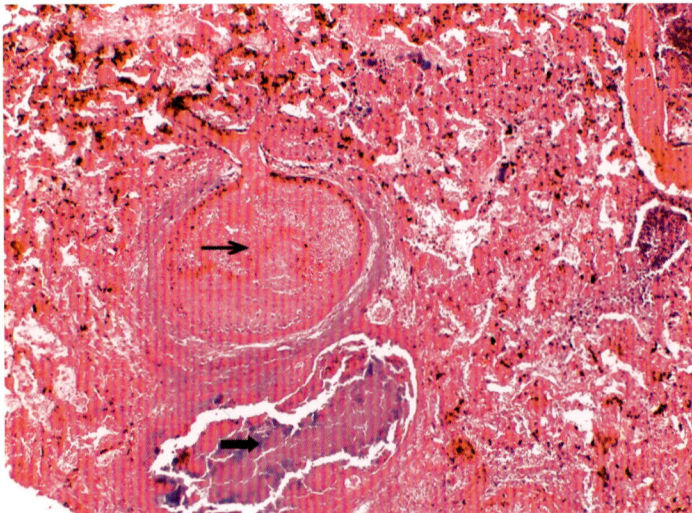

图 1.2.3.23　肺血栓
图中有一个较大的混合血栓（➡），其下方的血栓已经发生机化和钙化（➡），右上角有一个微血栓，肺泡腔内有红细胞和浆液渗出。HE × 100

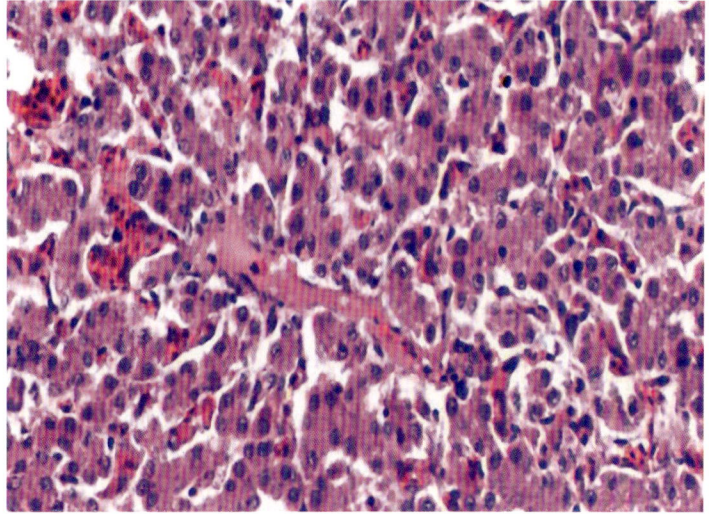

图 1.2.3.24　肝疑似微血栓（鸡）
　　肝组织中疑似有一个微血栓，实际是凝固的血浆。HE ×20

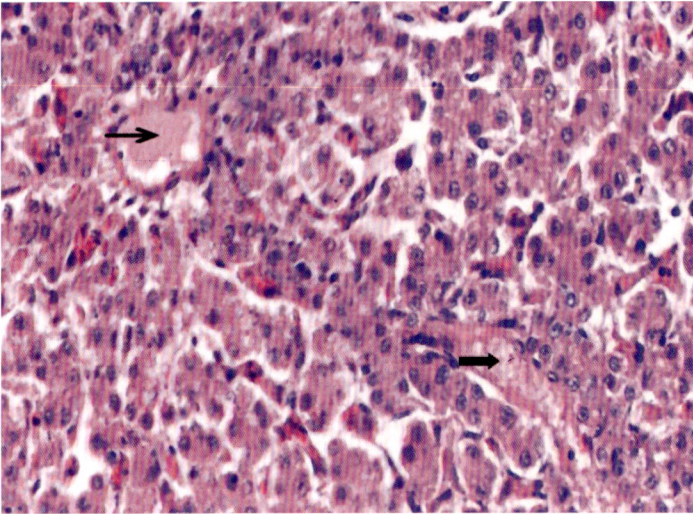

图 1.2.3.25　肝疑似微血栓（鸡）
　　肝窦和小血管中的疑似微血栓（实际上是血浆凝块）。血栓横切面（→），纵切面（➡）。HE ×20

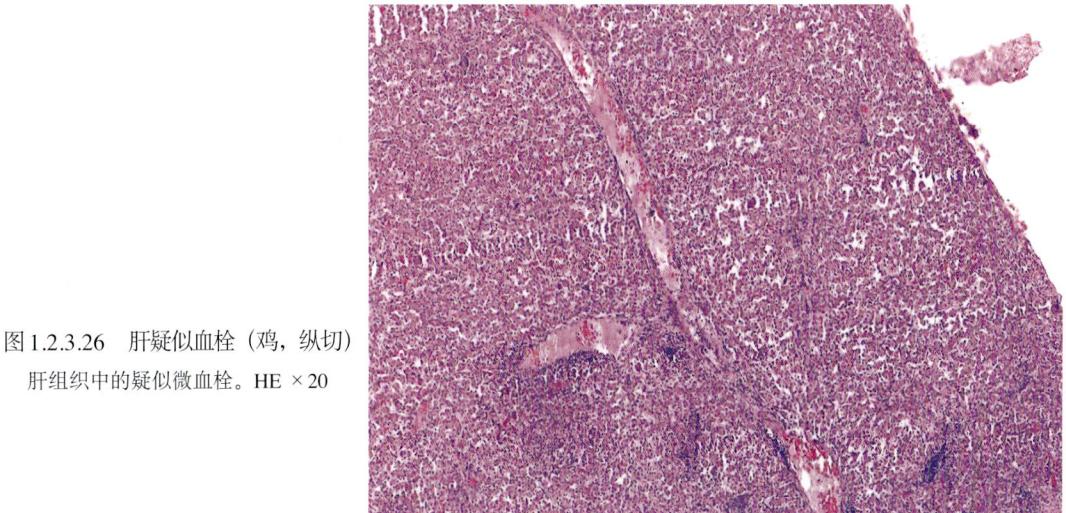

图 1.2.3.26　肝疑似血栓（鸡，纵切）
　　肝组织中的疑似微血栓。HE ×20

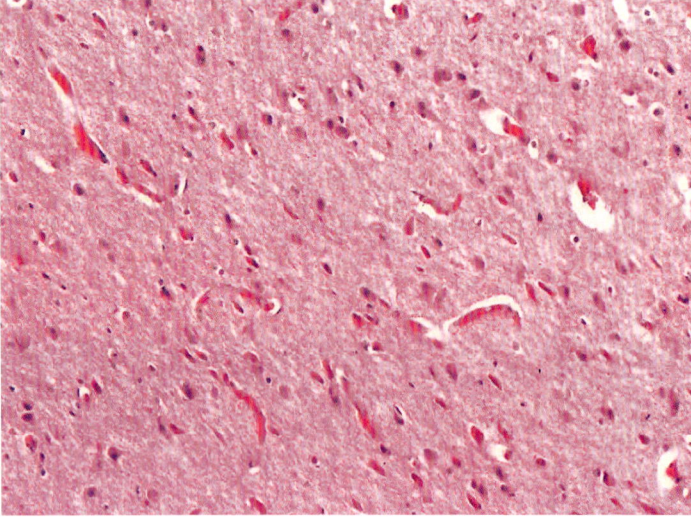

图1.2.3.27　脑部微血栓
小脑中有大量微血栓形成。HE×200

图1.2.3.28　肾间质内微血栓
肾间质小血管中有微血栓形成。HE×200

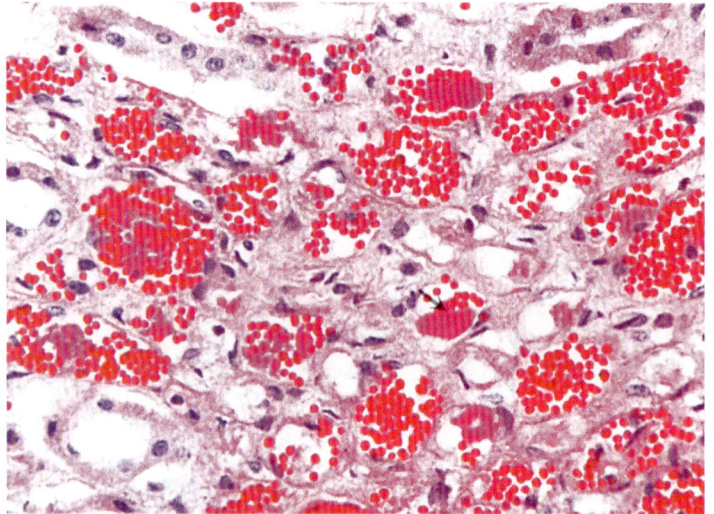

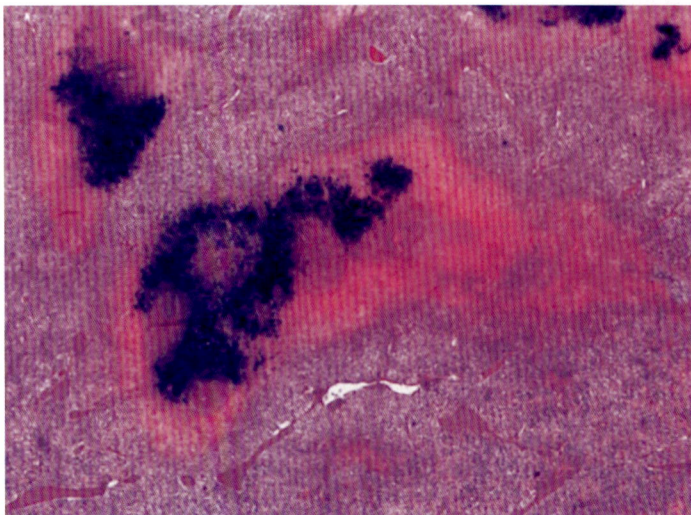

图1.2.3.29　脾脏贫血性梗死
脾脏中的梗死灶，梗死灶内部已经
发生钙化。HE×20

四、水肿

水肿是指组织液在组织间隙蓄积过多，致使某些腔性器官如胸腔、腹腔、心包、脑室、阴囊等积水过多，又称为积水（图1.2.3.30、图1.2.3.31）。

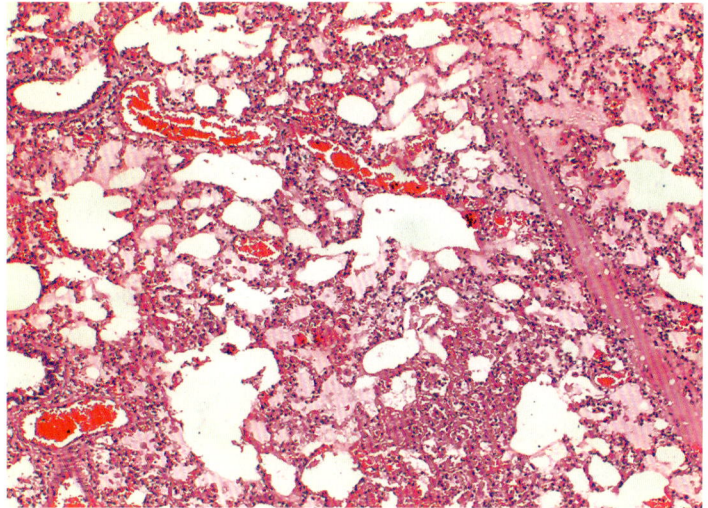

图1.2.3.30　肺水肿

肺间质增宽，充满淡红色浆液，部分肺泡腔中也蓄积水肿液。HE×100

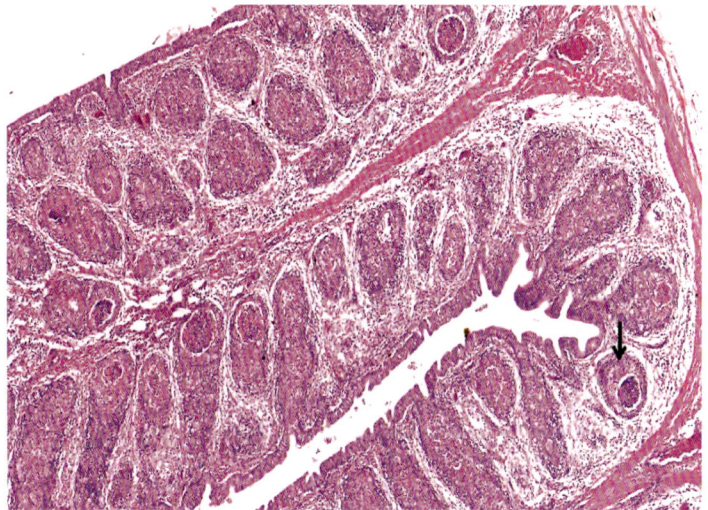

图1.2.3.31　法氏囊水肿

法氏囊被膜下、滤泡间蓄积大量透明液体，淋巴滤泡坏死（➡）。HE×100

第四节　适应与修复

一、适应

适应是机体为应对内、外环境条件变化而发生的各种积极有效的防御反应，这些反应是在动物进化中逐步获得而完善的。由于适应性反应使机体的机能、代谢和形态结构逐渐发生相应改变，因而适应新的环境条件。适应性反应在动物生存和种系进化中具有重要意义。适应反应包括细胞和器官的萎缩、肥大和化生。

1.萎缩　是指已经发育正常的组织器官，由于营养缺乏或致病因素的作用，导致组织器官的细胞体积缩小、数量减少，而致器官体积缩小、功能减退。萎缩对于动物机体具有"舍车马保主帅"作用，即非生命重要器官组织先发生萎缩，让营养物质保障重要器官使用。萎缩可分为生理性萎缩和病理性萎缩。生理性萎缩与动物年龄和激素有关，随着年龄增长，器官的功能减退、体积缩小，如老龄动物往往瘦小，故又称年龄性萎缩。病理性萎缩是由致病因素引起的，又可分为全身性萎缩和局部性萎缩。全身性萎缩是由于营养缺乏或某些消耗性疾病导致动物营养不良而至全身组织萎缩，这种萎缩具有一定适应意义，这时那些次要的组织器官的营养供应减少，以保证生命攸关的器官的营养供应。萎缩有一定顺序性，首先发生萎缩的是脂肪组织，其次是肌肉组织，然后是其他组织器官。这种萎缩是可复性的，一旦疾病痊愈，营养得以恢复，萎缩的组织仍然可以恢复。局部性萎缩又分为废用性萎缩、压迫性萎缩、神经性萎缩和激素性萎缩，这些萎缩不可恢复。萎缩的组织学变化表现为细胞体积缩小、数量减少，由于体积缩小，胞核显得密集（图1.2.4.1、图1.2.4.2、图1.2.4.3、图1.2.4.4）。

2.肥大　可分为生理性肥大和病理性肥大。生理性肥大时，组织细胞体积增大、数量增多，功能增强，具有适应代偿作用。病理性肥大又分为真性肥大和假性肥大。真性肥大是实质细胞数量增多，体积增大，具有适应代偿作用。假性肥大是由于间质细胞增生，实质细胞减少而导致的肥大，不具有适应代偿意义。

3.化生　已经发育成熟的组织，为了适应改变了的生活环境或受理化因素刺激，在形态和机能上完全转变为另一种组织的过程，称为化生。

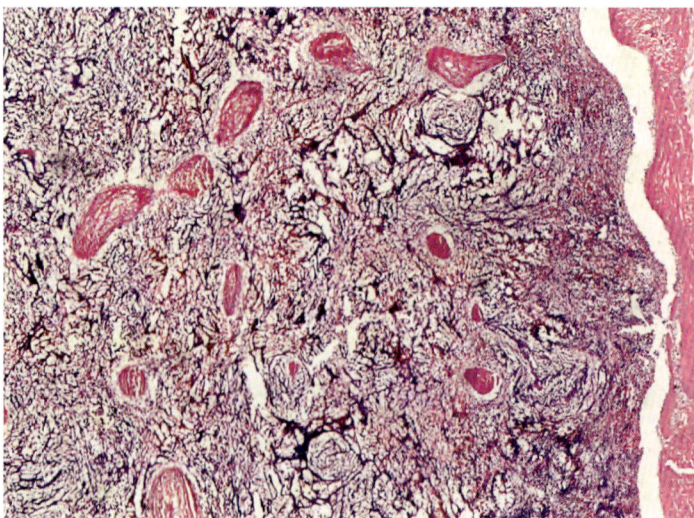

图1.2.4.1　脾脏萎缩

脾脏淋巴组织萎缩、消失，仅存网状纤维组织和脾小梁，被膜显著增厚。HE×20

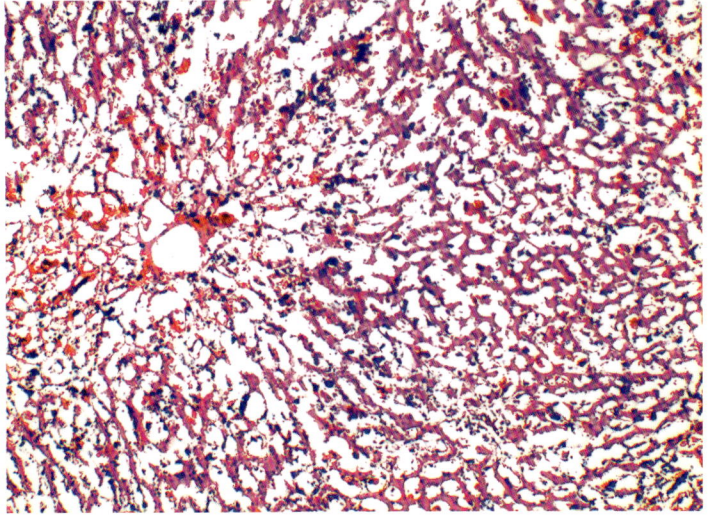

图1.2.4.2　肝脏萎缩
肝细胞萎缩，肝索变狭窄，肝窦相对增宽。HE×100

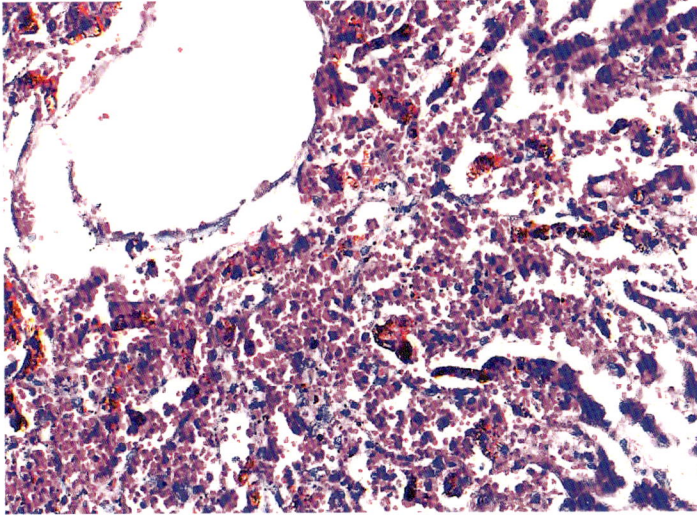

图1.2.4.3　肝脏萎缩
肝窦内淤积大量红细胞，肝索被压迫而萎缩变窄。HE×200

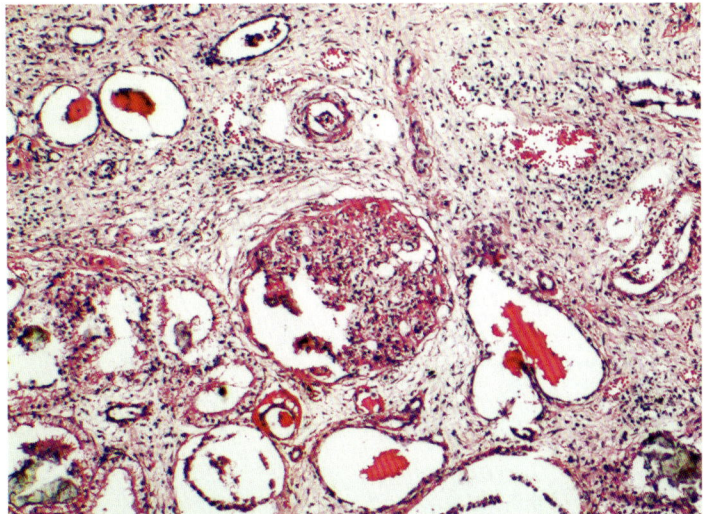

图1.2.4.4　慢性萎缩性肾炎
肾小球大多数萎缩、纤维化和玻璃样变，间质大量结缔组织增生，淋巴细胞浸润，肾小管上皮细胞变性、坏死。HE×100

二、修复

动物机体在疾病时可能会造成组织结构的损伤，然而机体在进化过程中逐步获得了自我修复的能力，使损伤的组织的形态结构和机能得以恢复，这个过程称为修复。修复是通过再生进行的，各种组织的再生能力差别很大，有些组织可以完全再生，如结缔组织、上皮组织、骨等再生能力很强，有些再生能力较弱，如软骨、肌肉、神经、肌腱等。再生能力弱的组织损伤后通常是通过结缔组织再生进行修复，即通过肉芽组织增生来完成修复（图1.2.4.5、图1.2.4.6、图1.2.4.7、图1.2.4.8、图1.2.4.9）。

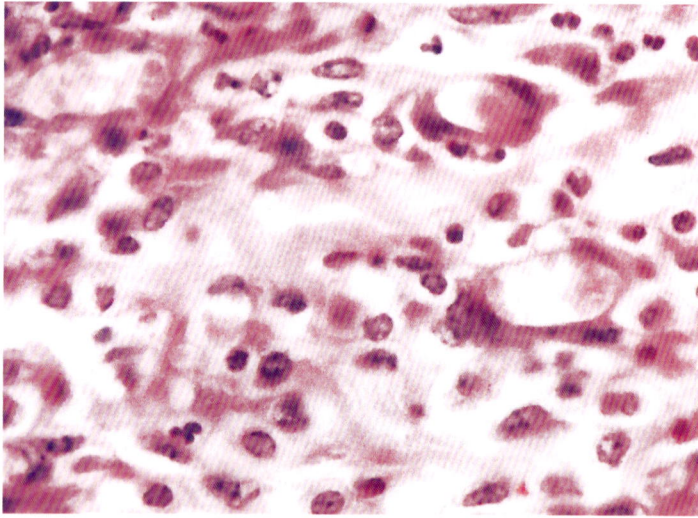

图1.2.4.5　肉芽组织

肉芽组织是由新生的毛细血管、成纤维细胞和炎性细胞组成的幼嫩的结缔组织。HE×1 000

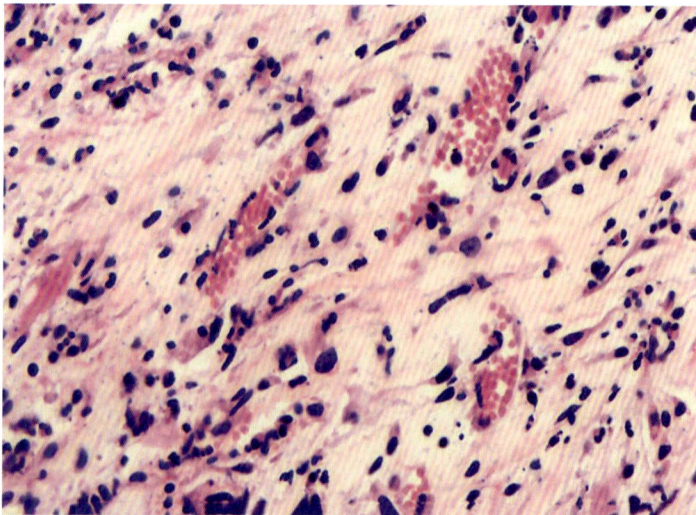

图1.2.4.6　肉芽组织

大量成纤维细胞和毛细血管组成肉芽组织，其中散布着炎性细胞和坏死细胞。HE×400

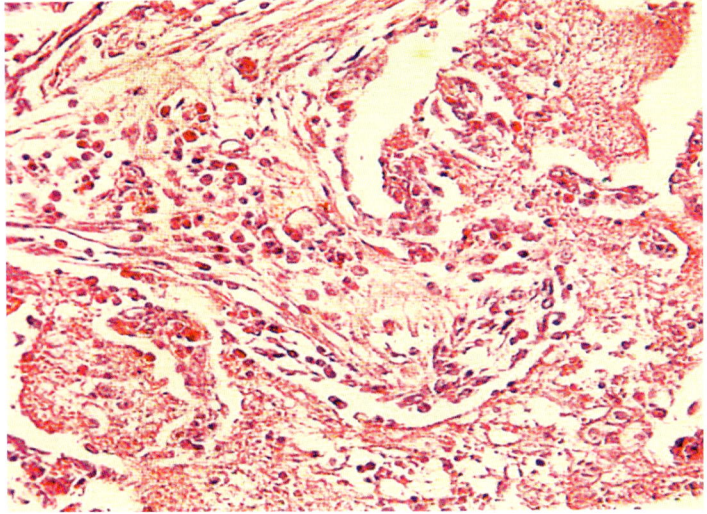

图1.2.4.7　炎性渗出物机化
　肺泡腔内炎性渗出物机化，被结缔
组织取代。HE×400（陈怀涛）

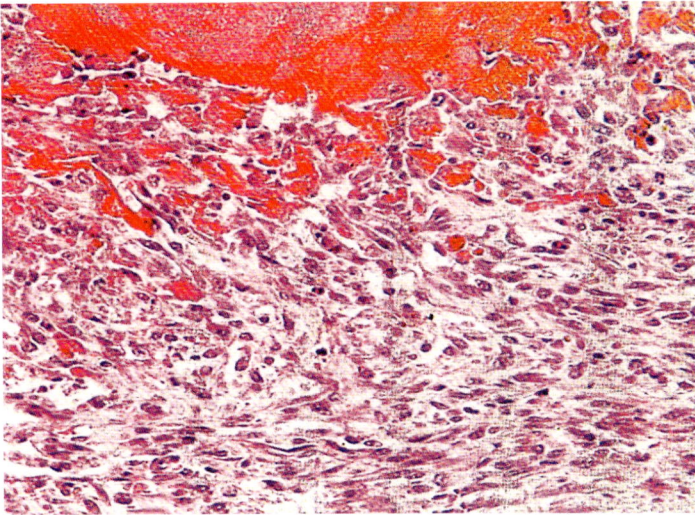

图1.2.4.8　血栓机化
　心内膜血栓被增生的肉芽组织取代。
HE×400（陈怀涛）

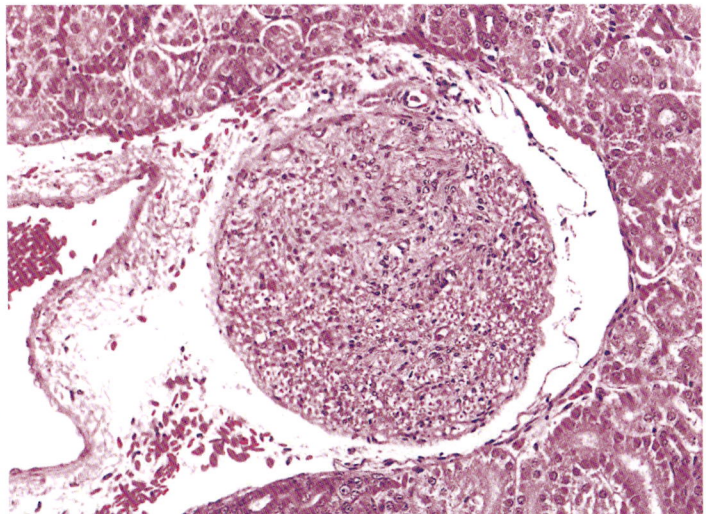

图1.2.4.9　血栓机化（鸡肾脏）
　图中一个血栓被肉芽组织取代（横
切面）。HE×200

第五节 炎 症

炎症又称发炎，是机体为应对各种致病因素造成的损伤而发生的防御性反应。几乎所有疾病都会以炎症形式表现出来，很多疾病直接以炎症命名，如肺炎、肝炎、脑炎、胃肠炎、肾炎、心肌炎、结膜炎等。

炎症是以组织细胞的损伤开始，继而发生血液循环障碍，最后以损伤组织的修复结束。这个过程可以概括为变质、渗出、增生三个基本病理过程。根据炎症性质，可分为变质性炎、渗出性炎和增生性炎，实际上它们是炎症的不同发展阶段。根据渗出物的性质，又可分为浆液性炎、黏液性炎、化脓性炎、纤维素性炎等。根据炎症的进展速度，可分为急性炎症、亚急性炎症和慢性炎症。炎症的组织学变化特征表现为炎灶区内组织细胞的变性、坏死、血液循环障碍（如充血、淤血、出血，血栓形成和栓塞，以及液体成分渗出和炎性细胞浸润）和修复性反应（细胞组织增生）。

一、常见的炎性细胞

常见的炎性细胞有：中性粒细胞、嗜酸性粒细胞、嗜碱性粒细胞、单核细胞、巨噬细胞、上皮样细胞、巨细胞、淋巴细胞等。

1.**中性粒细胞** 常出现在急性炎症和化脓性炎症中。急性炎症时，全身血液中的中性粒细胞明显增多，并出现幼稚型粒细胞，此称为核左移，表明机体抵抗力强大；如果出现大量成熟型（即分叶核）粒细胞，则称为核右移，表明抗体抵抗力低下。中性粒细胞胞质中有淡红色微细的中性颗粒，由于中性粒细胞分化程度不同而有不同的形态，根据核分化程度分为中性幼稚型粒细胞，其核呈弯曲的短杆状；中性杆状核粒细胞，其核较长，明显弯曲；中性分叶核粒细胞，其核呈明显的分叶，分叶之间有细丝状连接（图1.2.5.1、图1.2.5.2、图1.2.5.3）。中性粒细胞在化脓灶中发生变性、坏死，核浓缩、碎裂或溶解消失，而称为脓细胞。

2.**嗜酸性粒细胞** 在过敏性炎症和寄生虫病过程中，外周血和组织中常出现嗜酸性粒细胞，因其胞质中有较大的嗜酸性颗粒，故称嗜酸性粒细胞。嗜酸性粒细胞可分为嗜酸性幼稚型粒细胞和嗜酸性分叶核粒细胞。前者细胞核短粗微弯，后者细胞核明显分叶（图1.2.5.4、图1.2.5.5）。

3.**嗜碱性粒细胞** 嗜碱性粒细胞呈圆形或球形，细胞核呈S形或不规则形，细胞质内含有蓝色颗粒。该细胞常与过敏反应性疾病有关。

4.**单核细胞** 单核细胞是最大的白细胞，胞质微嗜酸性，核较大，呈多形性，如弯曲的粗杆状、马蹄形、肾形、圆形等，因其核相对较大，常称为大单核细胞，单核细胞游出到组织中时又称为组织细胞。在不同致病因素作用下，单核细胞可转化为巨噬细胞、上皮样细胞和巨细胞等。

5.**巨噬细胞** 来源于血液中的单核细胞，具有强大的吞噬功能，常出现在炎症后期、慢性炎症、病毒感染、寄生虫病等过程中。其形态、大小差异很大，一般情况下体积较大，圆形或椭圆形，胞质丰富，染色较淡，胞质内常含有吞噬物。核圆形，相对较大，呈泡沫状，核仁明显（图1.2.5.6、图1.2.5.7）。

6.**上皮样细胞** 上皮样细胞是在致病因素作用下由单核细胞转化而来的，其个体较大，常连片存在，细胞界限不清楚，与上皮细胞相似，故而得名。上皮样细胞多出现在肉芽肿性炎症中，如结核结节、霉菌结节中。

7.**巨细胞** 也是由单核细胞演化而来，因其体积巨大，胞质丰富，胞核很多，一个细胞内可以有几十个乃至上百个胞核，故又称多核巨细胞。根据疾病不同和胞核排列的情况，可分为异物巨细胞和朗格汉斯细胞。异物巨细胞的胞核众多，排列杂乱无章，常出现在异物存在的病灶中，如霉菌菌丝体周围、组织内的异物周围、坏死组织周围（图1.2.5.8、图1.2.5.9）。朗格汉斯细胞，细胞体积巨大，胞质丰富，胞核很多，胞核沿细胞周边排列，多出现在传染性疾病的肉芽肿中，如结核结节中（图1.2.5.10）。

8.**淋巴细胞** 淋巴细胞是由脾脏、淋巴结、胸腺、禽类的法氏囊等组织产生的。根据形态大小，可分为大、中、小淋巴细胞。按照功能可将淋巴细胞分为T淋巴细胞和B淋巴细胞。前者可以分泌各种淋巴因子，具有细胞免疫功能。后者在致病因素（抗原）作用下转化为浆细胞，浆细胞能分泌抗体，具有体液免疫功能。淋巴细胞除了大小不同外，形态结构大致相同，胞质较少、呈蓝色，胞核较大、圆形、深染，其中小淋巴细胞是成熟的淋巴细胞，胞核深染，一侧凹陷（图1.2.5.11、图1.2.5.12、图1.2.5.13）。致敏的B淋巴细胞转

化为浆细胞，浆细胞胞质丰富，呈卵圆形或椭圆形，胞核位于细胞一端，核染色质粗大，沿核膜分布，形似车轮状（图1.2.5.14）。

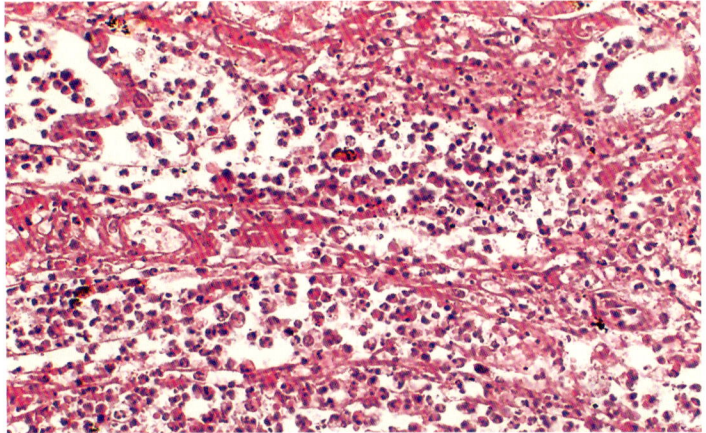

图1.2.5.1 中性粒细胞
病灶中大量中性粒细胞聚集，多数细胞变性、坏死，形成脓细胞。HE×100

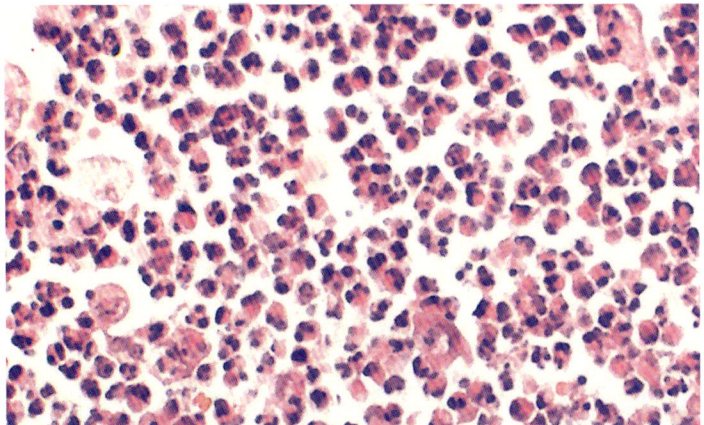

图1.2.5.2 中性粒细胞
病灶中中性粒细胞多为分叶核粒细胞。HE×400

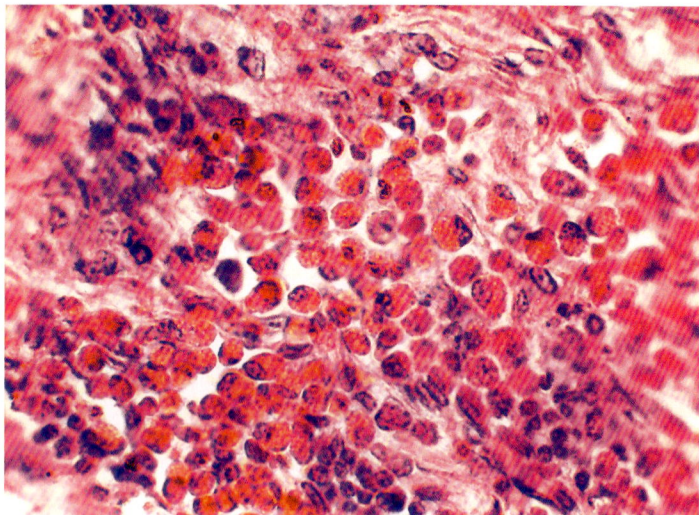

图1.2.5.3 中性粒细胞（鸡的异嗜性粒细胞）

鸡的异嗜性粒细胞胞质内有粗大的嗜酸性颗粒，胞核呈杆状或分叶状。HE×1 000

图1.2.5.4 嗜酸性粒细胞

胞质内有嗜酸性颗粒，核呈杆状或分叶状。HE×400

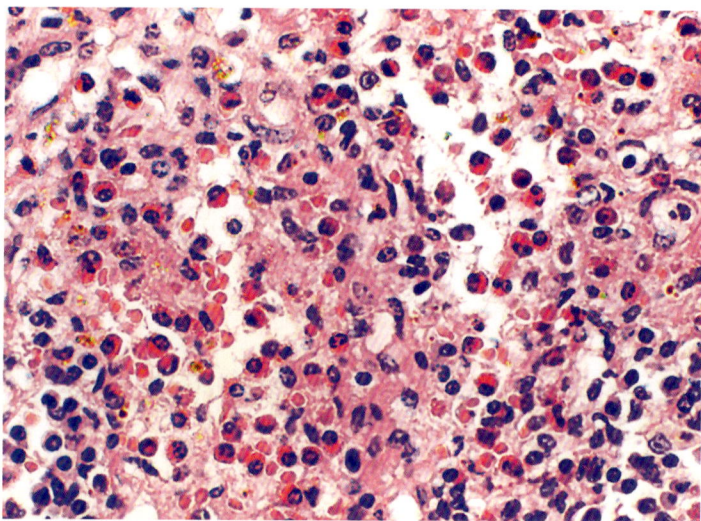

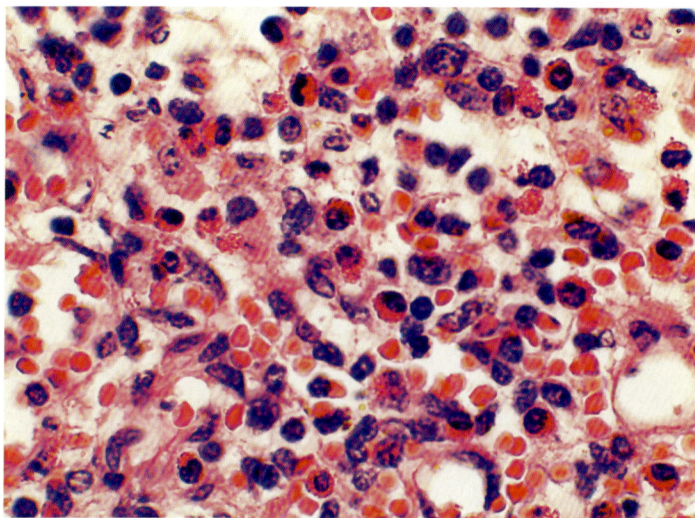

图1.2.5.5 嗜酸性粒细胞

胞质内有嗜酸性颗粒，核呈杆状或分叶状。HE×1 000

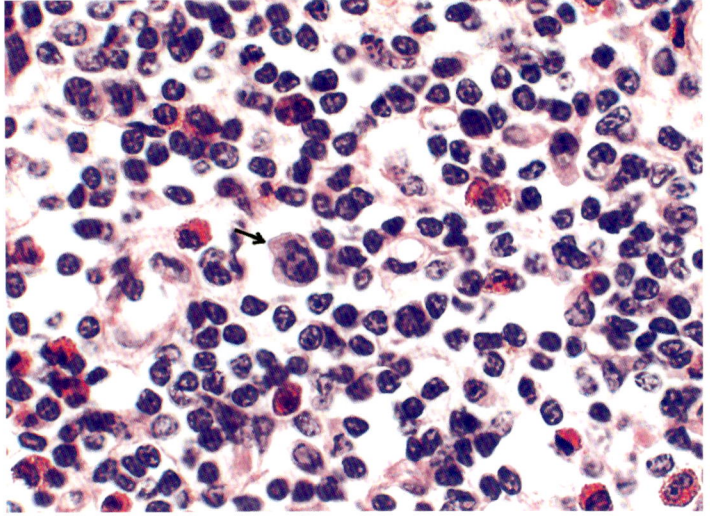

图1.2.5.6　巨噬细胞

巨噬细胞体积大，胞质丰富，呈不正圆形，胞核大，核膜明显（→），图中也有几个嗜酸性粒细胞。HE×1 000

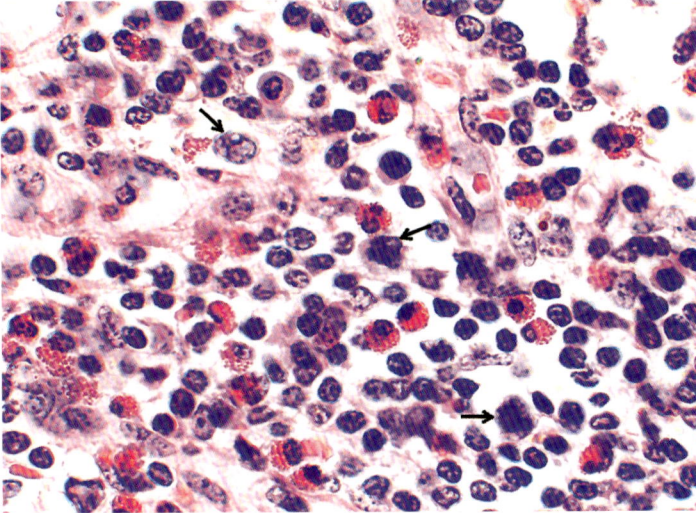

图1.2.5.7　巨噬细胞

图中有几个巨噬细胞（→）和嗜酸性粒细胞。HE×1 000

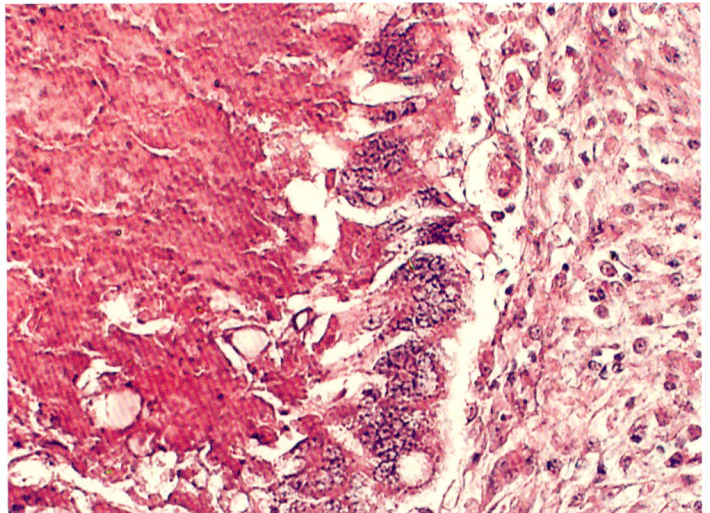

图1.2.5.8　异物巨细胞

干酪样坏死灶周围的异物巨细胞，细胞体积巨大，胞质丰富，胞核众多，无规则地分布在细胞内。HE×400

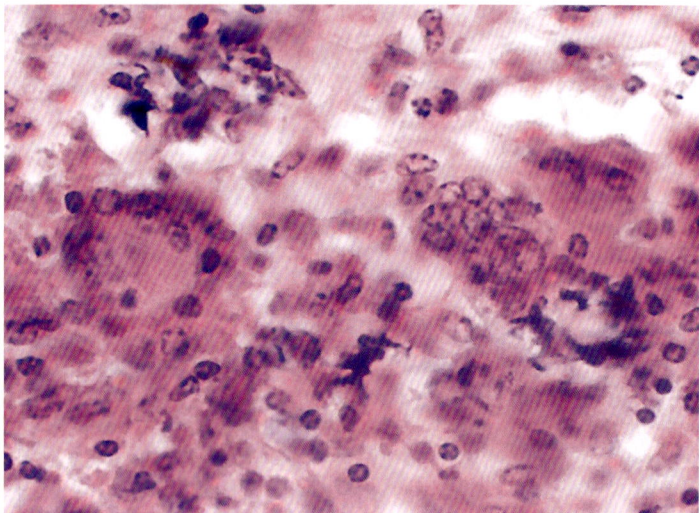

图 1.2.5.9　异物巨细胞

细胞体积较大，胞质丰富，胞核众多，无序堆积于细胞内，吞噬有异物。HE×400

图 1.2.5.10　朗格汉斯细胞

细胞体积巨大，胞质丰富，胞核众多，胞核排列在细胞周边，一般细胞一侧无胞核，像是张开大口吞噬东西。HE×1 000

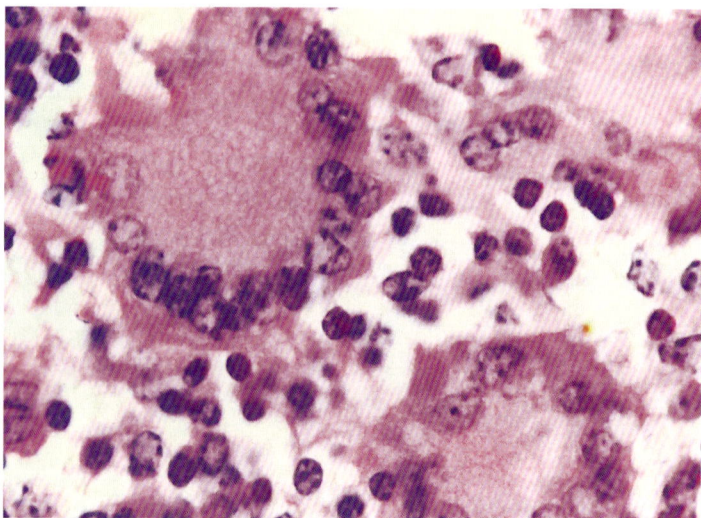

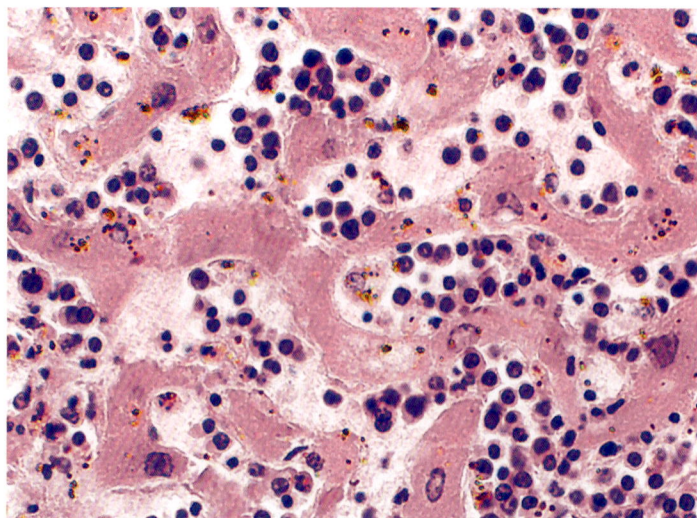

图 1.2.5.11　淋巴细胞

肝脏窦状隙内弥漫性存在许多淋巴细胞，其中有大、中、小淋巴细胞，胞核染色深，胞质少。HE×200

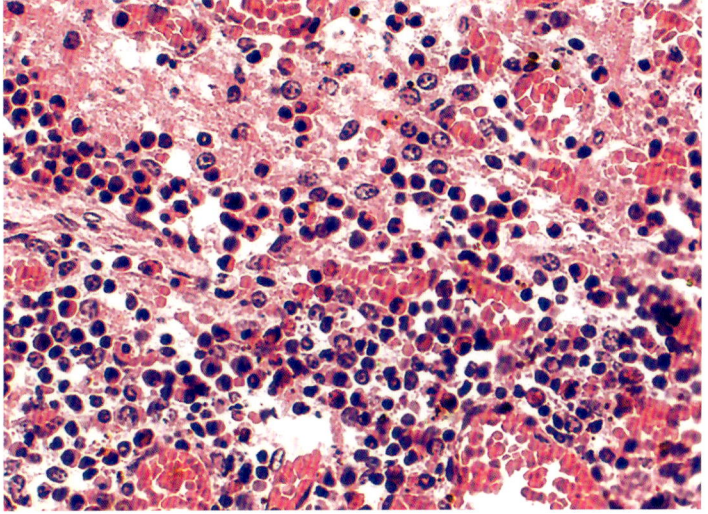

图1.2.5.12　淋巴细胞
组织之间浸润大量大小不等的淋巴细胞，毛细血管充血。HE×200

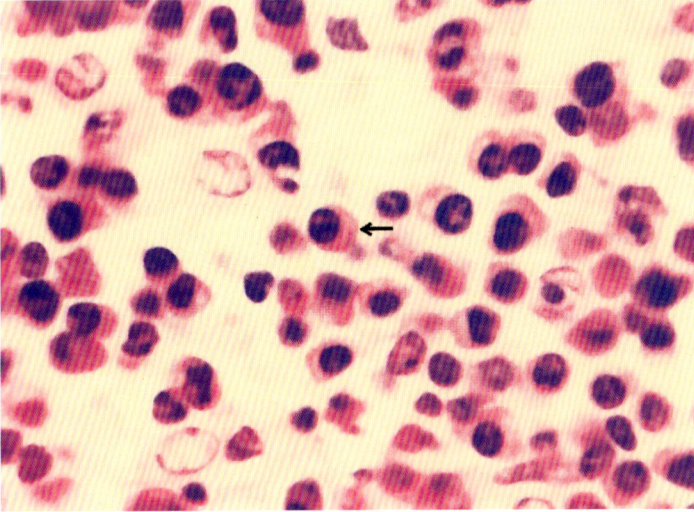

图1.2.5.13　淋巴细胞
肝组织中淋巴细胞聚集，其中有大、中、小淋巴细胞和浆细胞（➡）。HE×1 000

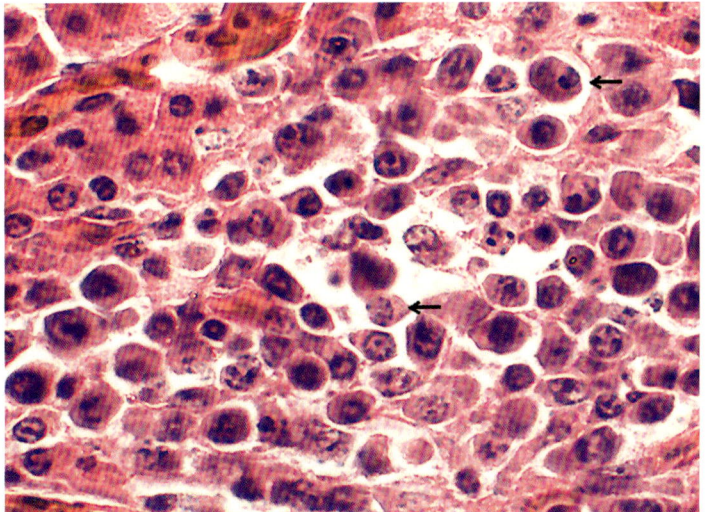

图1.2.5.14　浆细胞
浆细胞呈卵圆形或椭圆形，胞质较多，胞核深染，靠近细胞一端，呈圆形车轮样（➡）。HE×1 000

二、炎症的类型

1.变质性炎 是以组织器官的细胞变性、坏死为主要特征，渗出、增生较为次要。变质性炎常发生于实质器官，故又称实质性炎。如病毒性肝炎、犊牛或仔猪发生口蹄疫时的心肌炎等（图1.2.5.15、图1.2.5.16、图1.2.5.17）。

2.渗出性炎 以渗出为主，变质、增生次要。根据渗出物性质又分为浆液炎、卡他性炎、化脓性炎、纤维素性炎和出血性炎（图1.2.5.18、图1.2.5.19、图1.2.5.20、图1.2.5.21、图1.2.5.22、图1.2.5.23、图1.2.5.24）。

3.增生性炎 分为急性增生性炎和慢性增生性炎。前者以细胞增生为主，如急性肾小球肾炎；后者以间质（结缔组织）增生为主，如慢性肾小球肾炎（图1.2.5.25、图1.2.5.26、图1.2.5.27、图1.2.5.28、图1.2.5.29、图1.2.5.30、图1.2.5.31）。

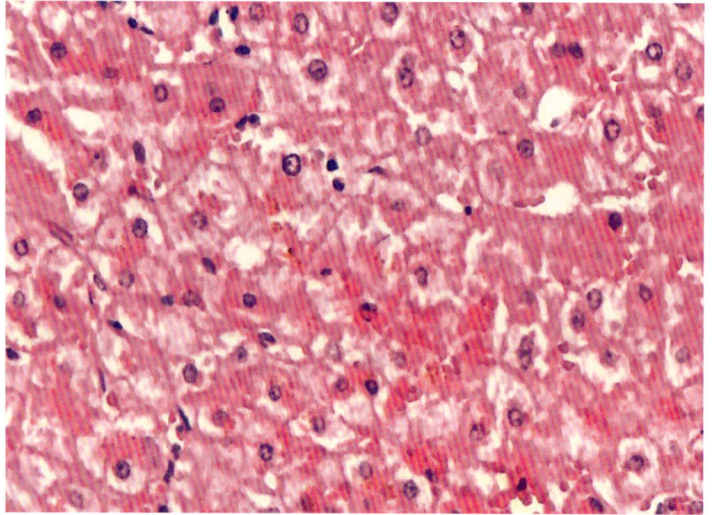

图1.2.5.15　变质性肝炎
肝细胞肿大，分界明显，呈颗粒变性和水泡变性，多数细胞胞核溶解、消失，少数核浓缩。HE×400

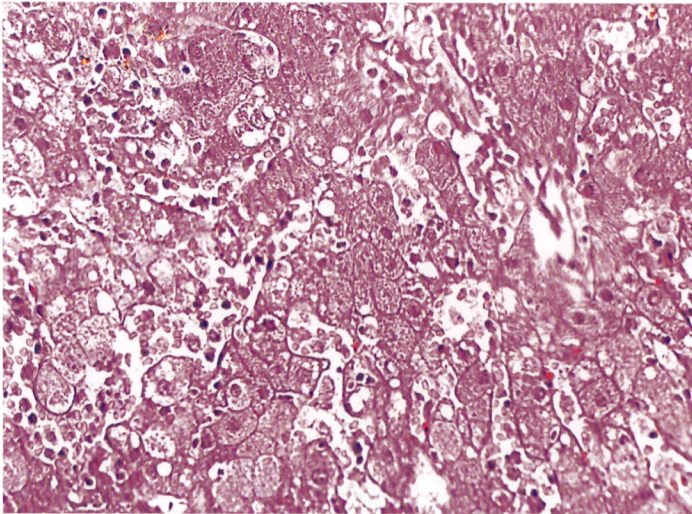

图1.2.5.16　变质性肝炎
肝细胞肿大，界限明显，细胞呈颗粒变性及水泡变性，胞核几乎全部消失。HE×400

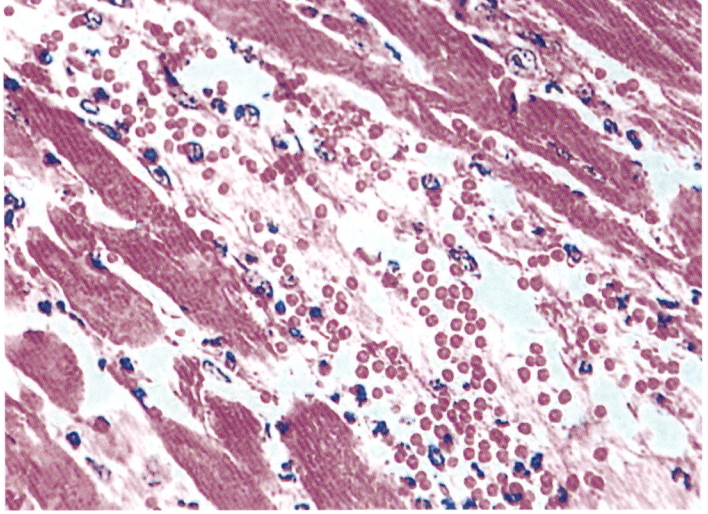

图1.2.5.17 变质性心肌炎

心肌纤维颗粒变性、坏死、断裂，心肌纤维之间出血，炎性细胞浸润。HE×200

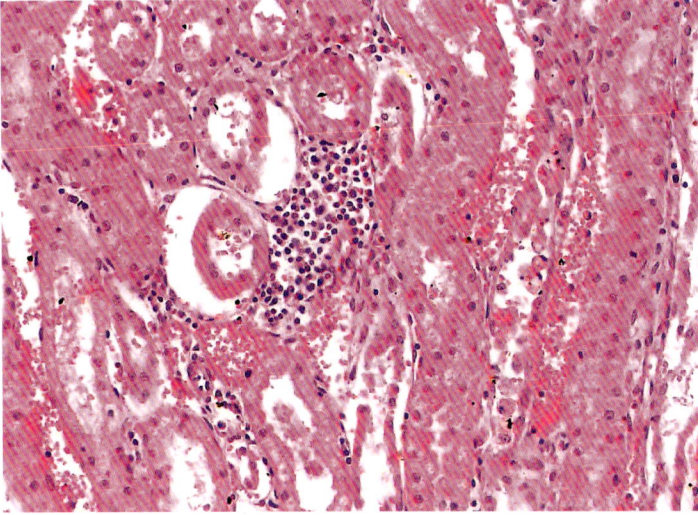

图1.2.5.18 化脓性肾炎

肾脏组织中的化脓灶，由中性粒细胞组成。HE×100

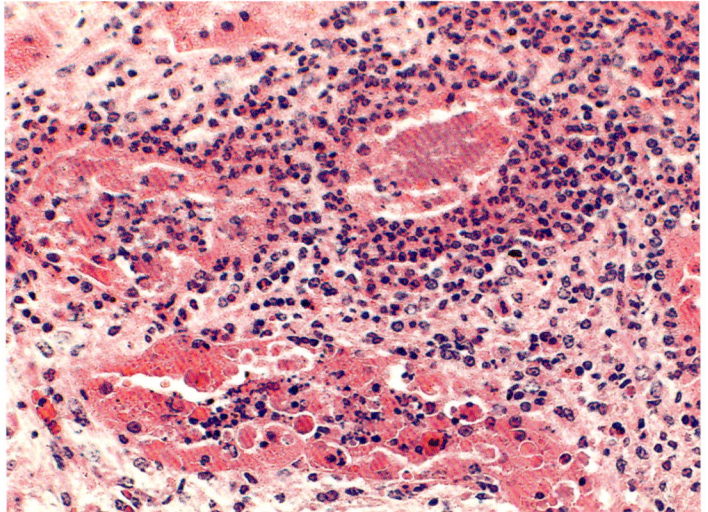

图1.2.5.19 化脓性肾炎

肾小管和小动脉旁边有一小的化脓灶，化脓灶由中性粒细胞和脓细胞组成。HE×400

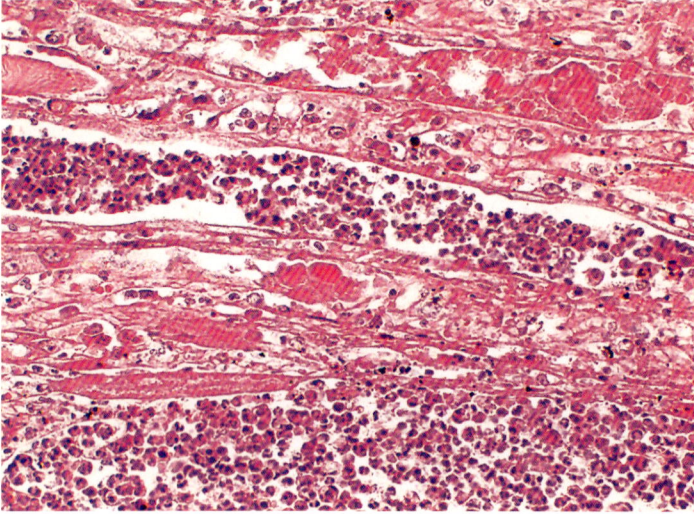

图1.2.5.20　化脓性肾炎

　　肾小管之间充斥大量炎性细胞，肾小管上皮细胞完全变性、坏死。HE×400

图1.2.5.21　化脓性肺炎

　　肺泡腔内蓄积大量变性、坏死的中性粒细胞。HE×400

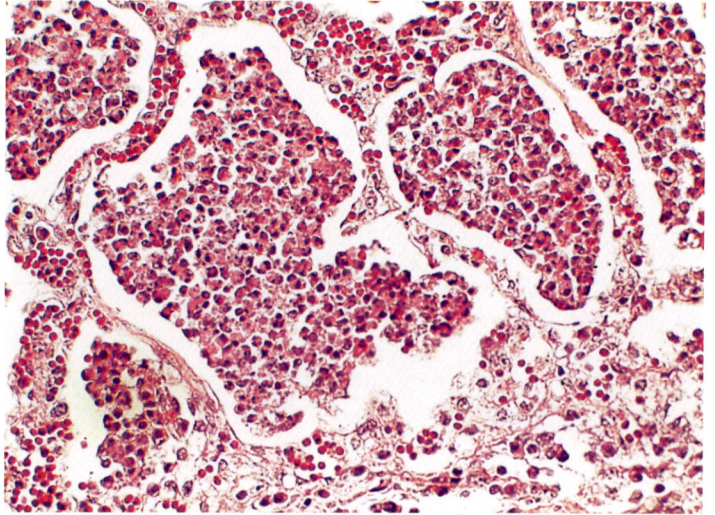

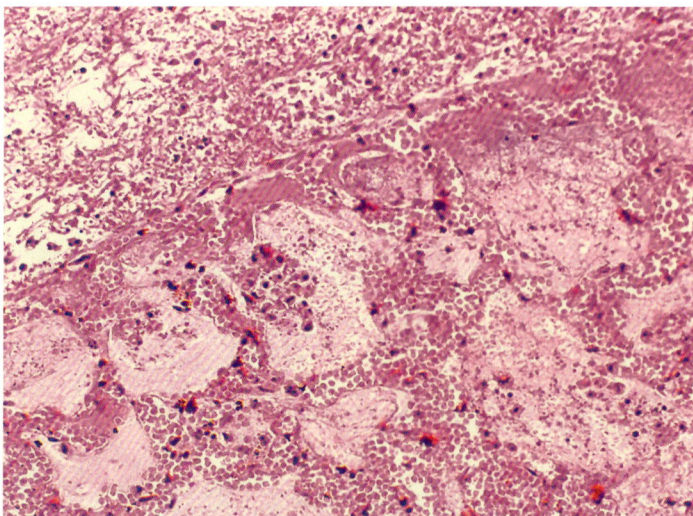

图1.2.5.22　纤维素性肺炎

　　肺泡腔内和小叶间质淤积大量渗出的纤维蛋白、浆液和巨噬细胞，肺泡壁充血、出血。HE×100

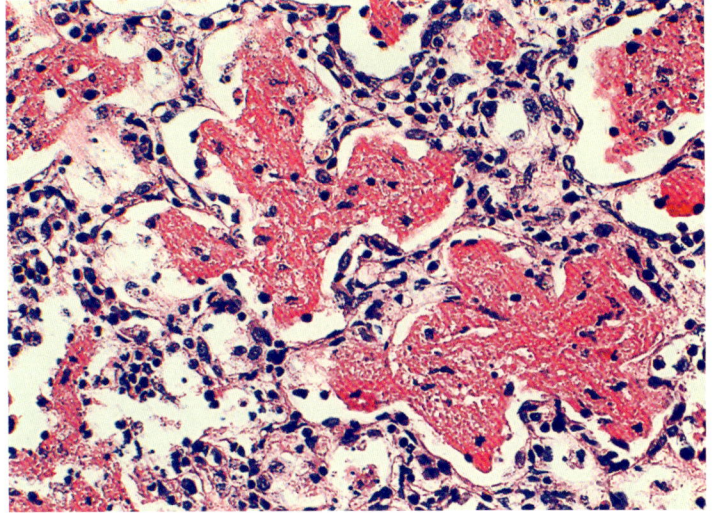

图1.2.5.23　纤维素性肺炎
肺泡内充满纤维蛋白和炎性细胞。
HE×400

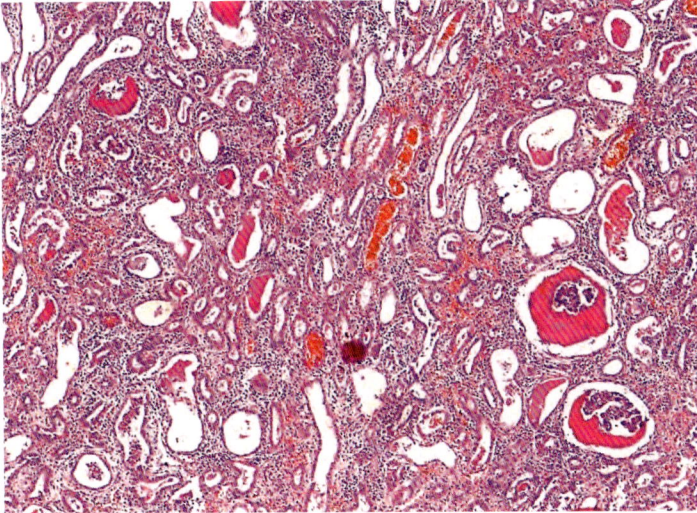

图1.2.5.24　渗出性肾炎
肾小球集聚大量渗出物，间质炎性
细胞浸润，多数肾小管萎缩消失，残留
的肾小管发生代偿性扩张。HE×200

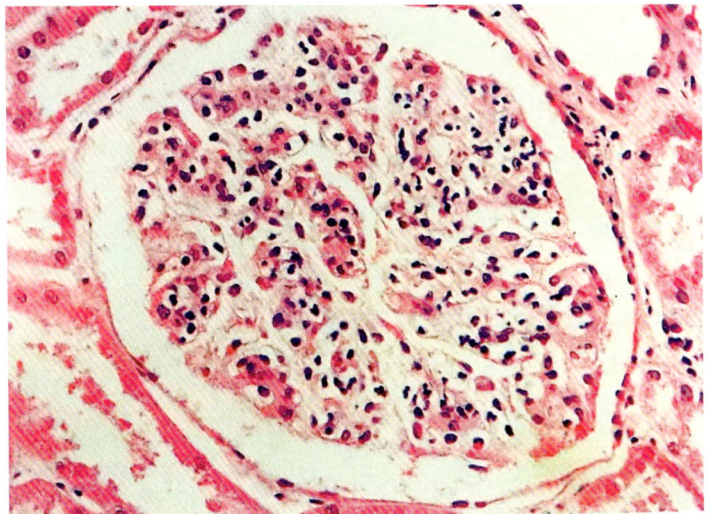

图1.2.5.25　急性增生性肾小球肾炎
肾小球毛细血管内皮细胞、系膜细
胞显著增生，同时伴有中性粒细胞、淋
巴细胞浸润，使肾小球看起来细胞高度
密集。HE×400

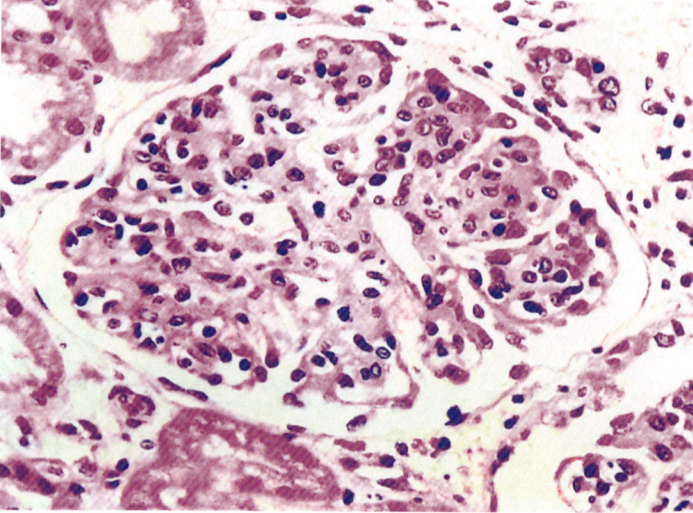

图1.2.5.26　系膜增生性肾小球肾炎
肾小球毛细血管系膜细胞明显增生。
HE×400

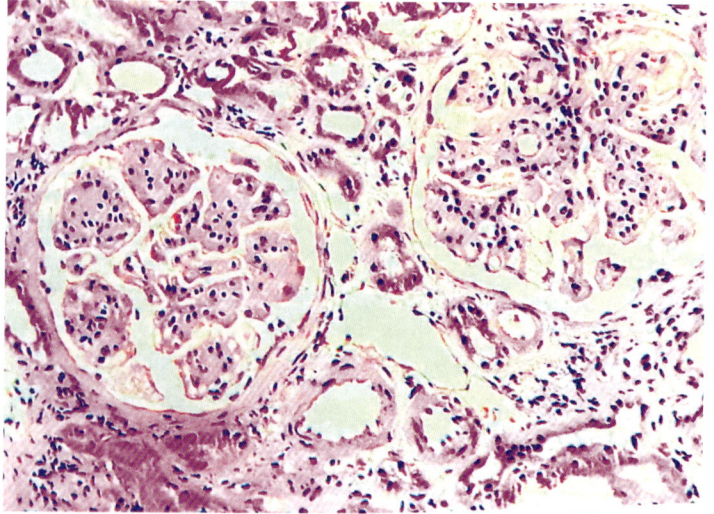

图1.2.5.27　系膜增生性肾小球肾炎
肾小球毛细血管系膜细胞明显增生和基质增多，致使肾小球呈明显的分叶状，毛细血管壁不规则增厚，致使管腔狭窄，甚至闭塞。HE×200

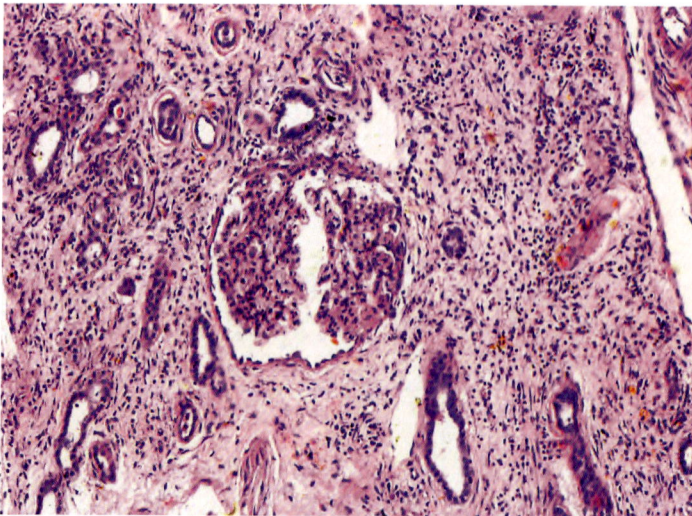

图1.2.5.28　间质性肾炎
肾组织内大量淋巴细胞增生，肾小球萎缩、纤维化和玻璃样变，肾小管多数萎缩，变的狭窄，有些肾小管代偿性扩张。HE×100

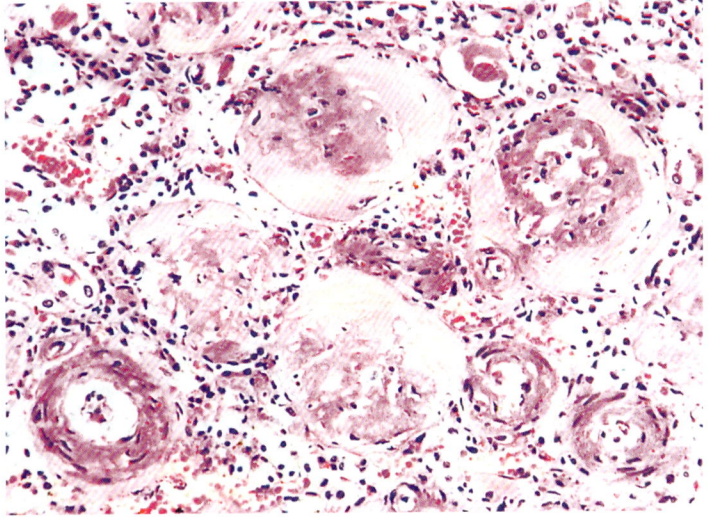

图 1.2.5.29　慢性肾小球肾炎（肾小球纤维化）

大多数肾小球因结缔组织增生而发生纤维化，乃至玻璃样变，肾小管也已遭破坏，间质内大量结缔组织增生和淋巴细胞浸润。HE×100

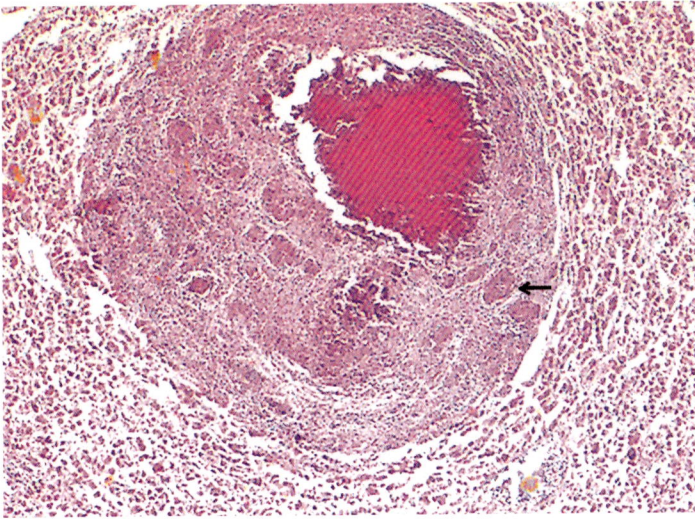

图 1.2.5.30　特异性增生性炎（睾丸结核）

在结核结节中有多个朗格汉斯细胞（➡）。HE×100

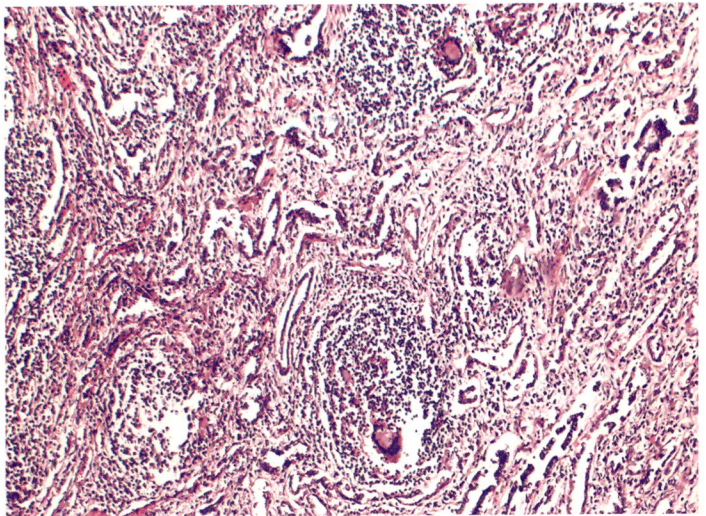

图 1.2.5.31　特异性增生性炎（肾结核）

肾脏中的结核结节，呈轮层状，其中一个结节中有朗格汉斯细胞，结节呈扩张性生长，肾小管被挤压成不同的形状。HE×100

第六节 肿 瘤

肿瘤是机体在致瘤因素作用下，某些细胞基因发生突变，转变为瘤细胞，这些细胞失去正常细胞的功能和形态，获得了与机体不协调的无限制的增生能力和异常的代谢方式，肿瘤细胞多形成团块状结节，也可弥散在血液和组织内。

一、肿瘤细胞的异型性

肿瘤的种类很多，但是它们都是由正常的组织细胞演变来的，或多或少具有它的母组织细胞的特点，据此可以推断它的母组织，而进行诊断和命名。肿瘤细胞与母组织细胞的差异性，称为肿瘤的异型性，异型性又称间变，在病理学中是指肿瘤细胞低分化的状态，失去相应正常组织的形态结构和层次性。良性肿瘤的形态结构与其来源母组织相似，较易判断其起源。例如，腺瘤的腺体较丰富，腺腔大小不一，瘤细胞排列还算整齐。恶性肿瘤形态结构的异型性明显，细胞排列紊乱，失去正常组织的层次和结构。例如，腺癌的腺体大小不一，形态十分不规则，甚至不形成腺腔而呈实体状结构，细胞排列紊乱，腺上皮细胞排列紧密或呈多层。由未分化细胞构成的恶性肿瘤，称间变性肿瘤。间变性肿瘤多为高度恶性的肿瘤。

根据肿瘤细胞异型性和对机体的影响，可分为良性肿瘤和恶性肿瘤。良性肿瘤细胞的异型性低，与其来源的正常细胞相似，有时单从细胞学上无法同其来源的正常细胞区别，生长速度慢，对机体健康影响小，如纤维瘤、脂肪瘤等；恶性肿瘤异型性高，生长速度快，常危及生命，如癌、肉瘤、白血病、恶性黑色素瘤等。恶性肿瘤的瘤细胞具有明显的异型性，表现为：

1.肿瘤细胞的多形性 表现为瘤细胞大小不一，形态不规则，甚至出现胞体特大的瘤巨细胞。

2.核的多形性 细胞核大小不一，形态不规则，甚至出现多核、巨核、畸形核瘤细胞。肿瘤细胞核明显增大，因而使核/质比例增大，从正常的1∶（4～6）增至1∶（1.5～2），甚至1∶1。核染色质呈粗大颗粒状，分布不匀，常靠近核膜分布，使核膜显得增厚。核仁肥大，数目增多。核分裂象多见，并可出现病理性核分裂，即多极性、不对称性、顿挫型核分裂（图1.2.6.1）。恶性肿瘤细胞核多形性与染色体呈多倍体或非整倍体有关。以上这些改变均有助于病理诊断。

3.胞质的改变 恶性肿瘤细胞的胞质一般由于分化低而减少，但有时也可以增多。由于胞质内核蛋白体增多，故多呈嗜碱性染色。有些肿瘤细胞内还可出现黏液、糖原、脂质、色素等肿瘤分泌、代谢产物，以此可作为肿瘤鉴别诊断的依据。

有些肿瘤从分化程度上看应属于良性肿瘤，但其生长部位不合适，对机体产生严重影响，如脑瘤、脊髓肿瘤。

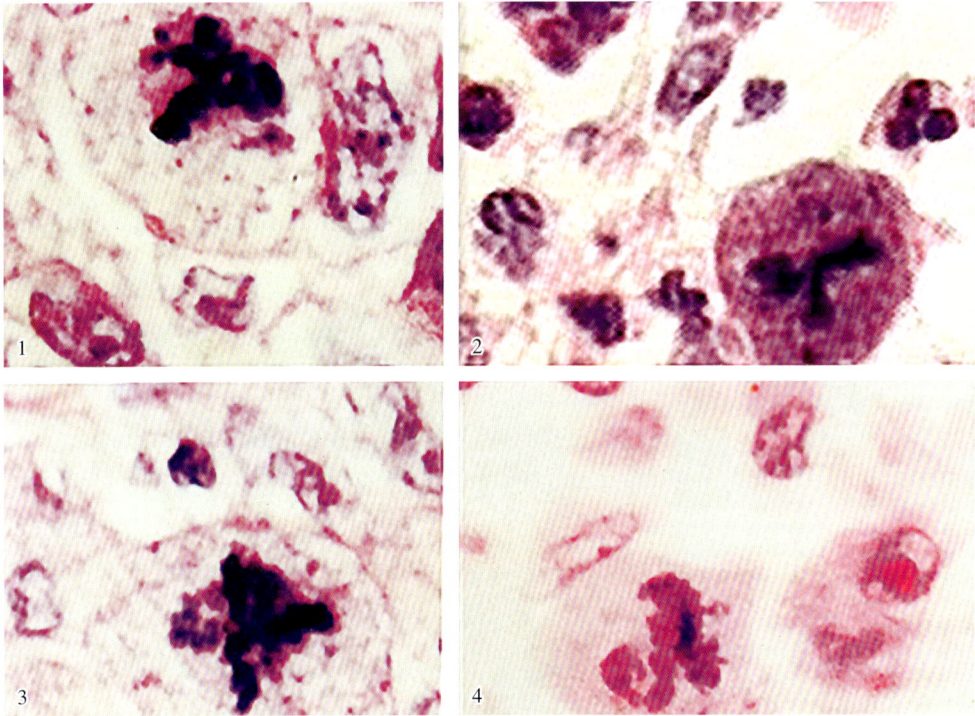

图1.2.6.1 肿瘤细胞的核分裂象

1.三极分裂；2.三极分裂；3.四极分裂；4.不对称分裂。HE×400

二、常见的动物肿瘤

动物的肿瘤与人类肿瘤相似，根据肿瘤细胞来源可将肿瘤分为：来源于上皮组织的肿瘤，如鳞状细胞癌、腺癌、乳头状瘤、腺瘤（图1.2.6.2、图1.2.6.3、图1.2.6.4、图1.2.6.5、图1.2.6.6、图1.2.6.7、图1.2.6.8、图1.2.6.9、图1.2.6.10、图1.2.6.11、图1.2.6.12、图1.2.6.13、图1.2.6.14、图1.2.6.15、图1.2.6.16、图1.2.6.17、图1.2.6.18、图1.2.6.19、图1.2.6.20、图1.2.6.21、图1.2.6.22、图1.2.6.23、图1.2.6.24、图1.2.6.25、图1.2.6.26、图1.2.6.27、图1.2.6.28、图1.2.6.29、图1.2.6.30、图1.2.6.31）；来源于间叶组织的肿瘤，如纤维瘤、纤维肉瘤、纤维黏液瘤、黏液瘤、血管瘤、淋巴肉瘤、脂肪瘤等（图1.2.6.32、图1.2.6.33、图1.2.6.34、图1.2.6.35、图1.2.6.36、图1.2.6.37、图1.2.6.38、图1.2.6.39、图1.2.6.40、图1.2.6.41、图1.2.6.42、图1.2.6.43、图1.2.6.44、图1.2.6.45、图1.2.6.46、图1.2.6.47、图1.2.6.48、图1.2.6.49、图1.2.6.50）；来源于神经组织的肿瘤，如胶质细胞留、神经鞘膜瘤、成髓细胞瘤等；来源于其他组织的肿瘤，如多核巨细胞瘤、脾脏中央动脉内皮细胞瘤、畸胎瘤、混合瘤、黑色素瘤、肾母细胞瘤等（图1.2.6.51、图1.2.6.52、图1.2.6.53、图1.2.6.54、图1.2.6.55、图1.2.6.56、图1.2.6.57、图1.2.6.58、图1.2.6.59、图1.2.6.60、图1.2.6.61、图1.2.6.62、图1.2.6.63、图1.2.6.64、图1.2.6.65、图1.2.6.66、图1.2.6.67、图1.2.6.68、图1.2.6.69、图1.2.6.70、图1.2.6.71、图1.2.6.72）。

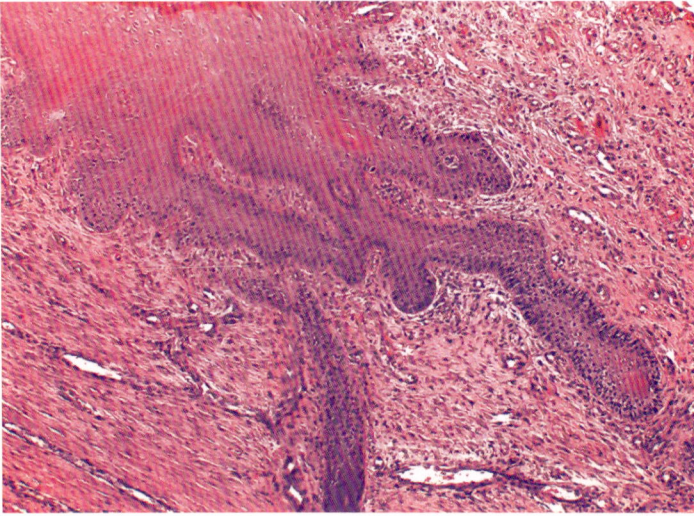

图1.2.6.2　鳞状细胞癌

癌细胞团块呈树根样突破基底膜向组织深部生长，在癌巢中有角化珠形成。HE×100

图1.2.6.3　鳞状细胞癌

癌巢中心形成角化珠。HE×100

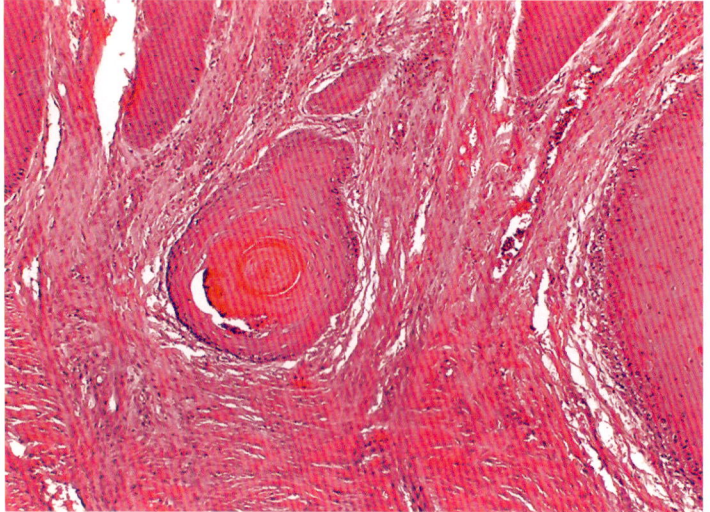

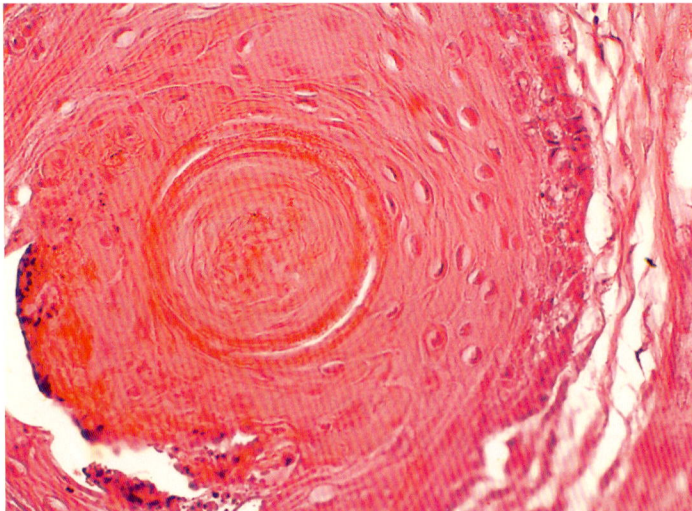

图1.2.6.4　鳞状细胞癌

癌巢呈明显的轮层状结构，中心是角化上皮细胞形成的角化珠，中层是棘细胞层，最外层是生发层。HE×400

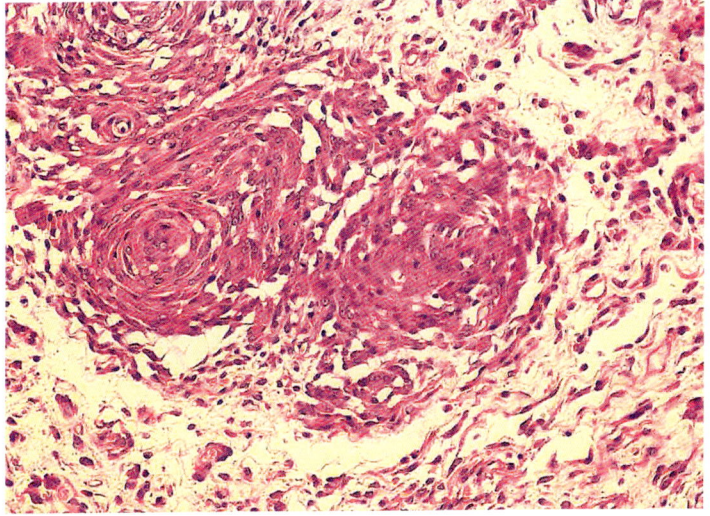

图 1.2.6.5　鳞状细胞癌

肿瘤组织是由鳞状上皮细胞组成的多中心癌巢。HE×200

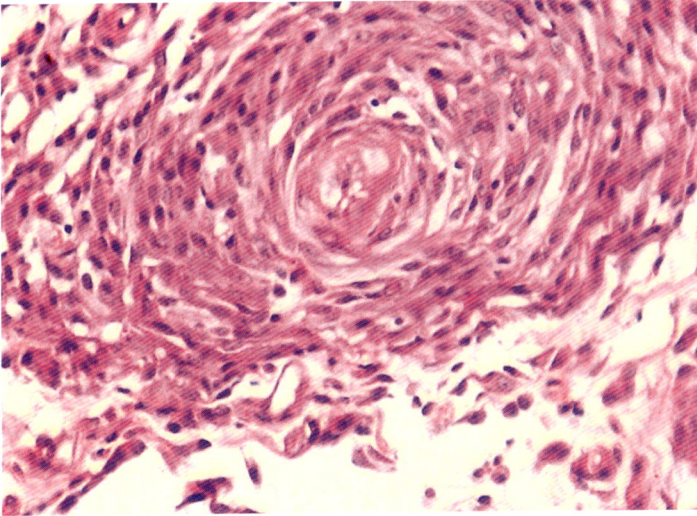

图 1.2.6.6　鳞状细胞癌

一个典型的癌巢，中心是角化珠，向外包绕着上皮细胞。HE×400

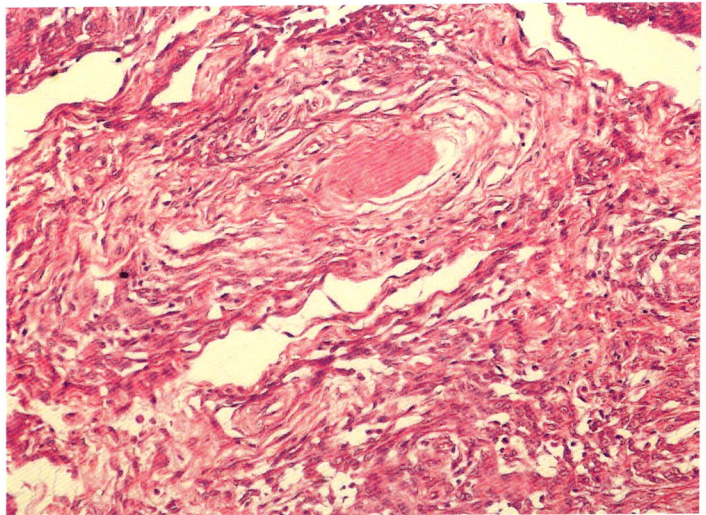

图 1.2.6.7　鳞状细胞癌

癌巢中心是角化珠，向外包绕着上皮细胞，呈轮层状。HE×200

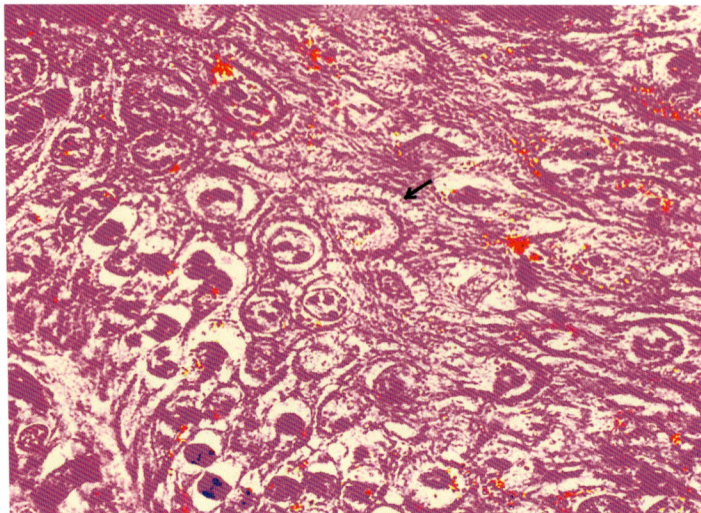

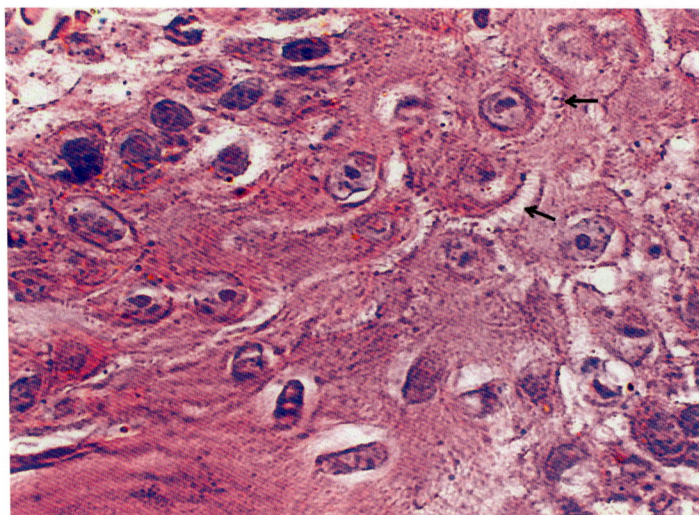

图1.2.6.8　鳞状细胞癌

鳞癌细胞之间的细胞间桥（➜），这是鳞状细胞癌的特征之一。HE×1 000

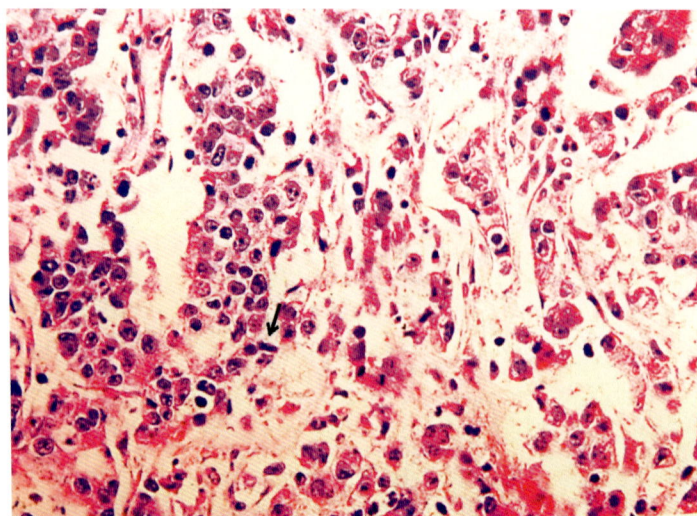

图1.2.6.9　乳腺癌（牛）

癌细胞排列散乱，局部呈密集状态，癌细胞异型性大，核分裂象多见（➜）。HE×400（陈怀涛）

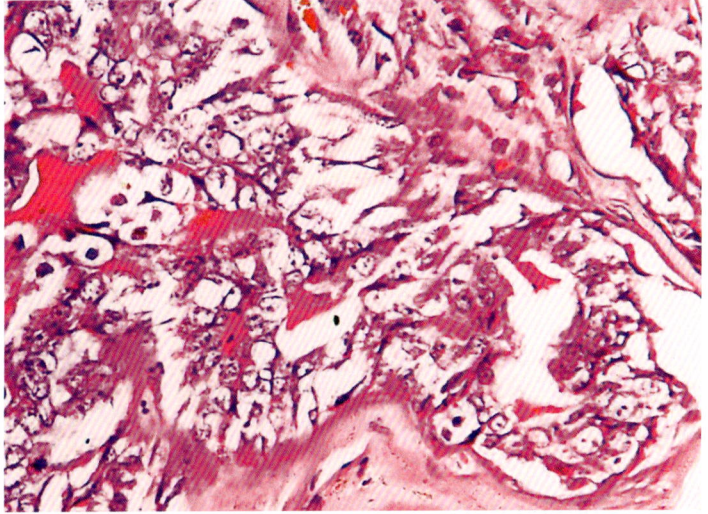

图1.2.6.10　乳腺癌（犬）
　　癌细胞呈空泡状，核悬浮中央，癌细胞排列形成不规则的腺泡。HE×400（陈怀涛）

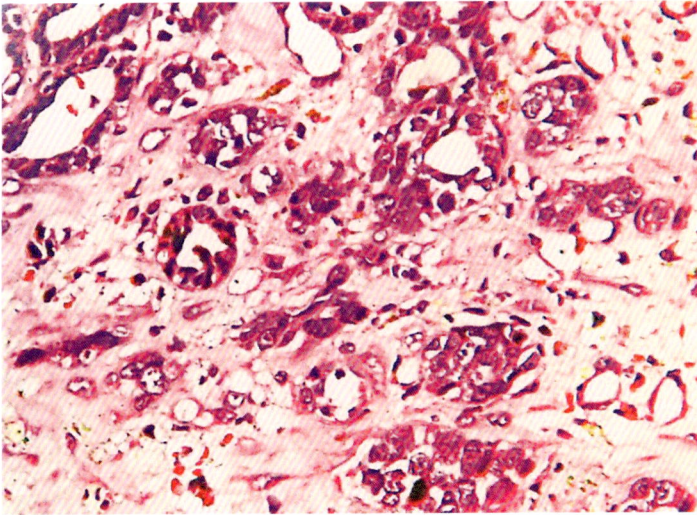

图1.2.6.11　乳腺癌（犬）
　　癌细胞排列成腺泡样或团块状，异型性大。HE×400（陈怀涛）

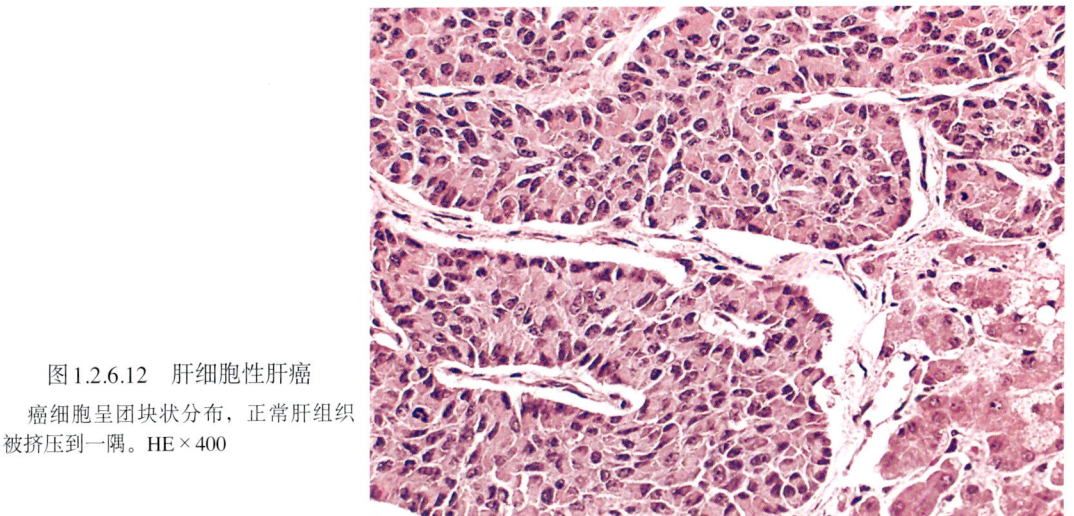

图1.2.6.12　肝细胞性肝癌
　　癌细胞呈团块状分布，正常肝组织被挤压到一隅。HE×400

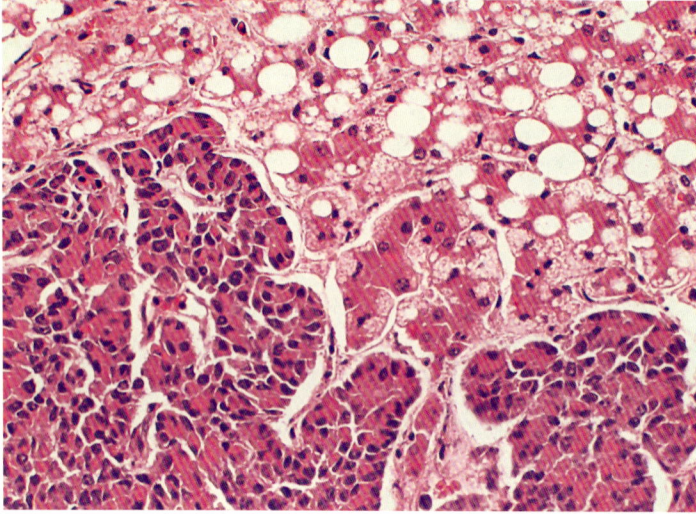

图1.2.6.13　肝细胞性肝癌

癌细胞团块状分布，癌细胞多角形，胞质丰富，核深染。HE×400

图1.2.6.14　胆管细胞性肝癌

癌组织呈条索状放射性排列，中心区发生坏死。HE×40

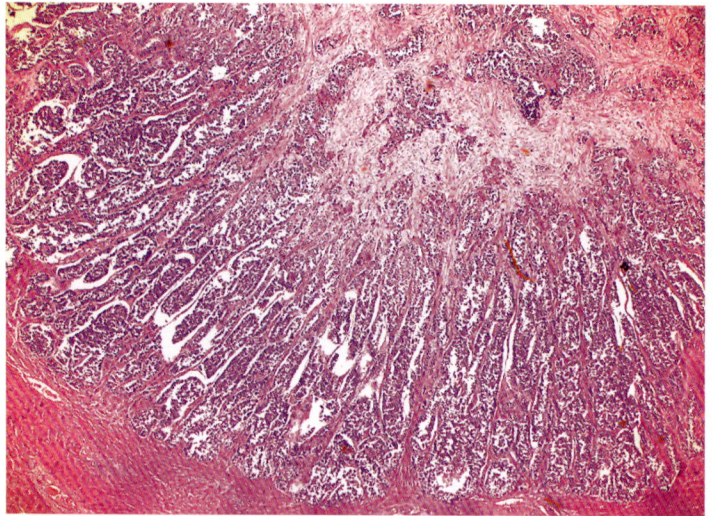

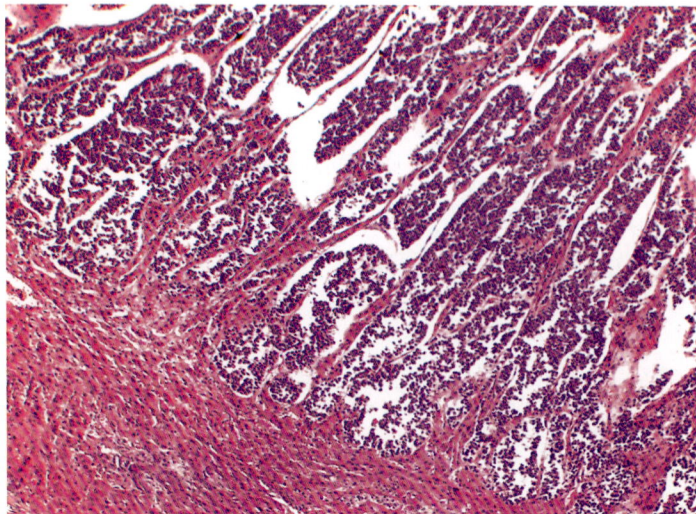

图1.2.6.15　胆管细胞性肝癌

癌组织沿纤维组织放射状排列，肝组织被挤压变形。HE×100

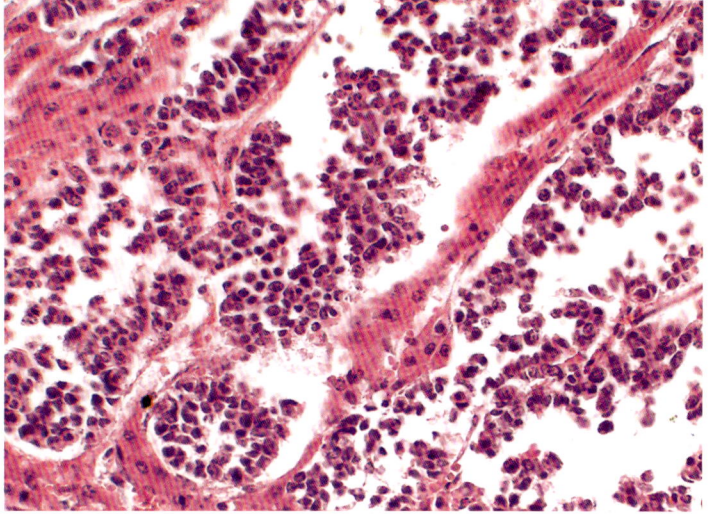

图 1.2.6.16　胆管细胞性肝癌

细胞形态不一，有圆形、多角形、柱状，胞核深染。HE×400

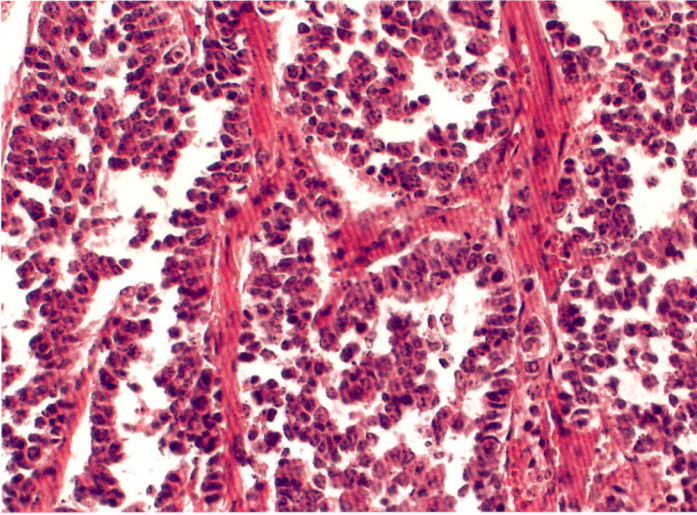

图 1.2.6.17　胆管癌细胞性肝癌

癌细胞呈多形性，核深染，柱状细胞沿纤维组织排列成不完整的管腔，管腔内分布着大小不等的圆形细胞。HE×400

图 1.2.6.18　胆管细胞性肝癌

癌组织形成大小不等的腺管样结构，管腔周边排列着柱状细胞，整个病灶呈结节状，被大量结缔组织包绕。HE×400

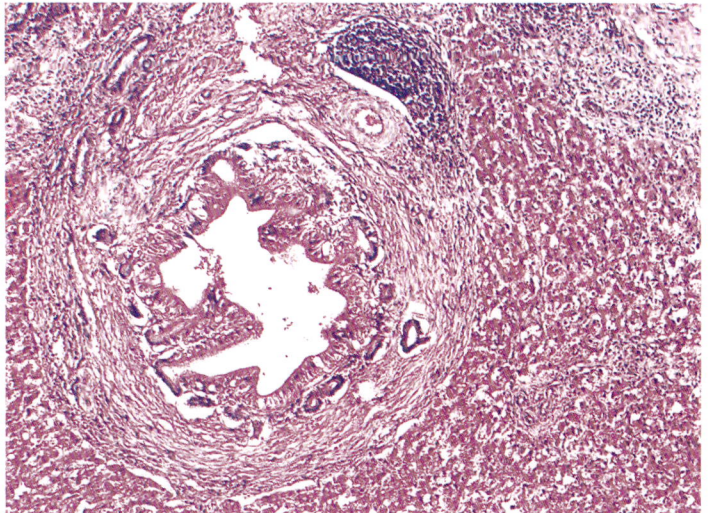

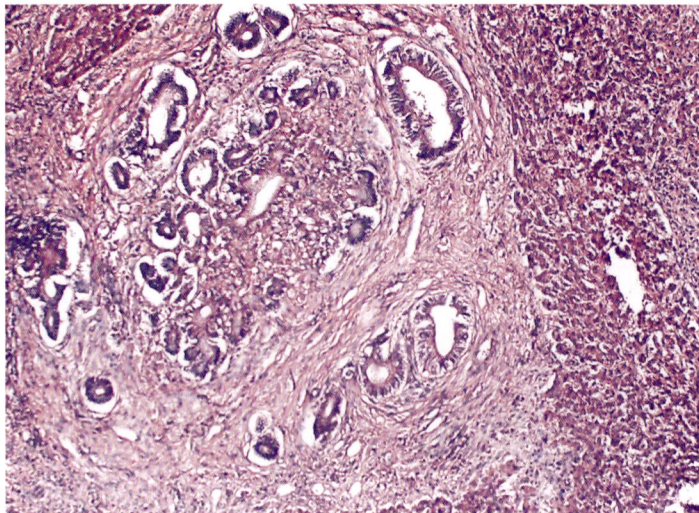

图1.2.6.19 胆管细胞性肝癌

一个较大的癌巢呈腺管样结构，周围可见小的癌巢形成。HE×400

图1.2.6.20 卵巢癌

癌细胞呈团块状或排列成不规则的腺管状。HE×200

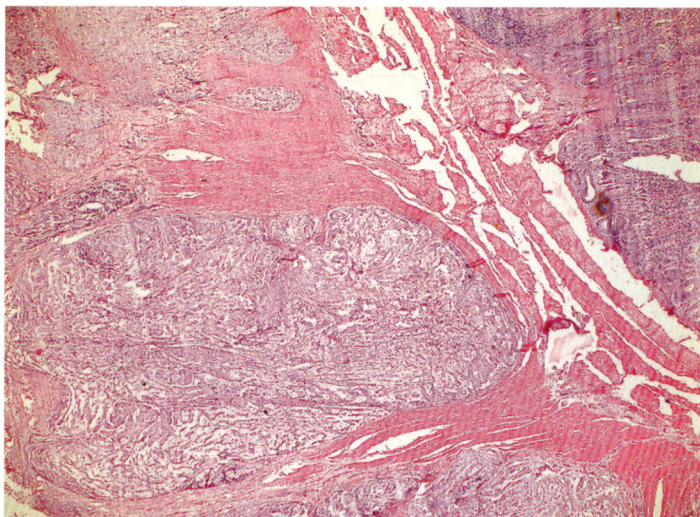

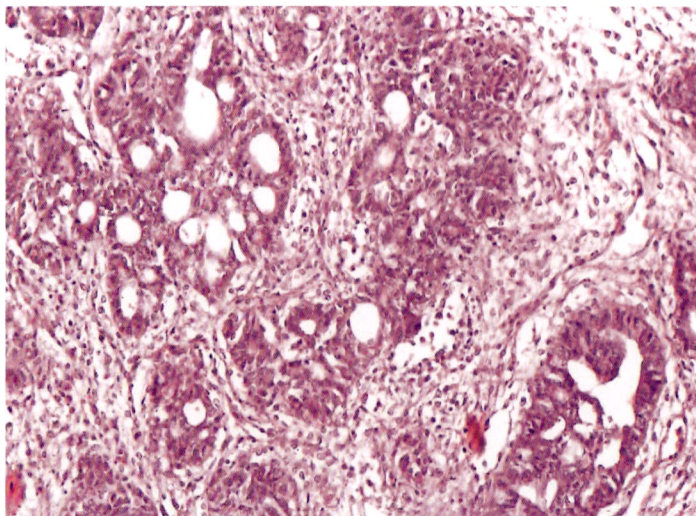

图1.2.6.21 卵巢癌

癌细胞呈团块状或排列成不规则的腺管状，胞质丰富，胞核深染。HE×400

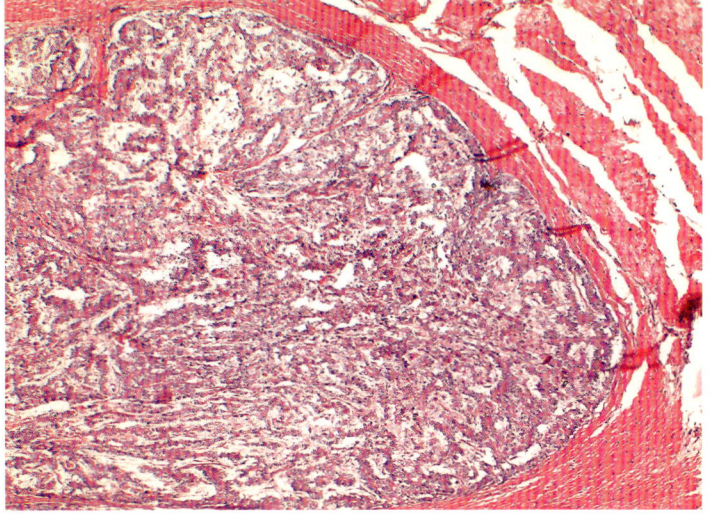

图 1.2.6.22　卵巢癌肠道转移
肠浆膜上可见卵巢癌转移结节。HE×400

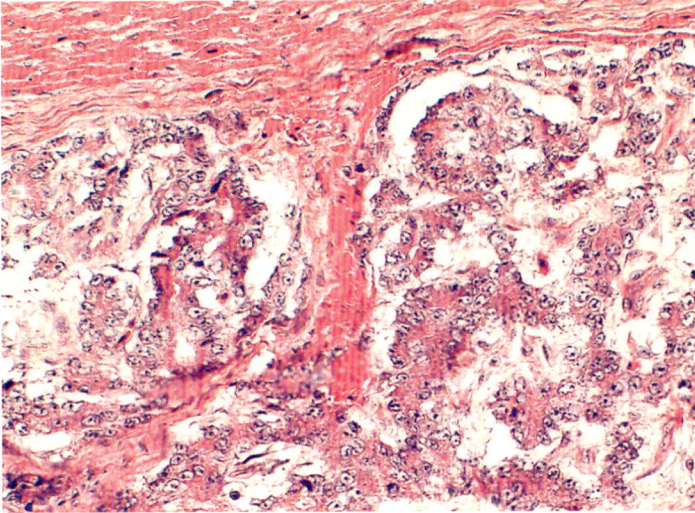

图 1.2.6.23　卵巢癌肠道转移
癌细胞呈条索状或腺管样排列。HE×100

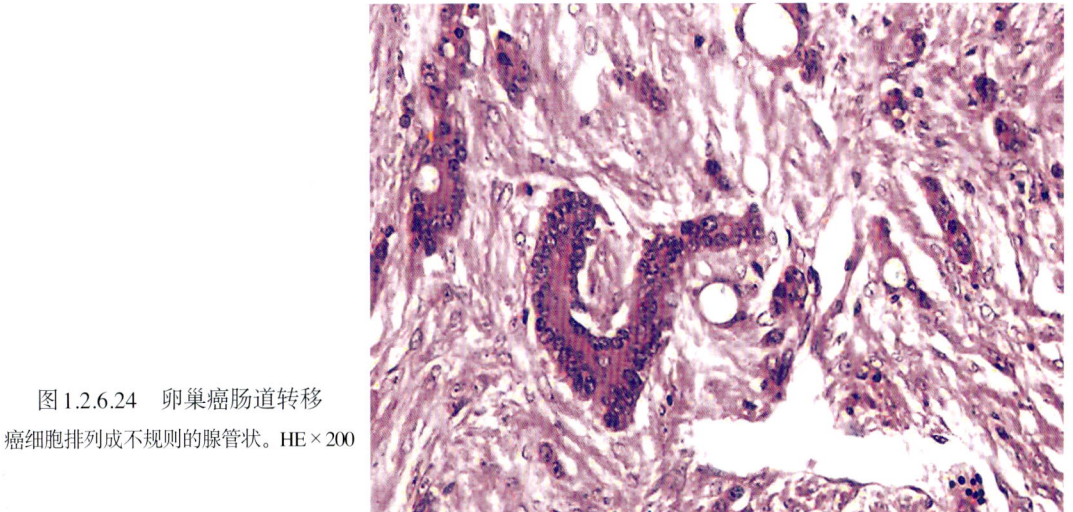

图 1.2.6.24　卵巢癌肠道转移
癌细胞排列成不规则的腺管状。HE×200

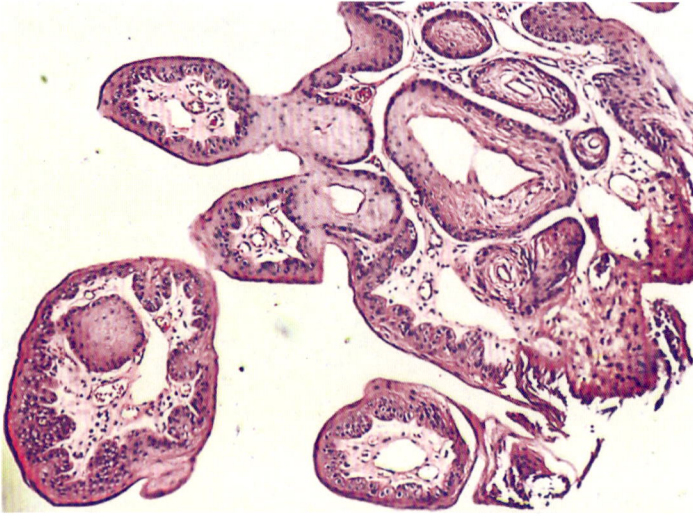

图1.2.6.25　犬阴茎乳头状瘤（横切）
肿瘤呈多分支大小不一的乳头状。HE×40

图1.2.6.26　犬阴茎乳头状瘤
肿瘤由上皮细胞组成，细胞分化好，排列规则，中心是结缔组织和血管。HE×100

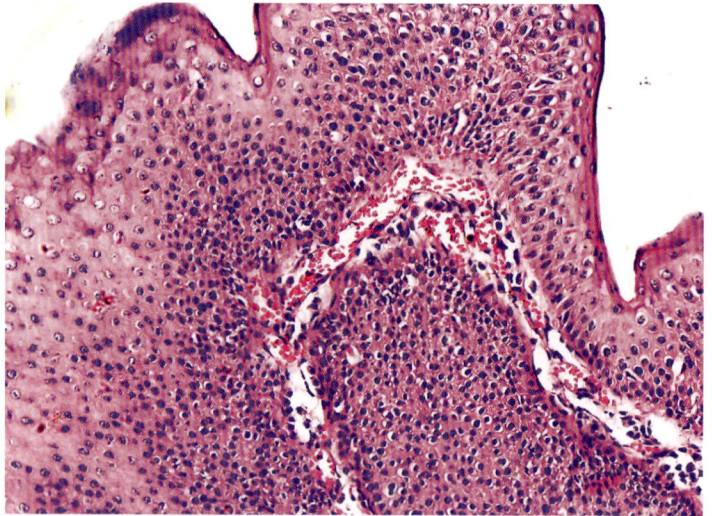

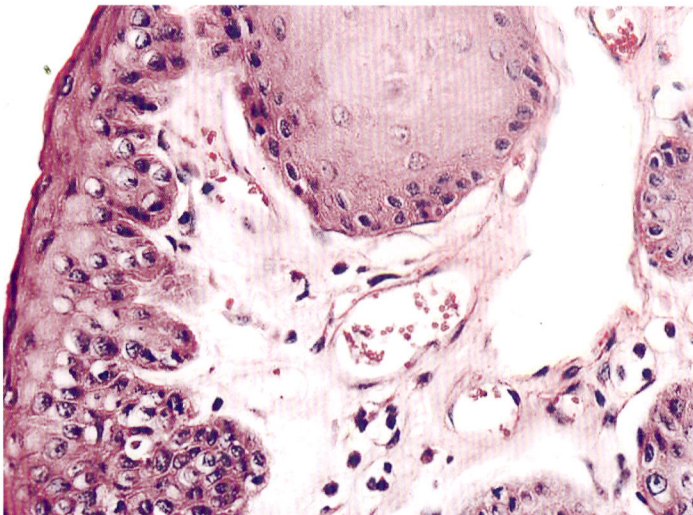

图1.2.6.27　犬阴茎乳头状瘤
肿瘤细胞分化良好，局部有内生性生长，形成肿瘤细胞巢。HE×400

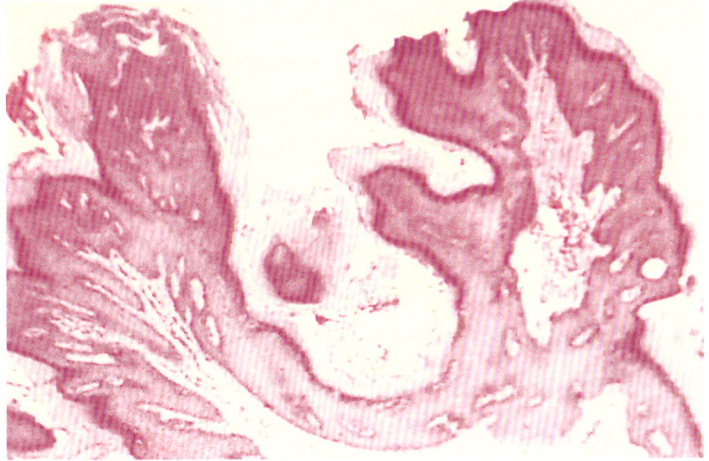

图1.2.6.28 皮肤乳头状瘤
瘤组织呈分支的乳头状。HE×20

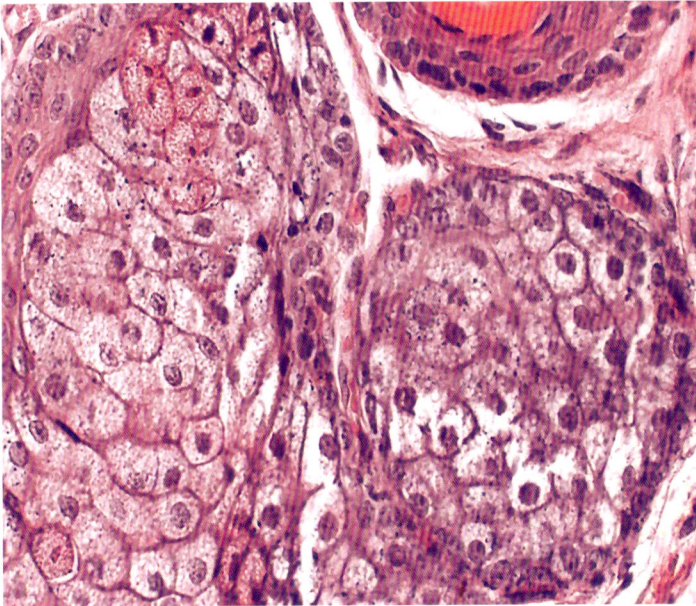

图1.2.6.29 皮脂腺瘤
瘤细胞呈分叶状排列，胞体较大，胞质淡染，胞核深染，居于细胞中央。HE×400

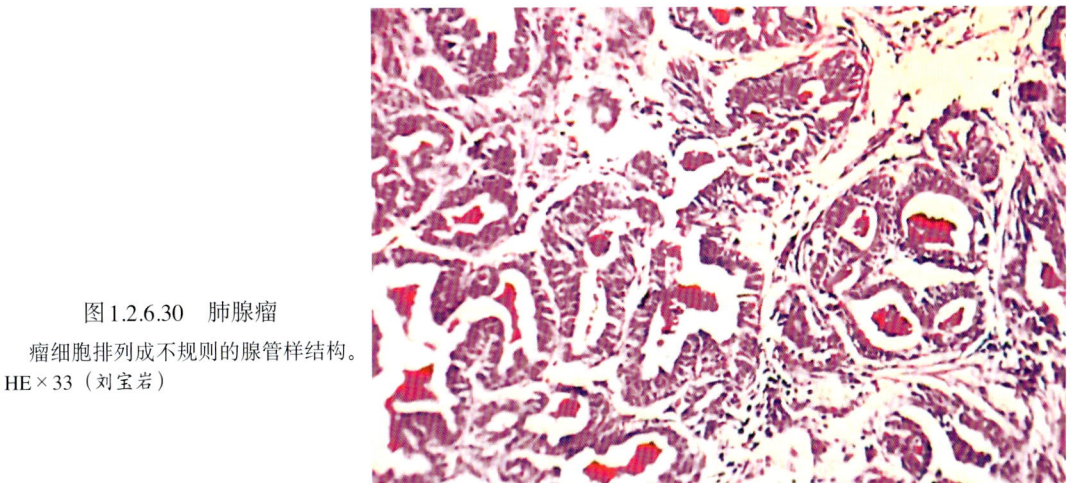

图1.2.6.30 肺腺瘤
瘤细胞排列成不规则的腺管样结构。HE×33（刘宝岩）

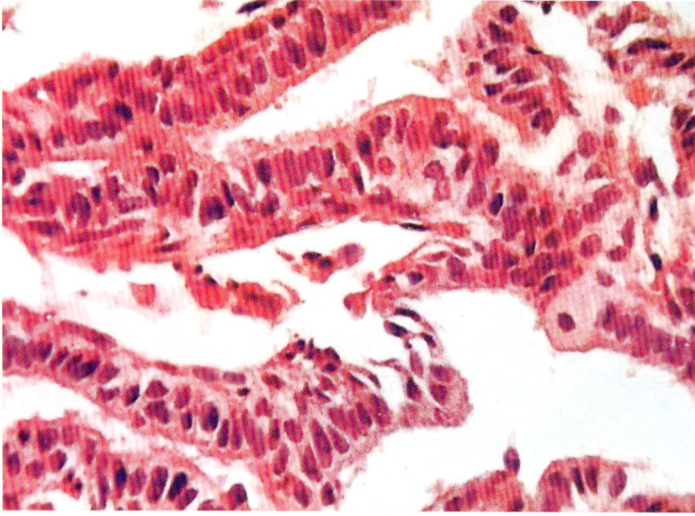

图 1.2.6.31　肺腺瘤

不规则的腺管样结构由多层柱状细胞构成。HE×132（刘宝岩）

图 1.2.6.32　纤维瘤

瘤组织由纵横交错的结缔组织纤维组成，瘤细胞核呈梭状或纤细的杆状。HE×100

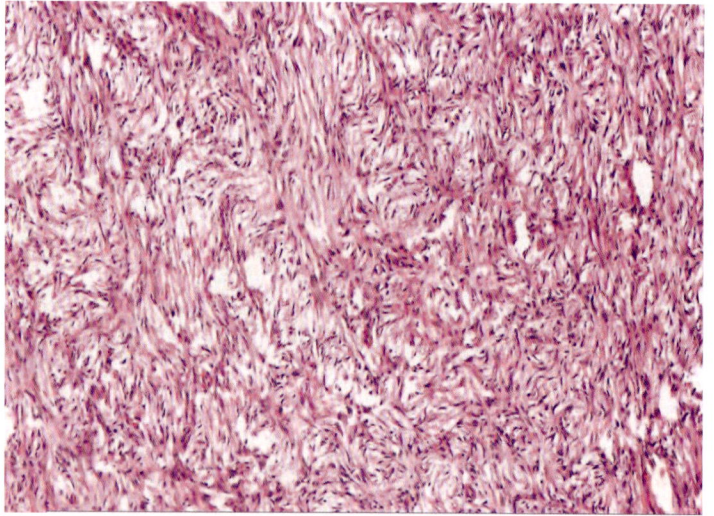

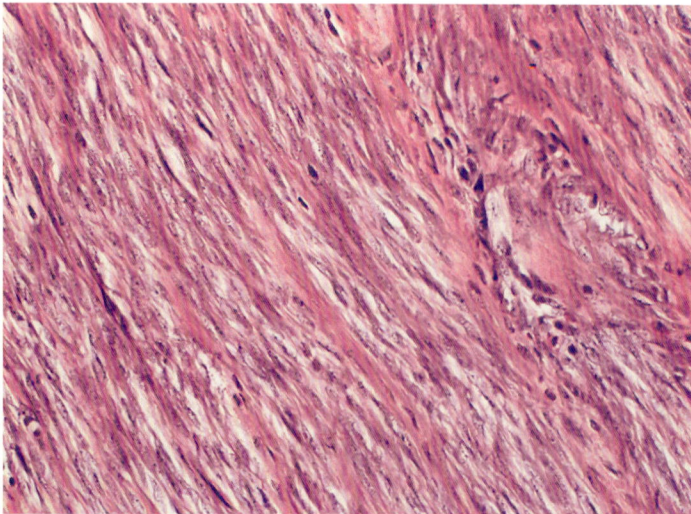

图 1.2.6.33　纤维瘤

瘤组织由结缔组织纤维组成，排列方向一致，瘤细胞核呈梭状、星形或纤细的杆状。HE×400

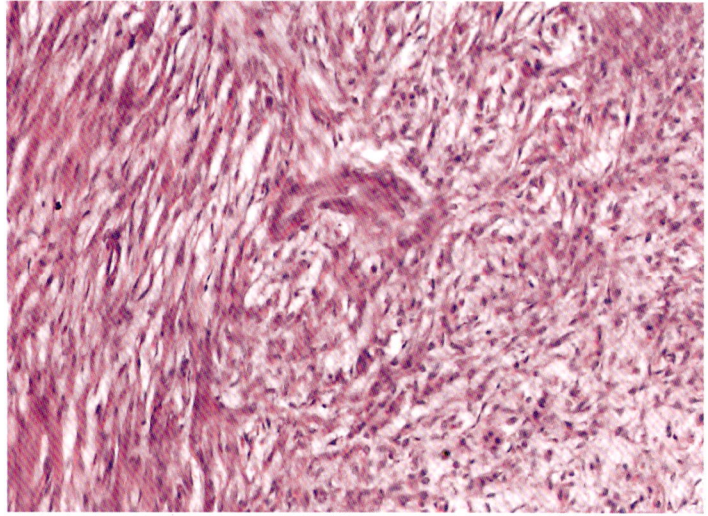

图1.2.6.34　纤维瘤
结缔组织纤维排列方向一致，瘤细
胞核呈纤细的杆状和星芒状。HE×100

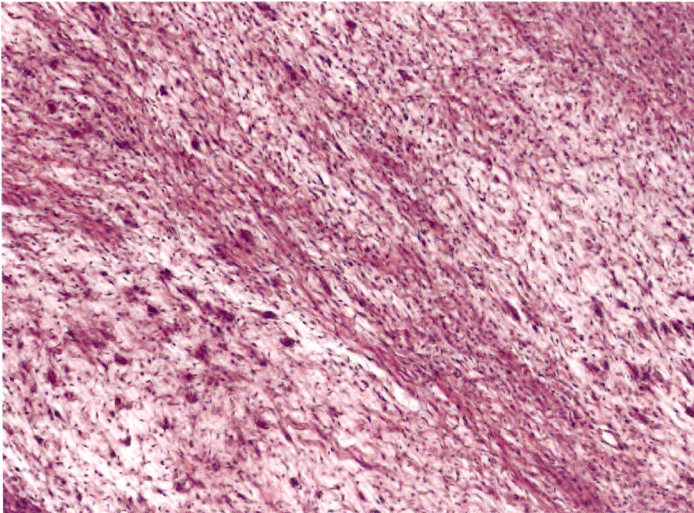

图1.2.6.35　纤维瘤
结缔组织纤维排列杂乱无章，核呈
星芒状和杆状。HE×100

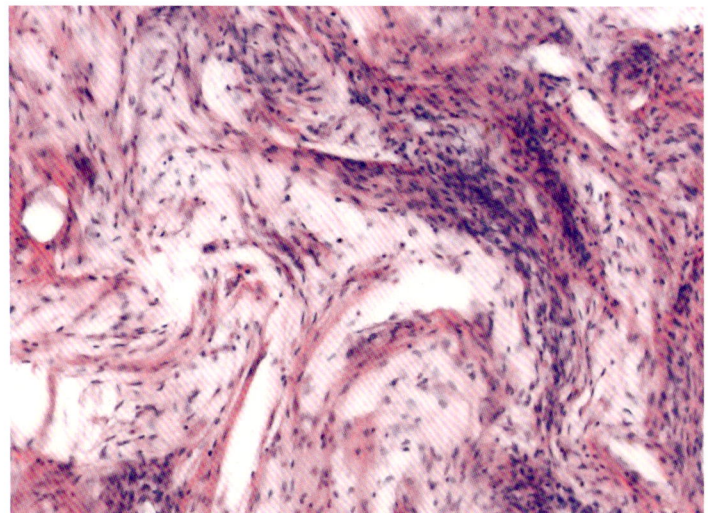

图1.2.6.36　纤维瘤
瘤细胞呈旋涡状排列。HE×100

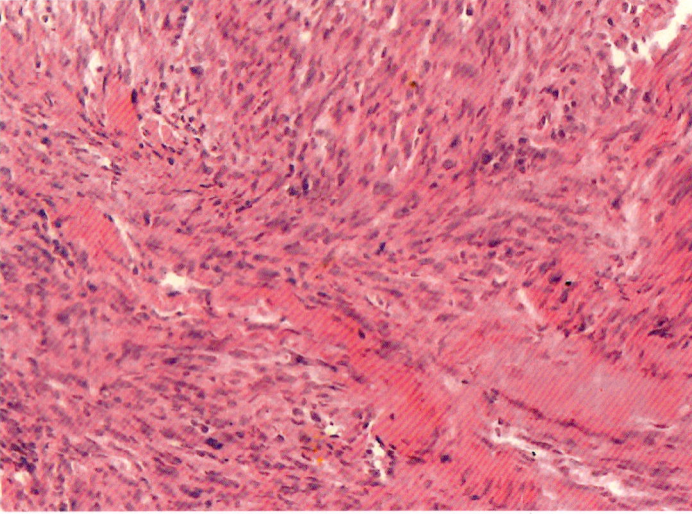

图1.2.6.37　纤维瘤

瘤中有一部分组织发生透明变性。HE×100

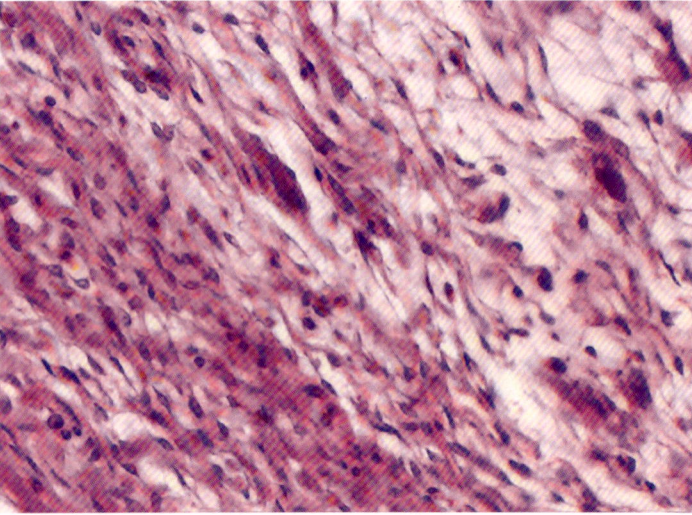

图1.2.6.38　纤维瘤

瘤中有一部分组织发生黏液样变性。HE×100

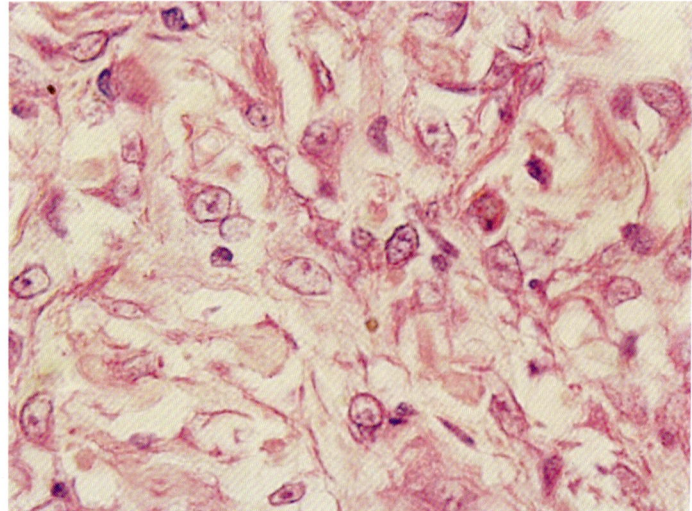

图1.2.6.39　纤维肉瘤

瘤细胞呈多形性，有圆形、椭圆形、梭形、弯曲形，细胞大小不一，纤维成分少。HE×400

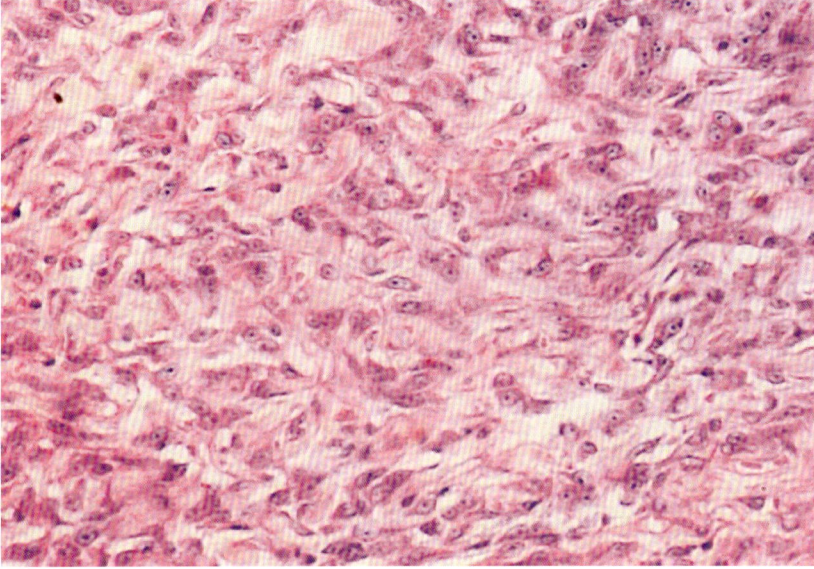

图1.2.6.40 纤维肉瘤

瘤细胞呈多形性，有圆形、椭圆形、梭形、弯曲形，细胞大小不一，纤维成分较少。HE×1 000

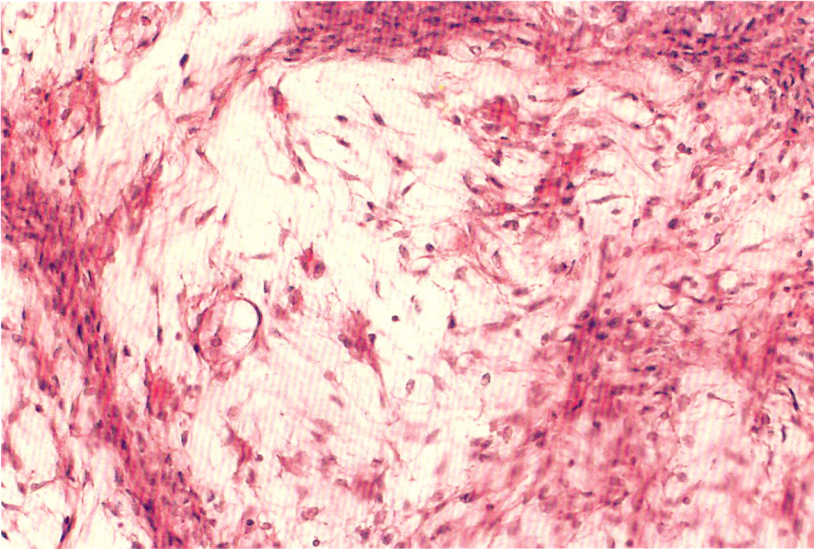

图1.2.6.41 纤维黏液瘤

肿瘤组织中有部分结缔组织纤维，也有黏液成分，黏液成分可能来自结缔组织纤维的黏液样变。HE×40

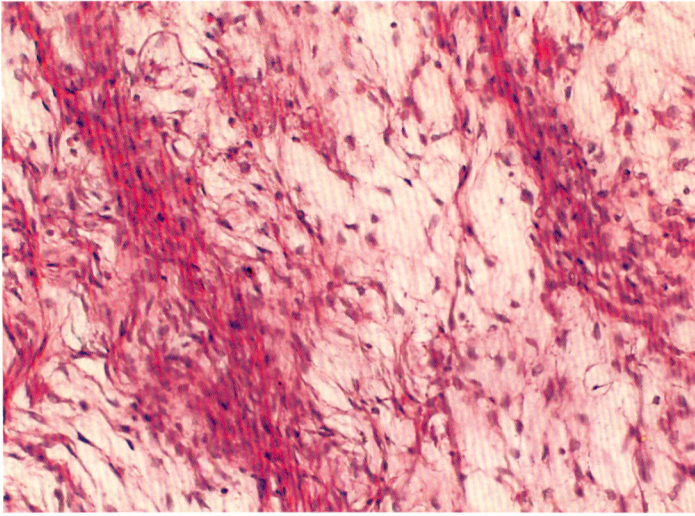

图 1.2.6.42　纤维黏液瘤

肿瘤组织中有部分结缔组织纤维，也有黏液成分，黏液成分可能来自结缔组织纤维的黏液样变。HE×400

图 1.2.6.43　黏液瘤

瘤组织由黏液细胞组成，细胞胞质内含有黏液，使细胞轮廓不清楚，胞核呈星芒状。HE×400

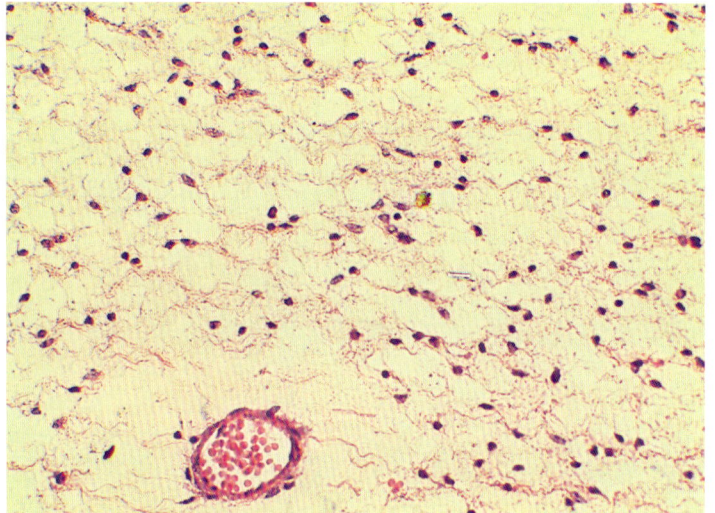

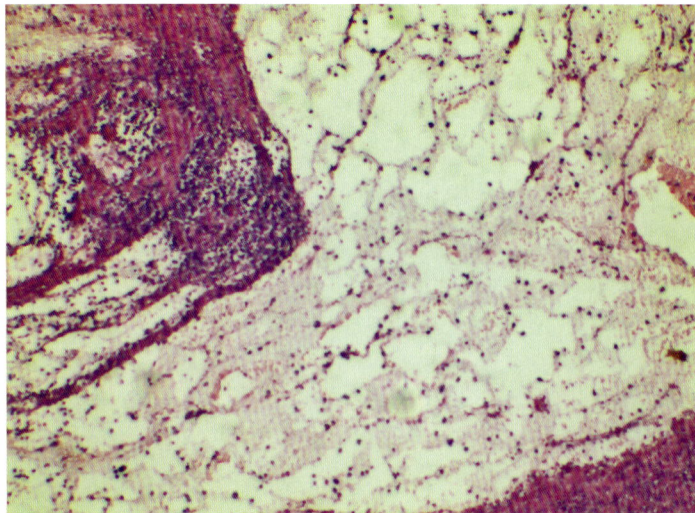

图 1.2.6.44　黏液瘤

黏液瘤细胞呈星芒状，深染，细胞之间存在大量黏液样物质，黏液淡染伊红。左侧结缔组织内有大量炎性细胞。HE×400

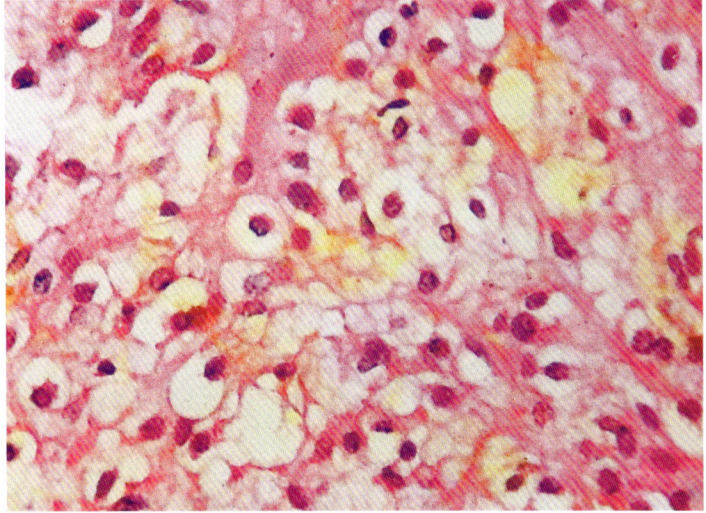

图1.2.6.45　黏液瘤
瘤细胞呈不规则形,核位于细胞中心,悬浮在透明的黏液中,核染色深。HE×132（刘宝岩）

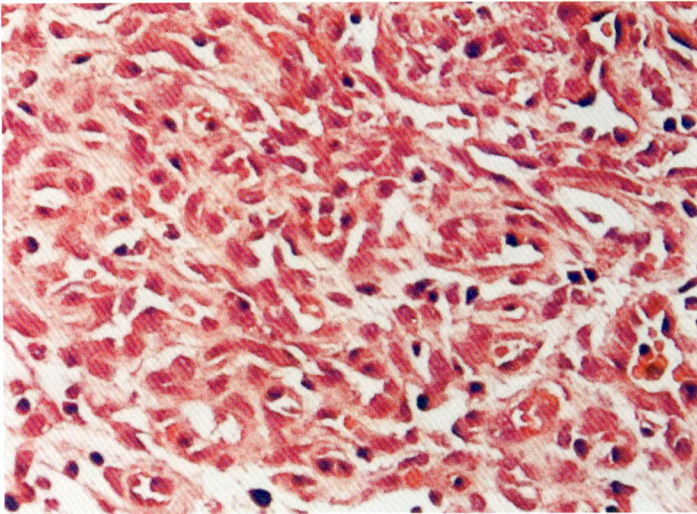

图1.2.6.46　毛细血管内皮细胞瘤
瘤细胞由血管内皮细胞构成,细胞扁平或呈梭形。HE×132（刘宝岩）

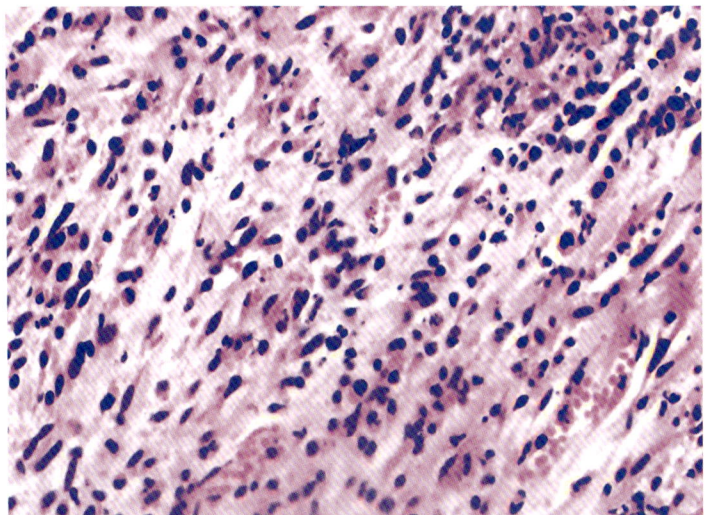

图1.2.6.47　血管内皮细胞瘤
瘤细胞核呈梭形、圆形或短杆状,有形成毛细血管的倾向。HE×400

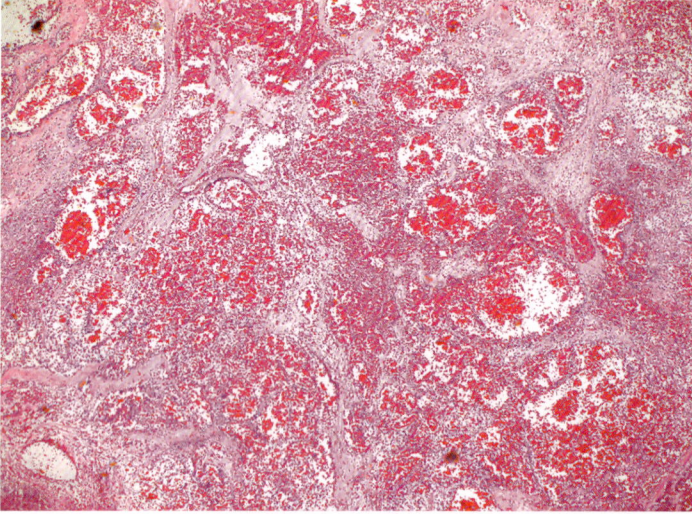

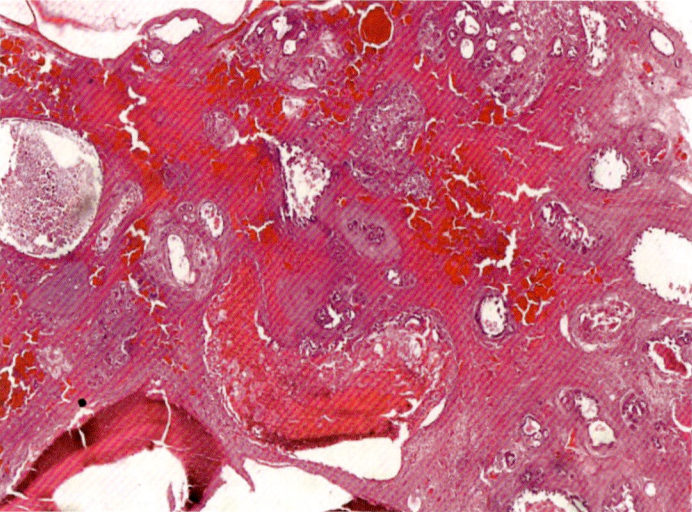

图1.2.6.48　海绵状血管瘤

瘤组织由大小不等、形态不一的毛细血管和血窦组成，其中充满红细胞。HE×40

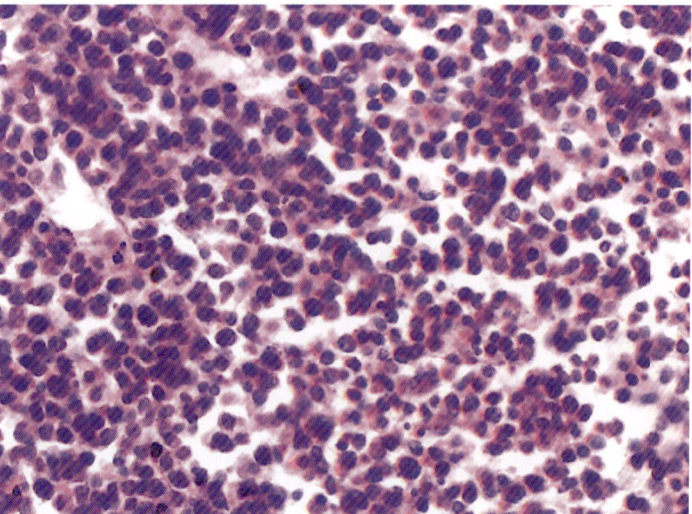

图1.2.6.49　淋巴肉瘤

瘤组织由大小不一的淋巴细胞组成，细胞核呈圆形，深染。HE×400

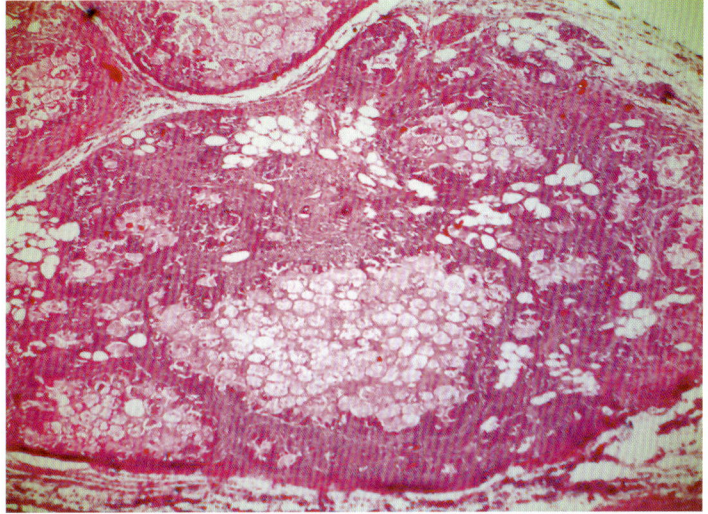

图1.2.6.50 脂肪瘤并发脂肪坏死

　　肿瘤中有大量呈圆形的脂肪细胞，同时大面积脂肪组织发生坏死，坏死组织呈淡红色，无结构状态。HE×40

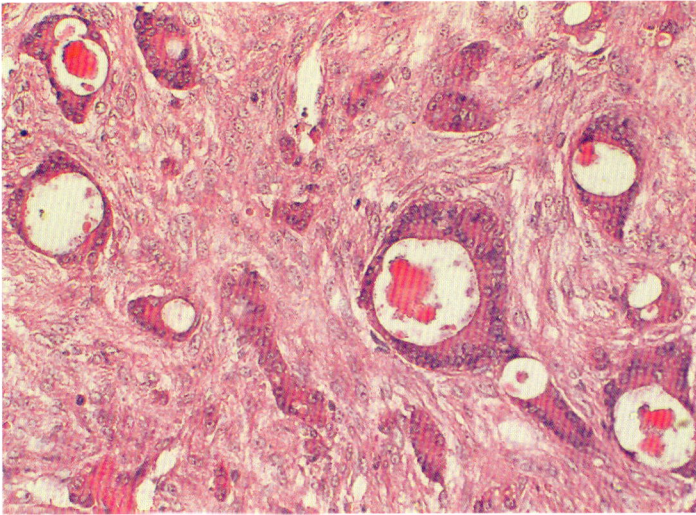

图1.2.6.51 多核巨细胞瘤

　　瘤细胞体积大小不等，胞核多，胞体内含有伊红着染物质或空泡。HE×400

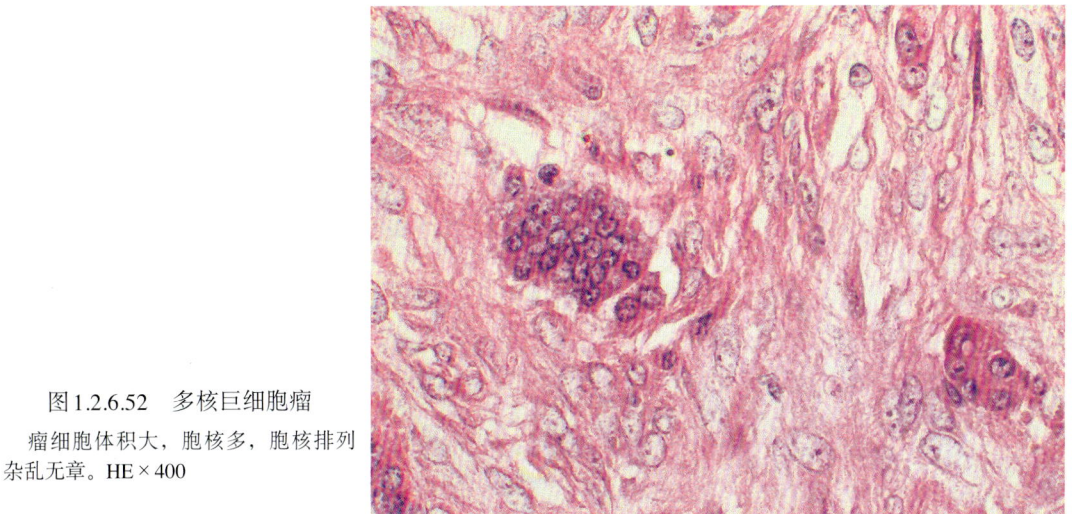

图1.2.6.52 多核巨细胞瘤

　　瘤细胞体积大，胞核多，胞核排列杂乱无章。HE×400

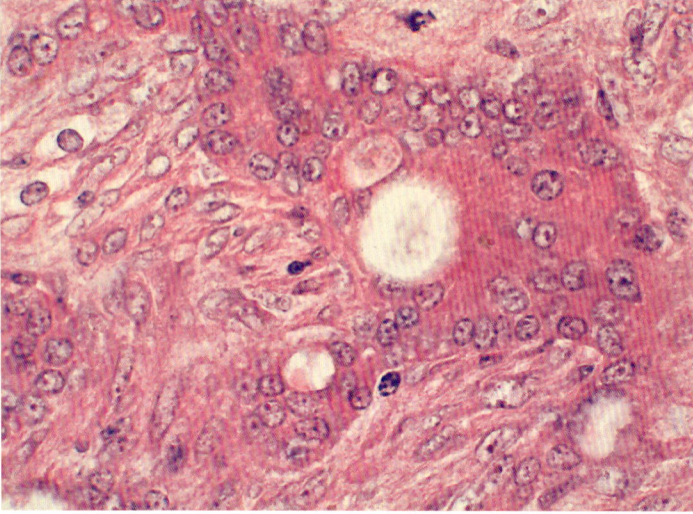

图 1.2.6.53　多核巨细胞瘤

瘤细胞体积巨大，胞质丰富，胞核众多，胞体内有空泡。HE×400

图 1.2.6.54　脾脏中央动脉内皮细胞瘤

镜下见脾小体中有几个乃至几十个疑似中央动脉结构。HE×100

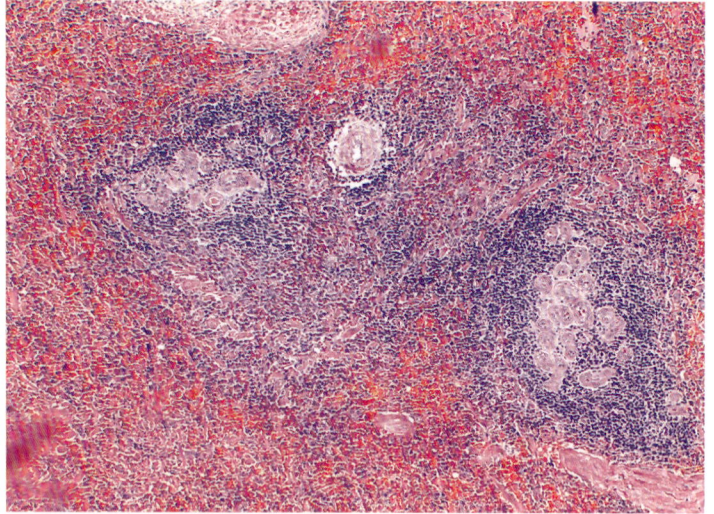

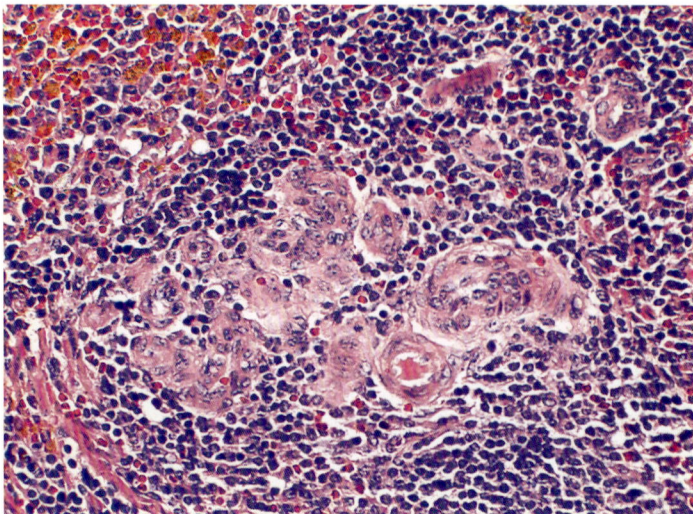

图 1.2.6.55　脾脏中央动脉内皮细胞瘤

疑似中央动脉结构的组织呈团块状或管腔状，其中有少量平滑肌，淋巴鞘出血。HE×400

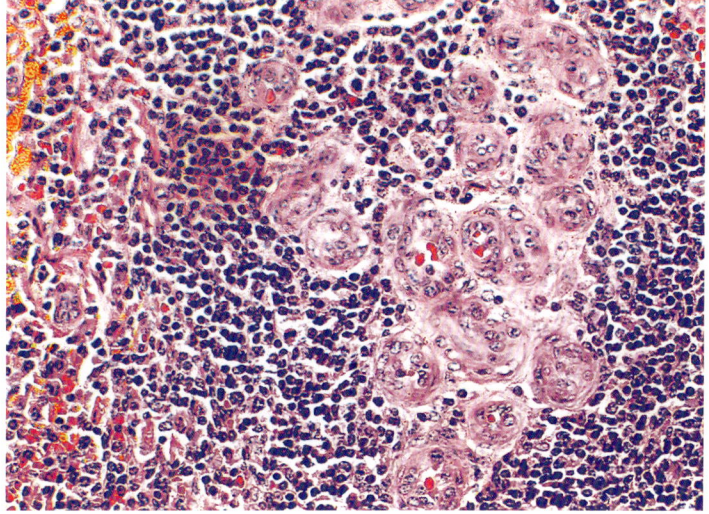

图1.2.6.56　脾脏中央动脉内皮细
　　　　　　胞瘤

瘤组织呈团块状或管腔状结构，有
些其中有红细胞。HE×400

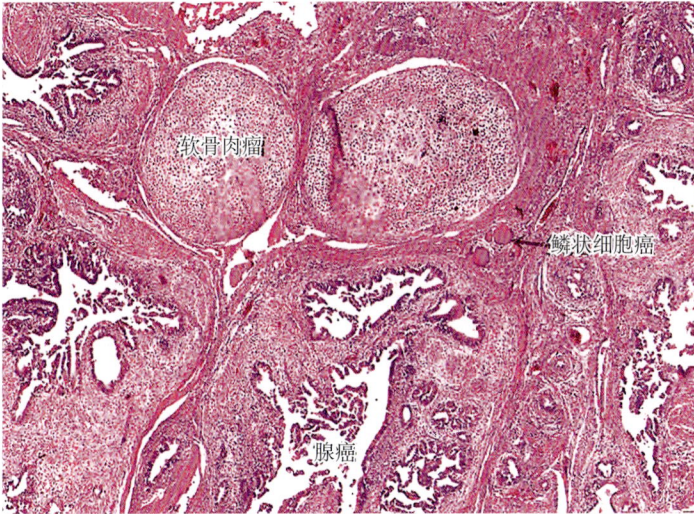

图1.2.6.57　混合瘤（鸡卵巢）

肿瘤成分复杂，由腺管样结构和
软骨样组织结构及鳞状细胞癌组成。
HE×40

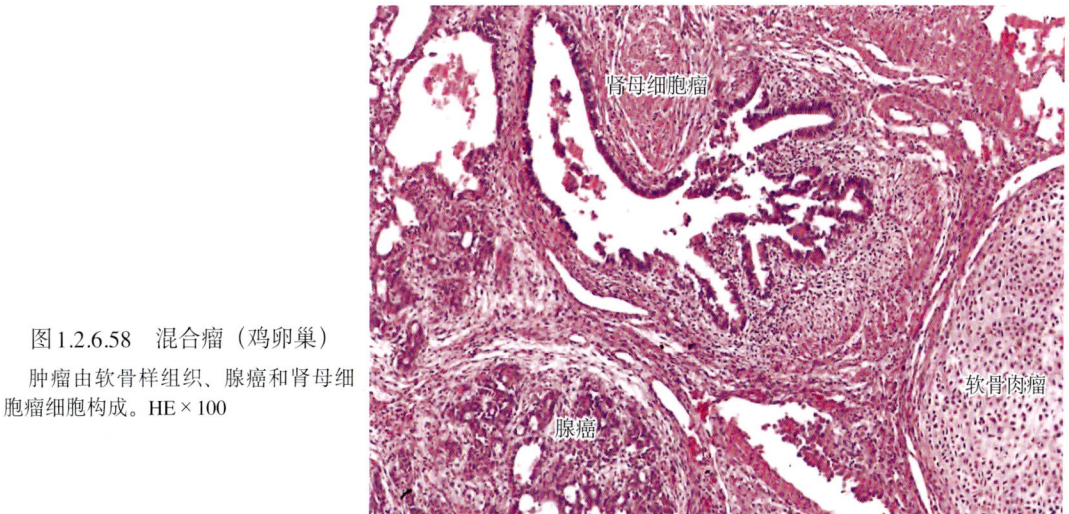

图1.2.6.58　混合瘤（鸡卵巢）

肿瘤由软骨样组织、腺癌和肾母细
胞瘤细胞构成。HE×100

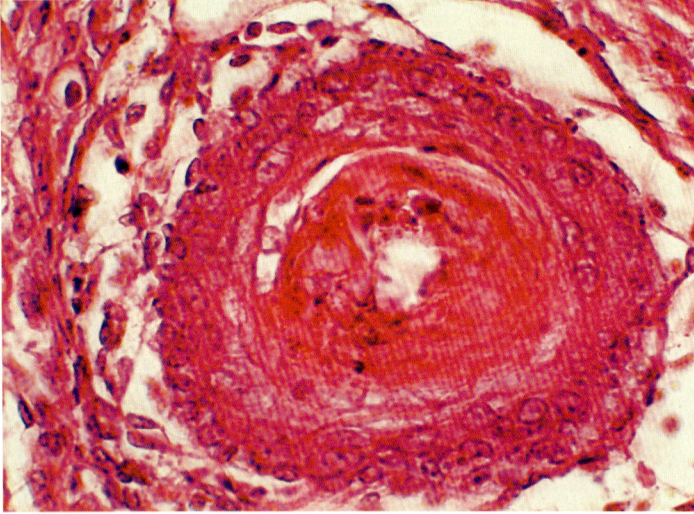

图1.2.6.59 混合瘤中的鳞状细胞
癌部分（鸡卵巢）

中心为角化的上皮细胞形成的角化
珠，中间层是上皮细胞，最外层是棘细
胞层。HE×1 000

图1.2.6.60 混合瘤中的软骨瘤
（鸡卵巢）

肿瘤中的软骨样组织。HE×1 000

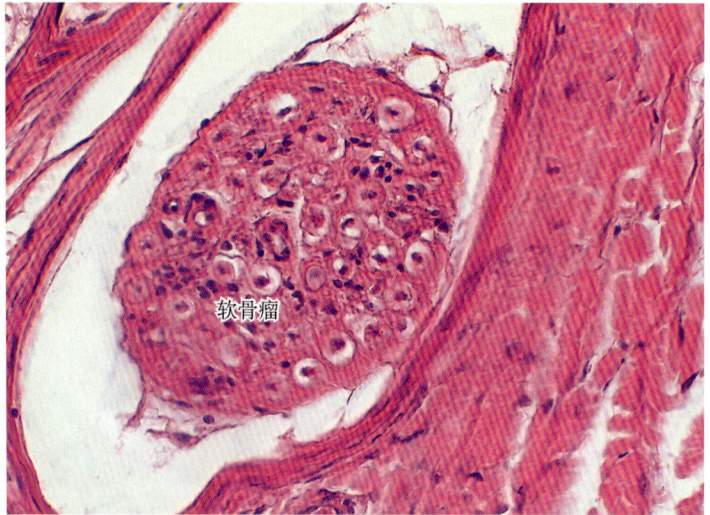

软骨瘤

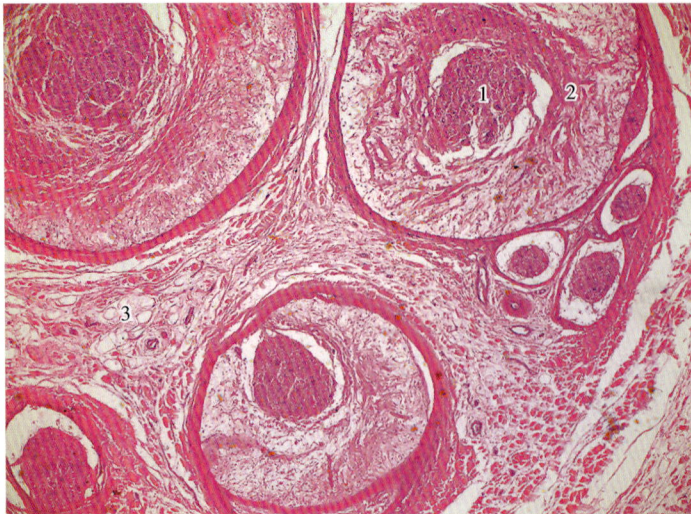

图1.2.6.61 混合瘤

肿瘤组织由大小不等的圆形结构构
成，其成分多样，由肾母细胞瘤构成
圆形的中心（1），其外是黏液样物质，
中间散在肌纤维（2），圆形团块之间
是结缔组织，其中有脂肪组织（3）。
HE×40

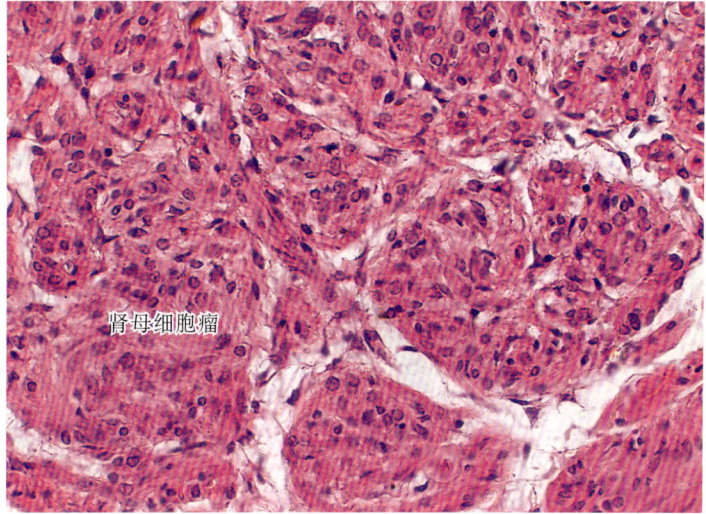

图1.2.6.62　混合瘤
　　圆形团块中心由肾母细胞瘤细胞组成，其外侧是大量黏液样组织和散在其间的肌纤维，最外是结缔组织膜。HE×100

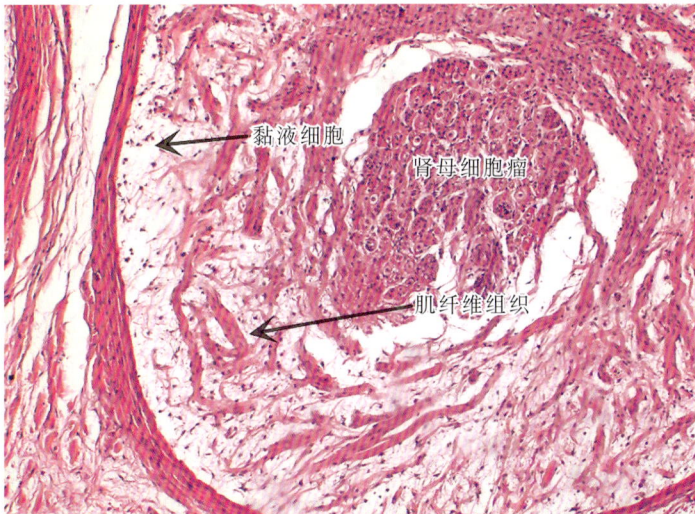

图1.2.6.63　混合瘤
　　混合瘤中心的肾母细胞瘤。HE×400

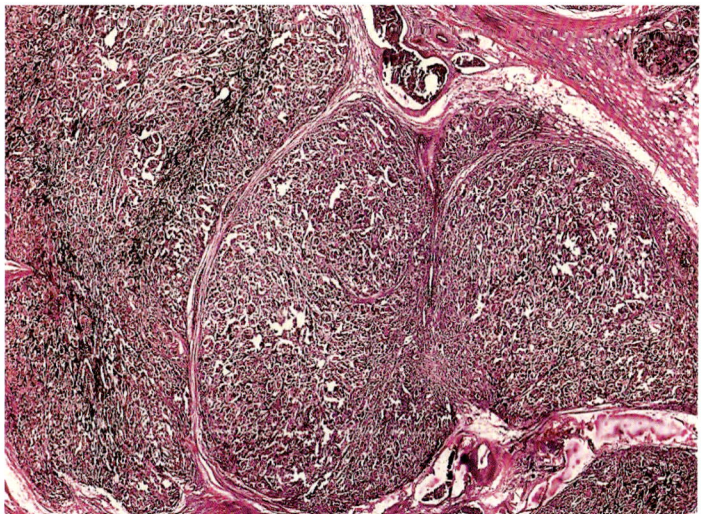

图1.2.6.64　恶性黑色素瘤
　　瘤组织被结缔组织分割成大小不等的小叶状，肿瘤实质呈黑褐色。HE×40

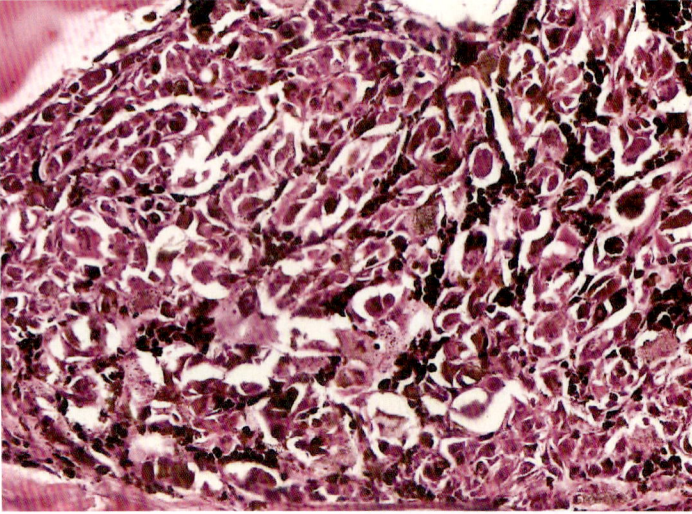

图1.2.6.65　恶性黑色素瘤

瘤组织由成黑色素细胞组成，若干个成黑色素细胞构成小叶或团块。小叶间是释放出来的黑色素颗粒。HE×100

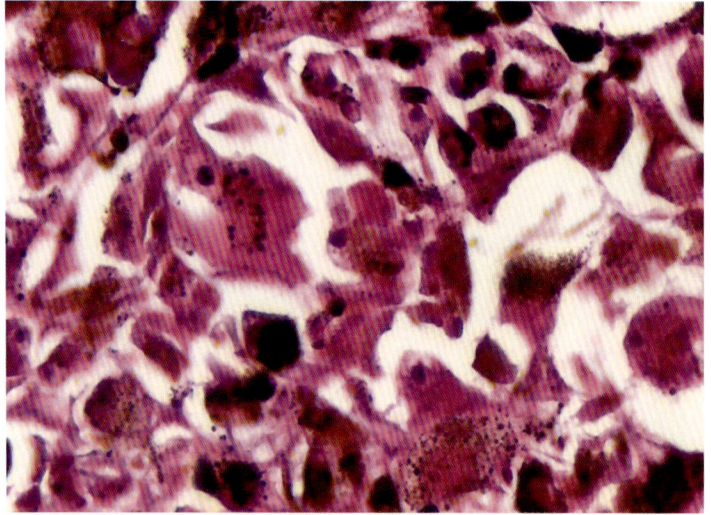

图1.2.6.66　恶性黑色素瘤

成黑色素细胞体积较大，多角形，胞质丰富，胞质内含有黑色素颗粒，胞核圆形较小，不明显。HE×1 000

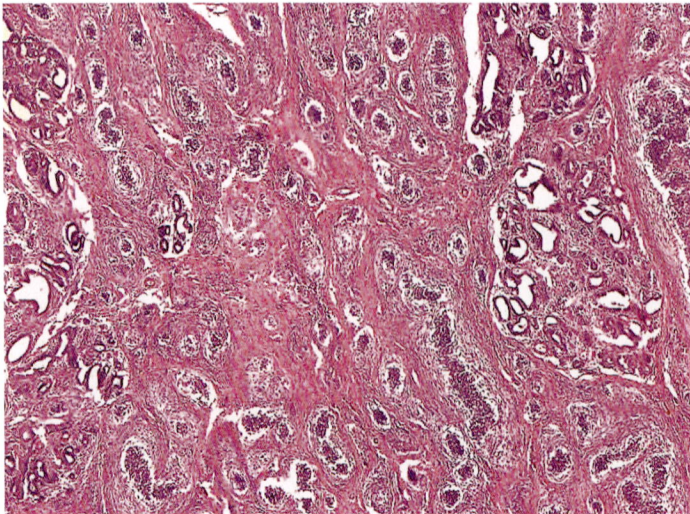

图1.2.6.67　肾母细胞瘤（兔）

瘤细胞呈团块状分布在纤维组织中，呈实体团块状或形成类似肾小球和肾小管样结构。HE×40

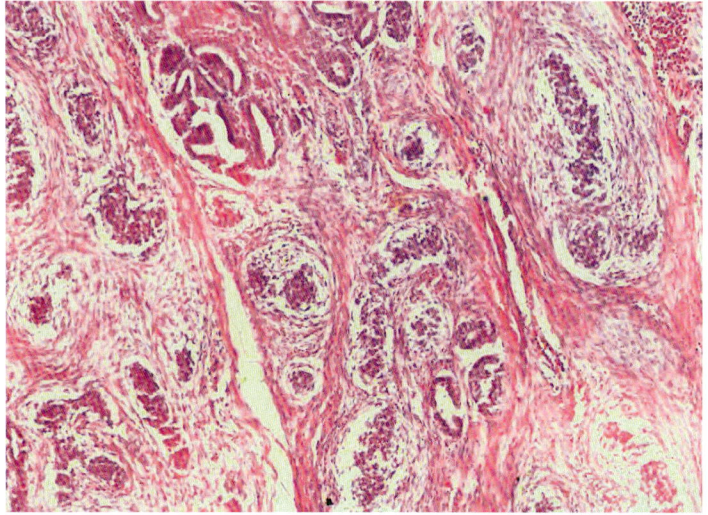

图1.2.6.68　肾母细胞瘤（兔）
瘤细胞排列成团块或形成管状。HE×100

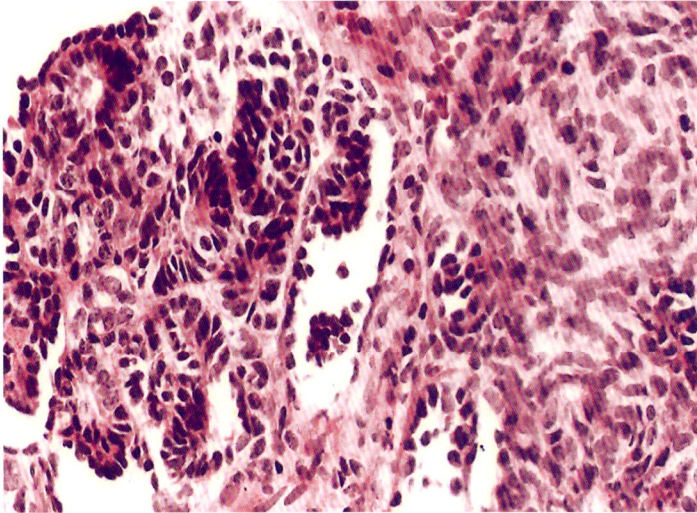

图1.2.6.69　肾母细胞瘤（兔）
瘤细胞呈梭形、柱状或不规则形状，
形成类似肾小球结构。HE×400

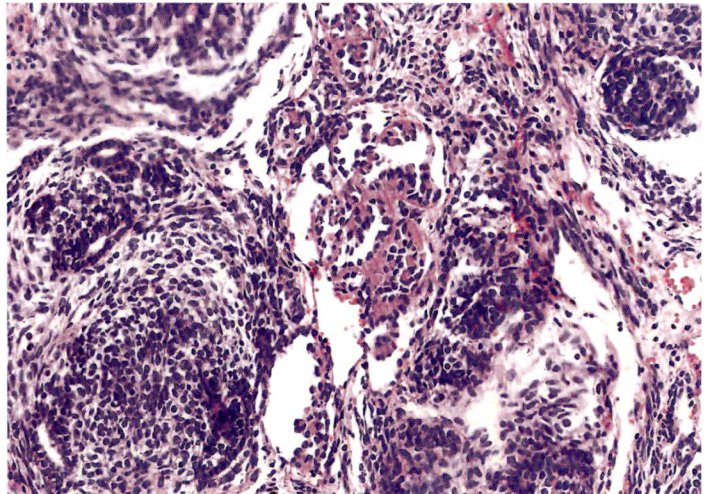

图1.2.6.70　肾母细胞瘤（兔）
瘤细胞呈团块状分布，有些形成近
似肾小管样结构。HE×400

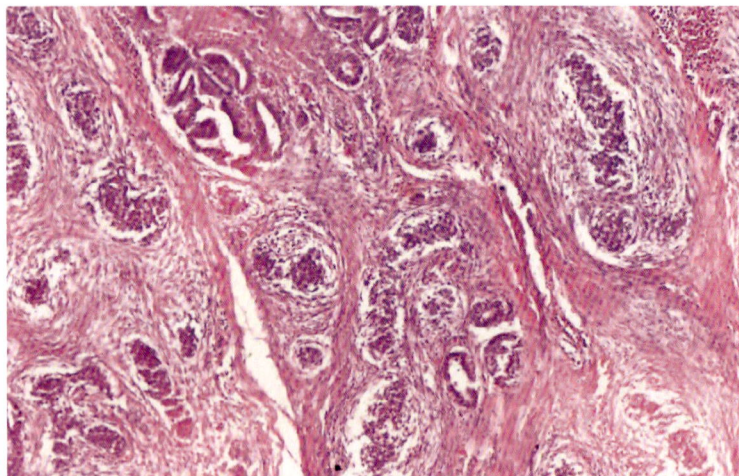

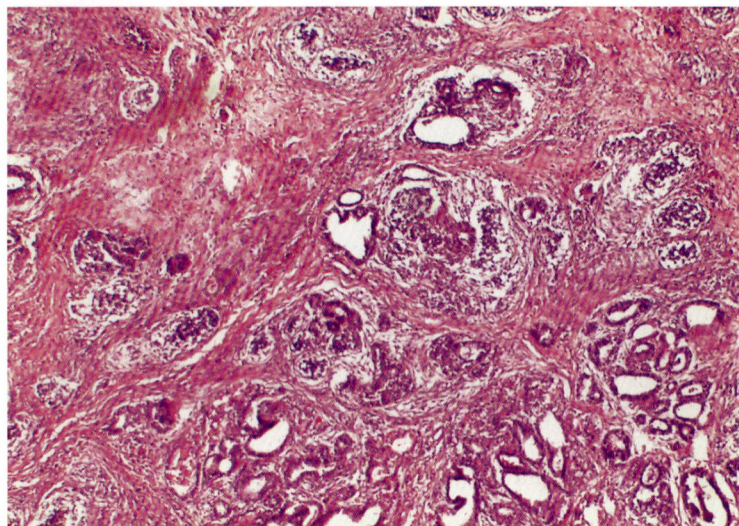

图 1.2.6.71　肾母细胞瘤（鸡）
　　肿瘤细胞形成团块状或腺管样结构，其间是纤维组织。HE×100

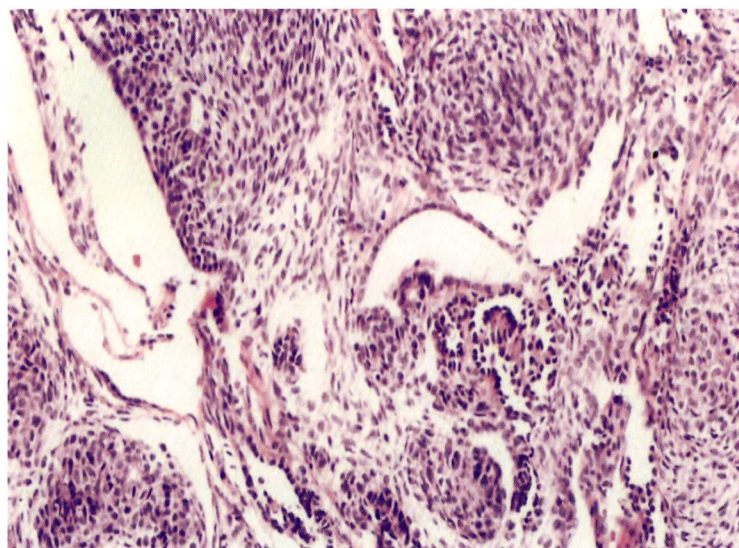

图 1.2.6.72　肾母细胞瘤（鸡）
　　瘤细胞呈团块状排列，有一处形成类似肾小球样结构。HE×100

第二篇

器官、系统的
组织学与病理变化

第一章
循环系统的组织学与病理变化

第一节　循环系统的组织学

循环系统是一个分支的封闭的管道系统，包括心血管系统和淋巴管系统。心血管系统包括心脏、动脉、静脉和毛细血管等。淋巴管系统由毛细淋巴管、淋巴管、淋巴干和淋巴导管等组成。毛细淋巴管以盲端起始于组织中，逐渐汇集成淋巴管。

一、心脏

心脏见图2.1.1.1、图2.1.1.2、图2.1.1.3、图2.1.1.4。

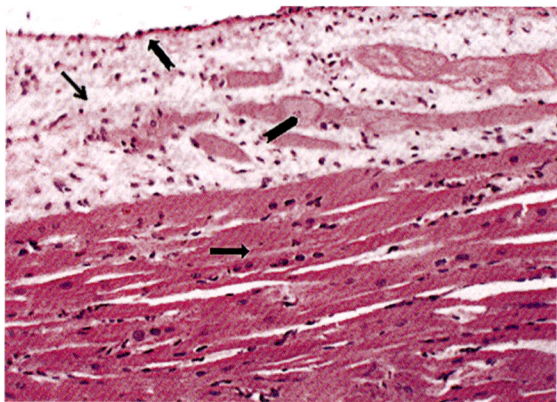

图2.1.1.1　心脏（猪）

心脏是血液循环的动力器官，心壁由内向外依次分为心内膜、心肌膜和心外膜三层。心内膜（→），心肌膜（➡），蒲肯野纤维（➡），内皮细胞（➡）。HE×100

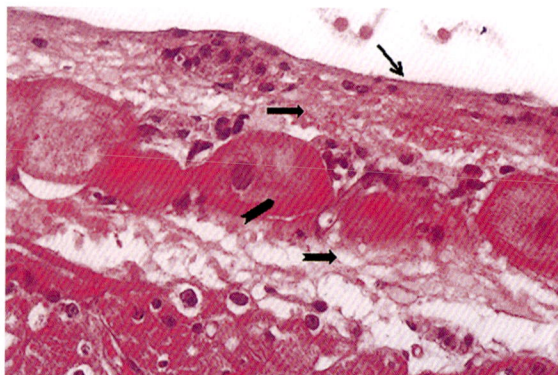

图2.1.1.2　心脏（猪）

心内膜从内向外依次为内皮、内皮下层和心内膜下层。内皮为单层扁平上皮；内皮下层为薄层疏松结缔组织；心内膜下层为疏松结缔组织，内有蒲肯野纤维、血管。内皮（→），内皮下层（➡），蒲肯野纤维（➡），心内膜下层（➡）。HE×400

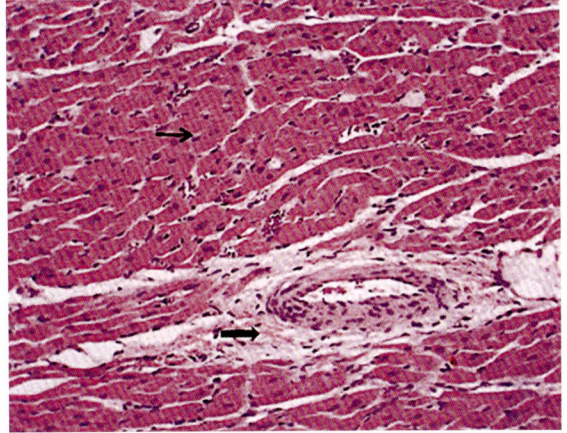

图2.1.1.3 心脏（猪）

心肌膜主要由心肌纤维构成。心肌纤维大致可分为内纵、中环和外斜三层。纤维多集合成束，肌束间有较多的疏松结缔组织和毛细血管。心肌纤维（→），结缔组织（➡）。HE×100

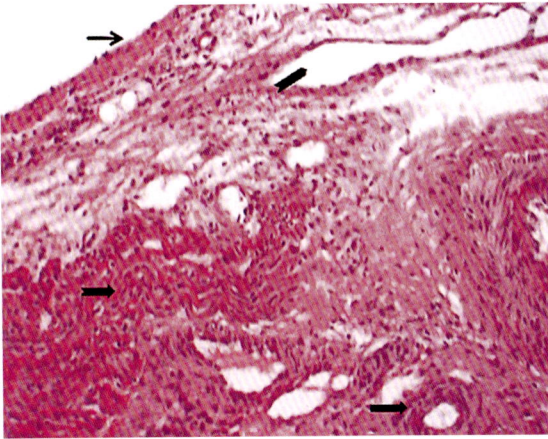

图2.1.1.4 心脏（猪）

心外膜为浆膜结构，表面为间皮，间皮下为疏松结缔组织，内含血管、神经和脂肪组织。间皮（→），小动脉（➡），小静脉（➡），心肌膜（➡）。HE×100

二、血管

血管是由各级动脉、静脉和毛细血管组成的一个闭锁的循环系统（图2.1.1.5、图2.1.1.6、图2.1.1.7、图2.1.1.8、图2.1.1.9、图2.1.1.10、图2.1.1.11、图2.1.1.12）。

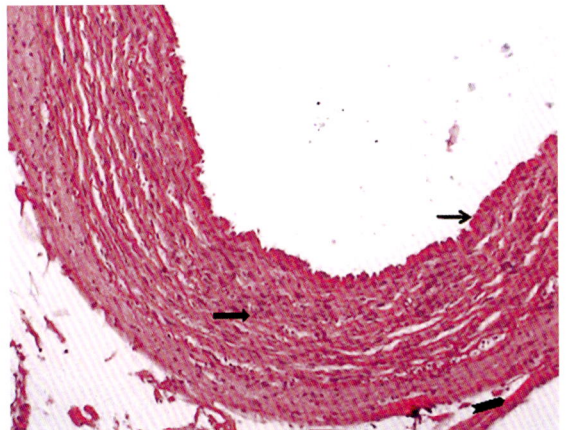

图2.1.1.5 动脉（猪）

大动脉管壁中有多层弹性膜和大量弹性纤维，故又称弹性动脉。管壁由内膜、中膜和外膜构成。内膜（→），中膜（➡），外膜（➡）。HE×100

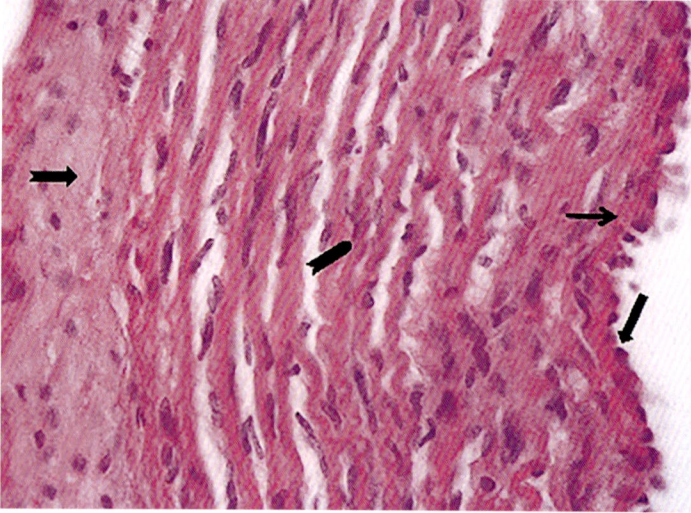

图 2.1.1.6　肺动脉（猪）

肺动脉内膜由内皮细胞和内皮下层构成。内皮下层为薄层疏松结缔组织。内弹性膜与中膜的弹性膜相连，故内膜与中膜的界线不清晰。中膜很厚，外膜较薄。内膜（→），内皮细胞（➡），中膜（➡），外膜（➡）。HE×400

图 2.1.1.7　肺静脉（猪）

肺静脉内膜由内皮细胞和内皮下层构成。内皮下层为薄层疏松结缔组织。内弹性膜不明显，故内膜与中膜的界线不清晰。中膜比动脉的薄，外膜相对较厚。内膜（→），中膜（➡），外膜（➡）。HE×100

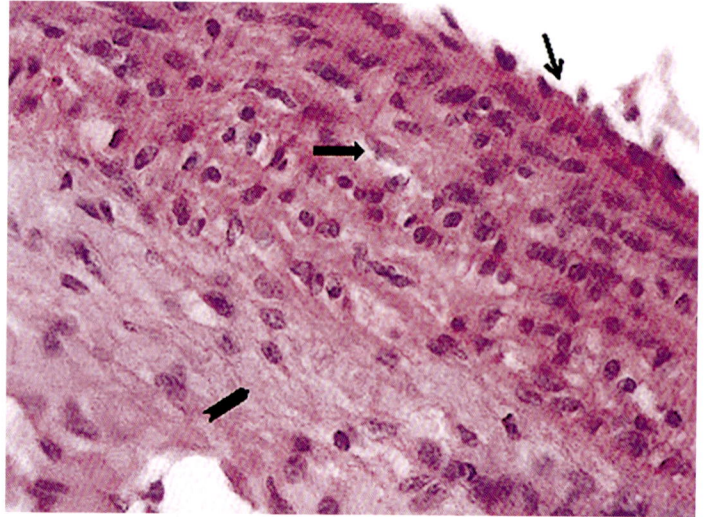

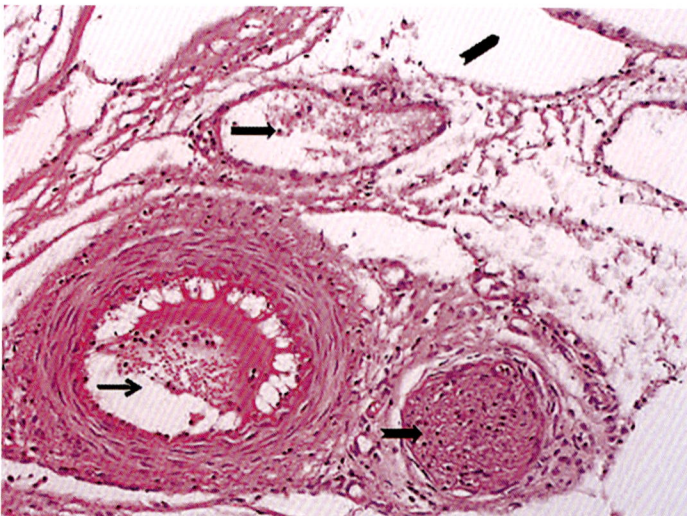

图 2.1.1.8　小动脉、小静脉

小动脉、小静脉、小淋巴管和神经常相伴而行。小动脉管壁较厚，层次清晰，内弹性膜明显；小静脉管壁很薄，分不清三层结构；小淋巴管管壁更薄。小动脉（→），小静脉（➡），小淋巴管（➡），神经（➡）。HE×100

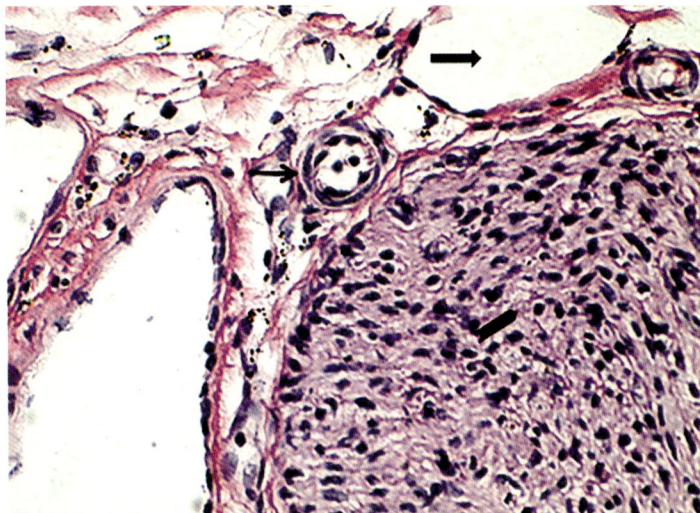

图 2.1.1.9 微动脉、微静脉

微动脉管壁薄，中膜仅有 1 ~ 2 层平滑肌构成。微静脉管壁更薄，中膜仅有 1 层螺旋形平滑肌。微动脉、微静脉和神经相伴而行。微动脉（→），微静脉（➡），神经（➠）。HE×400

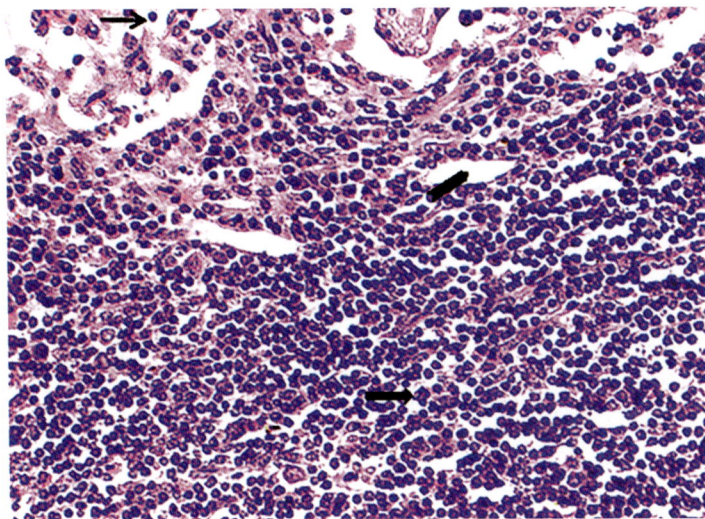

图 2.1.1.10 毛细血管后微静脉

毛细血管后微静脉位于淋巴结的副皮质区，管壁由单层立方上皮构成，是血液中淋巴细胞进入淋巴结的重要通道。淋巴细胞（→），弥散淋巴组织（➡），毛细血管后微静脉（➠）。HE×400

图 2.1.1.11 窦状毛细血管（猪肝脏）

窦状毛细血管又称血窦，分布于肝、脾、红骨髓和某些内分泌腺。特点是管径大而不规则，管壁薄，相邻细胞间隙较大，基膜间断或缺如，通透性很高。肝窦内皮细胞（→），肝索（➡），肝窦（➠）。HE×400

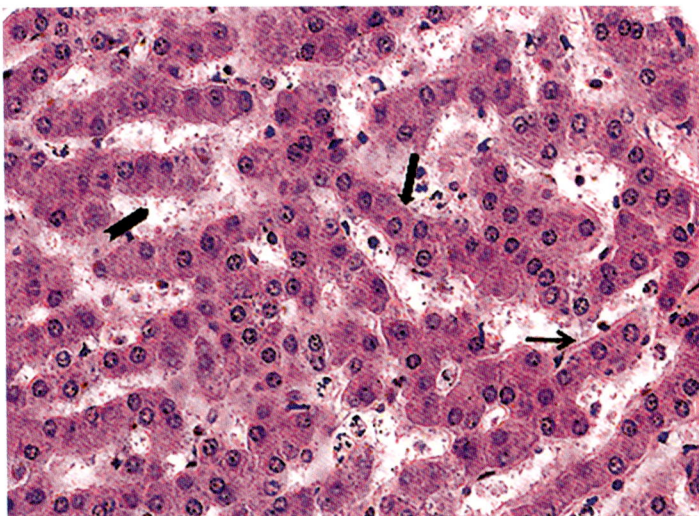

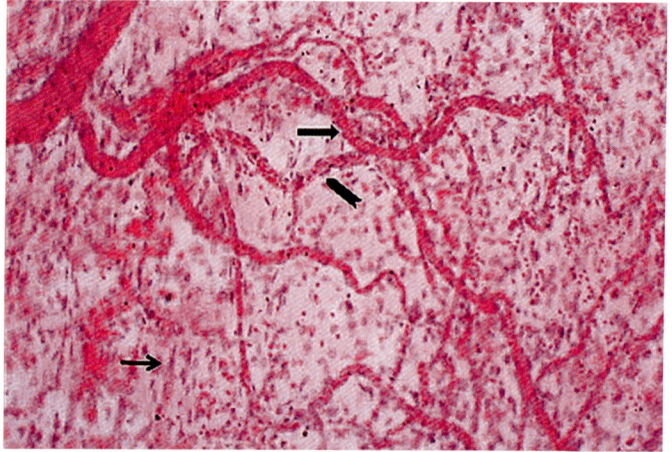

图 2.1.1.12　组成微循环的血管（兔肠系膜铺片）

组成微循环的血管一般包括微动脉、后微动脉、真毛细血管、直捷通路、动静脉吻合和微静脉。毛细血管（→），微动脉（➡），微静脉（➡）。HE×40

三、淋巴管

淋巴管见图 2.1.1.13、图 2.1.1.14。

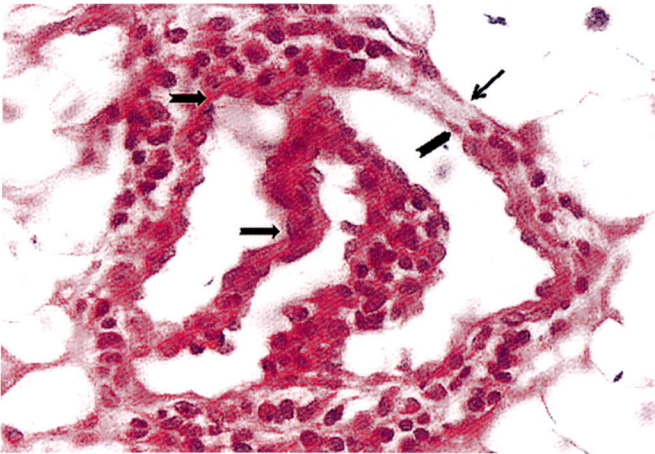

图 2.1.1.13　淋巴管

淋巴管与静脉结构相似，管腔大而壁薄。管壁由内皮细胞、少量平滑肌和疏松结缔组织构成。管腔内有较多的瓣膜。淋巴管（→），淋巴管瓣膜（➡），内皮（➡），平滑肌（➡）。HE×400

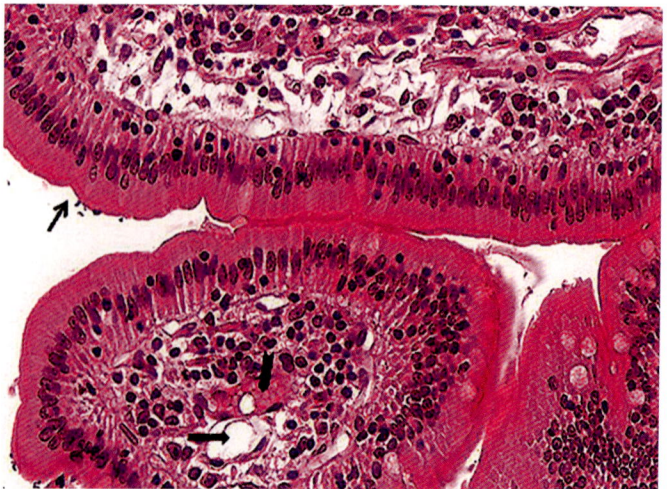

图 2.1.1.14　毛细淋巴管（猪空肠）

肠绒毛中轴内含有丰富的毛细淋巴管和中央乳糜管。毛细淋巴管是分布最广，分支最多，管径最小，管壁最薄的管道，仅由内皮细胞、基膜和周细胞构成。中央乳糜管以盲端起始于肠绒毛顶端，管壁极薄，通透性更大。肠绒毛（→），毛细淋巴管（➡），毛细血管（➡）。HE×400

第二节 心血管系统的病理变化

心血管系统的病理变化包括心包炎、心肌炎、心内膜炎、血管炎和动脉硬化等。

一、心包炎

心包炎是指心包壁层和脏层的炎症。除牛创伤性心包炎外，多伴发于各种传染病过程中。心包炎时心包腔内蓄积多量浆液性、纤维素性或脓性渗出物，其中混有大量炎性细胞。当炎性渗出物机化时，可形成"绒毛心"或发生心包粘连（图2.1.2.1）。

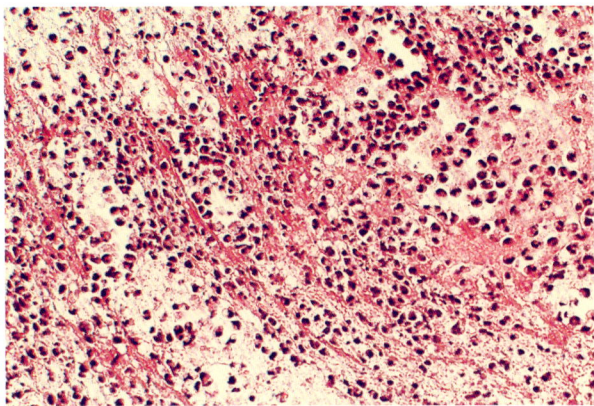

图2.1.2.1 纤维素性心包炎
心包腔内蓄积大量纤维蛋白性渗出物，纤维蛋白之间有大量中性粒细胞。HE×400

二、心肌炎

心肌炎是指心脏肌肉的炎症。按照炎症性质可分为实质性心肌炎、间质性心肌炎和化脓性心肌炎。心肌炎多伴发于细菌性、病毒性、代谢性以及寄生虫性疾病。实质性心肌炎以心肌细胞变性、坏死和炎性细胞浸润为特征（图2.1.2.2、图2.1.2.3）；间质性心肌炎以

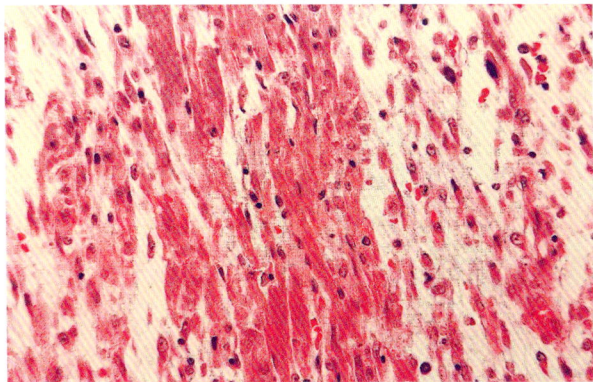

图2.1.2.2 实质性心肌炎（口蹄疫）
心肌纤维变性、坏死，毛细血管充血，炎性细胞浸润。HE×200

心肌间质结缔组织增生和淋巴细胞浸润为特征（图2.1.2.4、图2.1.2.5）；化脓性心肌炎表现为心肌中出现大小不等的化脓灶，化脓灶由一堆炎性细胞、变性坏死的细胞组成，其细胞多表现为核浓缩、碎裂或溶解。

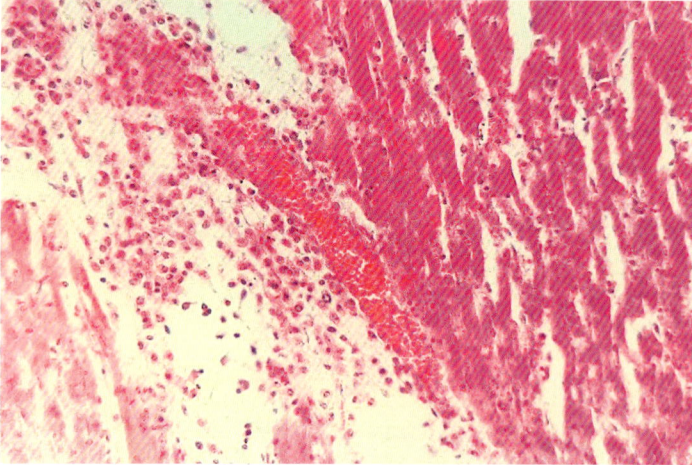

图2.1.2.3 实质性心肌炎
心肌纤维变性、坏死，纤维之间炎性细胞浸润。HE×400

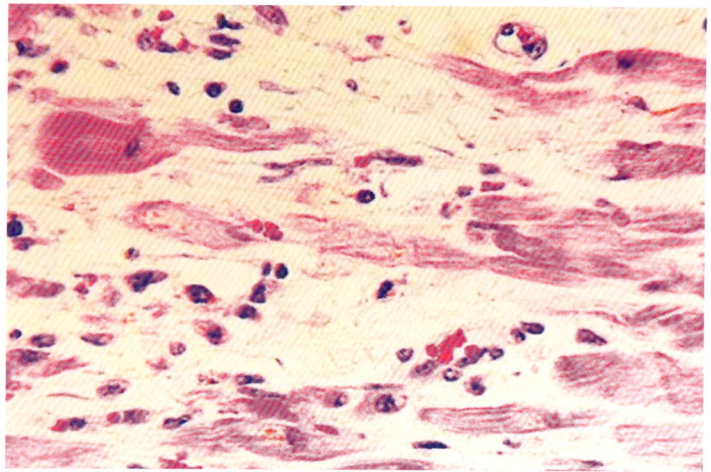

图2.1.2.4 间质性心肌炎
心肌中局灶性淋巴细胞和成纤维细胞增生，心肌纤维被压迫萎缩、消失。HE×200

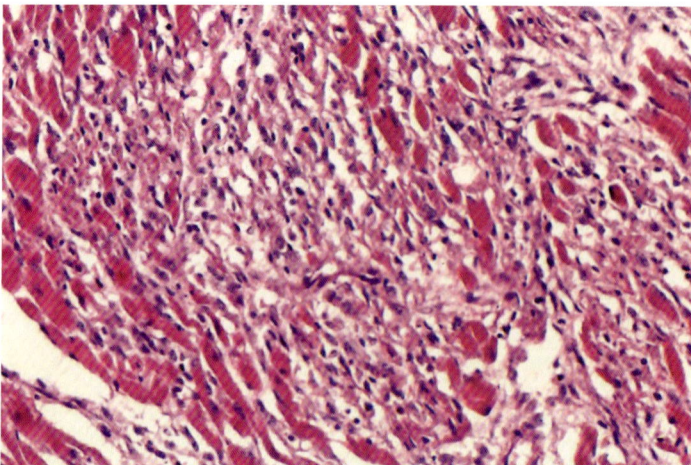

图2.1.2.5 间质性心肌炎
心肌纤维间单核细胞浸润，结缔组织增生，肌纤维萎缩、消失。HE×400

三、心内膜炎

心内膜炎可分为疣性心内膜炎和溃疡性心内膜炎。疣性心内膜炎见于慢性猪丹毒，溃疡性心内膜炎多是由体内其他部位化脓性病灶转移而来（图2.1.2.6、图2.1.2.7、图2.1.2.8、图2.1.2.9）。

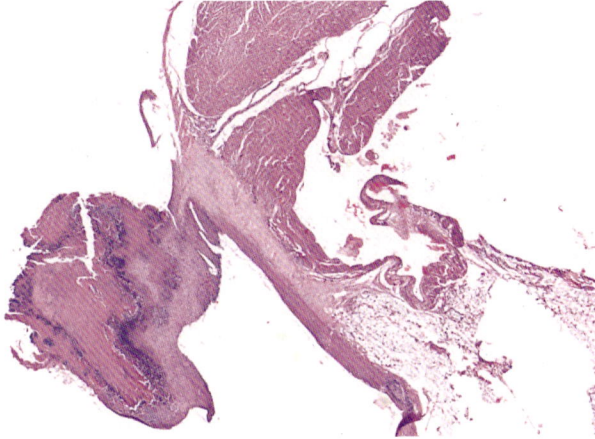

图 2.1.2.6　疣性心内膜炎（猪丹毒）
心内膜上的疣状赘生物。HE×20

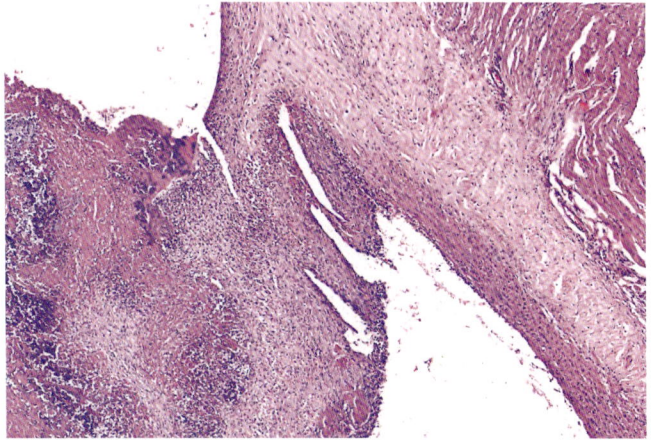

图 2.1.2.7　疣性心内膜炎（猪丹毒）
心内膜上的疣状赘生物。HE×40

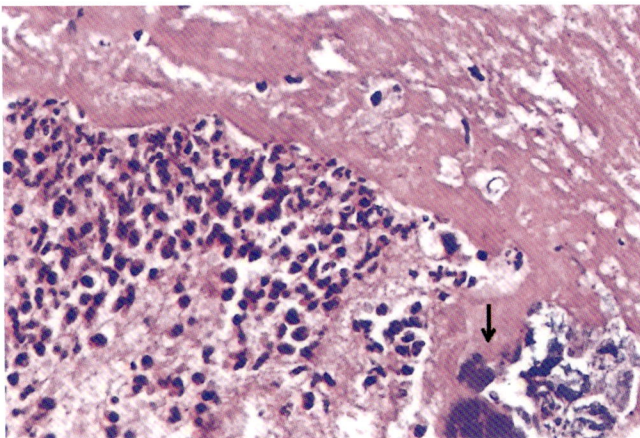

图 2.1.2.8　疣性心内膜炎（猪丹毒）
疣状赘生物由纤维组织、炎性细胞构成，其间有菌落团块（➡）。HE×400

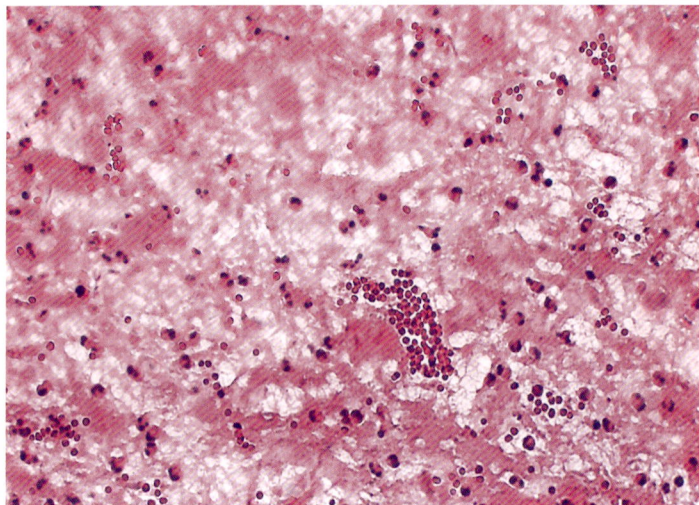

图2.1.2.9 疣性心内膜炎（长颈鹿）

长颈鹿心脏三尖瓣上的疣性赘生物，此物由大量纤维蛋白、少量红细胞和中性粒细胞组成。HE×400

四、血管炎

血管炎可分为动脉炎和静脉炎。

1.动脉炎 表现为动脉内膜损伤和动脉壁结缔组织增生，致使动脉壁增厚、粗糙不平、弹性降低。由病毒引起（如马病毒性动脉炎）或寄生虫病引起（如普通原虫寄生）。

2.静脉炎 在感染、中毒性疾病中常见静脉炎，静脉炎在败血症的发生上有着重要意义。如猪瘟、牛传染性胸膜肺炎和化脓性支气管肺炎发生过程中，常发生静脉炎和血栓。

五、动脉硬化

动脉硬化是指动脉壁弥漫性或局限性增厚、变硬，失去弹性的一种病变。若动脉内膜或中膜有类脂质浸润、坏死，纤维组织增生，则称为动脉粥样硬化，动脉粥样硬化的病灶常发生钙化（图2.1.2.10、图2.1.2.11、图2.1.2.12）。

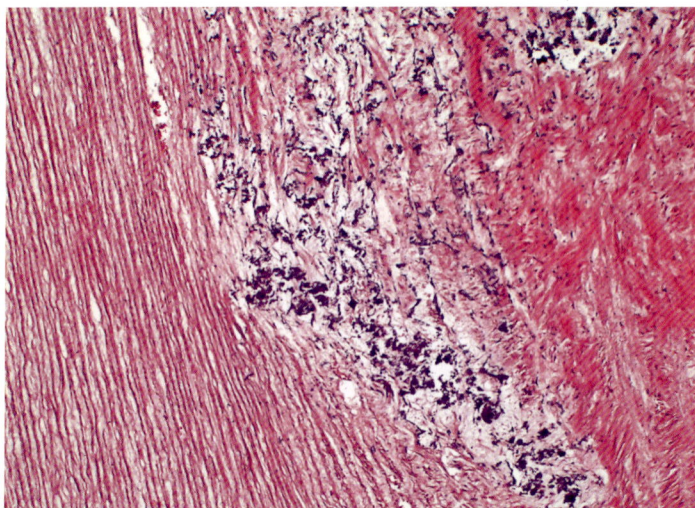

图2.1.2.10 动脉粥样硬化

动脉中膜局部出现粥样硬化斑块，并有黏液样物质沉着和钙化。HE×100

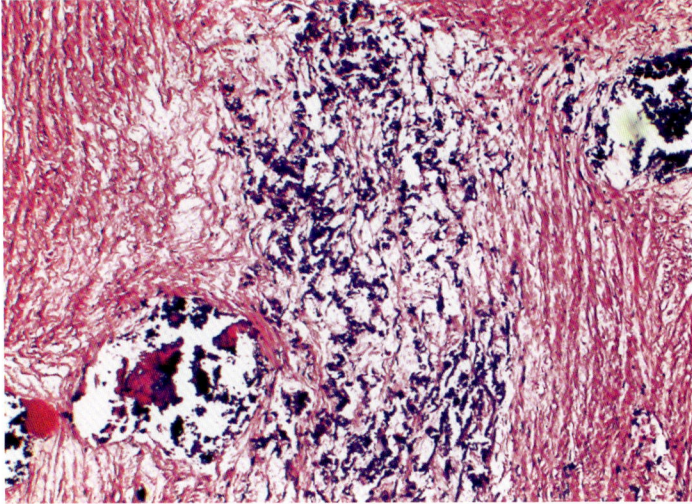

图2.1.2.11　动脉粥样硬化

动脉硬化部位发生黏液样变，并发生钙盐沉着。HE×100

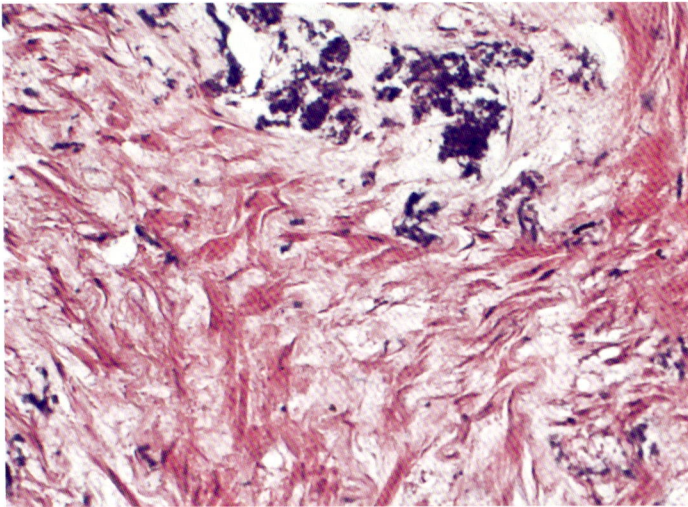

图2.1.2.12　动脉粥样硬化

动脉硬化斑块中黏液样物质沉着并发生钙化，肌纤维排列紊乱。HE×400

第二章
免疫系统的组织学与病理变化

第一节 免疫系统的组织学

免疫系统主要由免疫器官和免疫细胞等构成。免疫器官是以淋巴组织为主要成分构成的器官，可分为中枢免疫器官和周围免疫器官。中枢免疫器官包括胸腺、骨髓，禽类还有法氏囊；周围免疫器官包括淋巴结、脾脏、扁桃体。免疫细胞包括淋巴细胞、树突状细胞、单核/巨噬细胞、粒细胞、肥大细胞等。

一、胸腺

胸腺表面包有被膜，被膜伸入胸腺内部形成小叶间隔，将实质分成许多大小不等的胸腺小叶，每个小叶都由皮质和髓质组成。

胸腺皮质由淡染的上皮细胞、巨噬细胞、深染且排列紧密的小淋巴细胞（胸腺细胞）及毛细血管构成，皮质染色较深是因为大量密集的小淋巴细胞所致。髓质染色较淡，由浆细胞、淋巴细胞、巨噬细胞、上皮网状细胞以及由上皮网状细胞同心圆状排列形成的胸腺小体构成（图2.2.1.1、图2.2.1.2、图2.2.1.3）。

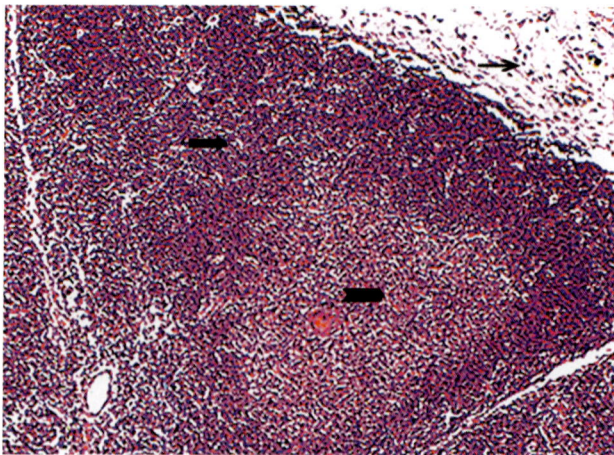

图2.2.1.1 胸腺（猪）

被膜（➔），皮质（➡），髓质（➡）。HE×100

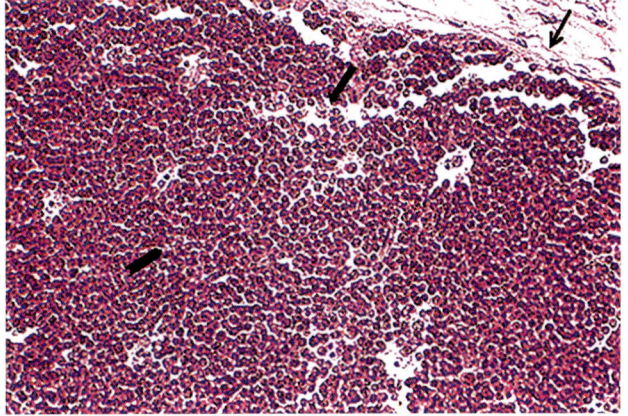

图 2.2.1.2　胸腺（猪）

胸腺皮质以上皮细胞为支架，间隙内含有大量胸腺细胞和少量巨噬细胞。因细胞密集，故着色较深。被膜（→），巨噬细胞（➡），皮质（➡）。HE×400

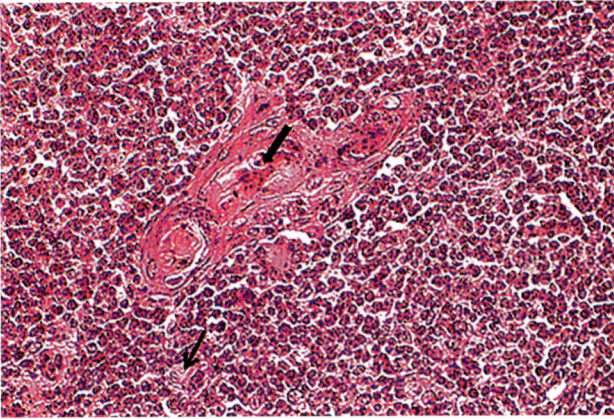

图 2.2.1.3　胸腺（猪）

胸腺髓质染色较淡，与皮质分界不清。髓质内含有上皮网状细胞、胸腺细胞、巨噬细胞及胸腺小体。上皮细胞（→），胸腺小体（➡）。HE×400

二、法氏囊

法氏囊是禽类的中枢免疫器官之一，位于泄殖腔背侧，呈球形或长椭圆形憩室状。幼禽发达，至性成熟时体积最大，以后逐渐退化。由黏膜层、黏膜下层、肌层和外膜构成。黏膜层有许多肥厚的皱褶向腔内突起，称为囊小叶。黏膜由大量多不规则的多面体囊小结（淋巴滤泡）构成。囊小结分为皮质和髓质两部分，皮质和髓质之间由毛细血管层隔开（图2.2.1.4、图2.2.1.5、图2.2.1.6）。

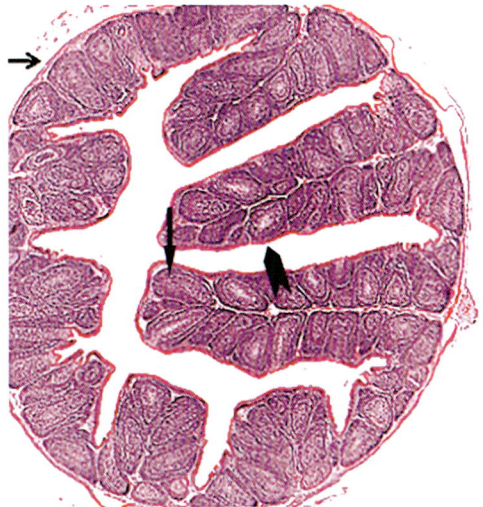

图 2.2.1.4　法氏囊（鸭）

肌层（→），囊小结（➡），囊小叶（➡）。HE×20

111

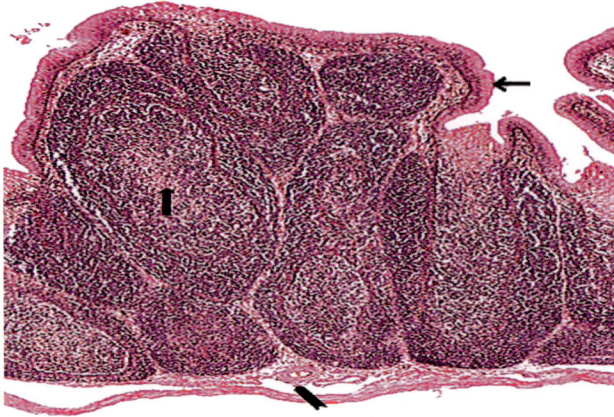

图 2.2.1.5　法氏囊（鸭）

纵行皱褶由黏膜层和部分黏膜下层构成。黏膜层由黏膜上皮和固有膜构成。固有膜内含有许多密集淋巴滤泡。黏膜上皮（→），淋巴滤泡（➡），黏膜下层（➡）。HE×100

图 2.2.1.6　法氏囊（鸭）

法氏囊的囊小结呈圆形、卵圆形或不规则形。每个囊小结均由周围的皮质和中央的髓质及介于两者之间的一层上皮细胞构成。皮质（→），上皮细胞层（➡），髓质（➡）。HE×180

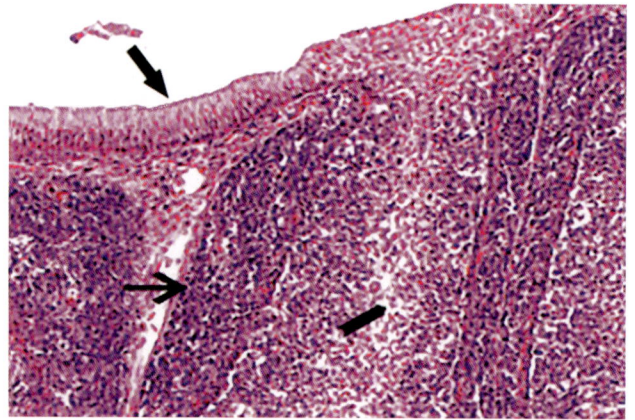

三、淋巴结

淋巴结位于淋巴回流的通路上，表面包有被膜，被膜结缔组织伸入淋巴结内部形成小梁。淋巴结的实质分为皮质和髓质。皮质位于被膜下方，由浅皮质层、深皮质层、淋巴小结和皮质淋巴窦构成。深皮质层位于皮质深部，含有大量T细胞和毛细血管后微静脉。毛细血管后微静脉由单层低立方或立方上皮构成。髓质位于淋巴结的内部，由髓索和髓窦构成（图2.2.1.7、图2.2.1.8、图2.2.1.9、图2.2.1.10）。

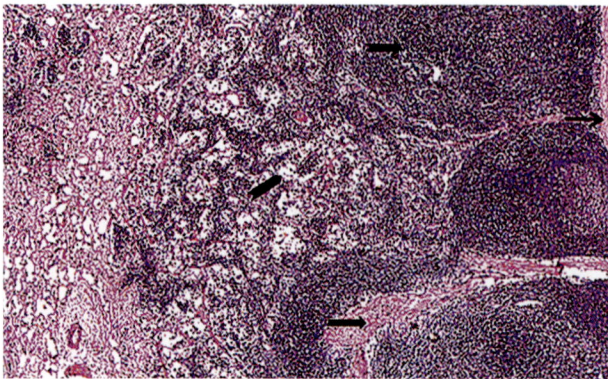

图 2.2.1.7　淋巴结（羊）

被膜（→），小梁（➡），髓质（➡），皮质（➡）。HE×38

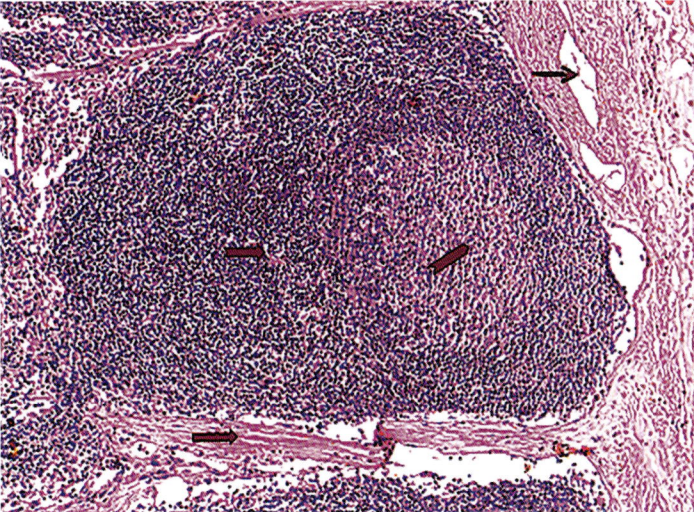

图2.2.1.8　淋巴结（羊）

被膜（→），浅皮质层（➡），被膜下淋巴窦（➡）。HE×230

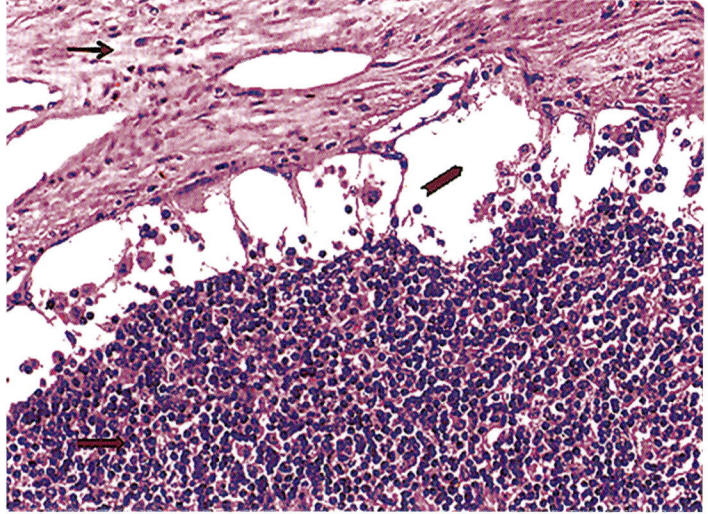

图2.2.1.9　淋巴结（羊）

淋巴小结位于被膜下浅皮质层内。发育良好的淋巴小结，可见小结帽、明区和暗区。输入淋巴管（→），小梁（➡），明区（➡），暗区（➡）。HE×100

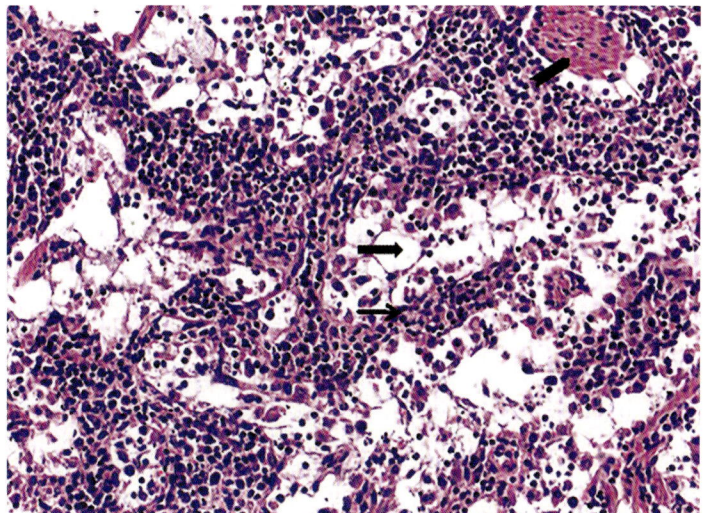

图2.2.1.10　淋巴结（羊）

髓索（→），髓窦（➡），小梁（➡）。HE×200

四、脾脏

脾脏是体内最大的淋巴器官。脾脏表面有被膜，实质由白髓、边缘区和红髓构成。白髓由动脉周围淋巴组织鞘和脾小体组成，在新鲜脾的切面上，呈灰白色点状，故名白髓。红髓广泛分布于被膜下、小梁周围、白髓及边缘区的外侧，由脾索和脾窦组成，在新鲜脾的切面上，呈红色，故名红髓（图2.2.1.11、图2.2.1.12、图2.2.1.13、图2.2.1.14、图2.2.1.15）。

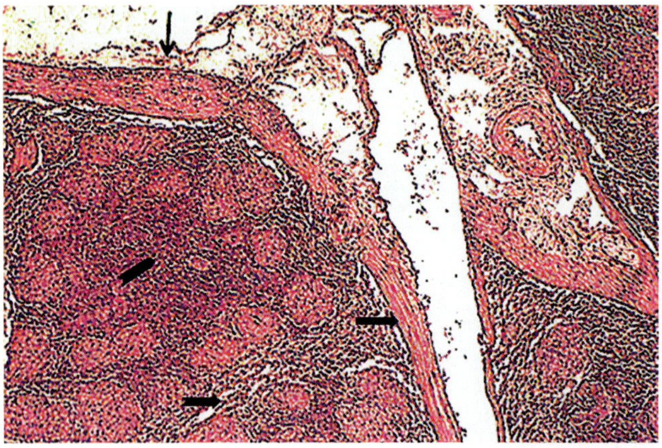

图2.2.1.11　脾脏（猪）
被膜（→），小梁（➡），白髓（➡），红髓（➡）。HE×200

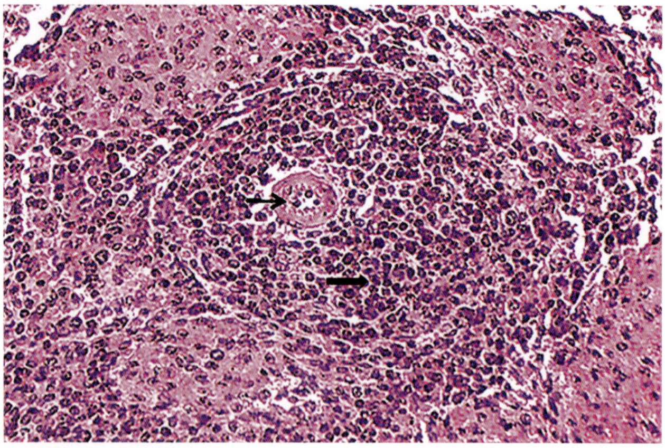

图2.2.1.12　脾脏（猪）
中央动脉（→），动脉周围淋巴组织鞘（➡）。HE×400

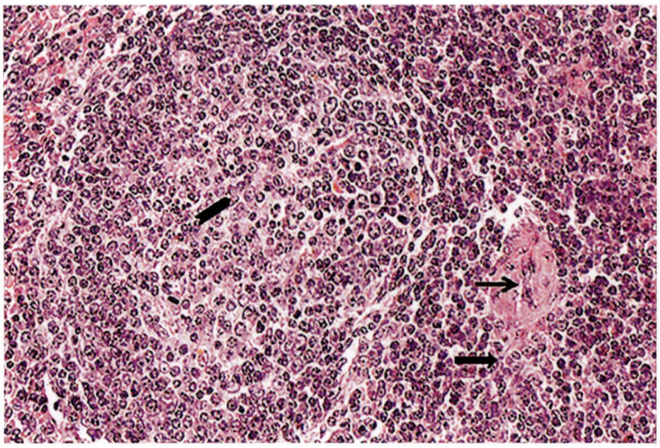

图2.2.1.13　脾脏（猪）
中央动脉（→），动脉周围淋巴组织鞘（➡），脾小体（➡）。HE×40

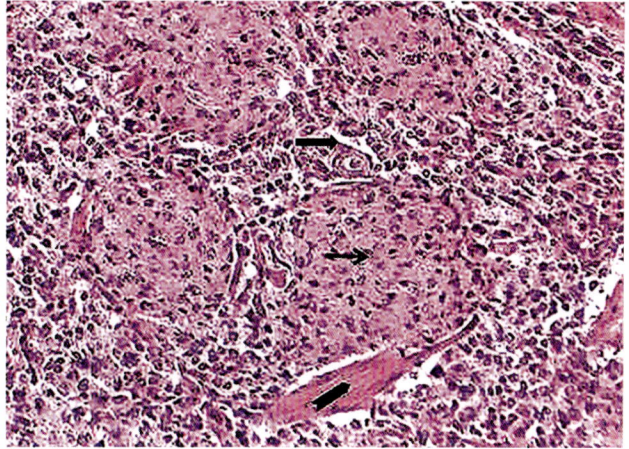

图2.2.1.14 脾脏（猪）

脾索（→），脾窦（➡），小梁（◼）。
HE×400

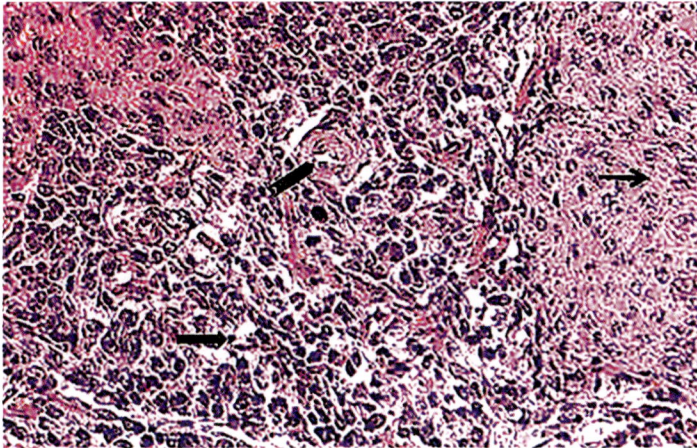

图2.2.1.15 脾脏（猪）

中央动脉穿出白髓进入脾索分成数
支，在脾索内依次称为髓微动脉、鞘
毛细血管。脾索（→），脾窦（➡），
髓微动脉（◼）。HE×400

五、扁桃体

扁桃体表面覆有复层扁平上皮，复层扁平上皮向固有膜内凹形成许多隐窝。固有膜内
有弥散淋巴组织和淋巴小结（图2.2.1.16、图2.2.1.17、图2.2.1.18）。

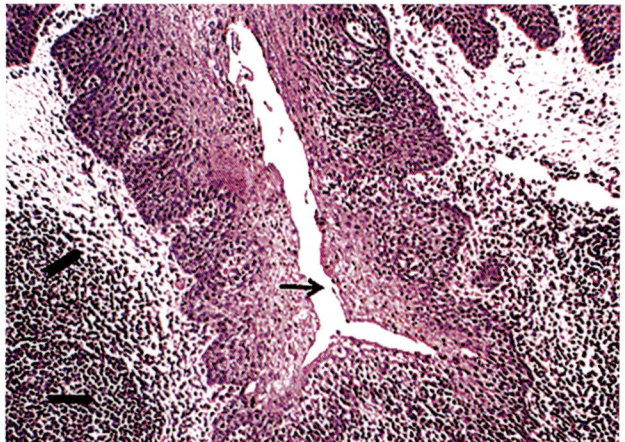

图2.2.1.16 腭扁桃体（猪）

隐窝（→），淋巴小结（➡），弥散淋巴组
织（◼）。HE×100

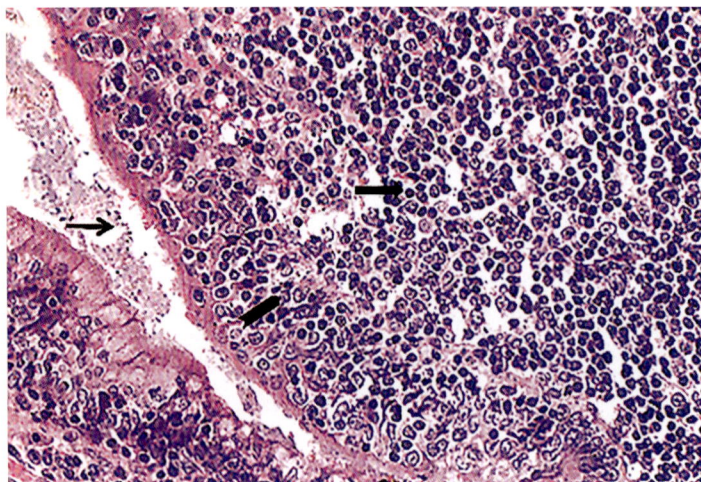

图2.2.1.17 腭扁桃体（猪）

扁桃体隐窝深处的上皮内含有淋巴细胞、浆细胞、巨噬细胞、朗格汉斯细胞等，这样的上皮称淋巴上皮组织。隐窝（→），弥散淋巴组织（➡），淋巴上皮组织（▬）。HE×400

图2.2.1.18 腭扁桃体（猪）

扁桃体的固有膜内含有弥散淋巴组织和淋巴小结。弥散淋巴组织内有毛细血管后微静脉。淋巴小结（→），毛细血管后微静脉（➡），弥散淋巴组织（▬）。HE×400

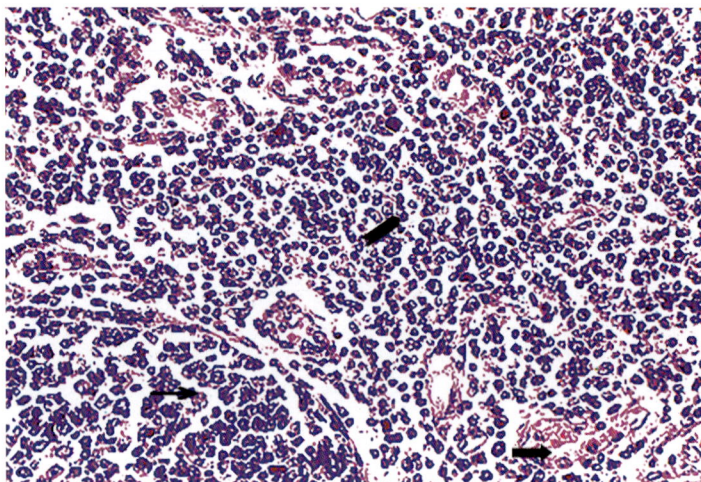

第二节　免疫系统的病理变化

免疫系统常见的病理变化主要涉及淋巴结、脾脏、法氏囊、骨髓的病理变化。

一、淋巴结的病理变化

除了皮肤和被毛，淋巴结是动物机体的第二道重要防御屏障系统，致病因素突破第一道防线后，首当其冲的就是淋巴结，所以几乎所有疾病都首先引起淋巴结发生变化。在淋巴结发挥免疫作用的同时，也会造成淋巴的损伤。淋巴结常见的病理变化包括：淋巴结肿大、出血、坏死、炎症、增生等病理变化。

1.浆液性淋巴结炎　淋巴结肿大发生于疾病早期，淋巴细胞增生，浆液性渗出，致使淋巴结温度升高，疼痛。镜检可见淋巴结生发中心增大，淋巴窦充血，其中有较多浆液和炎性细胞渗出（图2.2.2.1、图2.2.2.2、图2.2.2.3、图2.2.2.4）。浆液性淋巴结炎常见于猪丹毒、急性炎症早期等。

2.**出血性淋巴结炎**　浆液性淋巴结炎进一步发展可成为出血性淋巴结炎。镜检可见淋巴窦内大量红细胞渗出，有时淋巴窦内充满红细胞，淋巴细胞相对减少（图2.2.2.5、图2.2.2.6、图2.2.2.7、图2.2.2.8、图2.2.2.9、图2.2.2.10、图2.2.2.11、图2.2.2.12、图2.2.2.13、图2.2.2.14）。常见于猪瘟、猪丹毒、猪巴氏杆菌病等。

3.**坏死性淋巴结炎**　多见于炭疽、猪沙门氏菌病、猪弓形虫病、坏死杆菌病等。其特征是淋巴组织坏死、淋巴细胞明显减少，伴有炎性细胞浸润。

4.**化脓性淋巴结炎**　其特征是大量中性粒细胞浸润和组织液化、坏死。多见于化脓性病灶附近和脓毒败血症，如马腺疫、猪肺疫时下颌淋巴结发生化脓性炎症。

5.**急性增生性淋巴结炎**　特征是淋巴细胞急性增生，导致淋巴结肿大（图2.2.2.15）。如猪喘气病时肺门淋巴结肿大，淋巴细胞增生。

6.**慢性淋巴结炎**　表现为纤维组织增生性炎症和肉芽肿性淋巴结炎（图2.2.2.16、图2.2.2.17、图2.2.2.18）。

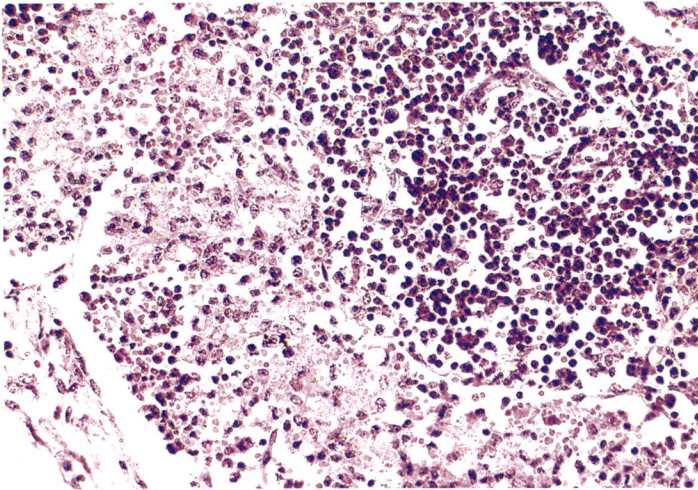

图2.2.2.1　浆液性淋巴结炎

淋巴结髓窦扩张，充满浆液性渗出物、红细胞和炎性细胞。HE×200

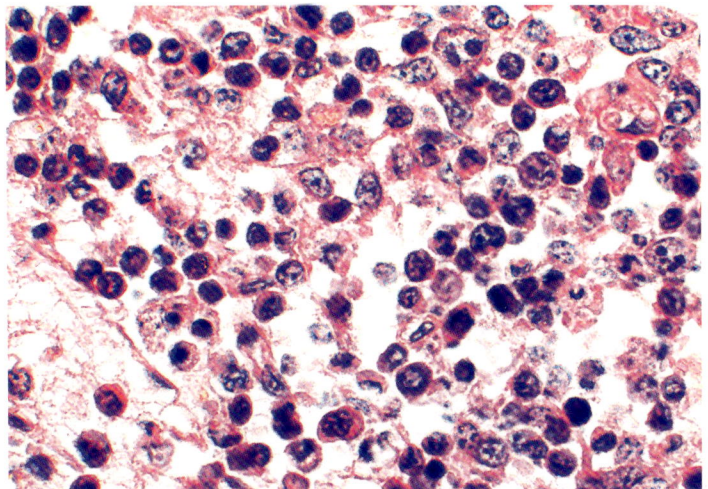

图2.2.2.2　浆液性淋巴结炎

淋巴窦内淋巴细胞、浆细胞、巨噬细胞、嗜酸性粒细胞浸润，并有浆液性渗出物。HE×400

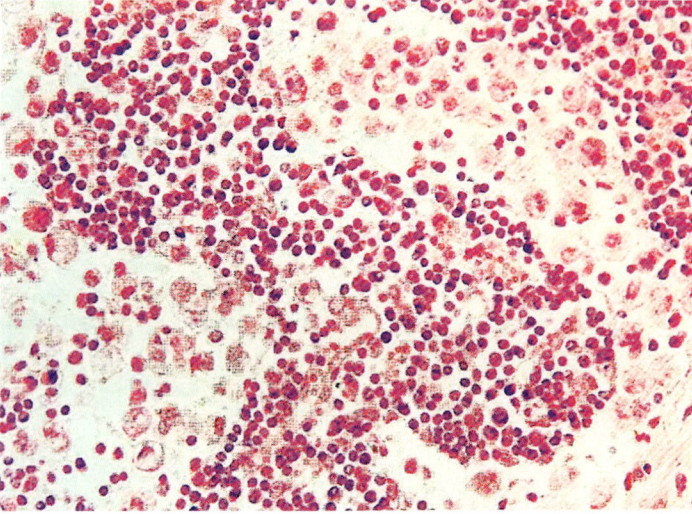

图2.2.2.3　浆液性淋巴结炎

皮质窦扩张，充满巨噬细胞。
HE×132（刘宝岩）

图2.2.2.4　浆液性淋巴结炎

上图放大，淋巴窦扩张，充满巨噬细胞、淋巴细胞和中性粒细胞。HE×400

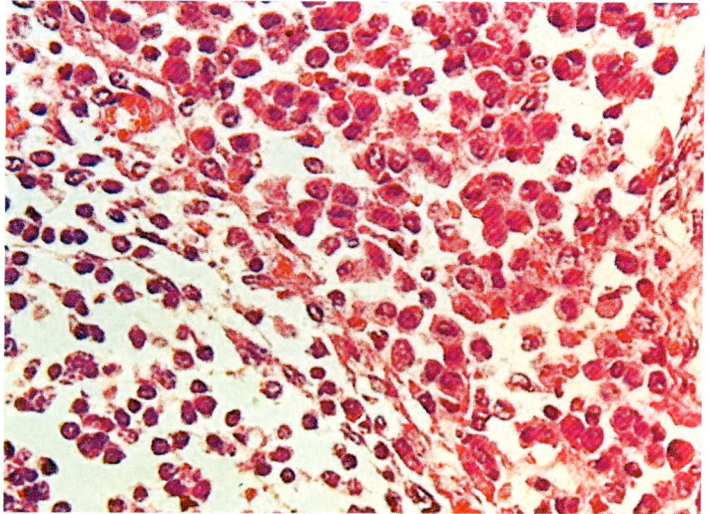

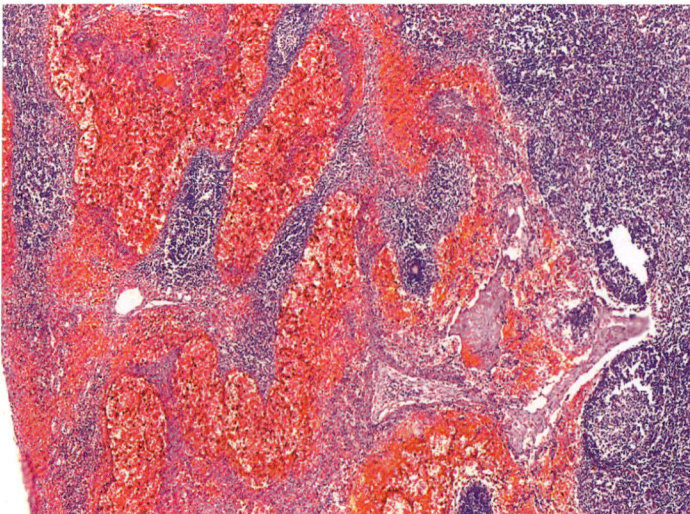

图2.2.2.5　出血性淋巴结炎

淋巴窦扩张，充满大量红细胞。
HE×40

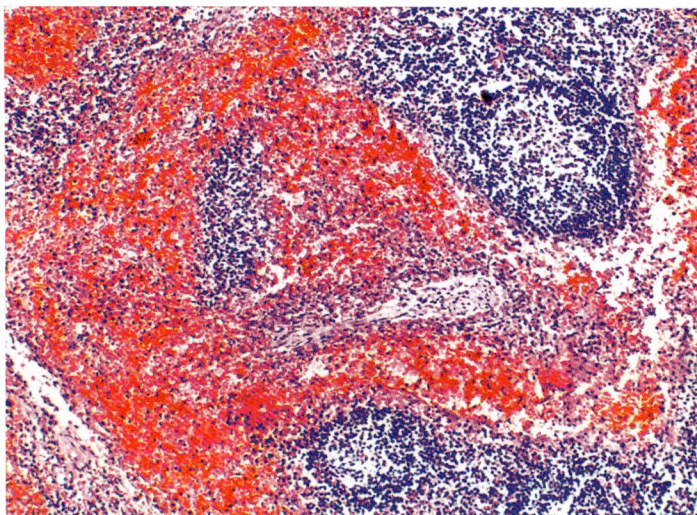

图2.2.2.6 出血性淋巴结炎
淋巴窦扩张，充满大量红细胞。HE×100

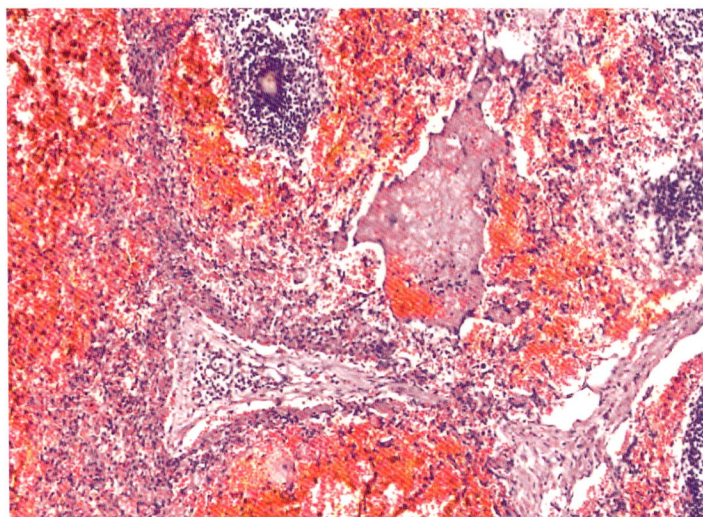

图2.2.2.7 出血性淋巴结炎
淋巴窦扩张，充满大量红细胞和
粉红色浆液。HE×100

图2.2.2.8 出血性淋巴结炎
淋巴窦扩张，充满大量红细胞和
浆液。HE×100

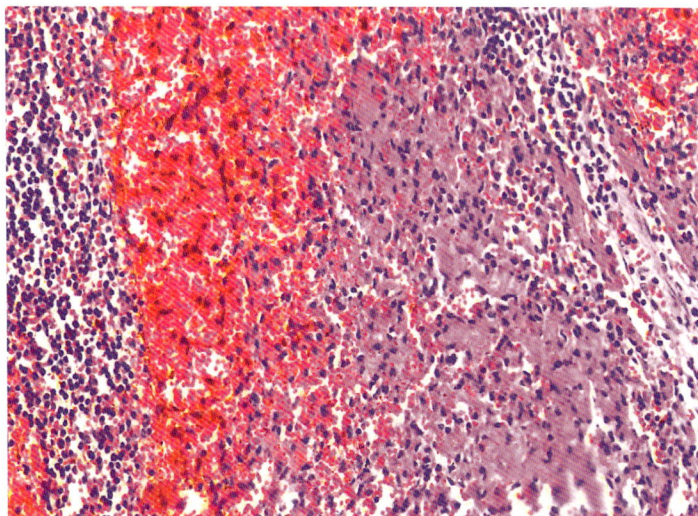

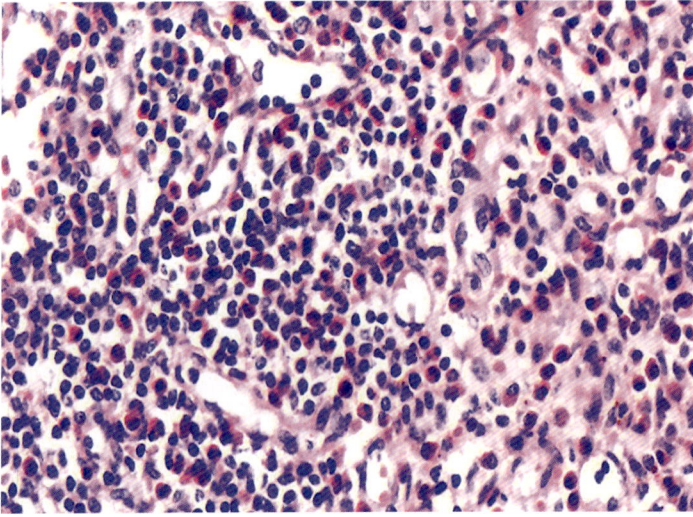

图 2.2.2.9　出血性淋巴结炎

淋巴窦出血，淋巴结皮质和髓质嗜酸性粒细胞、巨噬细胞、网状细胞浸润。HE×400

图 2.2.2.10　出血性淋巴结炎

淋巴窦内大量嗜酸性粒细胞浸润，组织水肿。HE×400

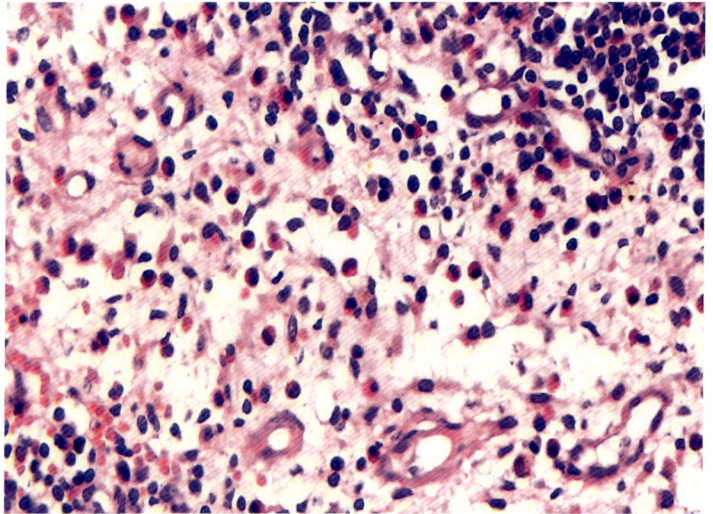

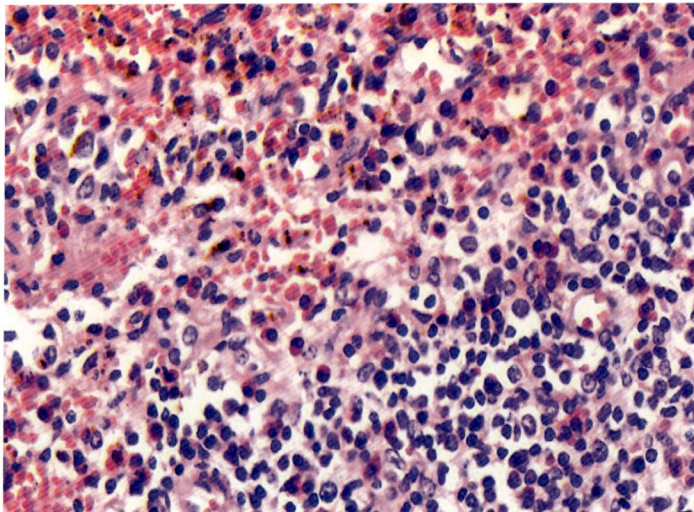

图 2.2.2.11　出血性淋巴结炎

淋巴结出血，嗜酸性粒细胞和巨噬细胞浸润。HE×400

图2.2.2.12　出血性淋巴结炎

淋巴结中毛细血管极度扩张，充血、出血。HE×200

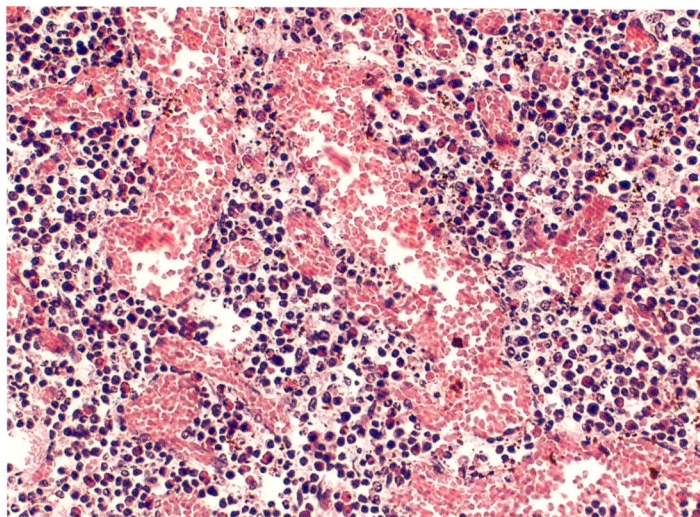

图2.2.2.13　出血性淋巴结炎

淋巴结皮质和髓质出血，皮质窦内大量浆液渗出，其间有炎性细胞游出。HE×200

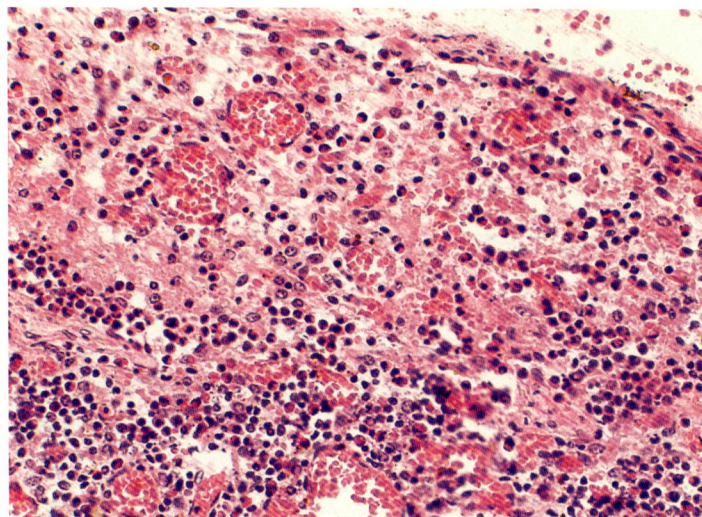

图2.2.2.14　出血性淋巴结炎

淋巴结皮质和髓质严重出血，浆液渗出，淋巴细胞相对减少。HE×200

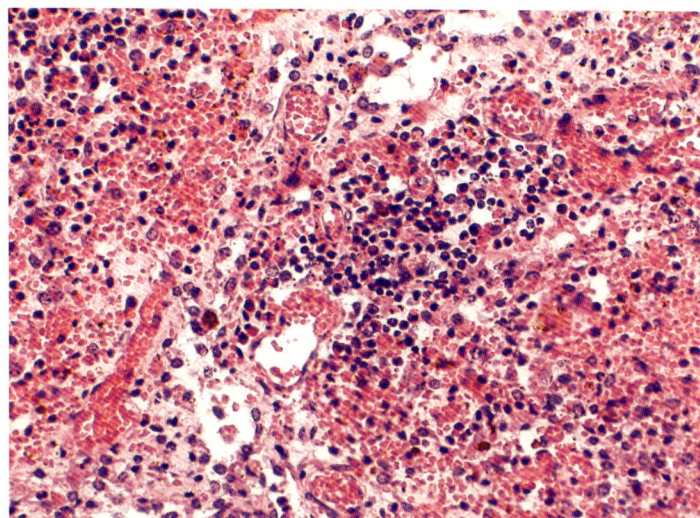

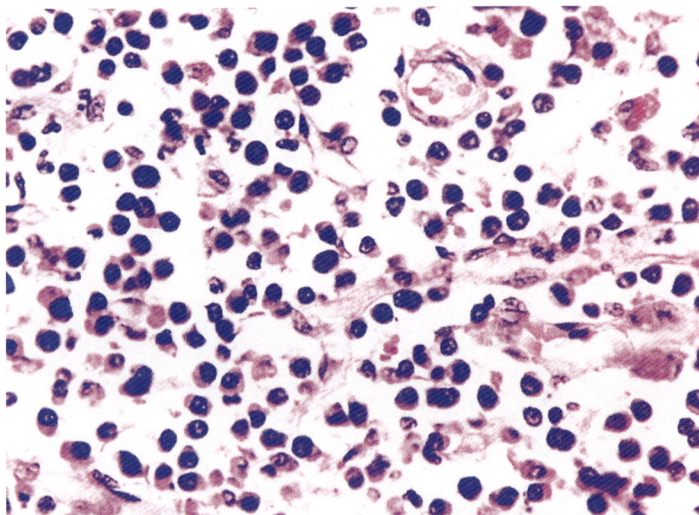

图 2.2.2.15　急性增生性淋巴结炎

淋巴小结外围和髓索中大量浆细胞、网状内皮细胞增生，并散在有中性粒细胞。HE×400

图 2.2.2.16　慢性淋巴结炎

淋巴结内大量结缔组织增生，淋巴滤泡减少。HE×40

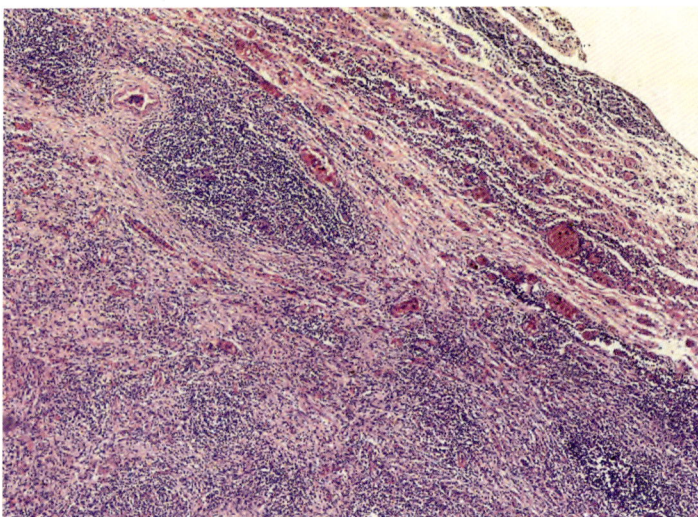

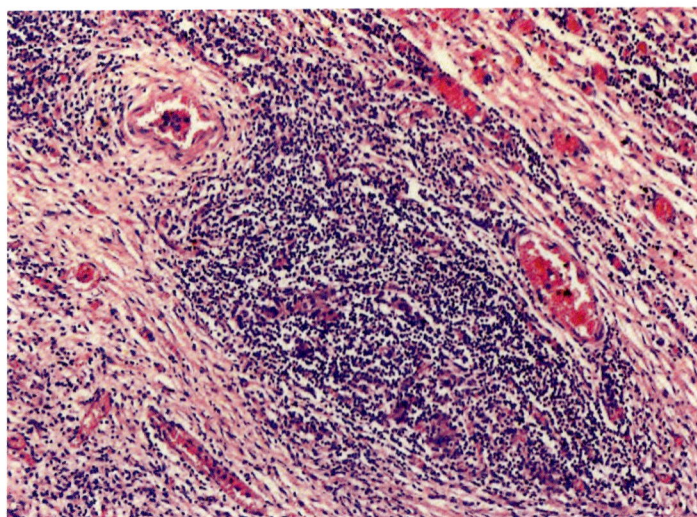

图 2.2.2.17　慢性淋巴结炎

淋巴结中滤泡减少，体积缩小，淋巴细胞明显减少，结缔组织大量增生。HE×100

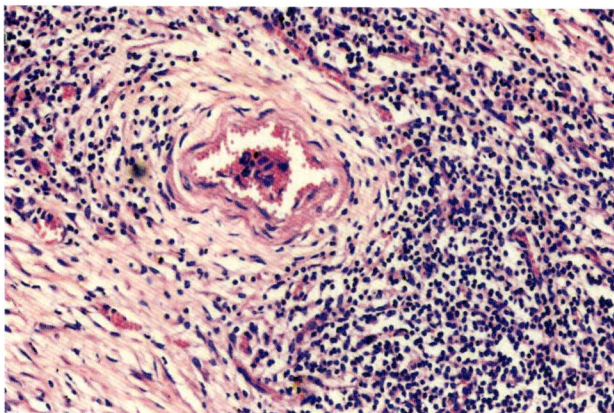

图2.2.2.18 慢性淋巴结炎

淋巴结中滤泡减少，体积缩小，淋巴细胞明显减少，结缔组织大量增生，小动脉壁增厚。HE×100

二、脾脏的病理变化

脾脏的病理变化主要见急性脾炎、坏死性脾炎和慢性脾炎。急性脾炎多见于急性传染病过程中，如炭疽、巴氏杆菌病等。脾脏显著肿大、充血、出血，脾小梁变性、坏死，炎性细胞浸润。坏死性脾炎也见于传染病过程中，如猪、鸡的沙门氏菌时脾脏发生点状坏死，镜下可见脾脏灶状坏死，淋巴细胞坏死，炎性细胞浸润。慢性脾炎时，淋巴细胞明显减少，结缔组织增生（图2.2.2.19、图2.2.2.20、图2.2.2.21、图2.2.2.22、图2.2.2.23、图2.2.2.24）。

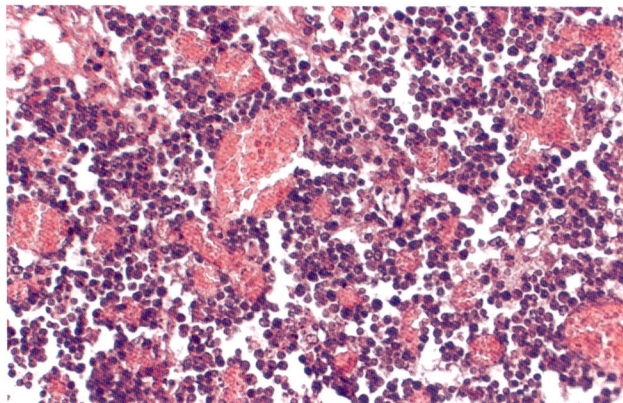

图2.2.2.19 急性炎性脾肿

脾脏内毛细血管扩张、充血。HE×400

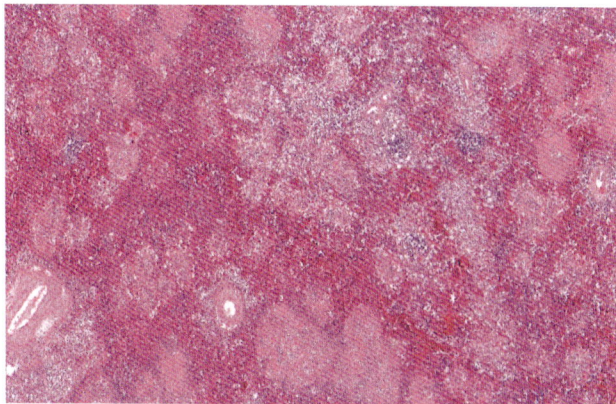

图2.2.2.20 坏死性脾炎

脾脏淤血、出血，满布点状坏死灶。HE×20

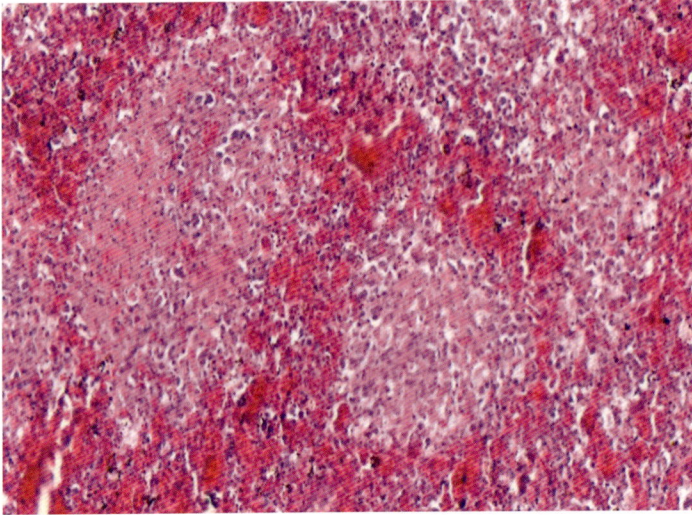

图 2.2.2.21　坏死性脾炎
脾脏淤血、出血，点状坏死。
HE×100

图 2.2.2.22　坏死性脾炎
脾脏淤血、出血，坏死灶内淋巴细胞坏死，呈核碎裂状。HE×200

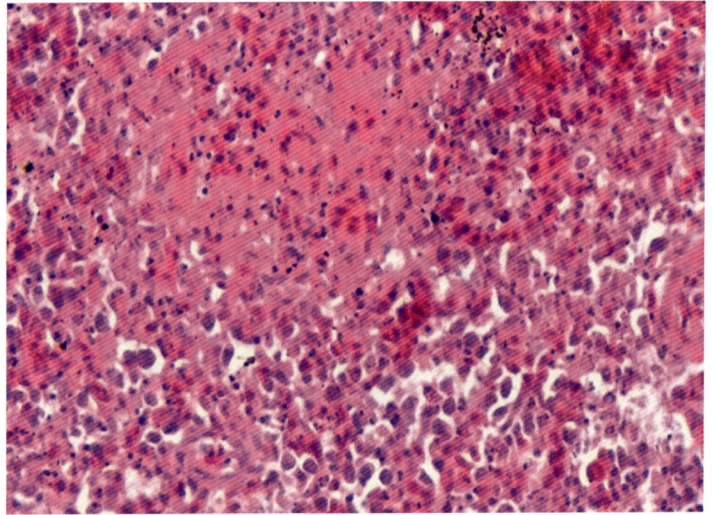

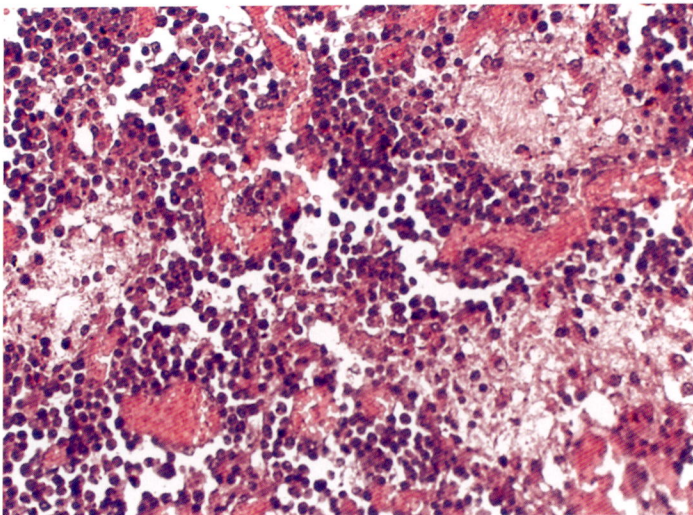

图 2.2.2.23　坏死性脾炎
脾脏焦点状坏死，坏死灶内淋巴细胞核溶解、消失，呈淡染无结构状态，毛细血管扩张、充血。HE×400

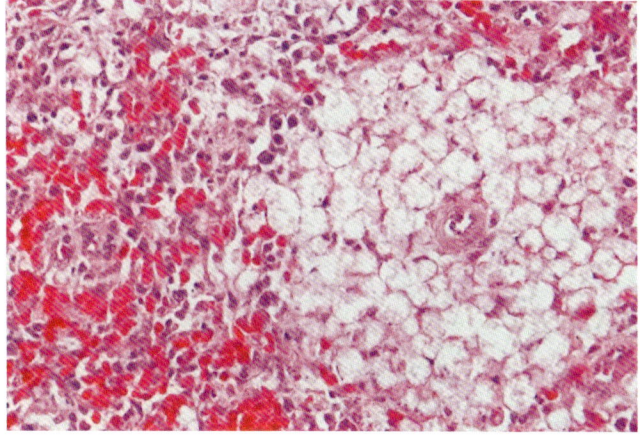

图2.2.2.24　坏死性脾炎

脾小体淋巴鞘细胞坏死，仅残留中央动脉
轮廓，淋巴细胞坏死、溶解，淋巴鞘呈筛孔
状。HE×400

三、法氏囊的病理变化

主要表现为法氏囊充血、出血、水肿、淋巴细胞坏死，炎性细胞浸润，最典型的是鸡
的传染性法氏囊病。某些肿瘤性疾病时（如鸡马立克氏病），法氏囊中肿瘤形成，压迫法
氏囊，致使其组织萎缩、消失（图2.2.2.25、图2.2.2.26、图2.2.2.27）。

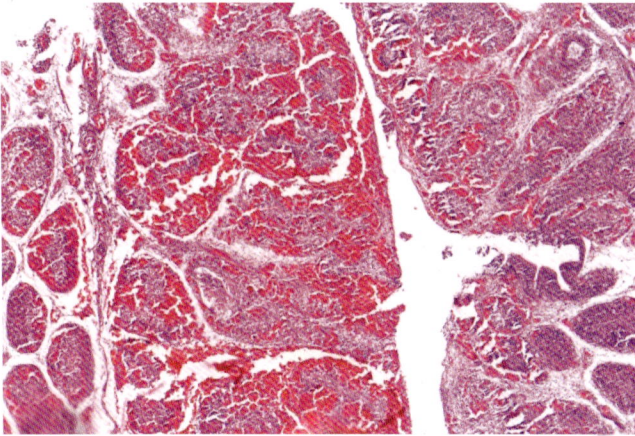

图2.2.2.25　鸡传染性法氏囊炎

法氏囊严重出血，生发中心淋巴细胞坏死，
甚至空泡化。HE×40

图2.2.2.26　鸡传染性法氏囊炎

法氏囊生发中心淋巴细胞发生坏死，呈均
质红染物，其间有炎症细胞。HE×100

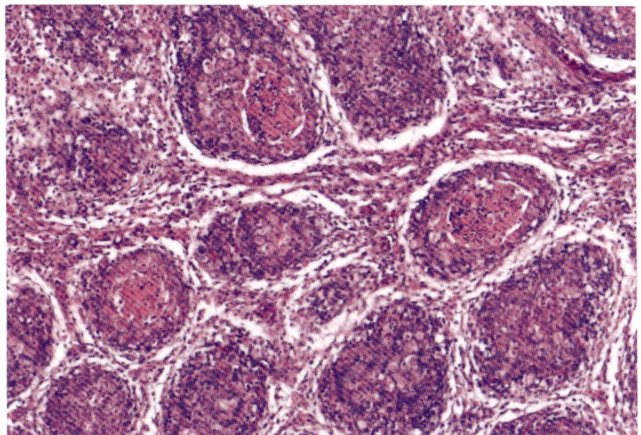

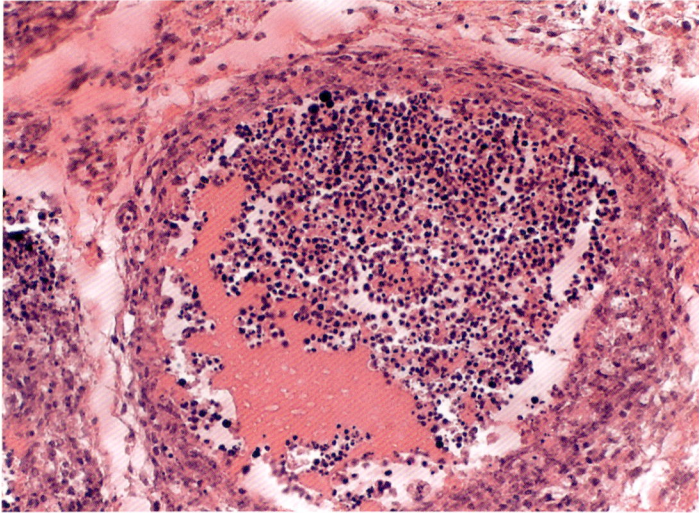

图2.2.2.27　鸡传染性法氏囊炎

法氏囊生发中心淋巴细胞大量坏死，坏死细胞溶解液化呈淡红色，滤泡间质充满炎性浆液。HE×400

四、骨髓的病理变化

骨髓的病理变化见图2.2.2.28。

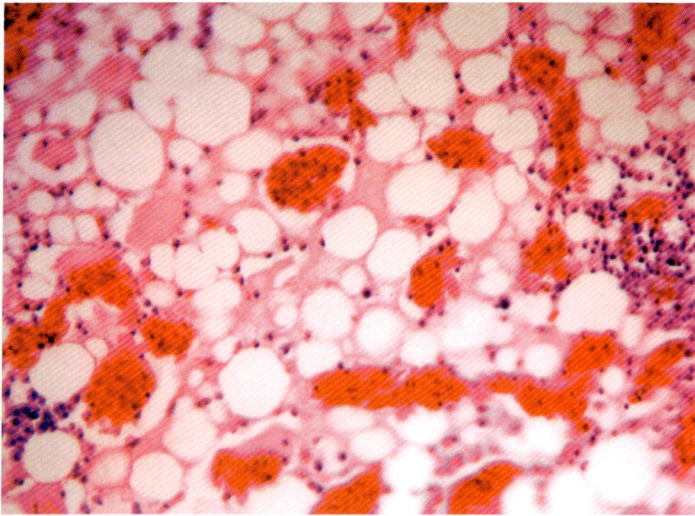

图2.2.2.28　鸡传染性贫血所致的骨髓萎缩

股骨红骨髓显著减少，大量脂肪组织取代红髓。HE×200

第三章
呼吸系统的组织学与病理变化

第一节　呼吸系统的组织学

　　呼吸系统由呼吸道和肺组成，主要功能是进行气体交换。呼吸道包括鼻、咽、喉、气管和支气管，为输送气体的通道，并具有净化、温暖和湿润吸入空气的作用。鼻具有嗅觉功能，喉参与发声。肺不仅是执行气体交换的场所，还参与多种活性物质的分泌、代谢与转化（图2.3.1.1、图2.3.1.2、图2.3.1.3、图2.3.1.4、图2.3.1.5、图2.3.1.6、图2.3.1.7）。

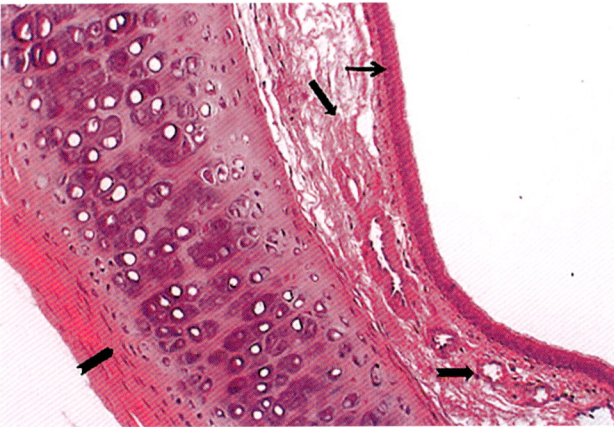

图 2.3.1.1　气管（羊）

气管管壁由黏膜、黏膜下层和外膜构成。黏膜（→），黏膜下层（➡），外膜（➡），气管腺（➡）。HE × 100

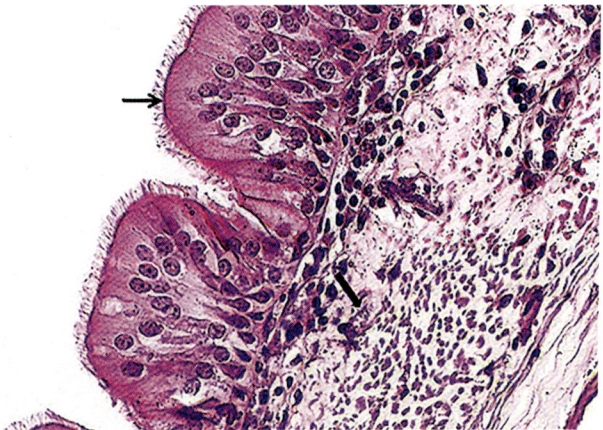

图 2.3.1.2　气管（羊）

气管黏膜上皮为假复层柱状纤毛上皮，在某些动物尚含有神经上皮小体。神经上皮小体由无纤毛细胞组成，呈卵圆形或球形。黏膜上皮（→），神经上皮小体（➡）。HE × 200

127

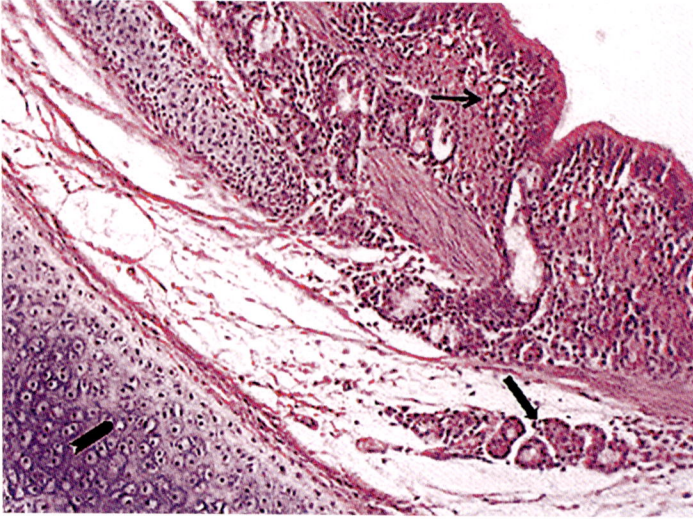

图2.3.1.3　小支气管（羊）

小支气管的管壁由黏膜、黏膜下层和外膜构成。黏膜下层内的气管腺逐渐减少，软骨成为不规则的片状。黏膜（→），气管腺（➡），片状软骨（➤）。HE×100

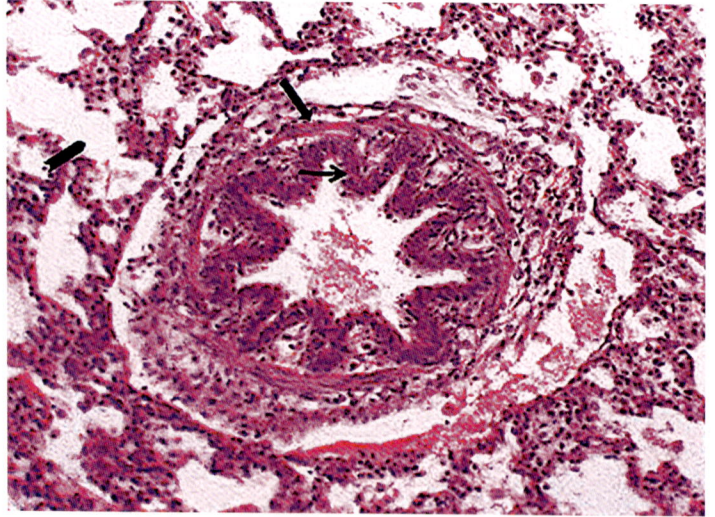

图2.3.1.4　细支气管（兔）

细支气管黏膜有皱襞，上皮由假复层柱状纤毛上皮逐渐过渡为单层柱状纤毛上皮。片状软骨和气管腺基本消失。黏膜（→），平滑肌层（➡），肺泡（➤）。HE×100

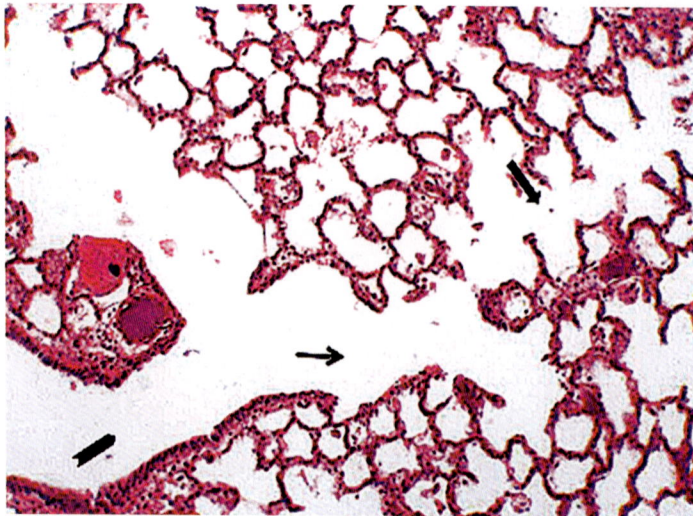

图2.3.1.5　肺（兔）

呼吸性细支气管为终末细支气管的分支。由于管壁上有肺泡开口，故管壁不完整且具有气体交换功能。呼吸性细支气管（→），肺泡管（➡），终末细支气管（➤）。HE×100

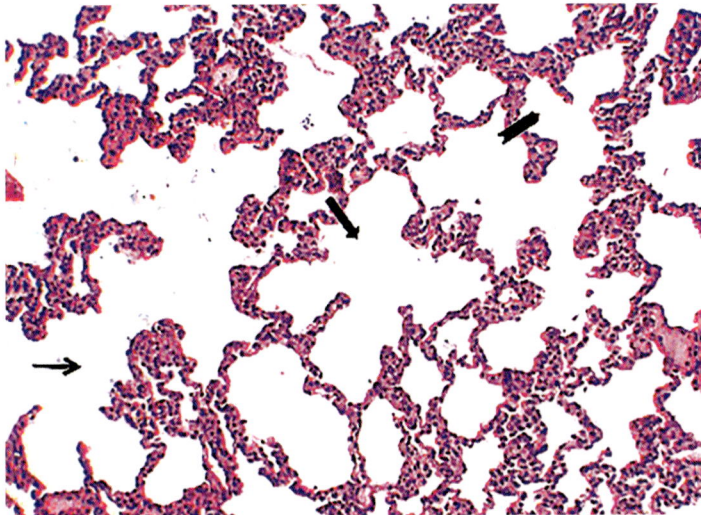

图2.3.1.6 肺（兔）

肺泡管为呼吸性细支气管的分支。管壁上有许多肺泡囊和肺泡开口，因此管壁不完整。肺泡管（→），肺泡囊（➡），肺泡（➡）。HE×100

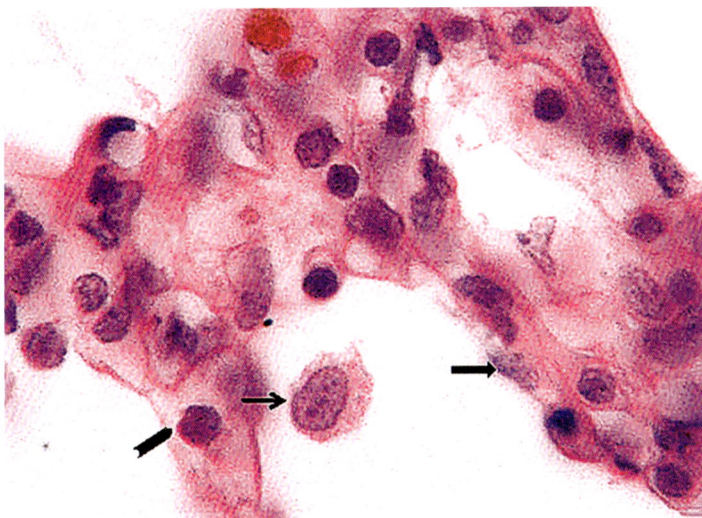

图2.3.1.7 肺（兔）

肺泡为球形或多面体囊泡状，肺泡上皮由Ⅰ型和Ⅱ型肺泡细胞组成。Ⅰ型肺泡细胞扁而薄，核扁圆；Ⅱ型肺泡细胞体小，呈立方形或圆形。肺泡巨噬细胞（→），Ⅰ型肺泡细胞（➡），Ⅱ型肺泡细胞（➡）。HE×1 000

第二节　呼吸系统的病理变化

呼吸系统常见的病理变化主要有肺淤血、出血、水肿、肺炎等。肺炎又可分为支气管肺炎、纤维素性肺炎、化脓性肺炎、间质性肺炎。

一、肺淤血、出血、水肿

肺淤血通常是由于心力衰弱，血液回流不畅，导致血液淤滞在肺部静脉系统内所致。肺淤血时由于毛细血管内皮细胞缺氧和毛细血管内压升高，致毛细血管壁通透性增强，血液中液体成分和有形成分渗出。肺部炎症时也会因毛细血管通透性升高和组织胶体渗透压升高，致使红细胞和血浆成分渗出，造成肺淤血、出血和水肿（图2.3.2.1、图2.3.2.2、图2.3.2.3、图2.3.2.4）。

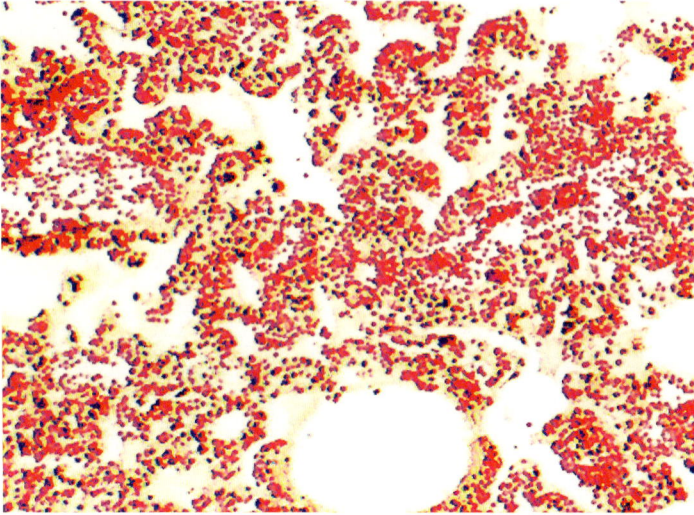

图2.3.2.1　肺淤血、出血
　　肺泡壁毛细血管高度扩张，充满红细胞，肺泡腔内淤积大量红细胞。HE×100

图2.3.2.2　肺出血
　　肺泡隔两侧淤积大量渗出的红细胞和浆液。HE×100

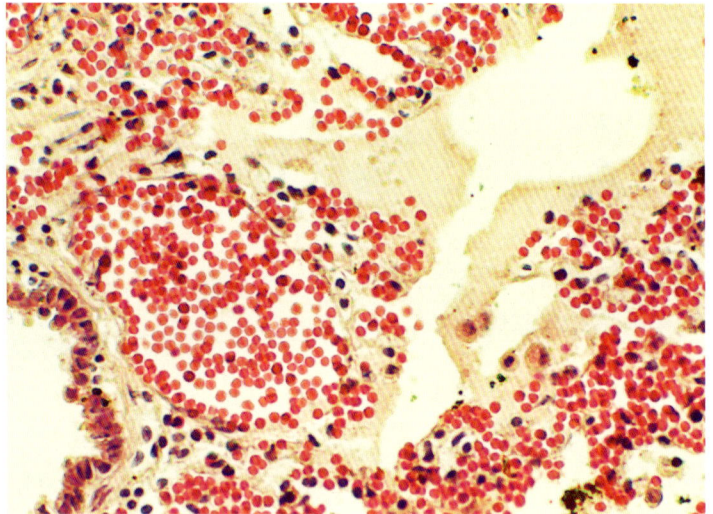

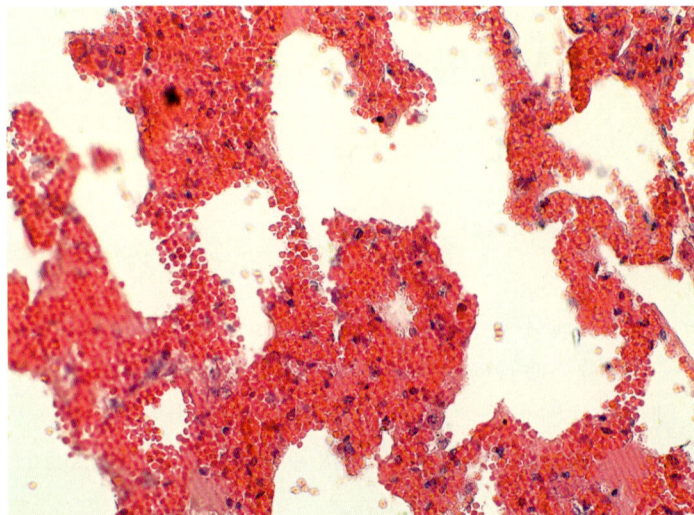

图2.3.2.3　肺出血、水肿
　　肺泡内蓄积大量红细胞和浆液。HE×400

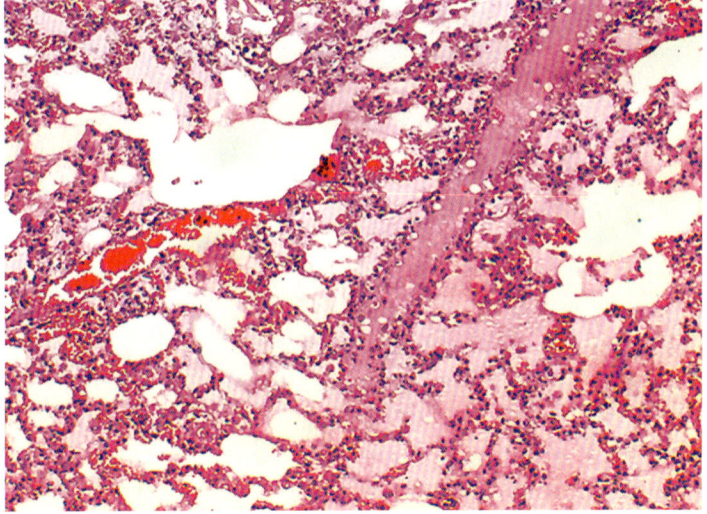

图2.3.2.4　肺水肿
肺泡腔内和肺间质内充满淡红色浆液，小血管充血。HE×100

二、肺炎

1.**支气管肺炎**　支气管肺炎是肺炎的最基本形式，其特征是炎症从支气管开始，然后逐渐蔓延至细支气管乃至所属的肺泡。由于炎症多半局限于肺小叶，又称小叶性肺炎。病理特征是支气管及其周围组织中炎性细胞浸润、支气管及其所属的肺泡中有浆液性渗出物和炎性细胞（图2.3.2.5、图2.3.2.6、图2.3.2.7、图2.3.2.8、图2.3.2.9、图2.3.2.10、图2.3.2.11、图2.3.2.12、图2.3.2.13）。本病常见于细菌性、病毒性、霉菌性和寄生虫性疾病的过程中，通常以伴发病的形式出现。

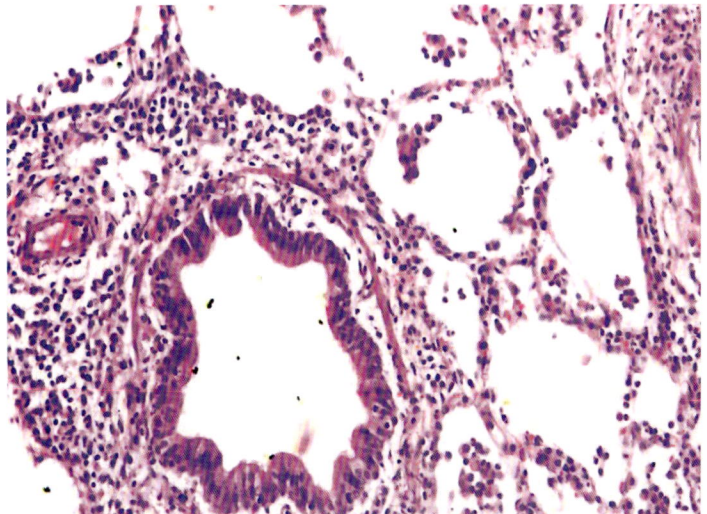

图2.3.2.5　支气管肺炎
支气管周围和小血管周围炎性细胞浸润。HE×200

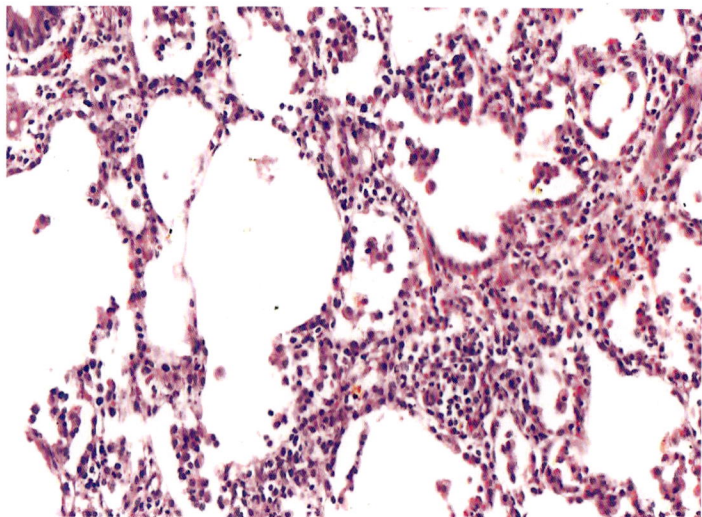

图 2.3.2.6　支气管肺炎
肺泡隔增厚，炎性细胞浸润。HE×200

图 2.3.2.7　支气管肺炎
肺泡腔内集聚大量炎性细胞和脱落的肺泡上皮细胞。HE×200

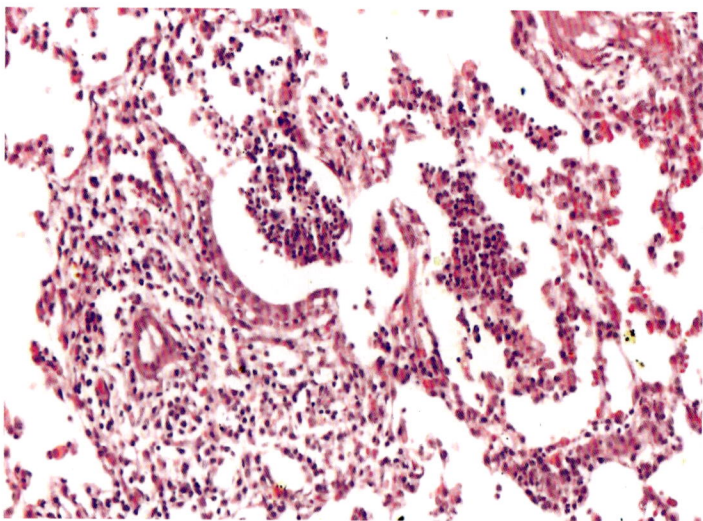

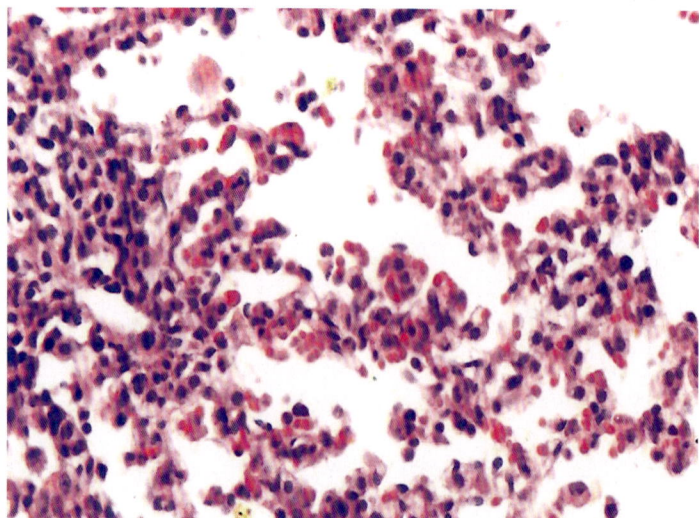

图 2.3.2.8　支气管肺炎
肺泡腔内脱落的肺泡上皮细胞和炎性细胞。HE×400

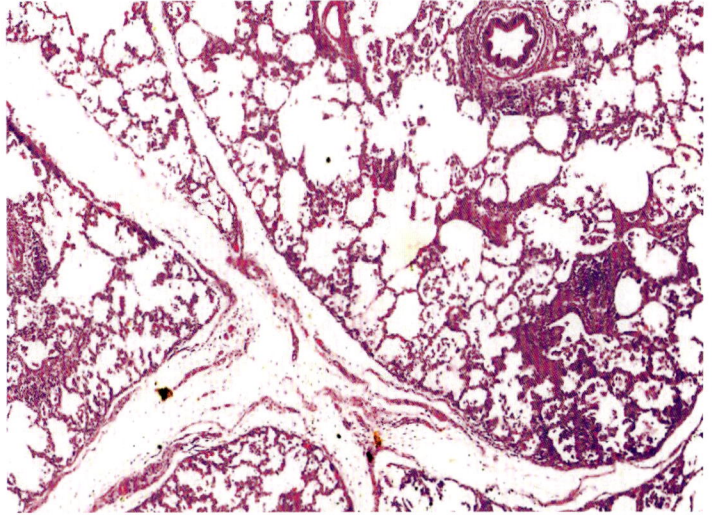

图2.3.2.9　支气管肺炎

　　在支气管周围、小血管周围和肺泡腔内有大量中性粒细胞渗出。HE×100

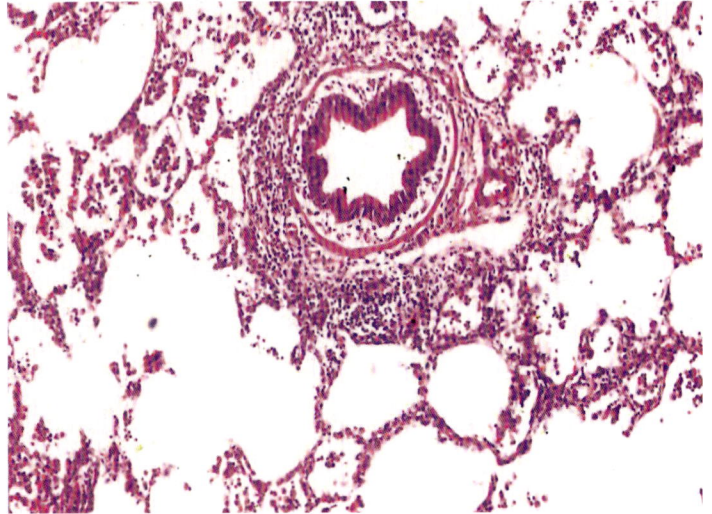

图2.3.2.10　支气管肺炎

　　肺泡内散在大量炎性细胞和肺泡上皮细胞。支气管周围结缔组织增生。HE×100

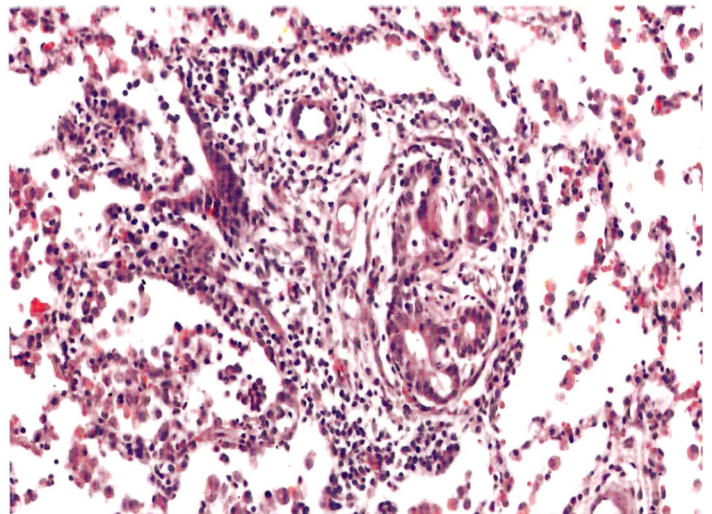

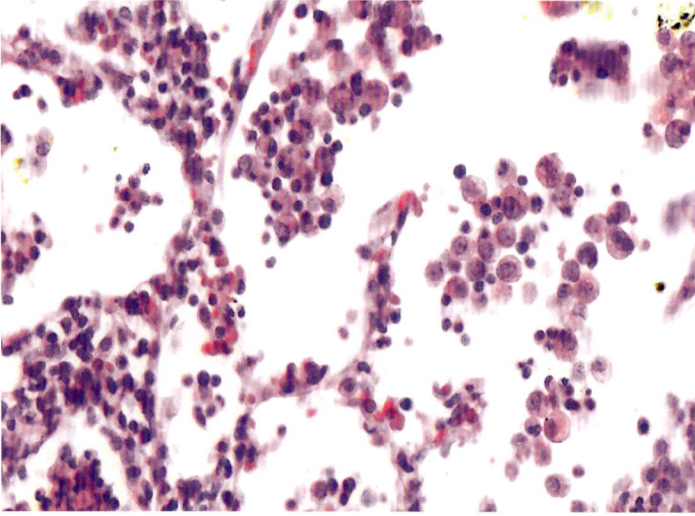

图2.3.2.11　支气管肺炎
肺泡内散在大量炎性细胞和脱落的肺泡上皮细胞。HE×400

图2.3.2.12　支气管肺炎
肺泡内有大量炎性细胞和脱落的肺泡上皮细胞。HE×400

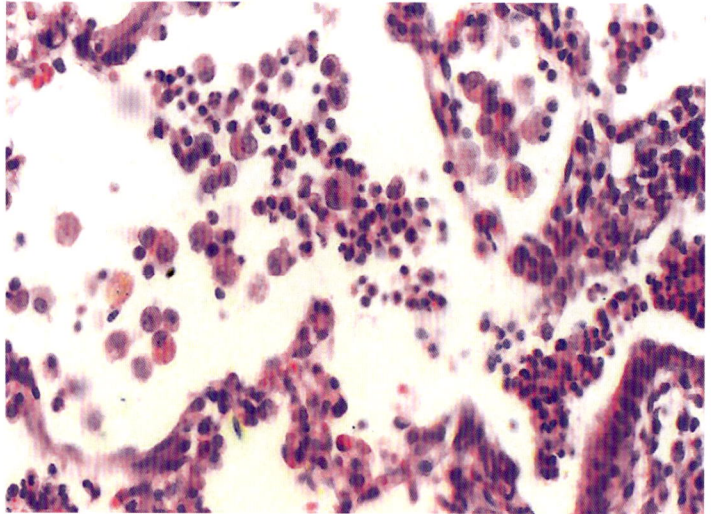

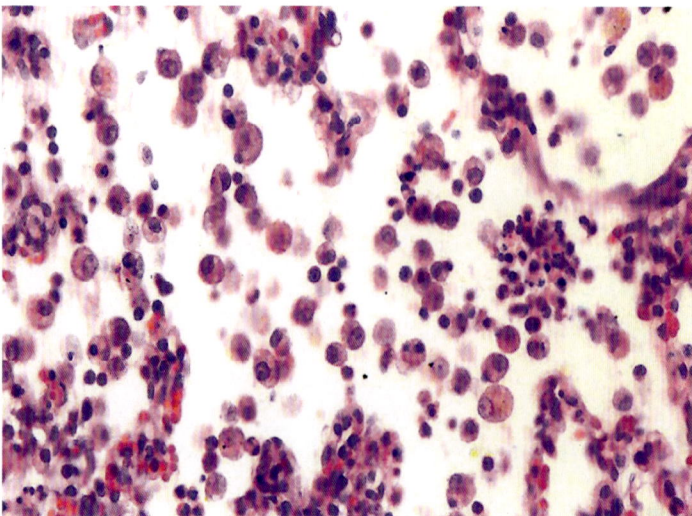

图2.3.2.13　支气管肺炎
肺泡内有大量脱落的肺泡上皮细胞和淋巴细胞。HE×400

2.纤维素性肺炎　是以支气管、肺泡中蓄积大量纤维素性渗出物为特征。由于病变波及范围大，常累及整个肺大叶乃至全肺，故又称大叶性肺炎。常见于猪、鸡、牛、羊等动物的细菌性传染病，如猪肺疫、兔巴氏杆菌病、猪副嗜血杆菌病以及马、牛、羊的传染性胸膜肺炎等。

纤维素性肺炎可根据病变进程和病理变化特点，相对分为四个期：充血水肿期、红色肝变期、灰色肝变期和结局期。四个病期是渐进的过程，不会有明显的截然分期，某部分肺叶处于充血水肿期时，其他肺叶可能已处于红色肝变期或灰色肝变期。由于纤维素性肺炎病情重剧，炎症常会波及临近组织，而发生纤维素性胸膜炎或心包炎。

充血水肿期的病变特征是肺组织中血管明显充血，支气管和肺泡内充满渗出的浆液、红细胞、炎性细胞；红色肝变期的特点是在充血水肿的基础上，大量纤维蛋白和红细胞渗出，使肺组织呈灰红色，质地坚韧如肝，故称肝变；灰色肝变期的特点是血管充血消退，肺脏颜色变得灰白，故称灰色肝变期；结局期则是渗出的纤维蛋白逐渐溶解吸收，血液循环恢复，病情减轻，趋于好转（图2.3.2.14、图2.3.2.15、图2.3.2.16、图2.3.2.17、图2.3.2.18、图2.3.2.19、图2.3.2.20）。

3.化脓性肺炎　是以肺脏中出现大小不等的化脓灶为特征，常与支气管肺炎、纤维素性肺炎合并发生，又称化脓性支气管肺炎或化脓性纤维素性肺炎（图2.3.2.21、图2.3.2.22、图2.3.2.23、图2.3.2.24）。

4.间质性肺炎　是以肺脏间质结缔组织增生为特征的炎症，往往是其他类型肺炎的结局，即炎性渗出物机化的结果，也见于某些寄生虫性和霉菌性肺炎（图2.3.2.25、图2.3.2.26、图2.3.2.27、图2.3.2.28、图2.3.2.29、图2.3.2.30）。

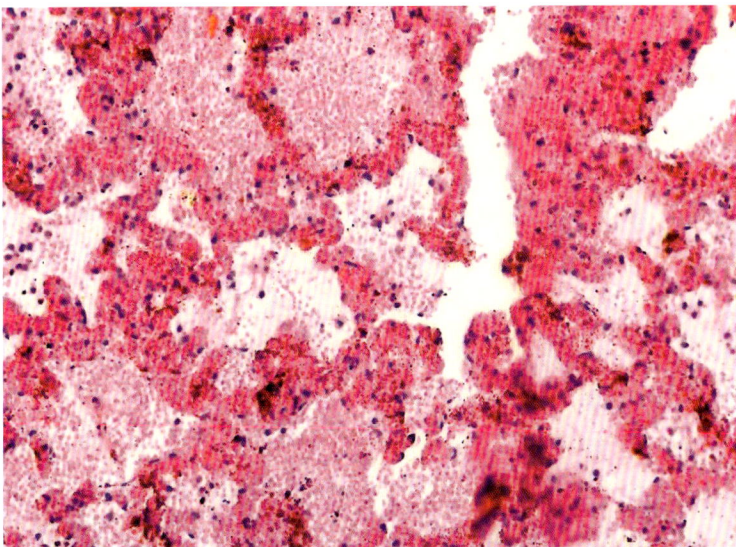

图2.3.2.14　纤维素性肺炎（充血水肿期）

肺泡腔内淤积大量红细胞、中性粒细胞和浆液性渗出物。HE×100

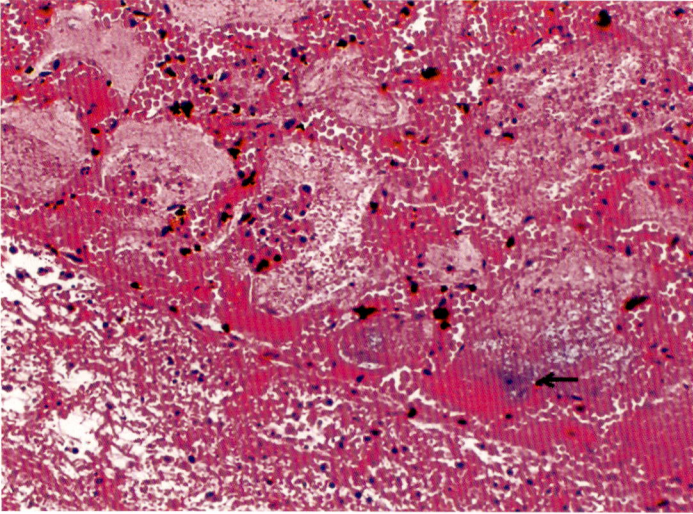

图2.3.2.15 纤维素性肺炎（红色
肝变期）

肺泡壁毛细血管扩张充血，肺泡腔
内蓄积大量红细胞、纤维素性渗出物、
炎性细胞和浆液以及细菌菌落（➡）。
HE×100

图2.3.2.16 纤维素性肺炎（红色
肝变期）

肺泡壁毛细血管充血，肺泡腔和小
叶间质充满纤维素性渗出物，肺泡内
散在大量炎性细胞和细菌团块（➡）。
HE×40

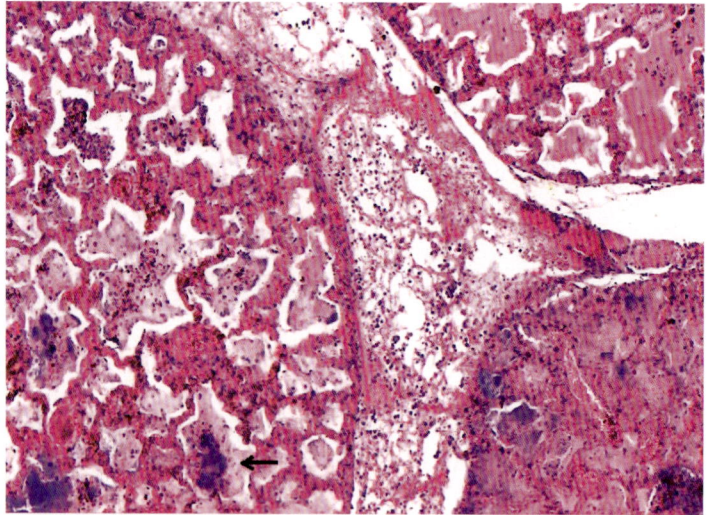

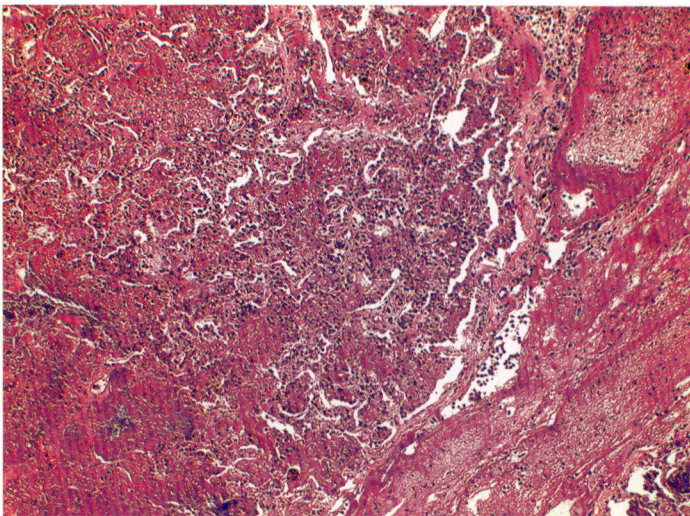

图2.3.2.17 纤维素性肺炎（红色
肝变期）

肺泡内和肺小叶间质中充满红细胞、
纤维素性渗出物，其中散在大量炎性细
胞和菌落。HE×40

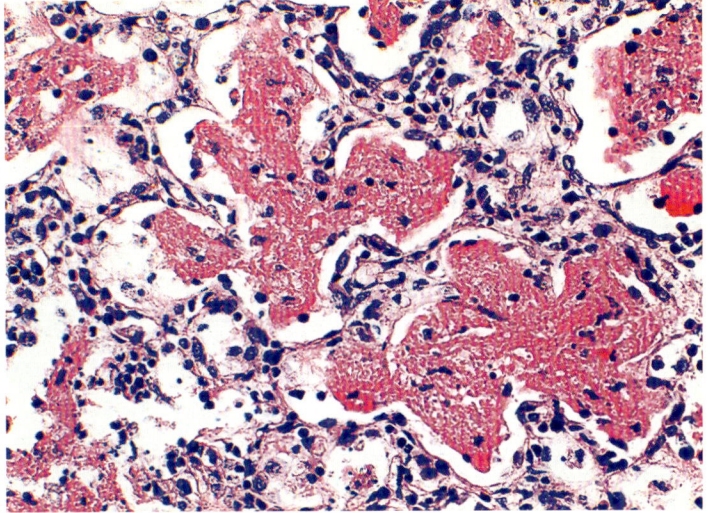

图 2.3.2.18　纤维素性肺炎（灰色肝变期）

充血消退，肺泡内充满纤维素性渗出物和大量炎性细胞。HE×400

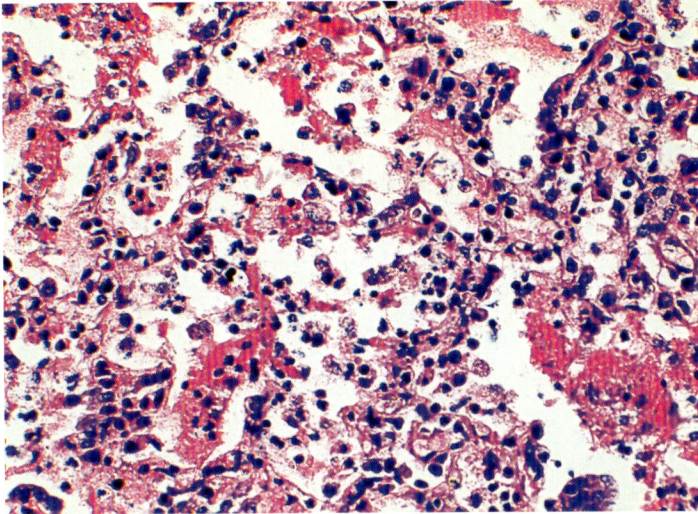

图 2.3.2.19　纤维素性肺炎（灰色肝变期）

充血消退，肺泡内充满大量纤维蛋白和中性粒细胞。HE×400

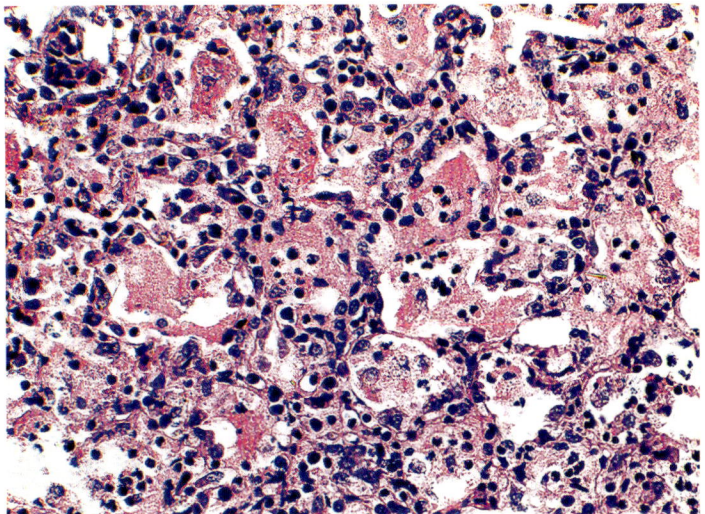

图 2.3.2.20　纤维素性肺炎（结局期）

肺泡内有大量纤维蛋白和中性粒细胞，有些炎性渗出物已被溶解吸收，肺泡开始通气。HE×400

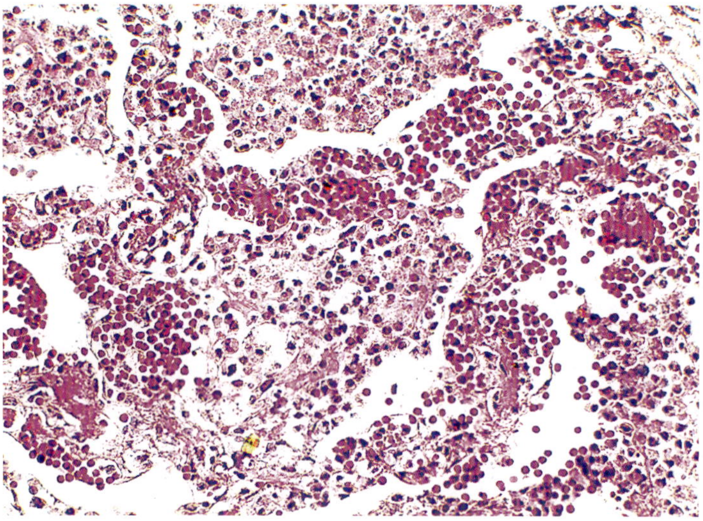

图 2.3.2.21　化脓性肺炎

肺泡壁充血、出血，肺泡腔内充满中性粒细胞、脓性细胞。HE×400

图 2.3.2.22　化脓性肺炎

肺泡壁充血，肺泡腔内蓄积大量中性粒细胞。HE×400

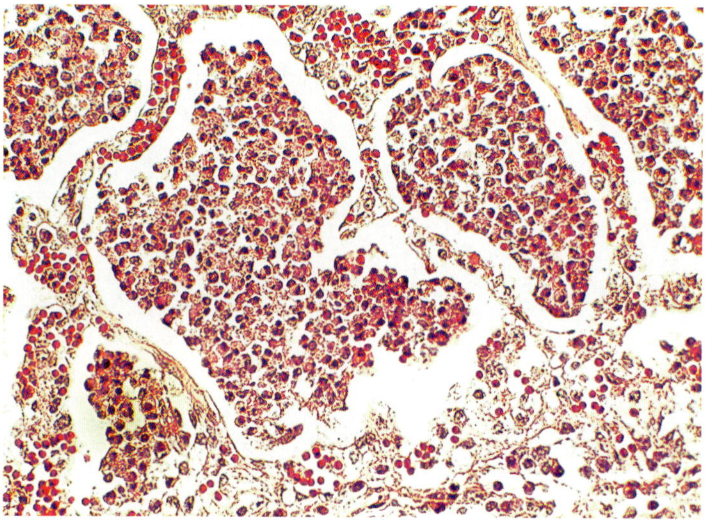

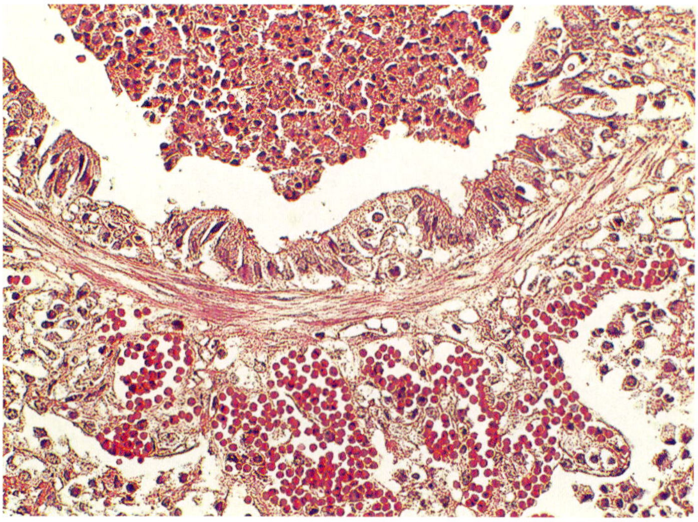

图 2.3.2.23　化脓性肺炎

支气管壁充血、出血，支气管内蓄积大量炎性细胞。HE×400

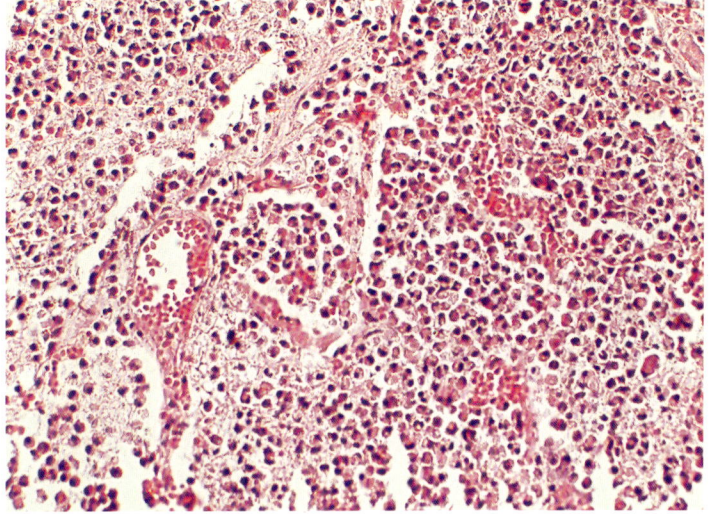

图 2.3.2.24　化脓性肺炎

肺小血管充血、出血，肺泡腔内蓄积大量炎性细胞。HE×400

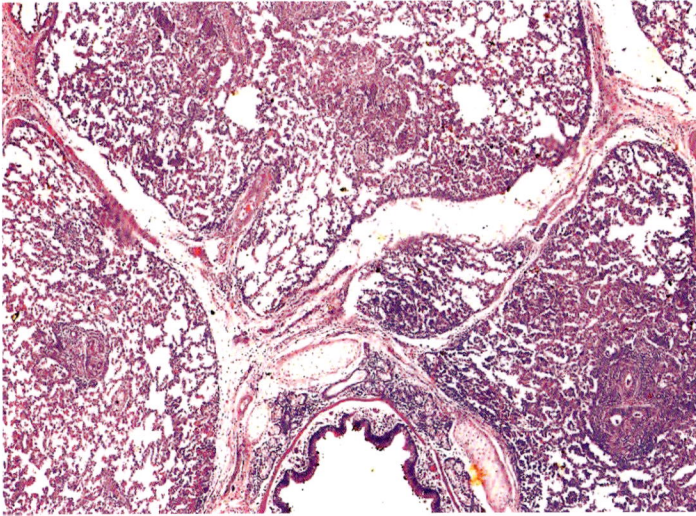

图 2.3.2.25　间质性肺炎

肺胸膜增厚，肺小叶间结缔组织明显增生。HE×40

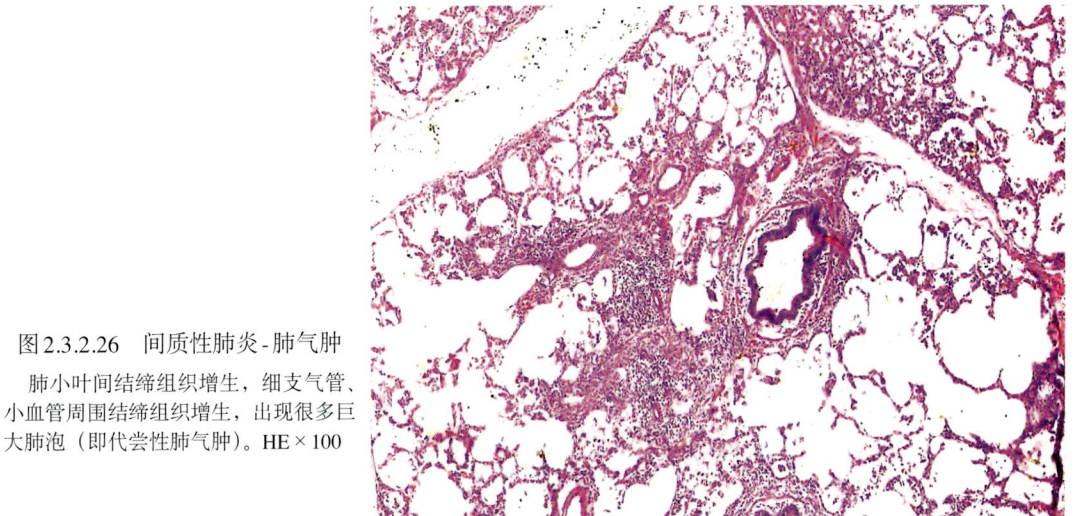

图 2.3.2.26　间质性肺炎-肺气肿

肺小叶间结缔组织增生，细支气管、小血管周围结缔组织增生，出现很多巨大肺泡（即代尝性肺气肿）。HE×100

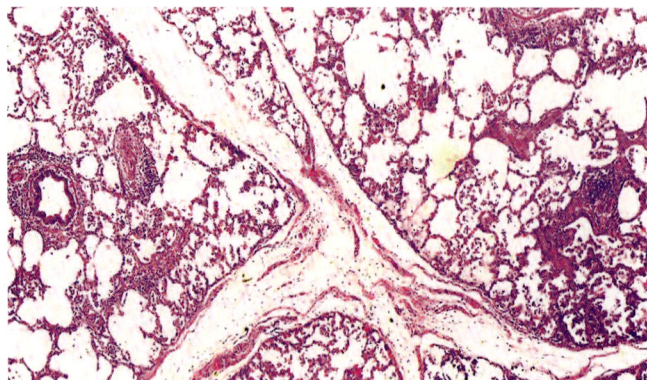

图2.3.2.27　间质性肺炎 - 代偿性肺气肿

支气管周围结缔组织增生，部分肺泡实变，部分肺泡显著扩大（肺气肿）。HE×100

图2.3.2.28　间质性肺炎

支气管周围结缔组织增生，小动脉壁增厚，小叶间水肿。HE×100

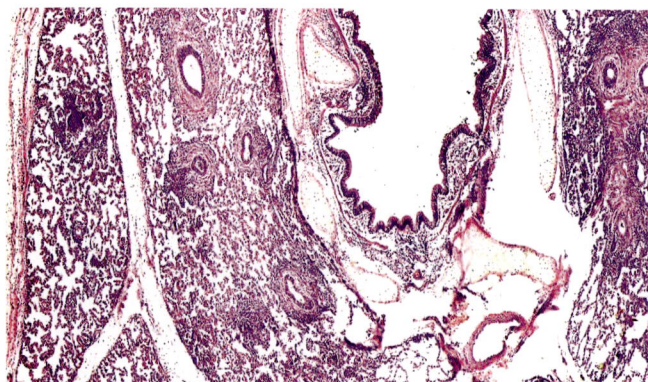

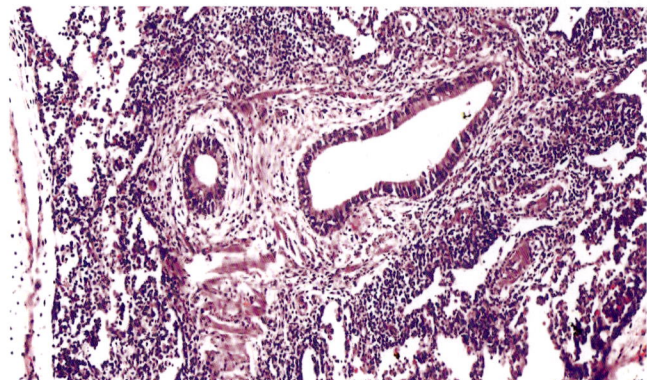

图2.3.2.29　间质性肺炎

支气管周围结缔组织增生，炎性细胞浸润。HE×100

图2.3.2.30　间质性肺炎

支气管周围结缔组织增生，肺泡内散在炎性细胞和脱落的肺泡上皮细胞。HE×100

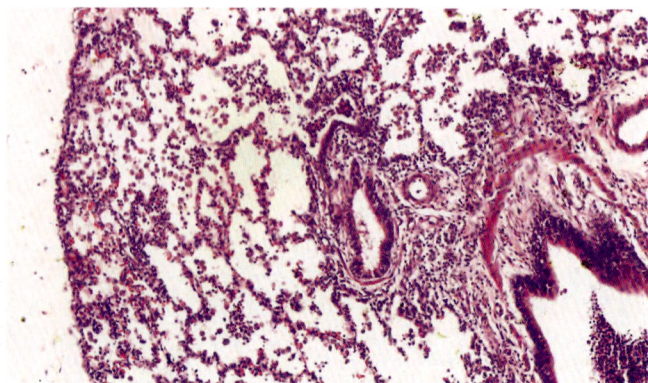

第四章
消化系统的组织学与病理变化

第一节 消化系统的组织学

消化系统由消化管和消化腺组成。消化管是一条粗细不均的连续而迂曲的肌性管道，由前至后依次为口腔、咽、食管、胃、小肠、大肠和肛门，主要功能是摄取食物、消化食物、吸收营养、排泄粪便。此外，尚有内分泌和免疫功能。

消化腺有食管腺、胃腺、肠腺、腮腺、肝脏和胰腺等。

一、消化管

除口腔和咽外，消化道管壁均由四层构成。由内至外依次为黏膜层、黏膜下层、肌层和外膜（图2.4.1.1、图2.4.1.2、图2.4.1.3、图2.4.1.4、图2.4.1.5、图2.4.1.6、图2.4.1.7、图2.4.1.8、图2.4.1.9、图2.4.1.10.图2.4.1.11、图2.4.1.12、图2.4.1.13）。

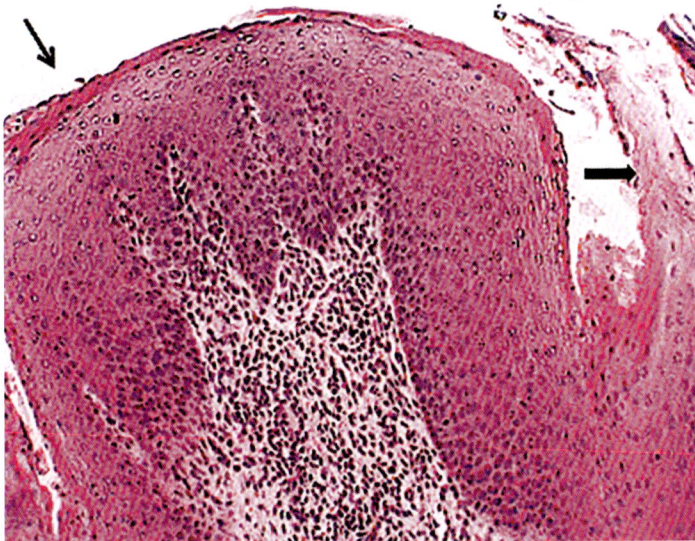

图2.4.1.1　舌（兔）

舌的菌状乳头形似蘑菇，数量较少，位于舌尖和舌体两侧的丝状乳头两侧，呈鲜红色。菌状乳头（➡），丝状乳头（➡）。HE×100

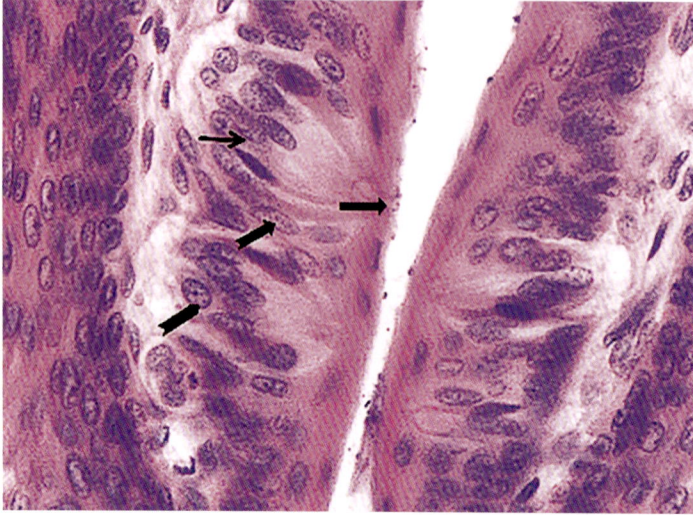

图 2.4.1.2 舌 (兔)

味蕾呈卵圆形，顶部有一味孔。味蕾由味觉细胞、支持细胞和基细胞组成。味细胞居味蕾中央，顶端有微绒毛伸入味孔；支持细胞位于周边及味细胞之间。味蕾 (→)，味孔 (➡)，味细胞 (➡)，支持细胞 (➡)。HE×400

图 2.4.1.3 胃 (猪)

贲门部的黏膜上皮主要由呈单层柱状的表面黏液细胞构成，柱状上皮向固有膜下陷形成大量分支管状的贲门腺，分泌黏液。黏膜上皮 (→)，胃小凹 (➡)，贲门腺 (➡)。HE×400

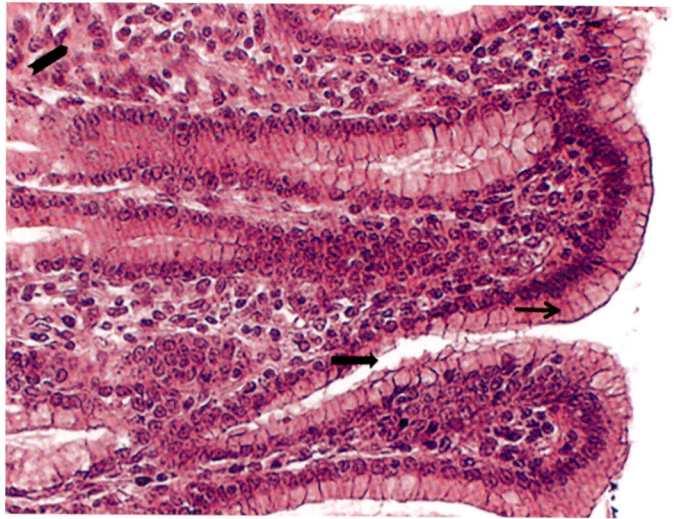

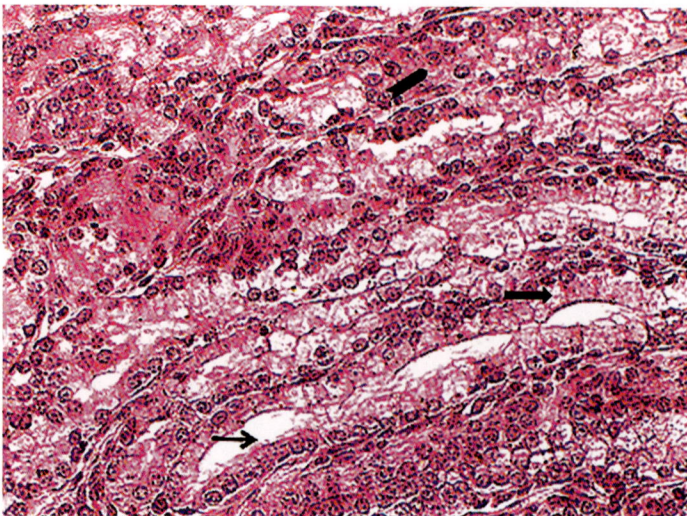

图 2.4.1.4 胃 (猪)

贲门腺为分支管状腺，腺腔较宽大，主要由黏液细胞构成。猪的贲门腺可含有散在的主细胞和嗜银细胞。腺腔 (→)，黏液细胞 (➡)，主细胞 (➡)。HE×400

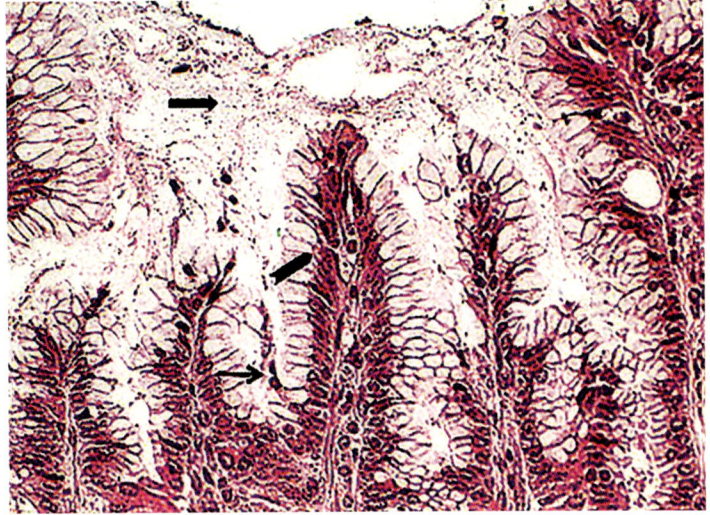

图 2.4.1.5　胃（猪）

　　幽门腺的黏膜上皮为单层柱状上皮，表面由黏液细胞构成，该细胞可分泌黏液，覆盖于上皮表面，保护黏膜上皮。胃小凹（→），上皮表面黏液（➡），表面黏液细胞（➡）。HE×400

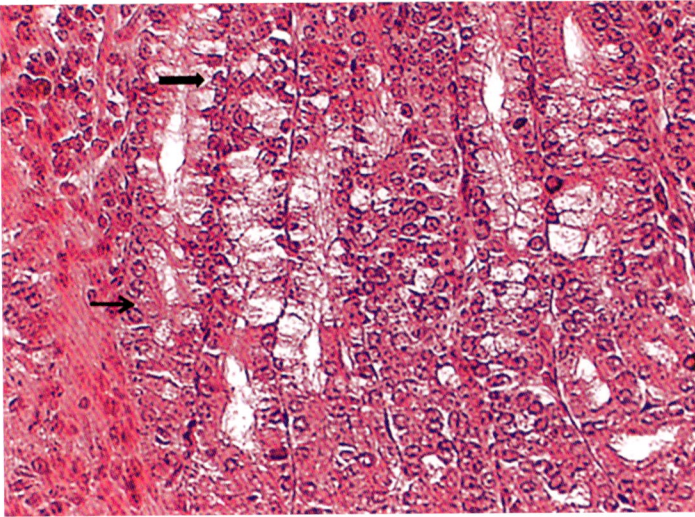

图 2.4.1.6　胃（猪）

　　幽门腺为分支管状腺，腺体短且弯曲，主要由黏液细胞组成，在黏液细胞之间常夹杂有主细胞、内分泌细胞。幽门腺可分泌黏液。主细胞（→），黏液细胞（➡）。HE×400

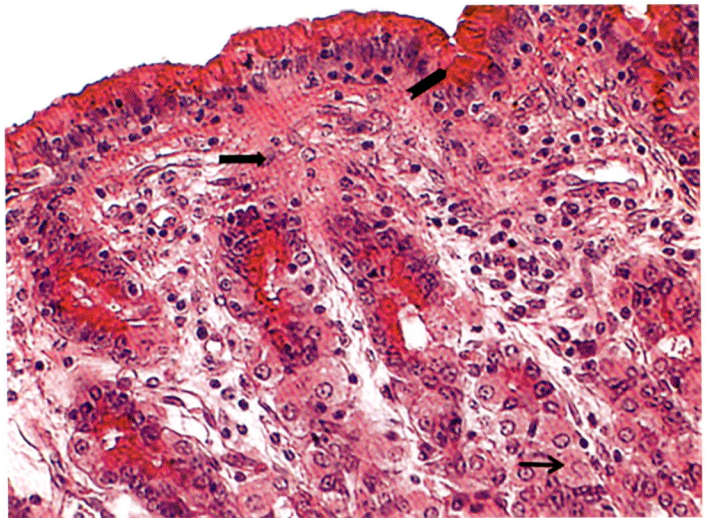

图 2.4.1.7　胃（猪）

　　在 Southgate 氏黏胭脂染色的标本中，表面黏液细胞的顶端胞质内的黏原颗粒呈深红色。胃底腺（→），固有膜（➡），表面黏液细胞（➡）。Southgate 氏黏胭脂染色×400

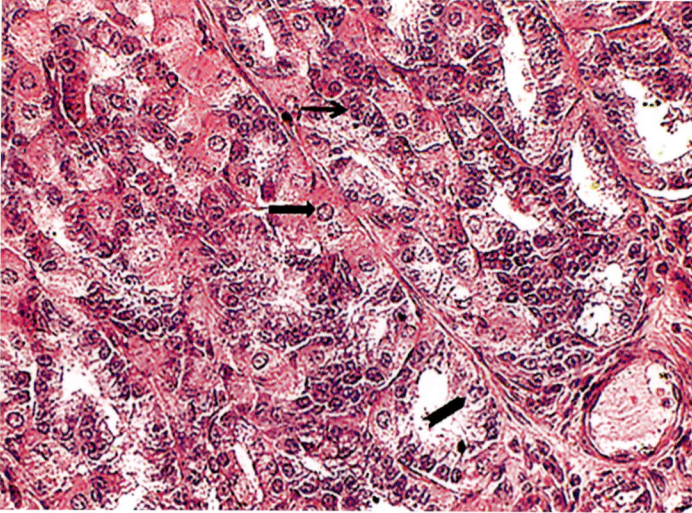

图2.4.1.8 胃（猪）

胃底腺由主细胞、壁细胞、颈黏液细胞和内分泌细胞构成。主细胞呈柱状，胞质嗜碱性，数量较多；壁细胞个体较大，呈圆形或锥体形，胞质嗜酸性。主细胞（→），壁细胞（➡），颈黏液细胞（➡）。Southgate 氏黏胭脂染色 ×400

图2.4.1.9 十二指肠（猪）

十二指肠的黏膜下层内含有十二指肠腺。猪和马的十二指肠腺为浆液性腺，反刍动物和犬的十二指肠腺为黏液性腺。小肠腺（→），十二指肠腺（➡），黏膜肌层（➡）。HE×330

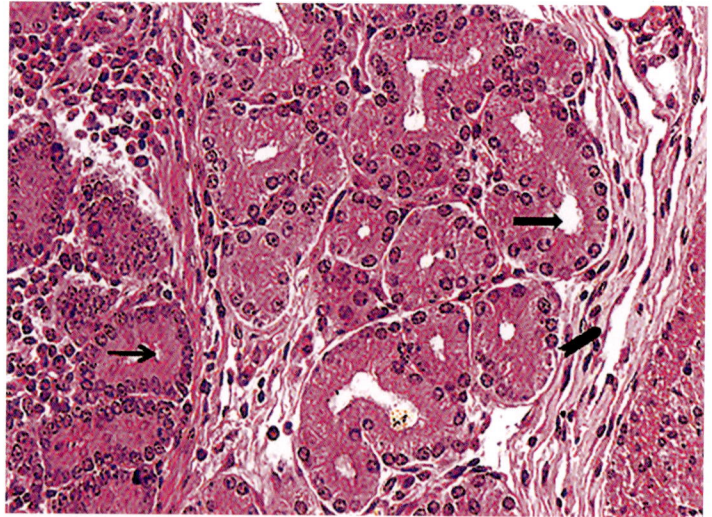

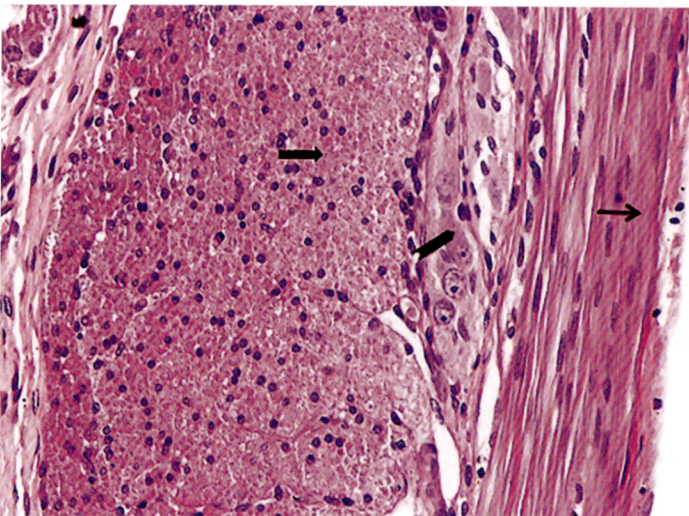

图2.4.1.10 十二指肠（猪）

肌层由内环、外纵两层平滑肌构成。两层平滑肌之间含有肌间神经丛。内环平滑肌层（→），外纵平滑肌层（➡），肌间神经丛（➡）。HE×330

图 2.4.1.11　空肠（猪）

　　猪空肠由黏膜层、黏膜下层、肌层和外膜构成。黏膜上皮和固有膜突向肠腔形成大量指状突起，称小肠绒毛。黏膜层（→），黏膜下层（➡），肌层（➤），外膜（➠）。HE×53

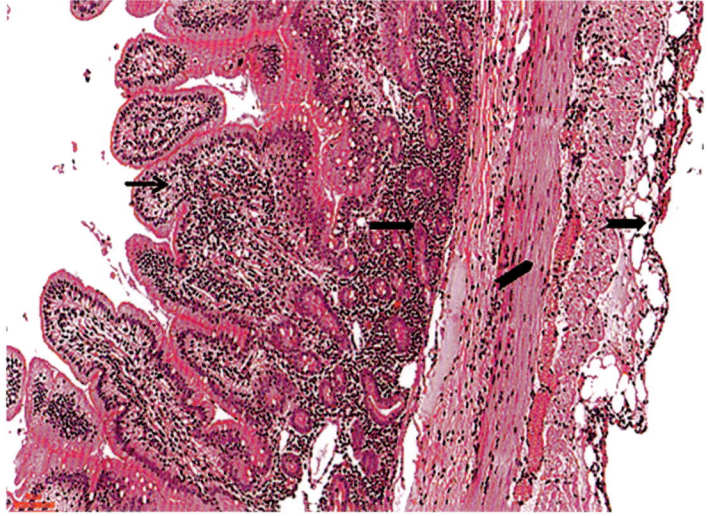

图 2.4.1.12　空肠（猪）

　　空肠绒毛由黏膜上皮和固有膜构成。绒毛表面为单层柱状上皮，中央为固有膜。固有膜内含有毛细血管和中央乳糜管。黏膜上皮（→），毛细血管（➡），中央乳糜管（➤）。HE×400

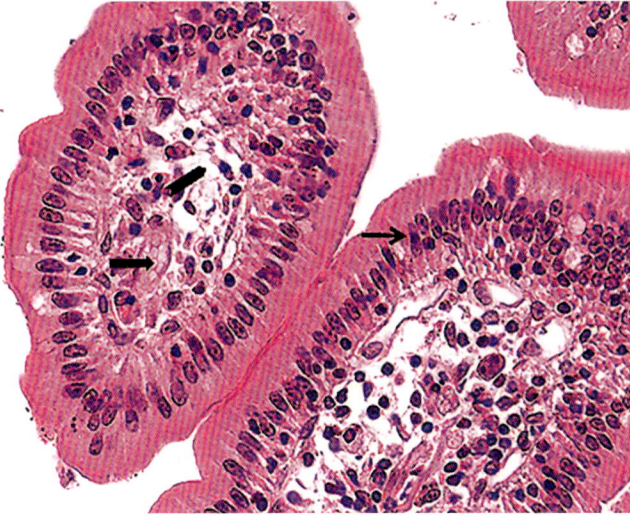

图 2.4.1.13　盲肠（犬）

　　盲肠黏膜无皱襞，表面较光滑。黏膜上皮杯状细胞多，不形成纹状缘。大肠腺和肌层发达。黏膜层（→），黏膜肌层（➡），大肠腺（➤）。HE×200

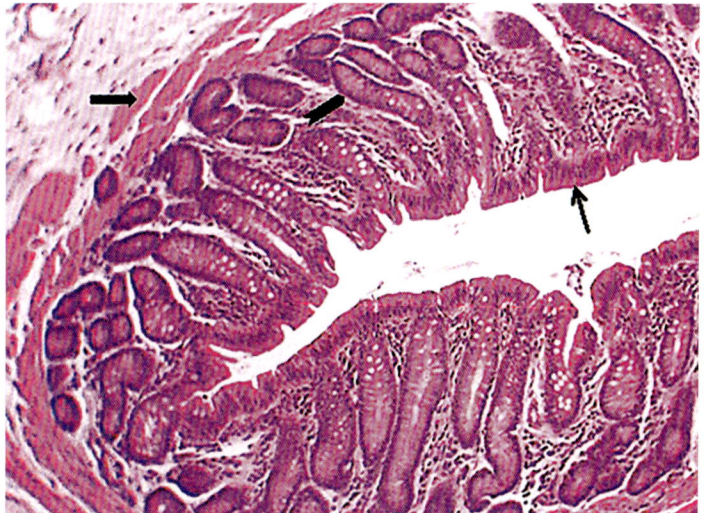

二、消化腺

消化腺可分为小消化腺和大消化腺。小消化腺散在分布于消化道管壁内，如舌腺、颊腺、腭腺、食管腺、胃腺、肠腺等；大消化腺位于消化道管壁外独立成为实质器官，如腮腺、舌下腺、颌下腺、肝脏和胰腺。消化腺的分泌物可对食物进行化学消化（图2.4.1.14、图2.4.1.15、图2.4.1.16、图2.4.1.17、图2.4.1.18、图2.4.1.19、图2.4.1.20）。

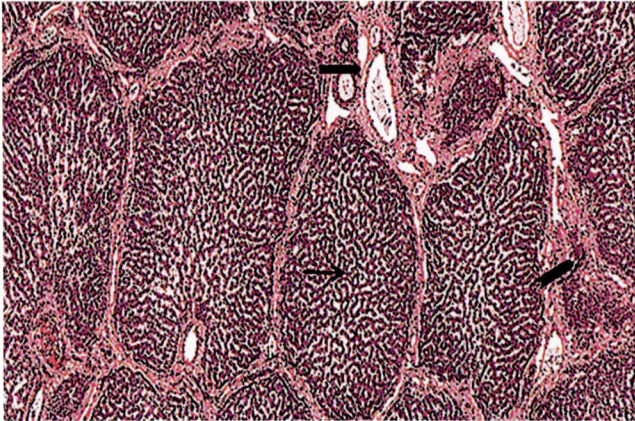

图2.4.1.14　肝脏（猪）

肝的表面被覆有浆膜，浆膜中的结缔组织在肝门处伸入肝实质，将其分成许多肝小叶。肝小叶（→），门管区（➡），小叶间结缔组织（➡）。HE×200

图2.4.1.15　肝脏（猪）

相邻几个肝小叶间结缔组织内含有小叶间静脉、小叶间动脉、小叶间胆管的三角区，称为门管区。肝小叶（→），小叶间静脉（➡），小叶间动脉（➡），小叶间胆管（➡）。HE×200

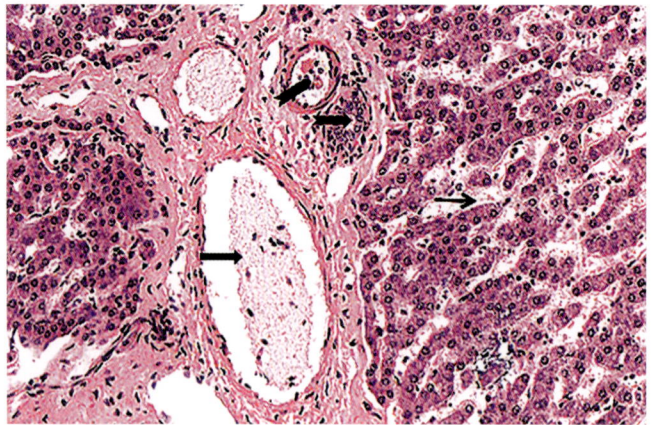

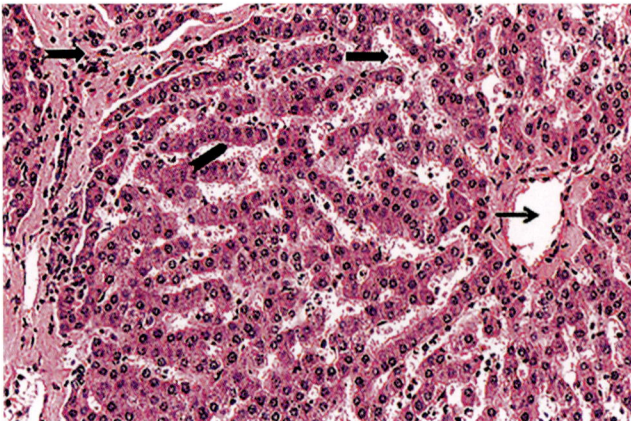

图2.4.1.16　肝脏（猪）

肝小叶呈多角形棱柱状，由中央静脉、板和肝窦组成。中央静脉（→），肝窦（➡），肝板（➡），小叶间结缔组织（➡）。HE×320

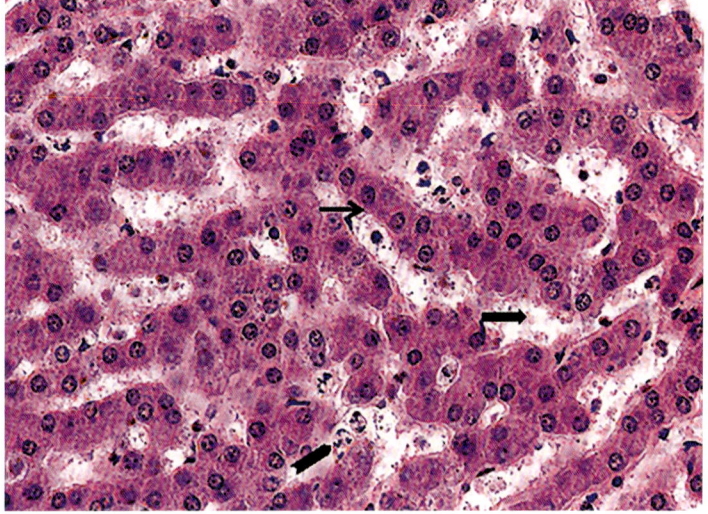

图2.4.1.17　肝脏（猪）

　　肝板和肝窦相间排列。在肝窦内含有许多枯否氏细胞。肝板（→），肝窦（➡），枯否氏细胞（➡）。HE×320

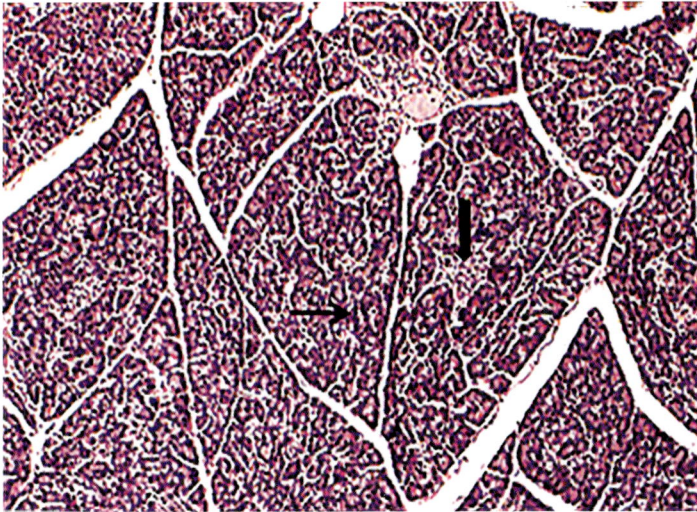

图2.4.1.18　胰腺（兔）

　　胰腺是动物体内第二大腺体，由外分泌部和内分泌部两部分组成。外分泌部为消化腺，分泌胰液，参与食物的消化。外分泌部（→），胰岛（➡）。HE×100

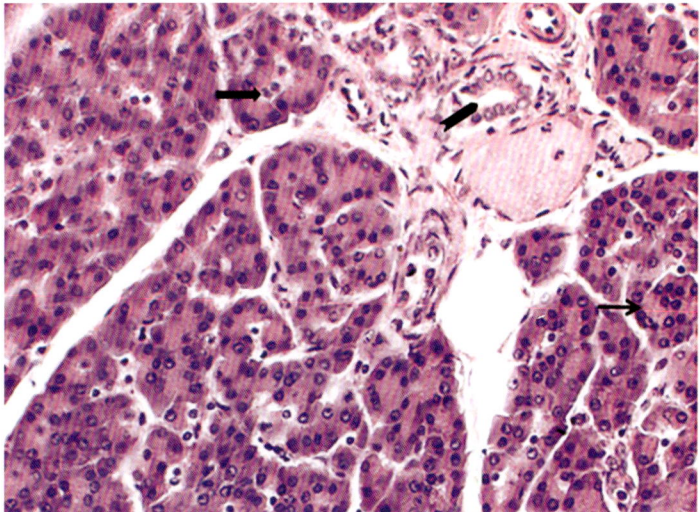

图2.4.1.19　胰腺（兔）

　　外分泌部占据胰腺的绝大部分，为浆液性的复管泡状腺，由腺泡和导管构成。腺泡（→），小叶内导管（➡），小叶间导管（➡）。HE×400

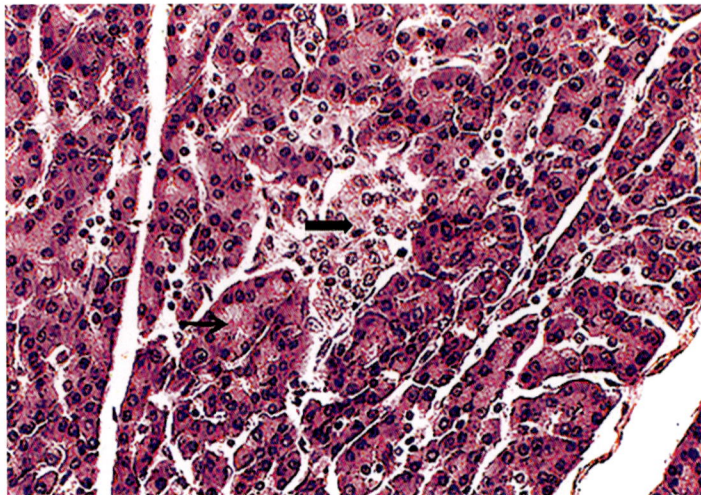

图2.4.1.20　胰腺（兔）

胰岛是由A细胞、B细胞、D细胞、PP细胞组成的圆形或卵圆形的细胞团，分布于腺泡之间，以胰尾部较多。腺泡（→），胰岛（➡）。HE×400

第二节　消化系统的病理变化

消化系统的病理变化多且复杂，主要表现为消化道和消化腺的病变。

一、胃炎

胃炎按病因可分为原发性胃炎和继发性胃炎。按病程又可分为急性胃炎和慢性胃炎，其实两者是同一疾病的不同发展阶段，而且可以互相转化。接病理变化可分为卡他性胃炎、出血性胃炎、纤维素性胃炎和坏死性胃炎等。其中卡他性胃炎最常见，它是一种黏膜表层的炎症，表现为黏膜潮红、肿胀，黏膜上皮细胞脱落、黏液分泌亢进；出血性胃炎表现为黏膜面点状或斑状出血，多见于霉败饲料中毒、化学物质中毒以及某些传染病过程中；纤维素性胃炎是以胃黏膜被覆有纤维素性假膜为特征；坏死性胃炎是以胃黏膜出现弥漫性或局灶性溃疡为特征（图2.4.2.1）。

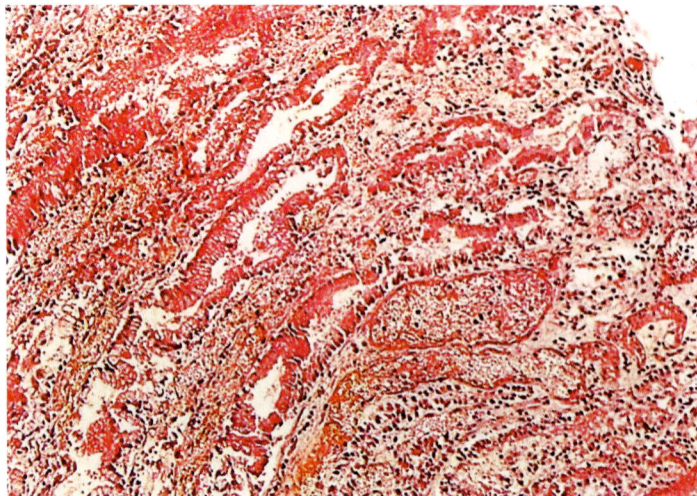

图2.4.2.1　急性卡他性胃炎

胃底腺部黏膜脱落，固有层充血、水肿，杯状细胞增多。HE×33（刘宝岩）

二、肠炎

急性肠炎主要表现为卡他性肠炎，黏膜潮红肿胀、上皮细胞脱落，杯状细胞增生，黏膜被覆多量黏液，淋巴小结肿大。出血性肠炎时黏膜散在弥漫性或局灶性出血斑点，如同时有严重坏死，则称出血性坏死性肠炎。纤维素性坏死性肠炎是渗出性肠炎中最严重的一型，多见于传染病，如猪瘟、猪副伤寒、非洲猪瘟、新城疫、鸭瘟等。表现为肠黏膜坏死并有大量纤维素性渗出物。纤维素性坏死性肠炎又可分为浮膜性肠炎和固膜性肠炎。前者是指肠黏膜被覆一层纤维蛋白形成的薄膜，黏膜坏死较轻，纤维蛋白膜容易剥离；后者则黏膜坏死严重，纤维蛋白膜与深层坏死组织牢固结合，不易剥离，强行分离会造成深层组织损伤（图2.4.2.2、图2.4.2.3、图2.4.2.4、图2.4.2.5、图2.4.2.6、图2.4.2.7、图2.4.2.8、图2.4.2.9、图2.4.2.10、图2.4.2.11、图2.4.2.12）。

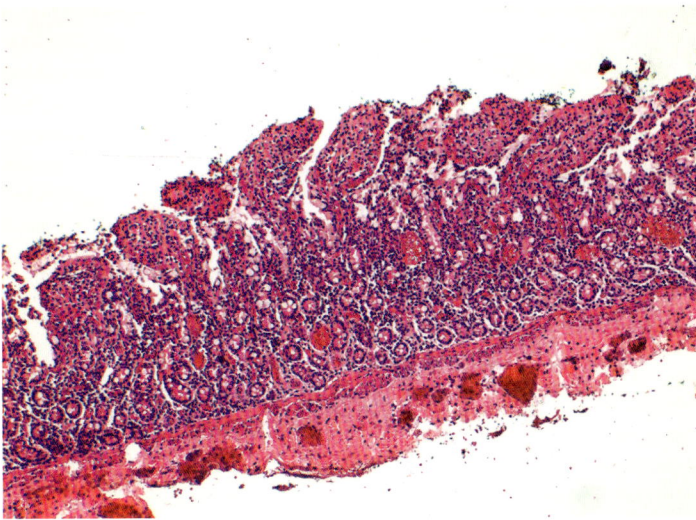

图2.4.2.2　急性卡他性肠炎
空肠黏膜上皮细胞脱落，杯状细胞增生，固有层充血、水肿。HE×33
（刘宝岩）

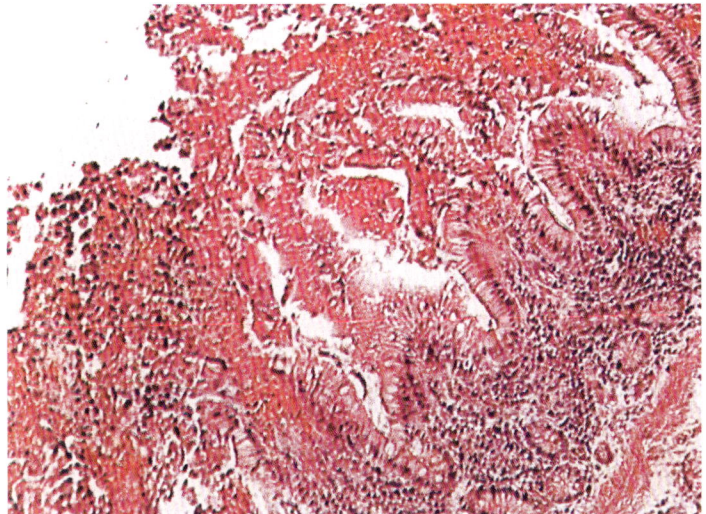

图2.4.2.3　空肠出血性肠炎
肠绒毛上皮细胞几乎全部脱落，固有层有出血斑点。HE×100

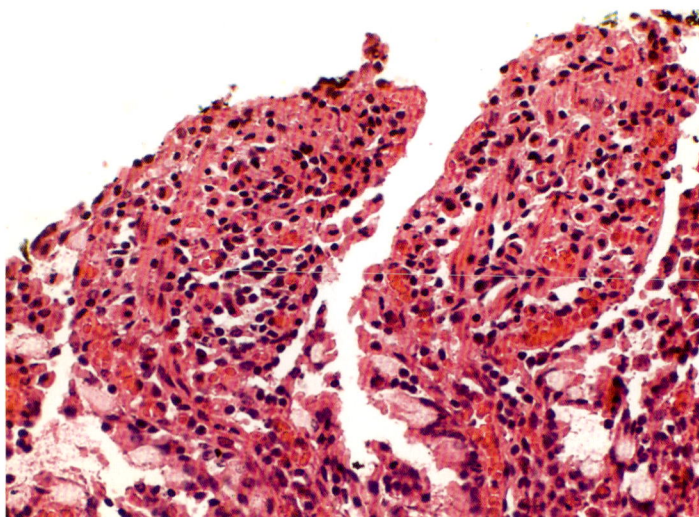

图2.4.2.4 空肠出血性肠炎
肠绒毛上皮细胞脱落，固有层出血。
HE×400

图2.4.2.5 空肠出血性肠炎
固有层充血、出血，杯状细胞增生。
HE×400

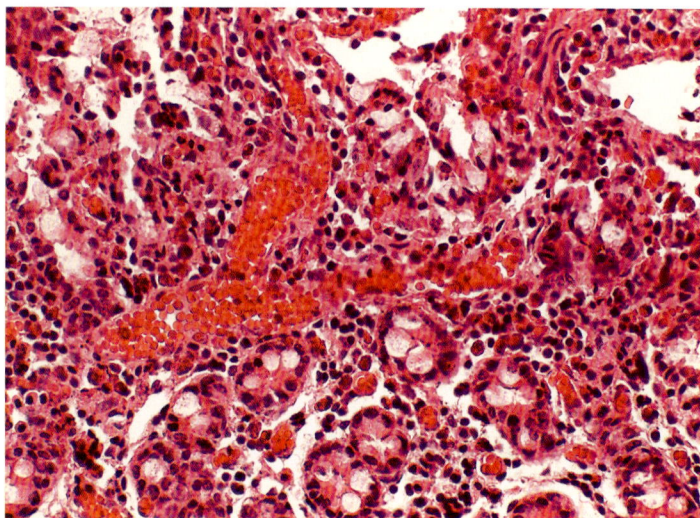

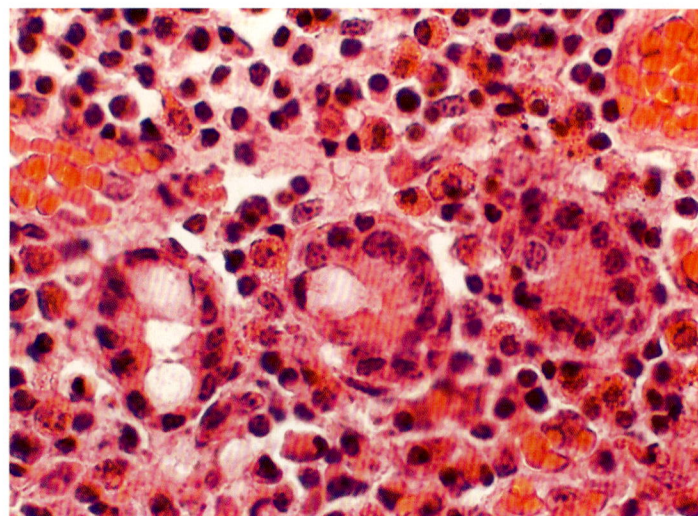

图2.4.2.6 空肠出血性肠炎
固有层出血，其中有大量嗜酸性粒
细胞和淋巴细胞浸润。HE×1 000

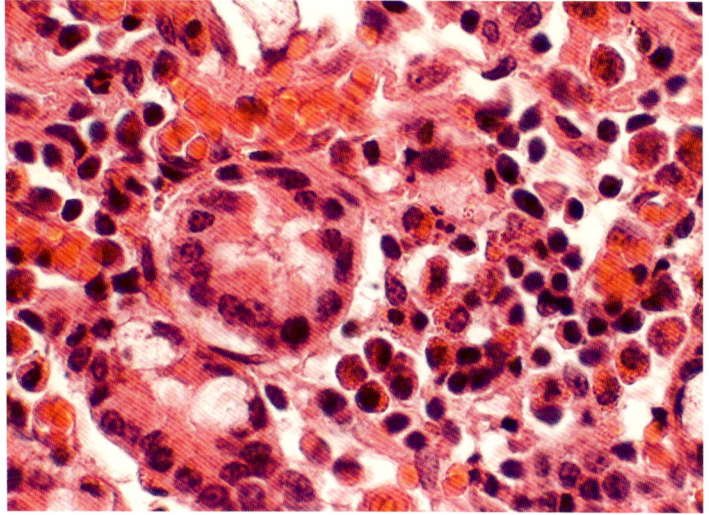

图 2.4.2.7　空肠出血性肠炎
　　固有层出血，嗜酸性粒细胞浸润，
腺上皮细胞发生坏死，杯状细胞增生。
HE×1 000

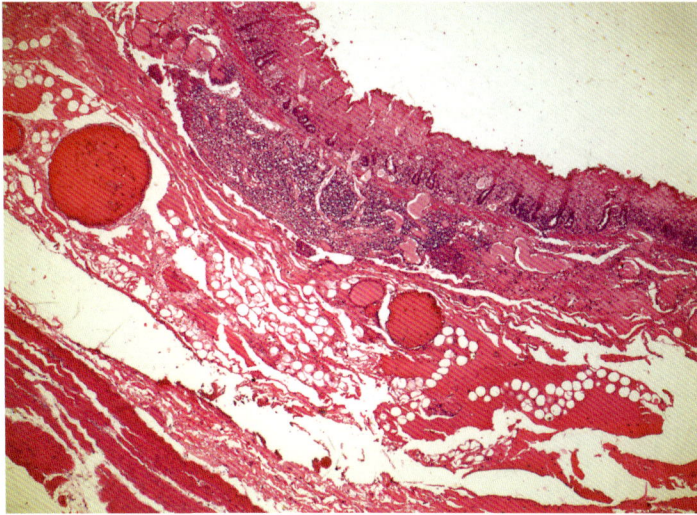

图 2.4.2.8　坏死性结肠炎
结肠黏膜表层发生坏死。HE×40

图 2.4.2.9　坏死性结肠炎
　　黏膜表层发生坏死，凝结成无结构
的坏死物质，淋巴小结增生，淋巴管扩
张，淋巴栓塞形成（→）。HE×100

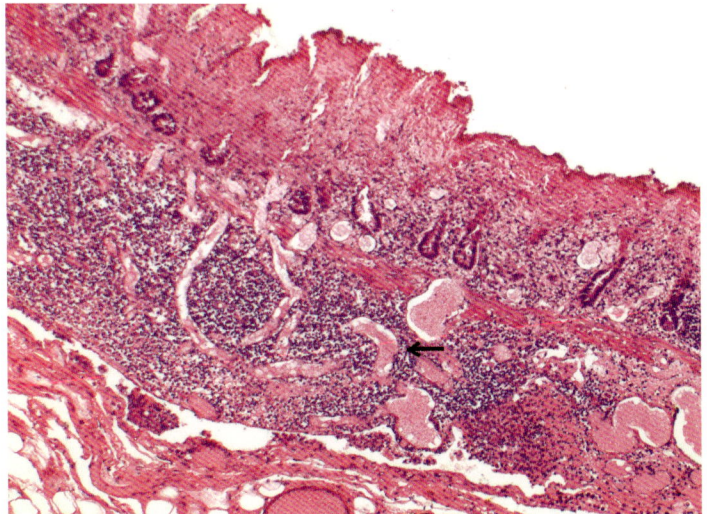

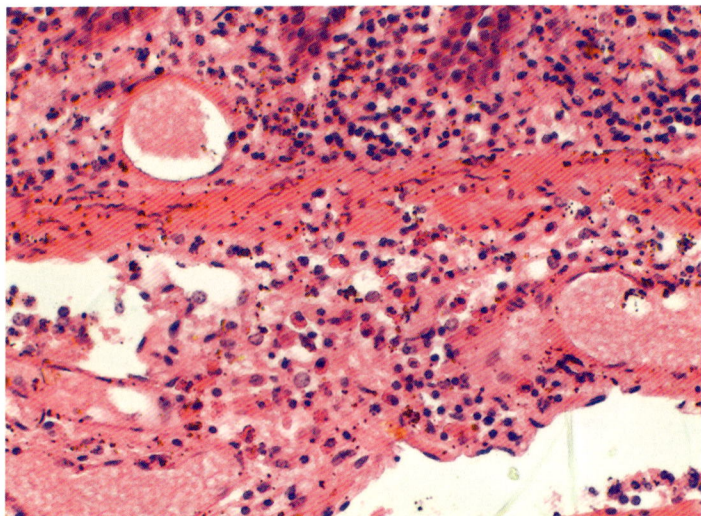

图2.4.2.10　坏死性结肠炎
　　固有层和黏膜下层淋巴细胞坏死，核浓缩和核碎裂。HE×400

图2.4.2.11　坏死性结肠炎
　　黏膜下层淋巴细胞坏死，淋巴管扩张，内充满乳糜液。HE×400

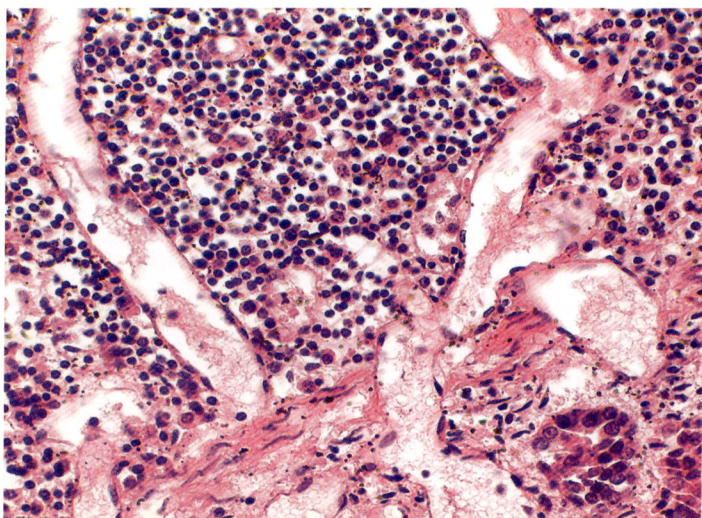

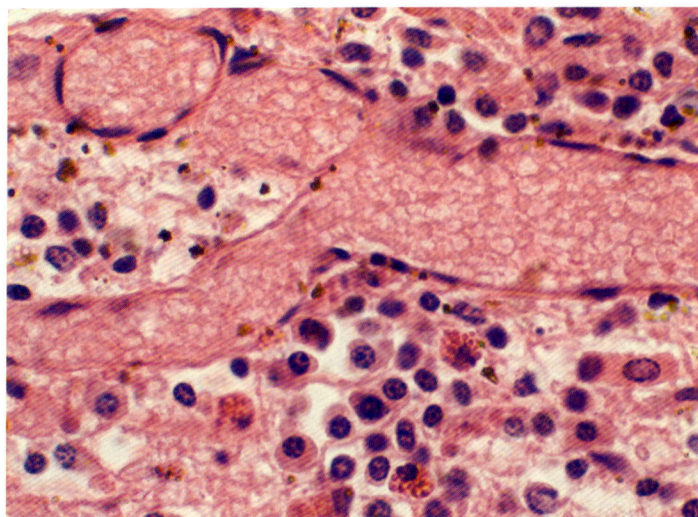

图2.4.2.12　坏死性结肠炎
　　黏膜下层淋巴管充满乳糜液，组织中嗜酸性粒细胞、淋巴细胞、浆细胞浸润，部分淋巴细胞坏死。HE×1 000

三、肝炎和肝硬化

肝脏是代谢、解毒、屏障器官，当动物发生传染病、寄生虫病、毒物中毒时常造成肝脏机能和形态结构异常，进而出现各种病变，常见的有各种类型肝炎、肝硬化等。

病毒、细菌、霉菌、寄生虫等会引起肝脏的炎性病变，称为肝炎。急性实质性肝炎又称中毒性肝营养不良，是以肝细胞的变性、坏死为特征（图2.4.2.13、图2.4.2.14、图2.4.2.15、2.4.2.16、 图2.4.2.17、 图2.4.2.18、 图2.4.2.19、 图2.4.2.20、 图2.4.2.21、图2.4.2.22、图2.4.2.23）。

肝硬化是一种慢性病理过程，可由多种原因引起，表现为肝脏内结缔组织广泛增生，增生的结缔组织将正常的肝组织分隔成大小不等的团块状（假小叶），致使肝脏质地变硬（图2.4.2.24、图2.4.2.25、图2.4.2.26、图2.4.2.27）。

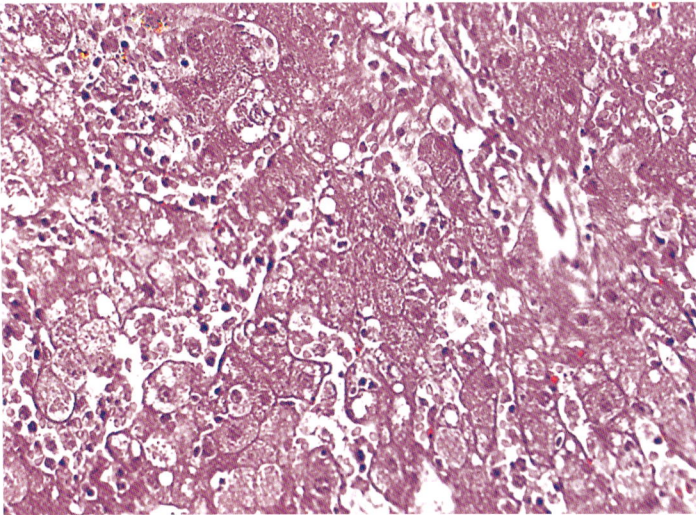

图2.4.2.13　急性实质性肝炎

肝细胞肿大，细胞界限分明，细胞发生颗粒变性、水泡变性，细胞核多已消失。HE×400

图2.4.2.14　急性实质性肝炎

细胞肿大，界限明显，胞质呈细小团块状，胞核溶解消失，肝窦内皮细胞增生，致肝窦狭窄。HE×400

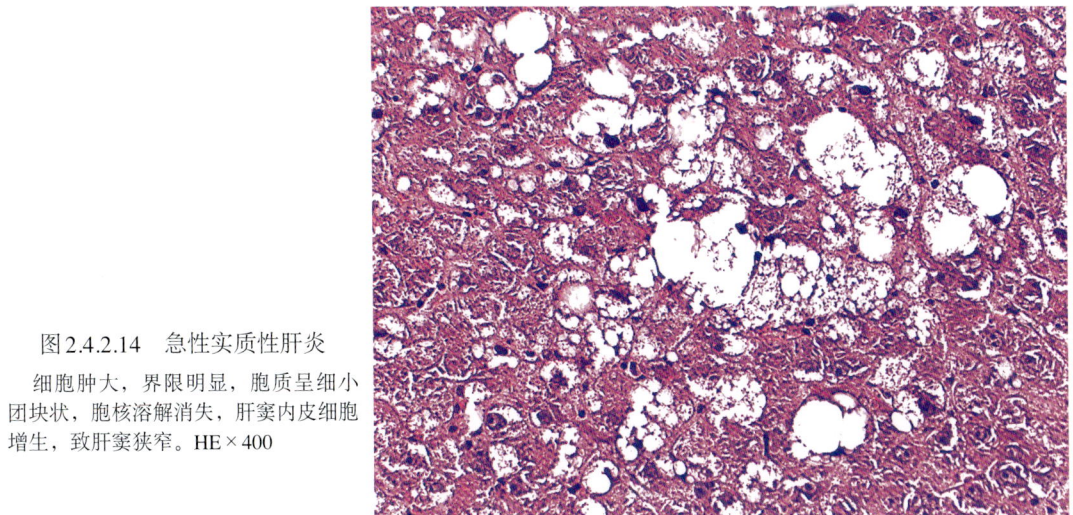

153

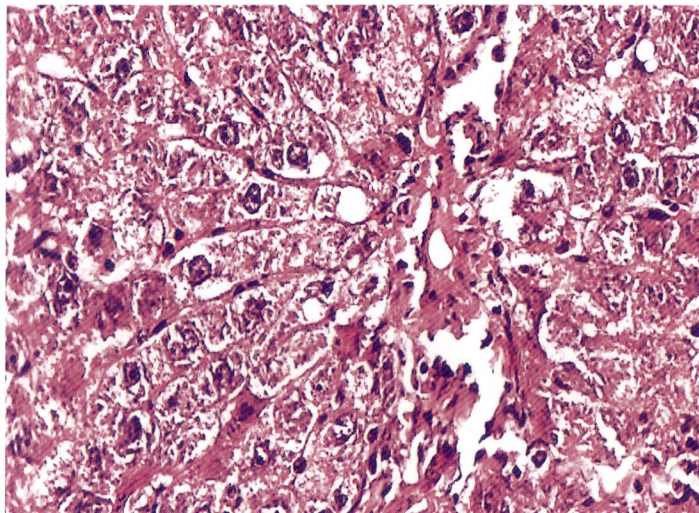

图2.4.2.15　急性实质性肝炎

肝细胞颗粒变性、脂肪变性，脂肪滴凝聚形成大的空泡，即气球样变。HE×400

图2.4.2.16　急性实质性肝炎

肝细胞水泡变性，部分细胞发生核浓缩。HE×400

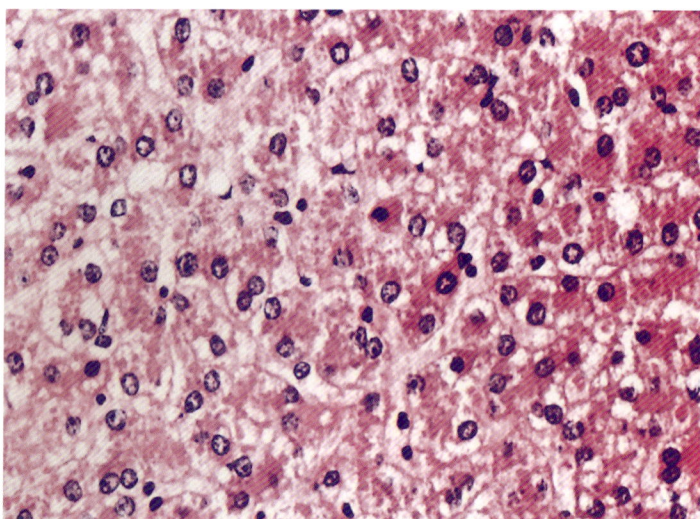

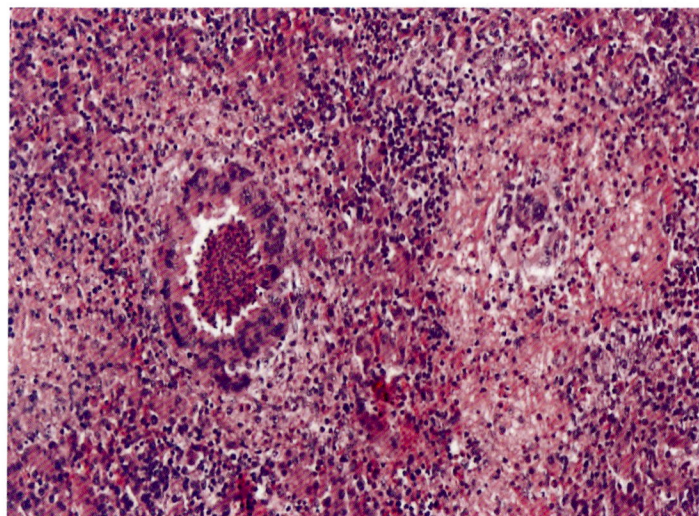

图2.4.2.17　坏死性肝炎（鸡）

肝脏发生广泛性坏死。HE×40

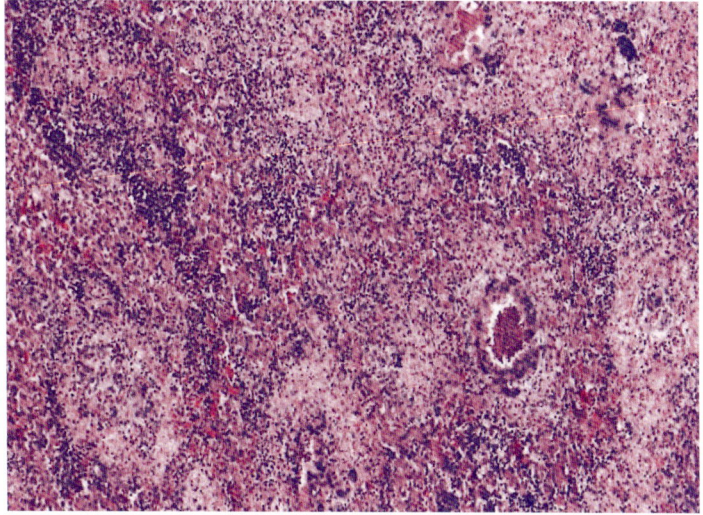

图2.4.2.18 坏死性肝炎（鸡）
肝脏发生广泛性坏死,坏死灶不规则，其中心是核碎裂的坏死物，坏死物周边有大量异物巨细胞环绕。HE×100

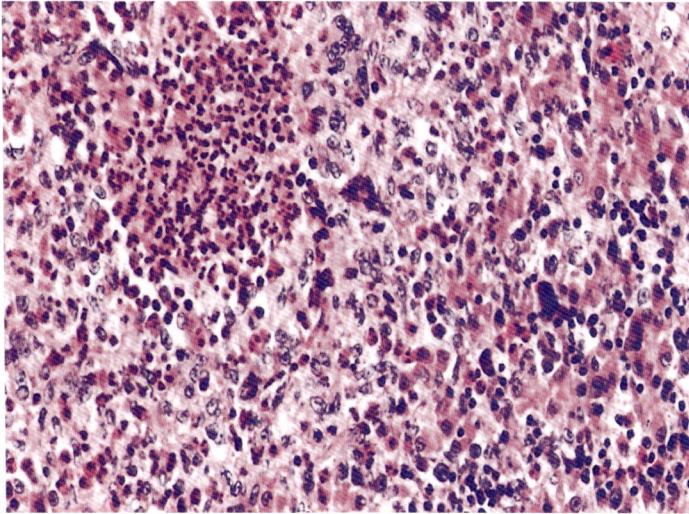

图2.4.2.19 坏死性肝炎（鸡）
坏死灶内有大量核碎裂的坏死物，肝组织内大量异嗜性粒细胞浸润。HE×400

图2.4.2.20 坏死性肝炎（鸡）
肝脏中的凝固性坏死灶，核浓缩、碎裂。HE×100

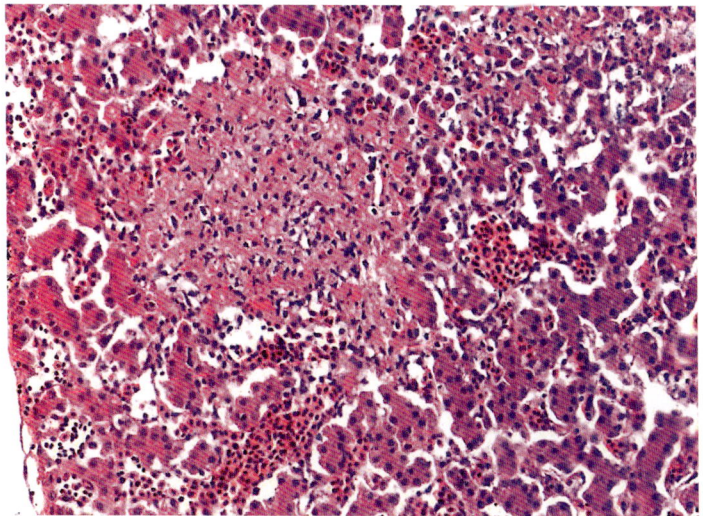

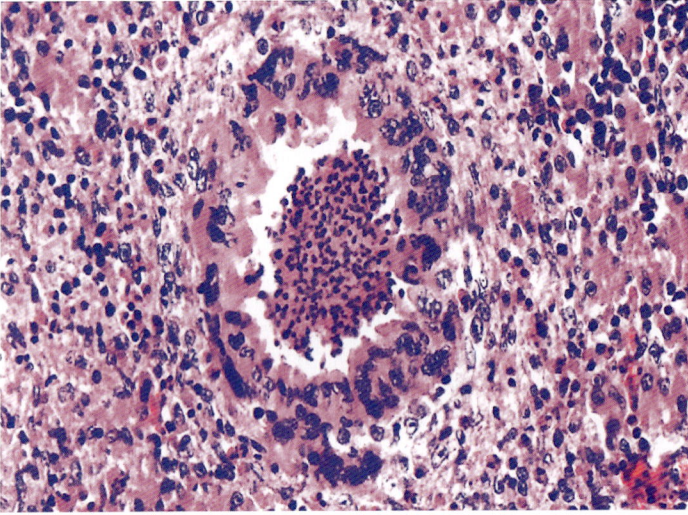

图2.3.2.21　肝脏焦点状坏死（鸡）
凝固性坏死灶周围环绕着大量异物巨细胞、巨噬细胞和上皮样细胞。HE×400

图2.4.2.22　肝脏焦点状坏死（鸡）
坏死灶中心是异物巨细胞，周围是网状细胞、上皮样细胞、淋巴细胞。HE×400

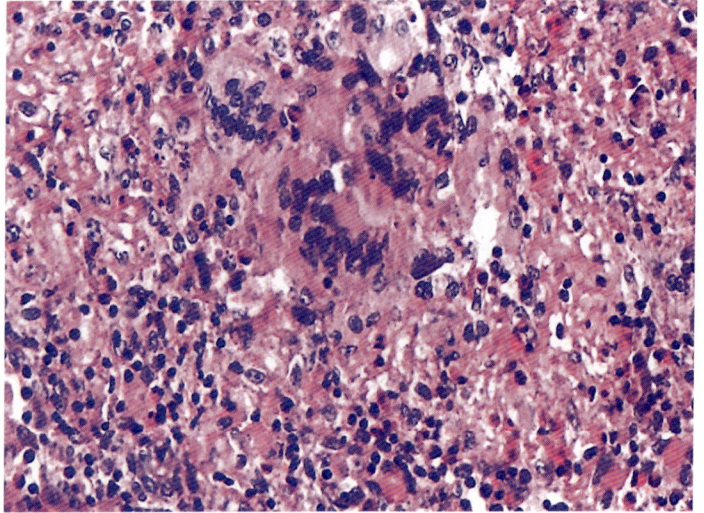

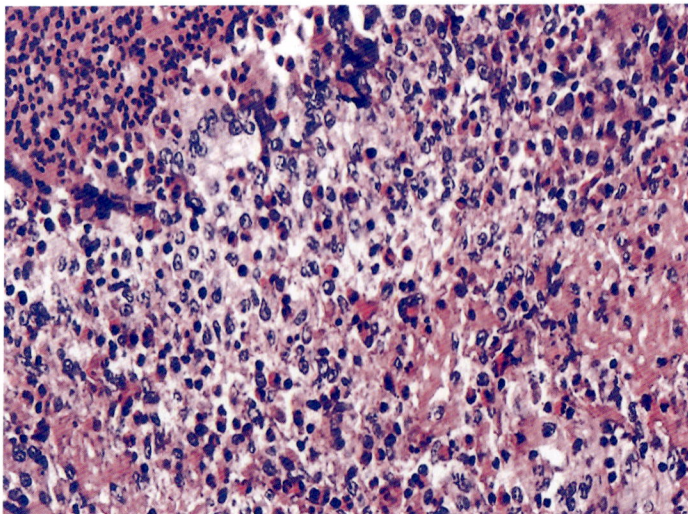

图2.4.2.23　肝脏焦点状坏死（鸡）
坏死灶周围大量网状细胞、上皮样细胞增生，异嗜性粒细胞浸润。HE×400

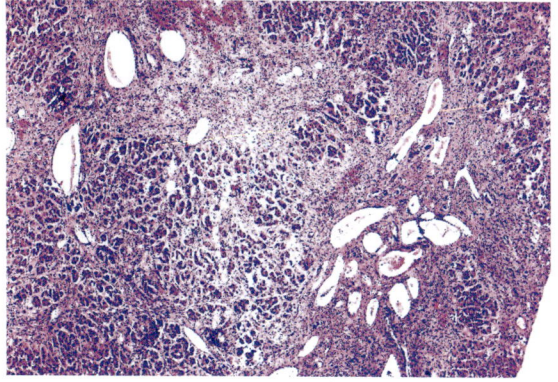

图2.4.2.24 肝硬化

肝脏中大量结缔组织增生，肝组织被分隔成大小不等的团块（假小叶）。HE×40

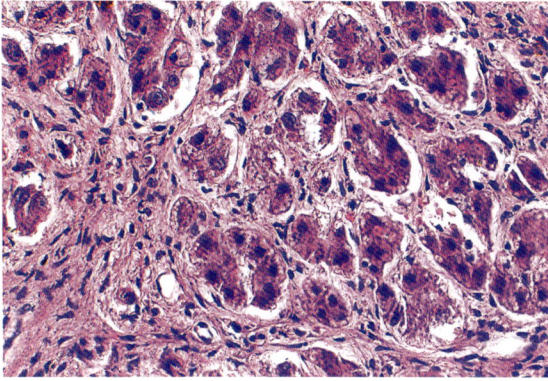

图2.4.2.25 肝硬化

被结缔组织分隔的肝细胞构成假小叶。HE×400

图2.4.2.26 肝硬化

硬化的肝脏病变复杂。假小叶（→），增生的小动脉（➡），透明变性的结缔组织（➡）。HE×200

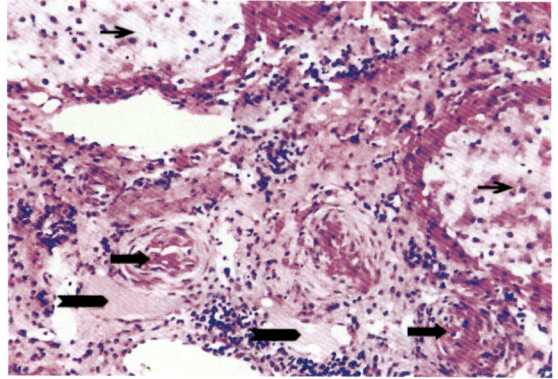

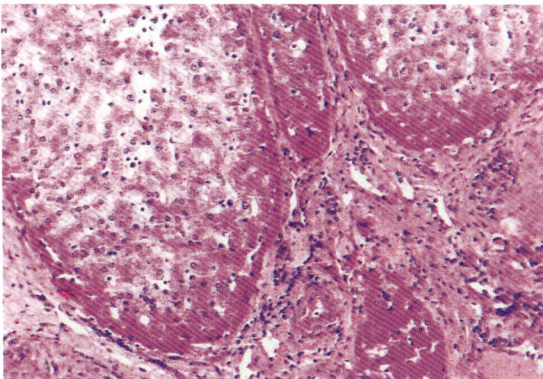

图2.4.2.27 肝硬化

假小叶间是大量增生的结缔组织，假小叶中缺少中央静脉，肝细胞排列紊乱。HE×400

第五章

泌尿、生殖系统的
组织学与病理变化

第一节　泌尿、生殖系统的组织学

一、泌尿系统

泌尿系统包括肾、输尿管、膀胱和尿道（图2.5.1.1、图2.5.1.2、图2.5.1.3、图2.5.1.4、图2.5.1.5、图2.5.1.6、图2.5.1.7），主要机能是生成、贮存和排出尿液。肾作为机体最主要的排泄器官，不但可调节机体的水盐代谢，维持离子平衡，而且还具有产生多种激素或生物活性物质的功能。

肾有单乳头肾和多乳头肾两种。羊、犬和兔为表面平滑单乳头肾；猪为表面平滑多乳头肾；牛为表面有沟多乳头肾。肾实质可分为皮质和髓质两部分。

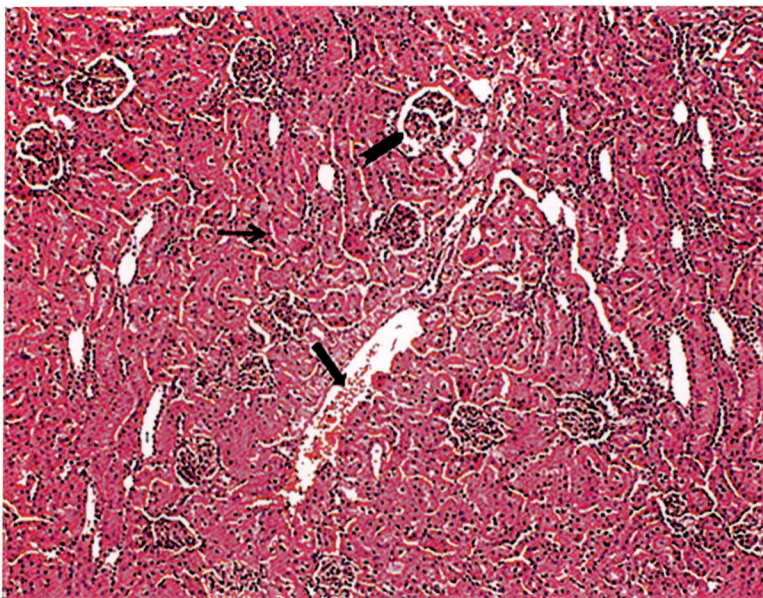

图 2.5.1.1　肾脏（兔）

肾小叶由髓放线及周围的皮质迷路构成。皮质迷路中间有直行小叶间动脉、小叶间静脉。皮质迷路（➡），小叶间动脉（➡），肾小体（➡）。HE×100

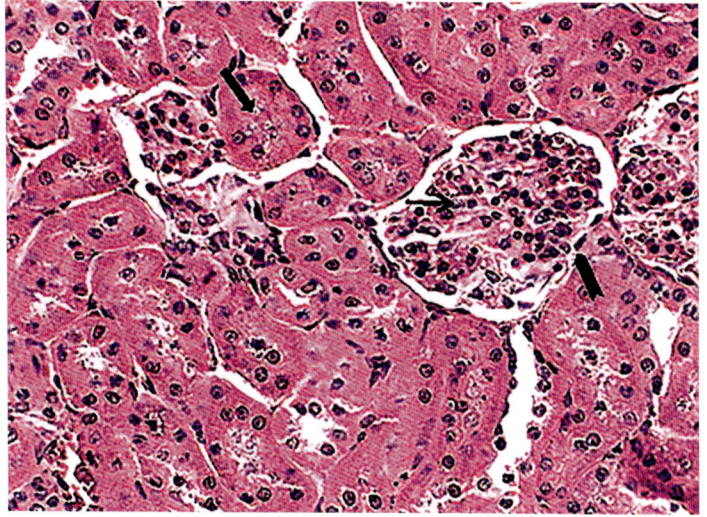

图2.5.1.2　肾脏（兔）

肾小体有入球微动脉和出球微动脉，入球微动脉一端为血管极，与之相对应的一端为尿极。肾小囊的壁层在尿极与近曲小管相连。血管袢（→），近曲小管（➡），血管极（➡）。HE×400

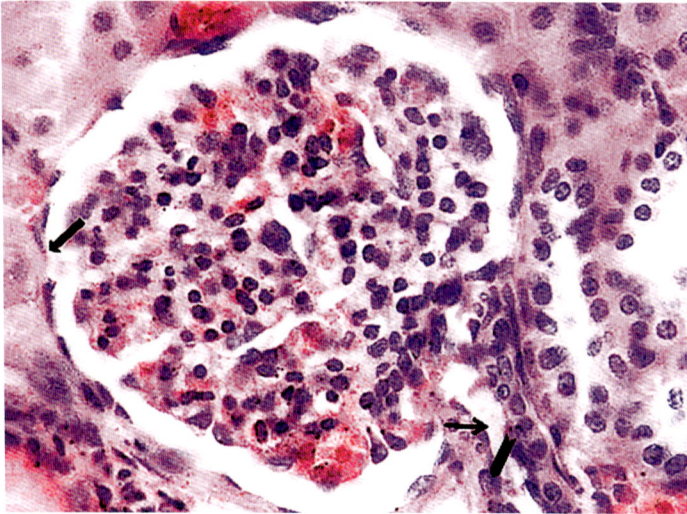

图2.5.1.3　肾脏（兔）

入球微动脉行至近肾小体血管极处，管壁中的平滑肌细胞转变成立方形细胞，称球旁细胞。球旁细胞分泌肾素，参与维持机体的血压。入球微动脉（→），尿极（➡），球旁细胞（➡）。HE×400

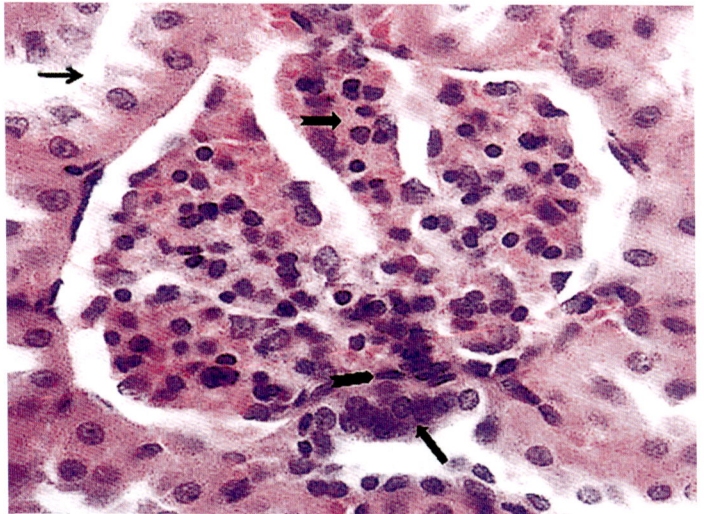

图2.5.1.4　肾脏（兔）

远曲小管靠肾小体一侧的管壁细胞变高，形成致密斑。致密斑外邻的三角区内含有球外系膜细胞(极垫细胞)。远曲小管（→），致密斑（➡），球外系膜细胞（➡），血管袢（➡）。HE×400

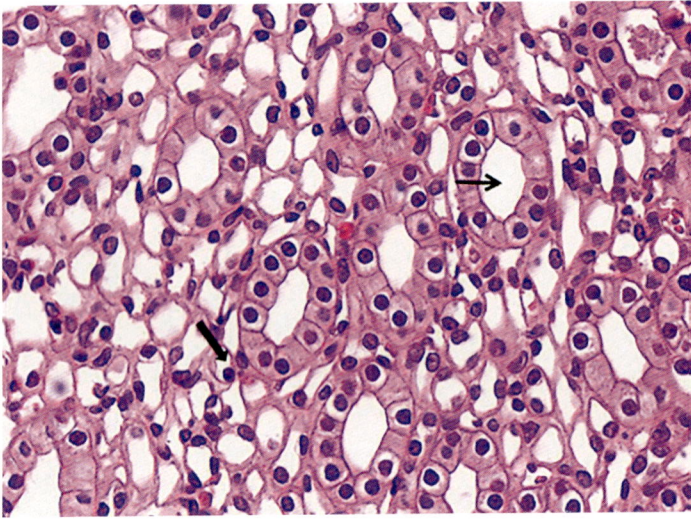

图2.5.1.5　肾脏（兔）

髓质呈条纹状，位于皮质深部，血管较少，呈淡红色。主要由肾小管构成，无肾小体。远曲小管直部（→），细段（➡）。HE×100

图2.5.1.6　肾脏（兔）

肾乳头内有若干条乳头管。乳头管由直集合管移行而来，将尿液排入肾小盏。乳头管（→），细段（➡）。HE×400

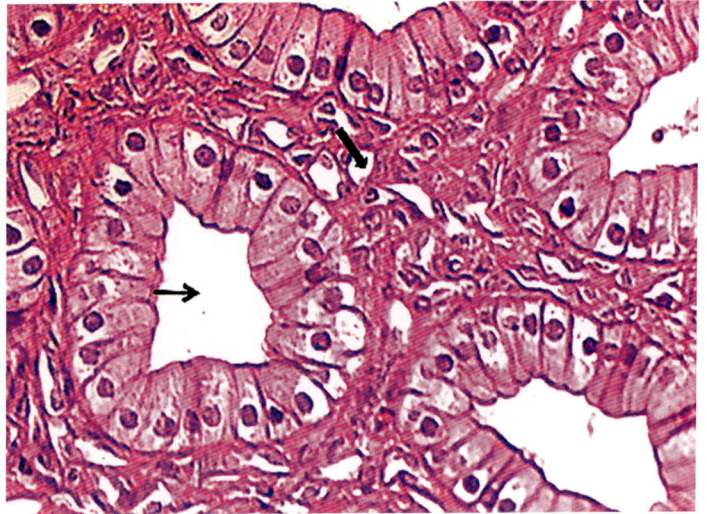

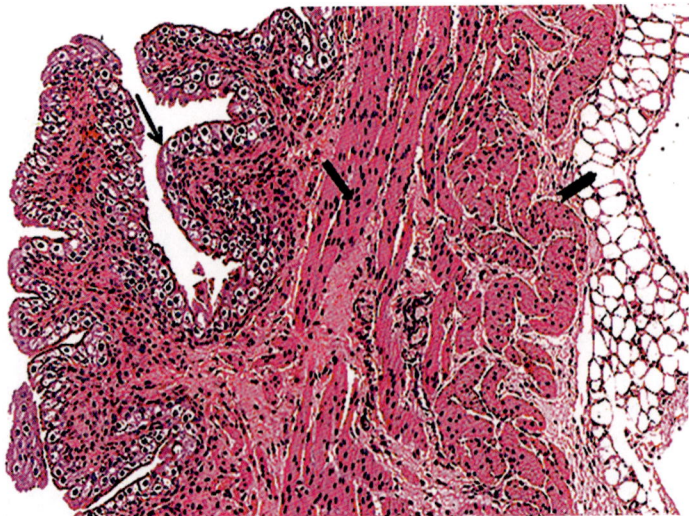

图2.5.1.7　膀胱（兔）

膀胱由黏膜、肌层和外膜构成。黏膜上皮为变移上皮，肌层由内纵、中环和外纵三层平滑肌构成，外膜为浆膜。变移上皮（→），肌层（➡）浆膜（➡）。HE×200

二、生殖系统

1.雄性生殖系统　由睾丸、附睾、输精管、精囊腺、前列腺、尿道球腺、尿生殖道和阴茎等构成（图2.5.1.8、图2.5.1.9、图2.5.1.10、图2.5.1.11、图2.5.1.12、图2.5.1.13）。睾丸是产生精子、分泌雄性激素的器官。精囊腺、前列腺、尿道球腺与生殖管道的分泌物参与构成精液。生殖管道具有促进精子成熟、营养、贮存和运输精子的作用。

2.雌性生殖系统　包括卵巢、输卵管、子宫、阴道、阴道前庭、阴门等器官（图2.5.1.14、图2.5.1.15、图2.5.1.16、图2.5.1.17、图2.5.1.18、图2.5.1.19）。卵巢产生卵细胞，分泌雌性激素；输卵管输送生殖细胞，是受精部位；子宫是孕育胎儿的器官；阴道是交配器官，同时也是分娩的产道；阴道前庭是交配器官和分娩产道，也是排尿必经之路，故又称尿生殖前庭；阴门又称外阴，为母畜的外生殖器。

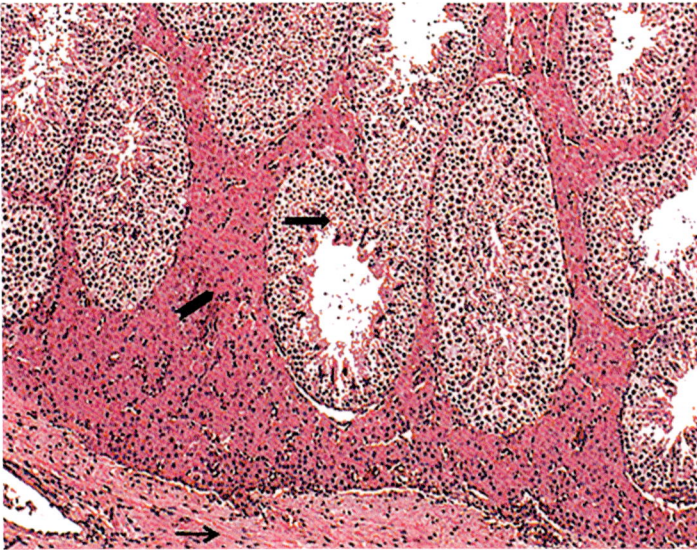

图2.5.1.8　睾丸（猪）

睾丸被膜由浆膜和白膜构成。白膜在睾丸头部贯穿睾丸形成纵隔，纵隔呈放射状发出睾丸小隔，将睾丸实质分隔成许多睾丸小叶。每个睾丸小叶内有2～3条曲细精管。白膜（→），曲细精管（➡），睾丸间质（➡）。HE×40

图2.5.1.9　睾丸（猪）

睾丸小叶由曲细精管和睾丸间质组成。曲细精管是生成精子的地方；睾丸间质含有大量睾丸间质细胞、微动脉和毛细血管。间质细胞分泌睾酮。曲细精管（→），睾丸间质（➡），生精上皮（➡）。HE×100

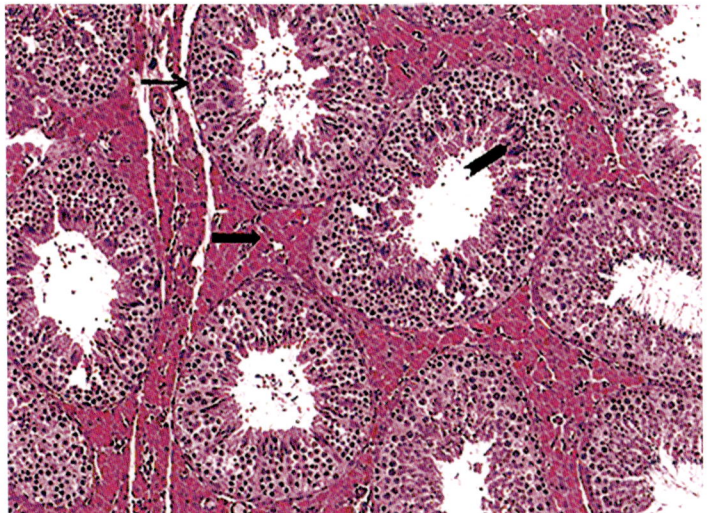

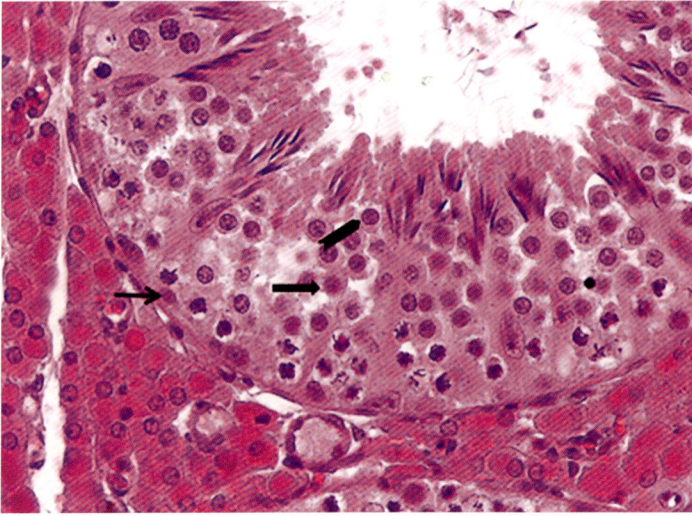

图 2.5.1.10　睾丸（猪）

生精小管的壁上有处于不同发育阶段的各级生精细胞，包括精原细胞、精母细胞和精子细胞。精原细胞（→），精母细胞（➡），精子细胞（➡）。HE×400

图 2.5.1.11　睾丸（猪）

睾丸间质位于生精小管之间，富含血管、淋巴管和大量睾丸间质细胞。睾丸间质细胞较大，呈圆形或多角形，胞质嗜酸性，猪、马数量较多。间质细胞（→），毛细血管（➡）。HE×400

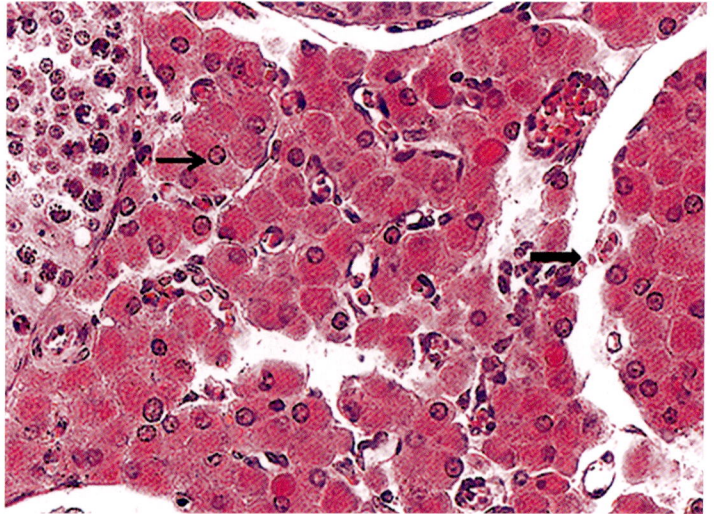

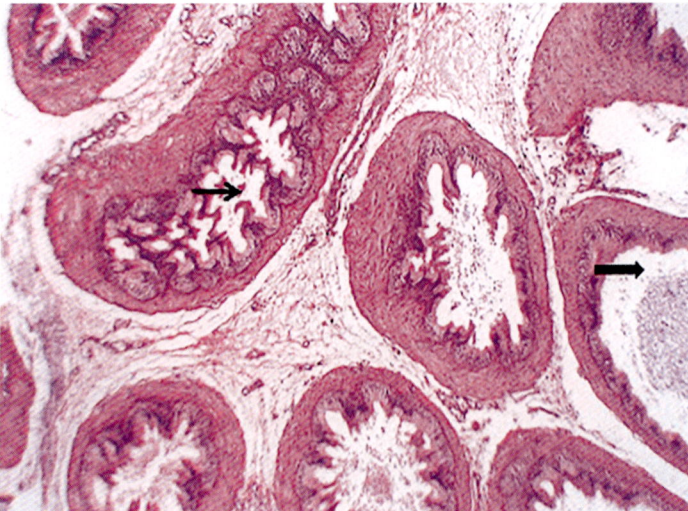

图 2.5.1.12　附睾（猪）

附睾由输出小管和附睾管组成。输出小管与睾丸网相连，管腔不规则。附睾管长且极度弯曲，管腔规则平整，管壁为假复层柱状纤毛上皮。腔内常含有大量嗜酸性分泌物和精子。输出小管（→），附睾管（➡）。HE×40

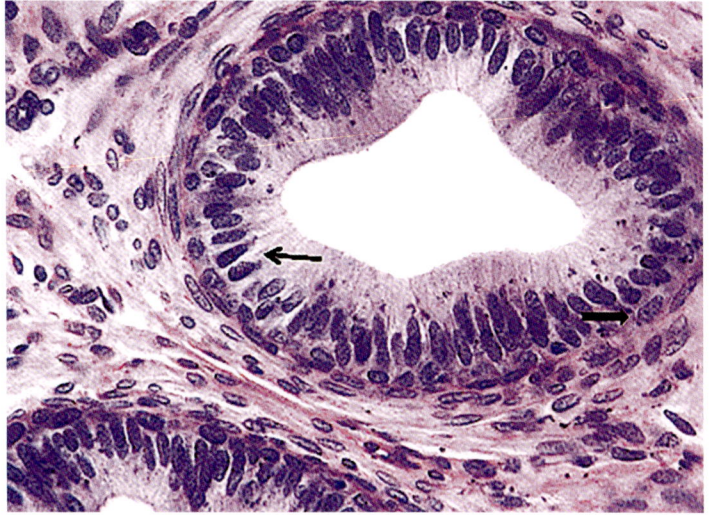

图2.5.1.13 附睾（猪）

附睾管为极度弯曲的管道，管腔规则平整，管壁为假复层柱状纤毛上皮，由主细胞和基细胞构成。主细胞表面有成簇排列的静纤毛，具有分泌功能。基细胞矮小，呈锥形，位于上皮深层。主细胞（→），基细胞（➡）。HE×400

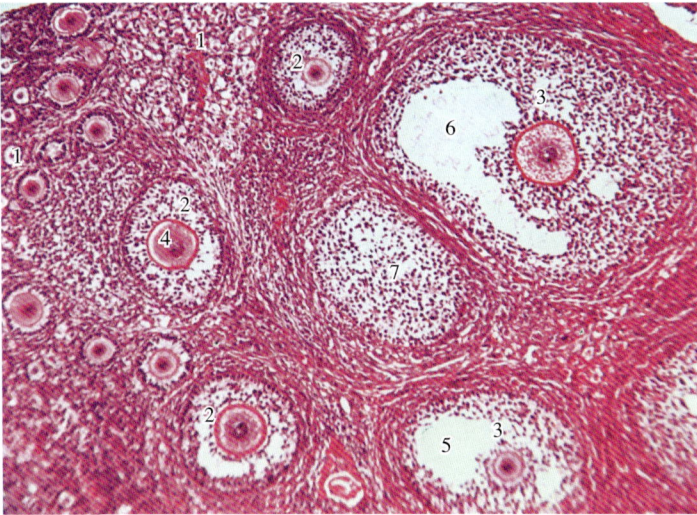

图2.5.1.14 卵巢（猪）

1.原始卵泡，2.初级卵泡，3.次级卵泡，4.卵母细胞，5.卵泡腔，6.卵泡液，7.黄体。HE×40

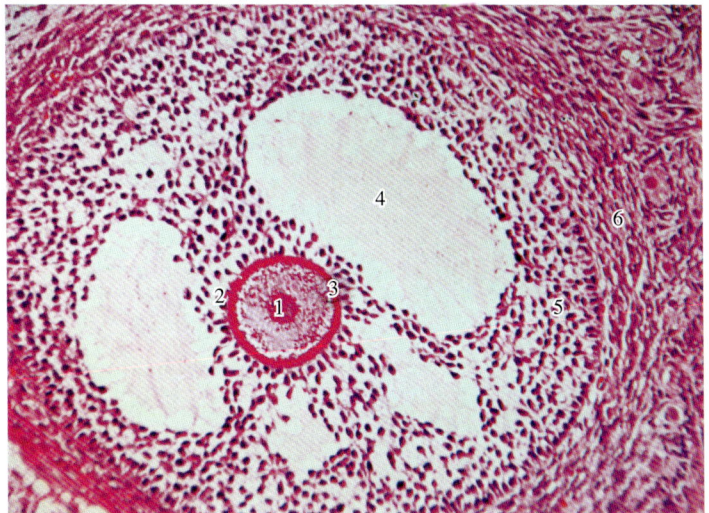

图2.5.1.15 卵巢次级卵泡（猪）

1.卵母细胞，2.放射冠，3.透明带，4.卵泡液，5.颗粒层，6.卵泡膜。HE×400

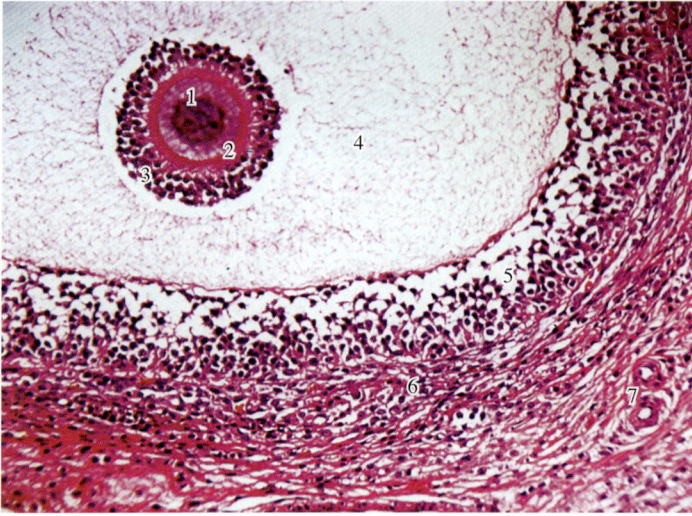

图2.5.1.16　卵巢成熟卵泡（猪）

1.卵泡细胞，2.透明带，3.放射冠，4.卵泡液，5.颗粒层，6.卵泡膜，7.小动脉。HE×400

图2.5.1.17　卵巢（猪）

成熟卵泡排卵后，卵泡内膜的血管进入颗粒层，颗粒层细胞增大，变为多角形，成为颗粒黄体细胞。卵泡内膜细胞则分化成为膜黄体细胞。颗粒黄体（→），膜黄体（➡），毛细血管（➡）。HE×400

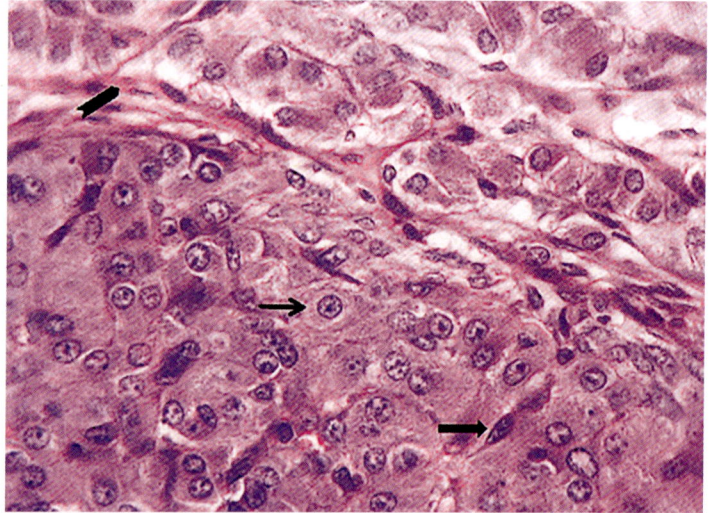

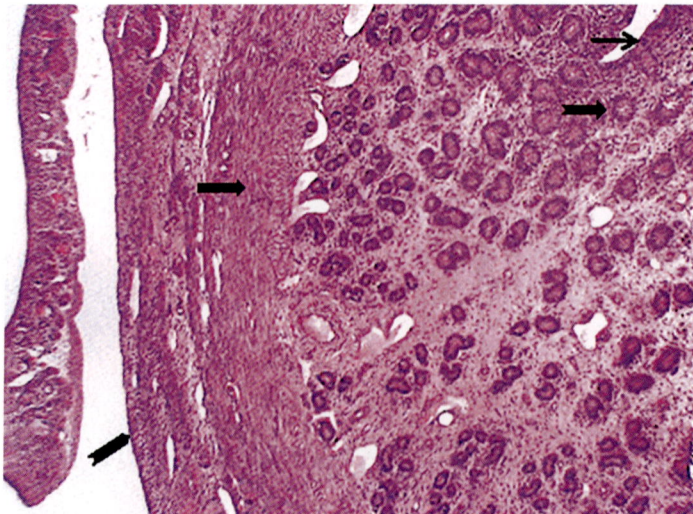

图2.5.1.18　子宫（山羊）

子宫由内膜、肌层、外膜三层构成。内膜由上皮和固有膜构成，固有膜很厚，内含有大量子宫腺。肌层由内环、外纵两层平滑肌构成。外膜为结缔组织被以间皮。内膜（→），肌层（➡），外膜（➡）子宫腺（➡）。HE×40

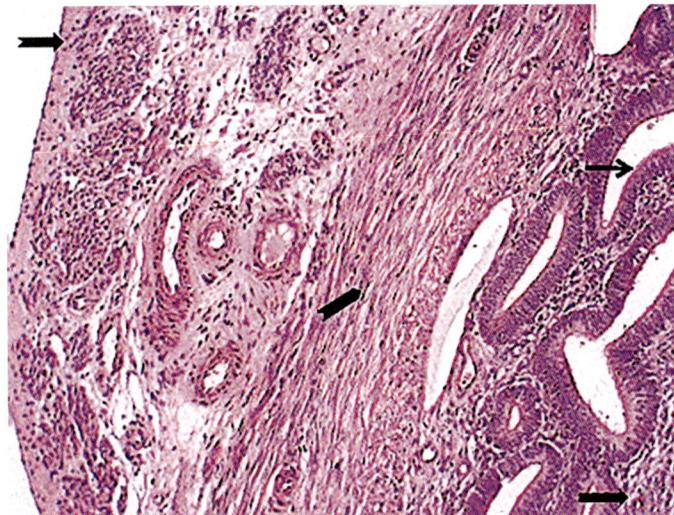

图2.5.1.19 子宫（山羊）

子宫腺为分支管状腺。腺管壁由纤毛柱状细胞或无纤毛柱状细胞围成。子宫腺的分泌物称子宫乳。子宫内膜（➝），子宫腺（➡），肌层（➡），外膜（➡）。HE×100

第二节 泌尿、生殖系统的病理变化

一、肾小球肾炎

肾小球肾炎是以肾小球的病变为主，同时伴有肾小管和间质的病变。肾小球肾炎是一种变态反应性疾病，按病程可分为急性肾小球肾炎、亚急性肾小球肾炎和慢性肾小球肾炎。

急性肾小球肾炎的发生机制是抗肾小球基底膜抗体与肾小球基底膜抗原结合形成免疫复合物沉积在肾小球基底膜，或循环免疫复合物在肾小球基底膜上沉积引起变态反应，继而出现变质、渗出和增生等炎症反应（图2.5.2.1、图2.5.2.2）。免疫复合物可使肾小球毛细血管基底膜严重损伤，并导致血液成分渗出，发生渗出性肾小球肾炎，若大量红细胞渗出，则发生出血性肾小球肾炎；如果以间质细胞、毛细血管内皮细胞增生和炎细胞浸润为主，则称为增生性肾小球肾炎。急性肾小球肾炎时肾小管上皮细胞发生变性、坏死，脱落于管腔中形成细胞管型。

亚急性肾小球肾炎是由急性肾小球肾炎演化而来，也可单独发生。它的特点是肾球囊壁层上皮细胞明显增生，形成新月体或环状体（图2.5.2.3、图2.5.2.4、图2.5.2.5、图2.5.2.6、图2.5.2.7、图2.5.2.8）。

慢性肾小球肾炎是由急性或亚急性肾小球肾炎延续而来，其明显特点是肾小球纤维化、玻璃样变，肾小管萎缩消失，结缔组织增生，淋巴细胞和浆细胞浸润（图2.5.2.9、图2.5.2.10、图2.5.2.11、图2.5.2.12）。

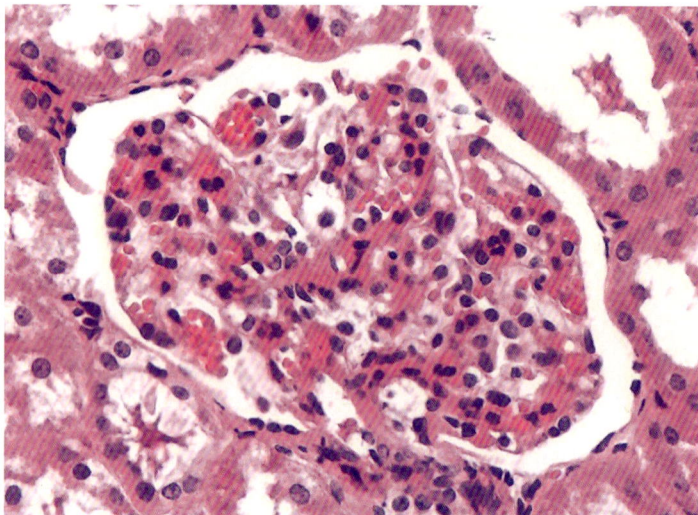

图2.5.2.1　急性肾小球肾炎
肾小球内皮细胞和间质系膜细胞增生，致使肾小球肿大，充满囊腔，肾小管发生颗粒变性。HE×400

图2.5.2.2　急性肾小球肾炎
肾小球肿大，肾小球内皮细胞和间质系膜细胞增生，毛细血管充血、出血。HE×400

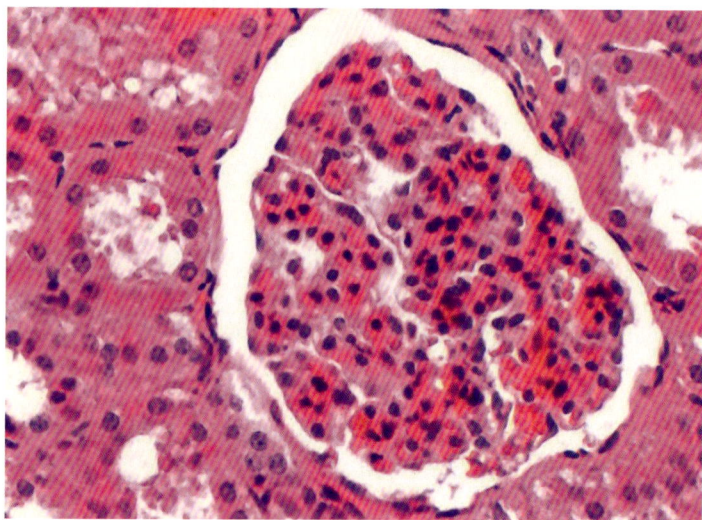

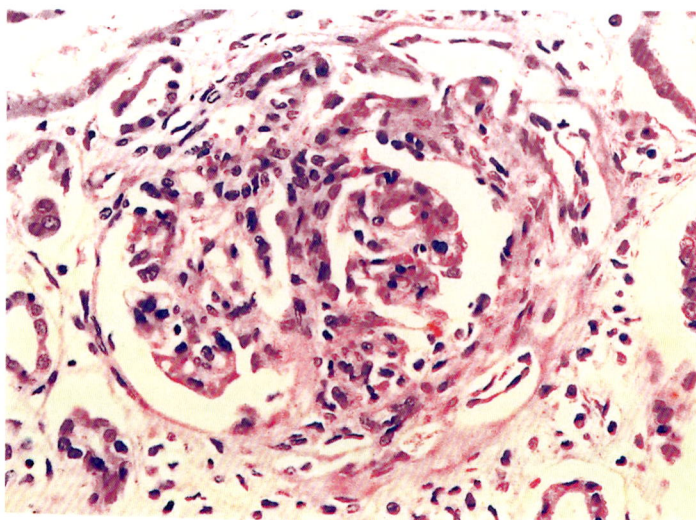

图2.5.2.3　亚急性肾小球肾炎
肾球囊壁层细胞增生，形成新月体。HE×400

图 2.5.2.4 亚急性肾小球肾炎
肾小球壁层细胞增生，形成环状体。
HE×400

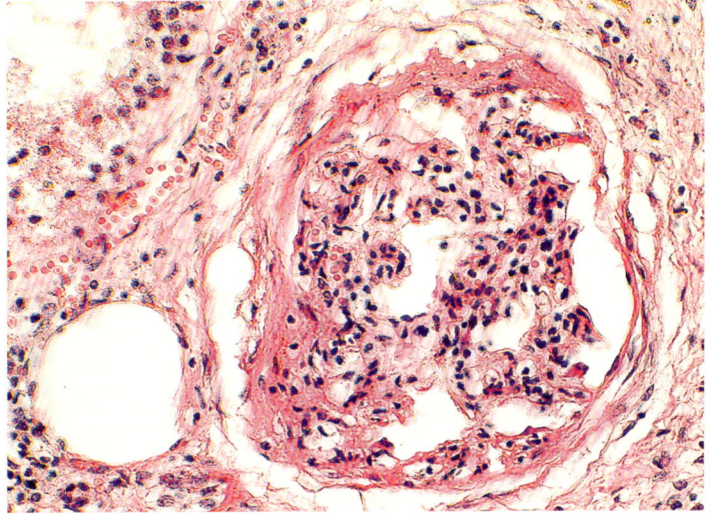

图 2.5.2.5 亚急性肾小球肾炎
肾球囊内充满渗出物，肾小球受压
迫而萎缩，肾间质内大量炎性细胞浸
润。HE×200

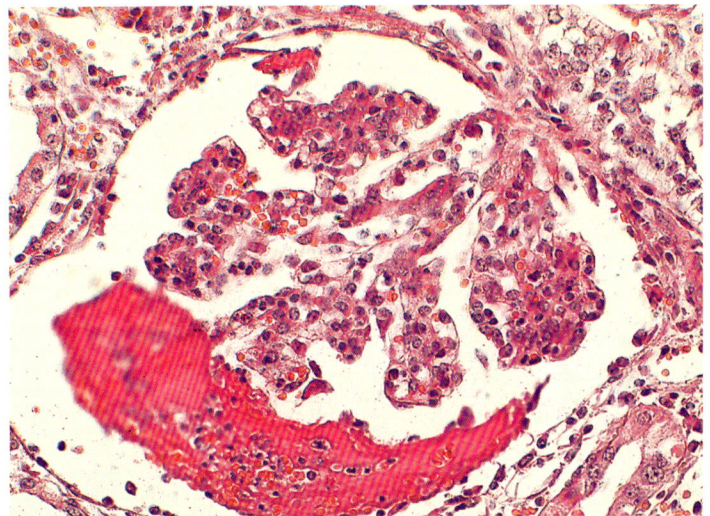

图 2.5.2.6 亚急性肾小球肾炎
肾球囊内渗出物由纤维蛋白和炎性
细胞组成。HE×400

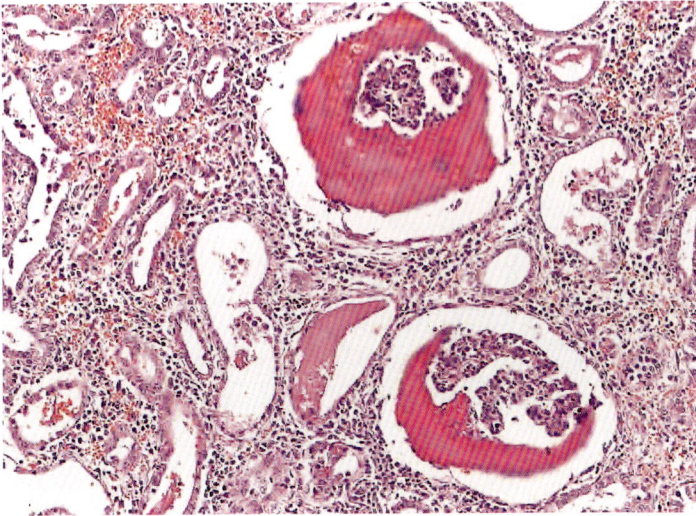

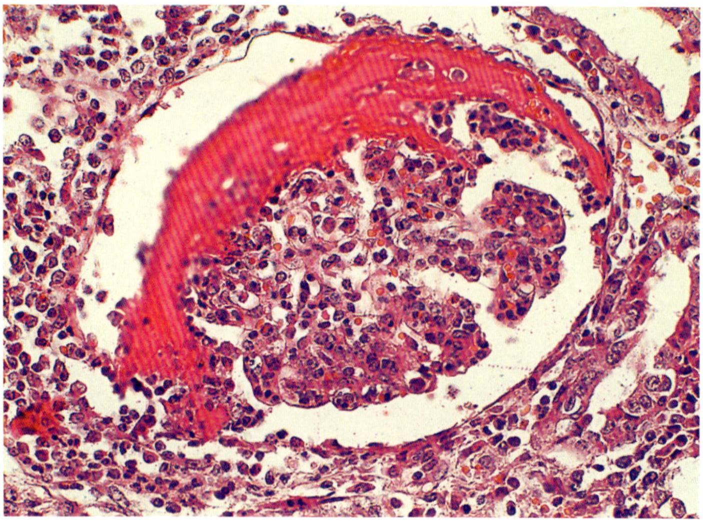

图2.5.2.7　亚急性肾小球肾炎

肾球囊内假性新月体由浆液和纤维蛋白构成，肾间质炎性细胞浸润。HE×400

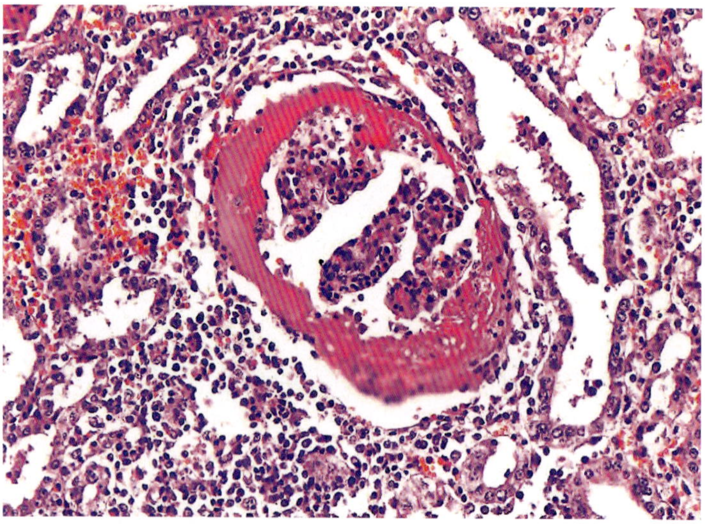

图2.5.2.8　亚急性肾小球肾炎

肾球囊内的假性环形体，肾球囊内有大量纤维蛋白和炎性细胞，间质出血，炎性细胞浸润。HE×200

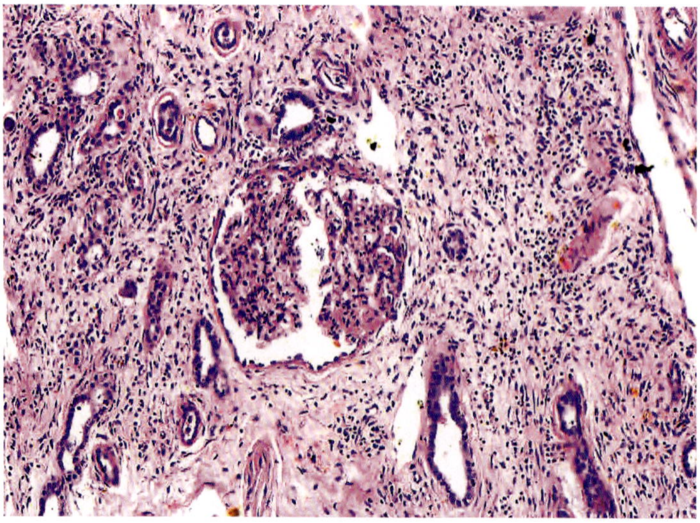

图2.5.2.9　慢性肾小球肾炎

肾脏组织中大量结缔组织增生，肾小球和肾小管大多萎缩消失，残存的肾小球发生代偿性肥大。HE×100

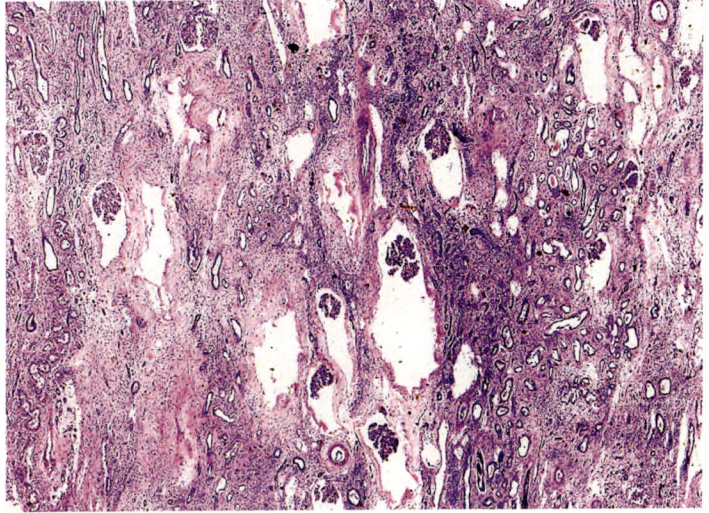

图2.5.2.10　慢性肾小球肾炎

大量结缔组织增生，从而压迫肾小管使尿液排出不畅，在肾球囊和肾小管内蓄积，导致肾小囊及肾小管扩张，形成囊腔。HE×40

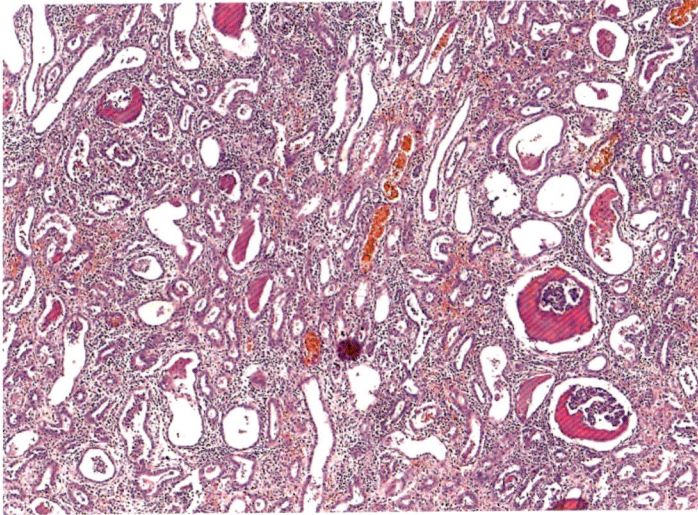

图2.5.2.11　慢性肾小球肾炎

由于大量结缔组织增生，淋巴细胞浸润，肾小管被压迫而尿液排出不畅，尿液在肾球囊和肾小管内蓄积，导致肾小囊及肾小管扩张，形成囊泡。HE×40

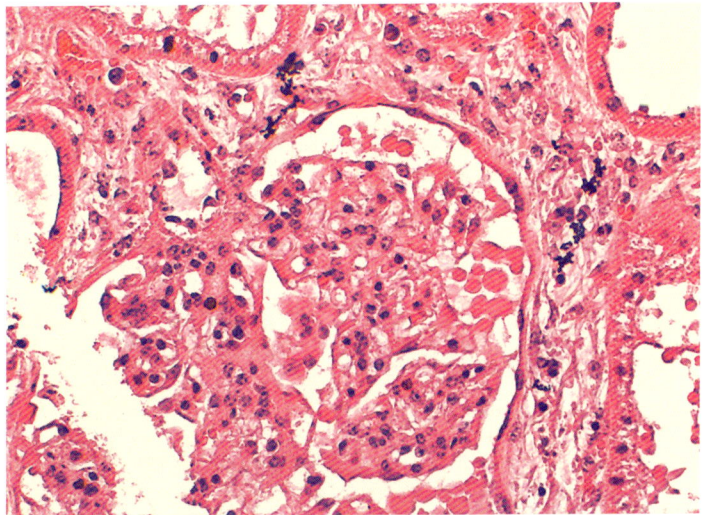

图2.5.2.12　慢性肾小球肾炎

肾脏间质结缔组织增生，肾球囊内有多个圆形、红染的玻璃样球状物。HE×400

二、间质性肾炎

间质性肾炎是以肾间质内淋巴细胞、浆细胞、巨噬细胞浸润以及间质内结缔组织增生为特点。由于结缔组织大量增生压迫肾小球和肾小管使之萎缩乃至消失。有的肾小管因被压迫而发生阻塞，造成尿液潴留而形成大小不等的囊泡（图2.5.2.13、图2.5.2.14、图2.5.2.15）。

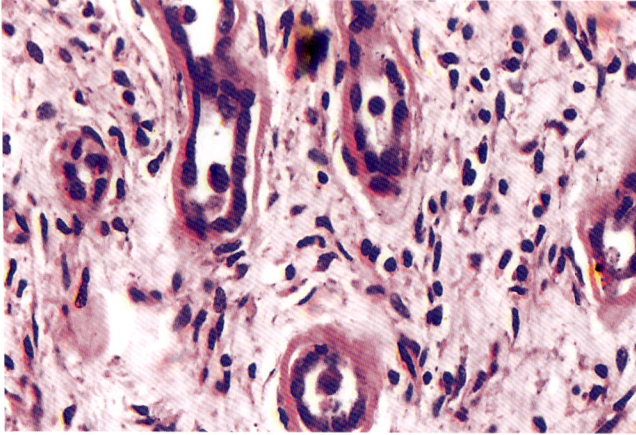

图2.5.2.13　间质性肾炎

肾间质中大量结缔组织增生，淋巴细胞浸润，肾小管萎缩消失，小动脉壁发生纤维素样坏死。HE×400

图2.5.2.14　间质性肾炎

肾间质大量淋巴细胞、浆细胞、巨噬细胞浸润。HE×200

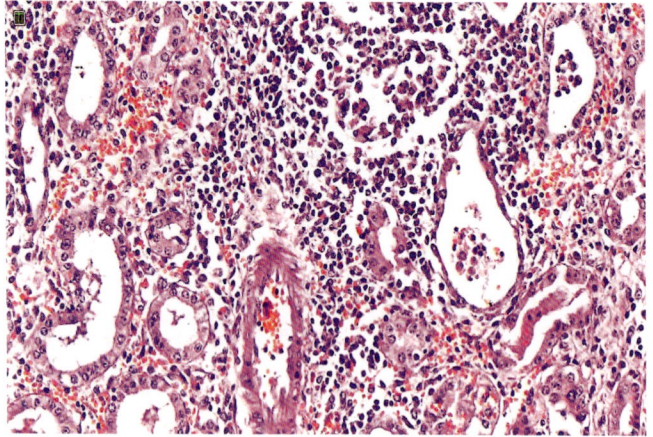

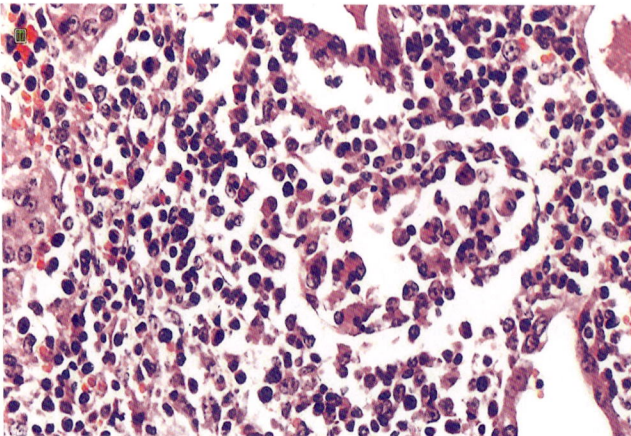

图2.5.2.15　间质性肾炎

图2.5.2.14放大，可见大量淋巴细胞、浆细胞、巨噬细胞浸润。HE×400

三、化脓性肾炎

化脓性肾炎是以肾脏中形成大小不等的化脓灶为特征，是由化脓性细菌引起的。按病原感染途径可分为血源性（下行性）和尿源性（上行性）化脓性肾炎。血源性化脓性肾炎时常累及两侧肾脏，在皮质部形成大小一致、分布均匀的病灶。尿源性化脓性肾炎则引起化脓性肾盂肾炎，髓质部肾小管内蓄积大量中性粒细胞（图2.5.2.16、图2.5.2.17、图2.5.2.18、图2.5.2.19、图2.5.2.20）。

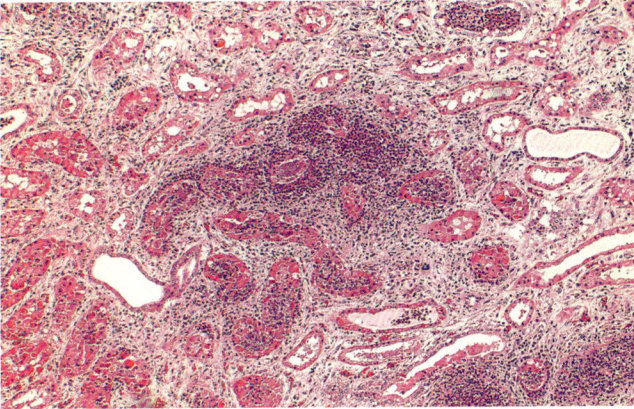

图2.5.2.16 化脓性肾炎
肾实质中出现大小不等的化脓灶。HE×100

图2.5.2.17 化脓性肾炎
化脓灶由中性粒细胞组成，下方坏死的肾小管内有透明滴状物形成。HE×400

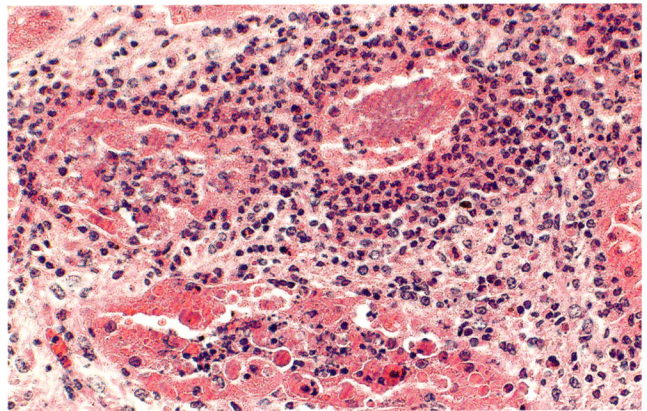

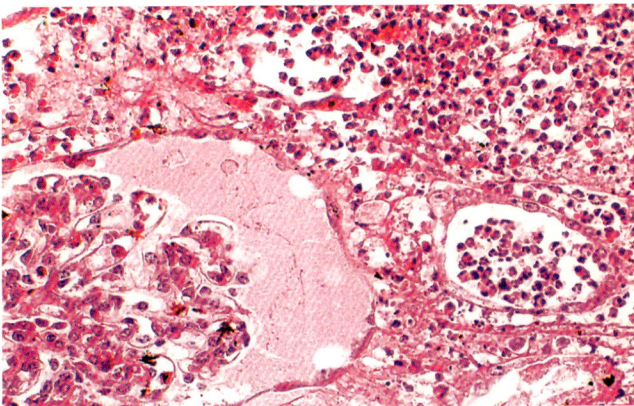

图2.5.2.18 化脓性肾炎
肾间质和肾小管内蓄积大量中性粒细胞，肾球囊内有浆液性渗出物。HE×400

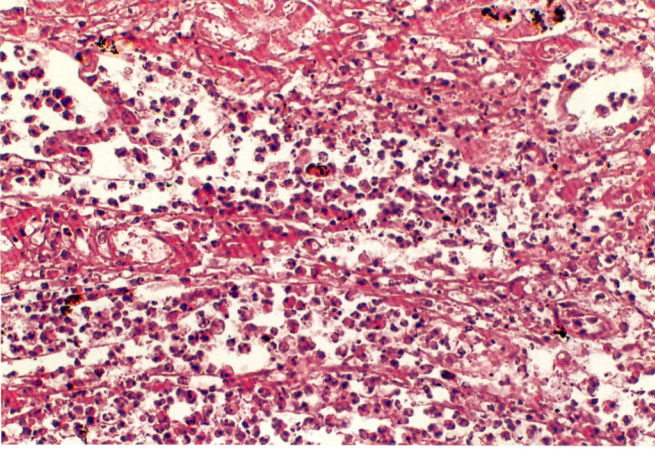

图 2.5.2.19　化脓性肾炎

肾间质大量中性粒细胞蓄积，肾脏正常组织被摧毁、消失。HE×400

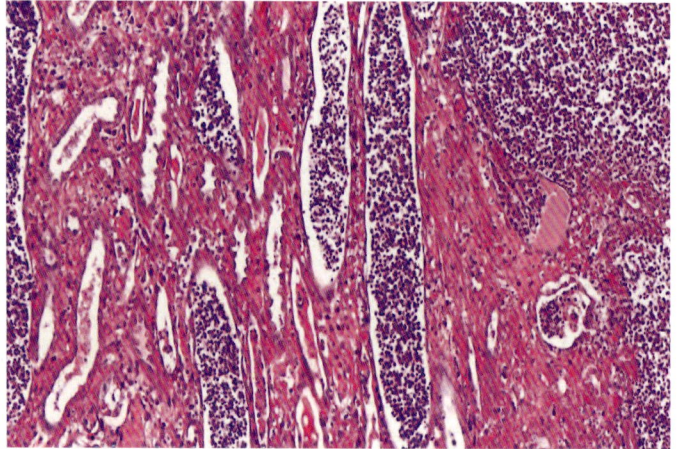

图 2.5.2.20　化脓性肾炎

肾小管和肾小管之间蓄积大量中性粒细胞。HE×200

四、肾病

肾病是以肾小管上皮细胞变性、坏死为特征的疾病，缺乏炎症变化，常见于中毒性疾病（图2.5.2.21、图2.5.2.22、图2.5.2.23）。

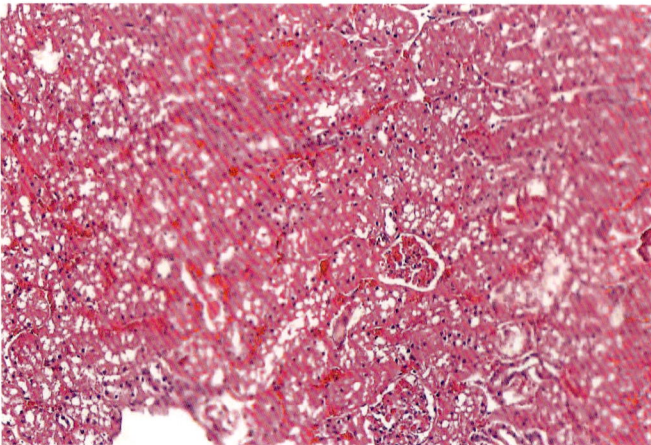

图 2.5.2.21　肾病（防冻剂中毒）

肾小管上皮细胞变性、坏死。HE×100

图 2.5.2.22　肾病（防冻剂中毒）
　　肾小管上皮细胞变性、坏死，已经没有完整的上皮细
胞，肾小管千疮百孔。HE×400

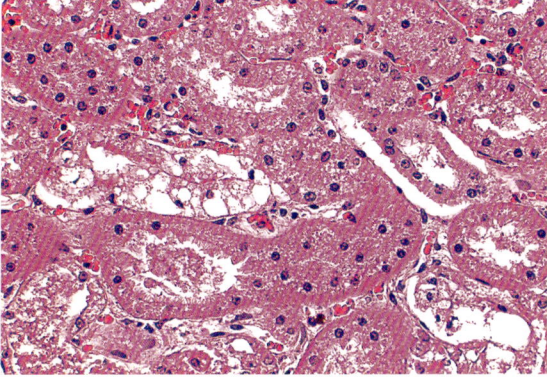

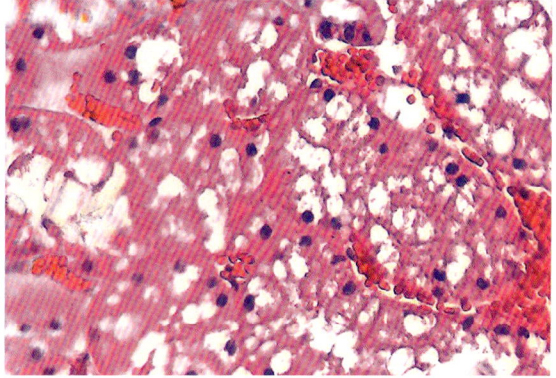

图 2.5.2.23　肾病
　　肾小管上皮细胞变性、坏死，缺乏炎症反应。HE×400

五、乳糜尿病

　　乳糜尿病是指尿液中混有乳糜液，使尿液呈乳白色乳糜状。其发生原因有两类：一类是寄生虫性的，主要是血丝虫引起的，血丝虫的幼虫（微丝蚴）寄生在乳糜池、胸导管及腹部淋巴管中，由于机械损伤和其代谢产物的作用，淋巴管和瓣膜损伤、发生炎症，进而导致淋巴管阻塞，乳糜液回流受阻，乳糜液逆流向远端淋巴管及肾蒂淋巴管，继而流入肾脏，产生乳糜尿；另一类是非寄生虫性的，如结核病、恶性肿瘤、创伤、肾盂肾炎、肾小球肾炎等引起的。组组织学病变可见肾集合管乃至肾球囊内蓄积大量乳糜微粒（图2.5.2.24、图2.5.2.25）。

图 2.5.2.24　乳糜尿病
　　肾集合管和肾球囊内蓄积大量乳糜样物。HE×100

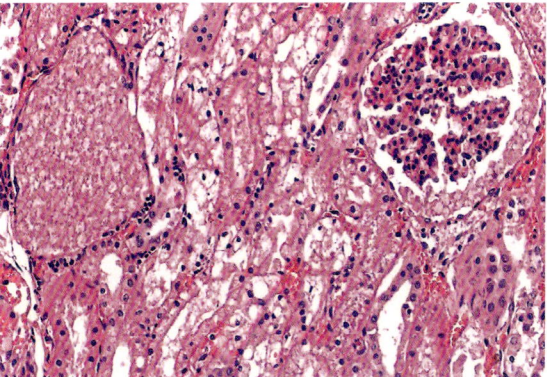

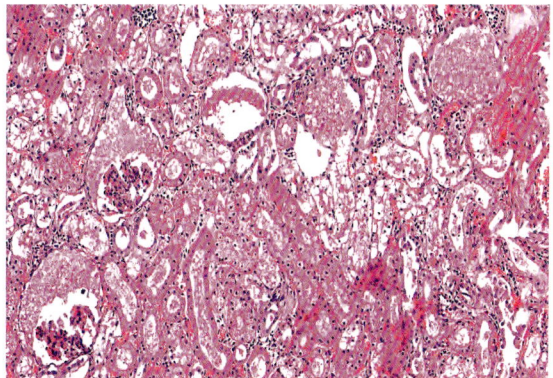

图 2.5.2.25　乳糜尿病
　　扩张的肾集合管内和肾小囊内蓄积乳糜颗粒,肾小管
上皮细胞发生水泡变性。HE×400

第六章
神经系统的组织学与病理变化

第一节 神经系统的组织学

神经系统由中枢神经系统和外周神经系统两部分构成。中枢神经系统包括大脑、小脑和脊髓；外周神经系统包括脑神经节和脑神经、脊神经节和脊神经、自主神经节和自主神经、神经末梢。

一、大脑

大脑由外向内分别是分子层、外颗粒细胞层、外锥体细胞层、内颗粒细胞层、内锥体细胞层和多形细胞层（图2.6.1.1、图2.6.1.2、图2.6.1.3、图2.6.1.4、图2.6.1.5、图2.6.1.6）。

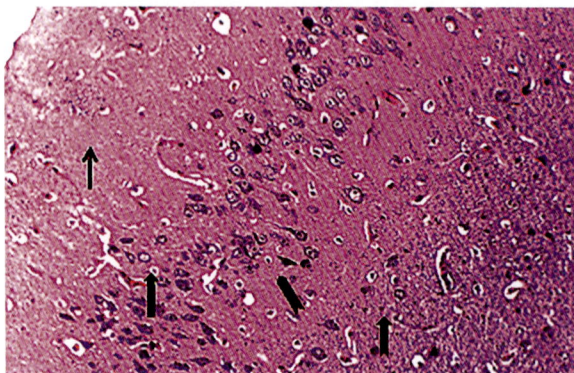

图2.6.1.1 大脑（兔）

大脑表面被覆软膜，皮质由浅到深分为分子层、外颗粒层、外锥体细胞层、内颗粒细胞层、内锥体细胞层、多形细胞层。分子层（→），外颗粒细胞层（➡），外锥体细胞层（➜），内颗粒细胞层（➡）。HE×40

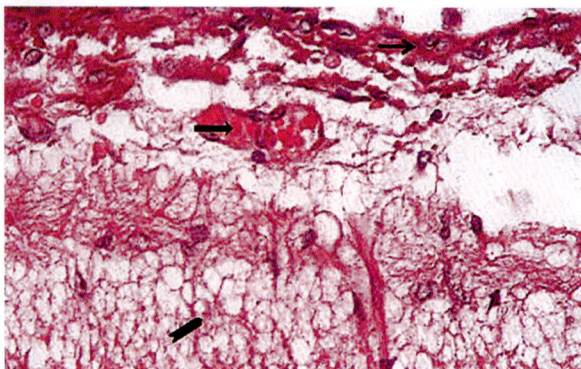

图2.6.1.2 大脑（兔）

分子层位于大脑皮质的最表面，表面有软膜覆盖。神经细胞有水平细胞和星形细胞两种，但数量较少。软膜（→），毛细血管（➡），分子层（➜）。HE×400

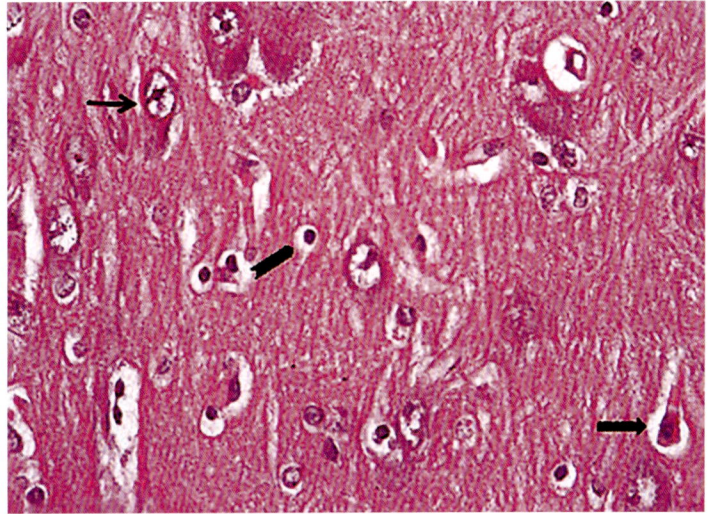

图2.6.1.3　大脑（兔）
外颗粒层由许多星形细胞和少量小锥体细胞构成。星形细胞（→），小锥体细胞（➡），胶质细胞（➡）。HE×400

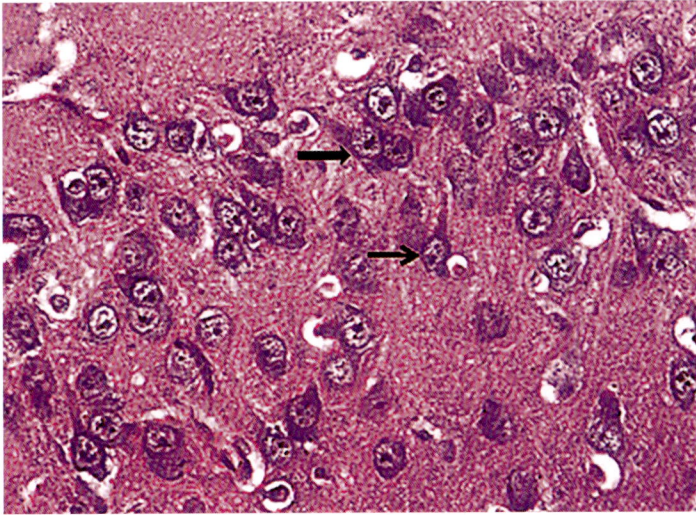

图2.6.1.4　大脑（兔）
外锥体细胞层较厚，主要由中、小型锥体细胞构成，中型锥体细胞占多数。它们的树突伸至分子层，轴突组成联合传出纤维。小型锥体细胞（→），中型锥体细胞（➡）。HE×400

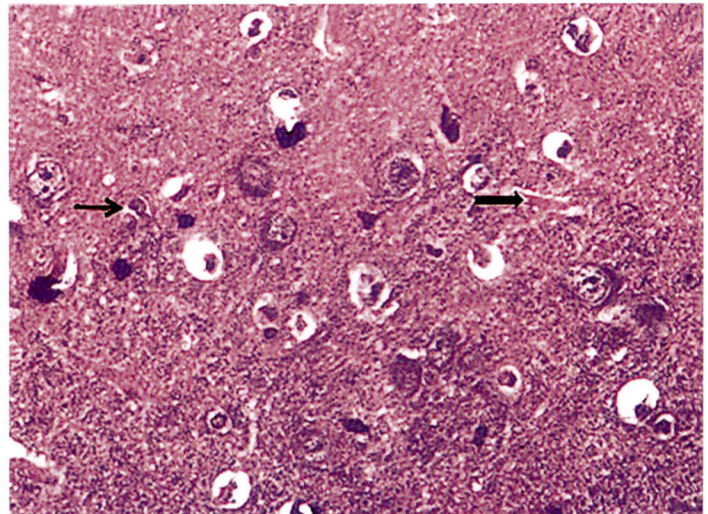

图2.6.1.5　大脑（兔）
内颗粒细胞层较薄，主要有星形细胞和篮状细胞，但不易辨认。星形细胞（→），毛细血管（➡）。HE×400

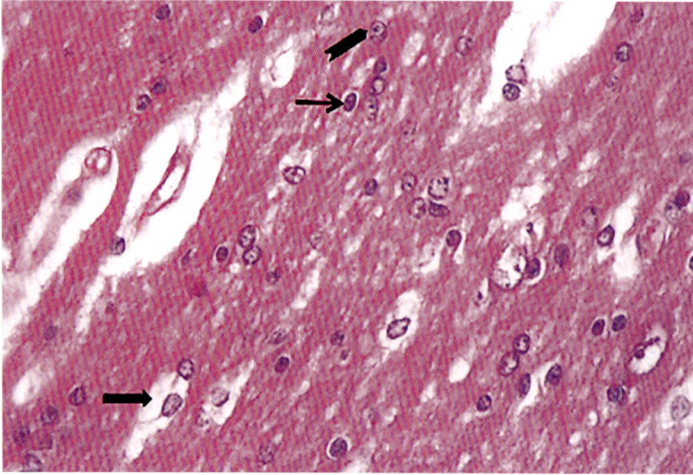

图2.6.1.6　大脑（兔）

多形细胞层，细胞数量少，有梭形细胞、锥体细胞和星形细胞。星形细胞（→），锥体细胞（➡），梭形细胞（➡）。HE×400

二、小脑

小脑见图2.6.1.7、图2.6.1.8、图2.6.1.9、图2.6.1.10。

图2.6.1.7　小脑（兔）

小脑表面被覆软膜。小脑皮质从外至内分为分子层、浦肯野氏细胞层、颗粒层三层。分子层（→），浦肯野氏细胞层（➡），颗粒层（➡），髓质（➡）。HE×40

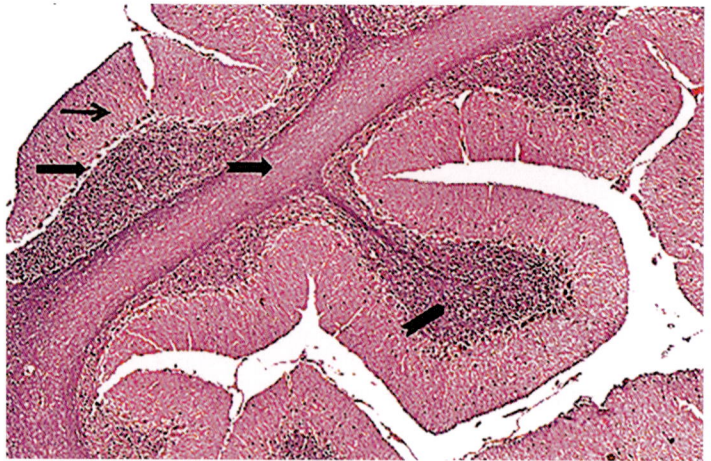

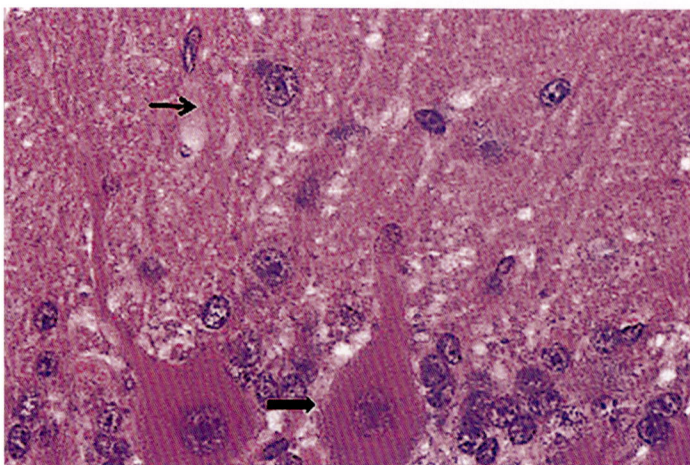

图2.6.1.8　小脑（兔）

分子层较厚，神经元较少，位于浅层，个体较小的是星形细胞，篮状细胞个体较大，分布于深层。浦肯野氏细胞层由一层个体很大的浦肯野氏细胞构成。分子层（→），浦肯野氏细胞层（➡）。HE×400

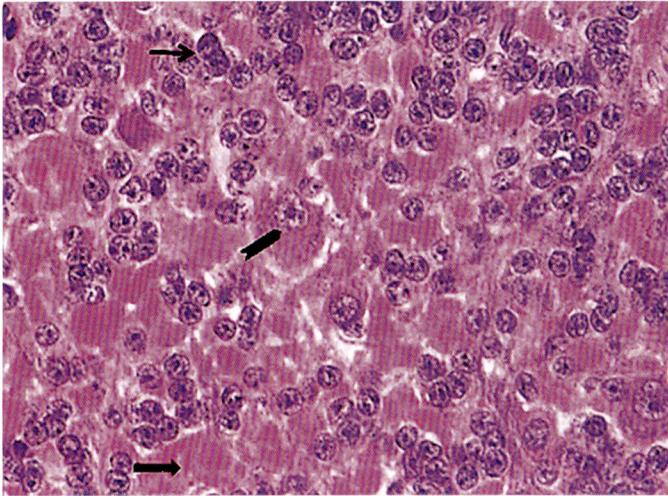

图2.6.1.9　小脑（兔）

颗粒层由密集的颗粒细胞和数量少、个体大的高尔基细胞组成，其间存在有许多小脑小球。颗粒细胞（→），小脑小球（➡），高尔基细胞（➡）。HE×400

图2.6.1.10　小脑（兔）

髓质位于皮质的深处，由神经纤维和胶质细胞构成。颗粒层（→），髓质（➡）。HE×400

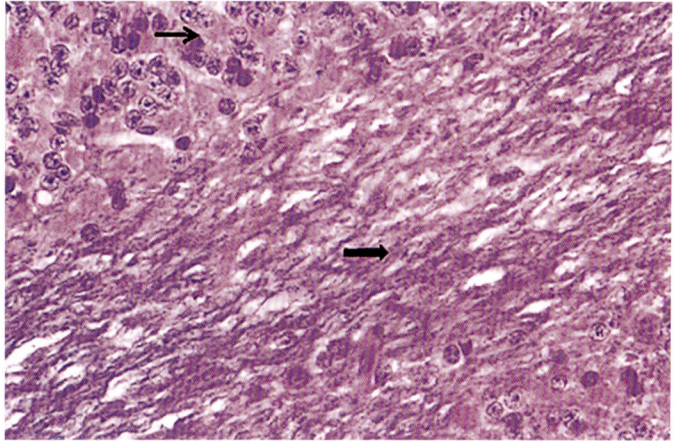

三、脊髓

脊髓见图2.6.1.11、图2.6.1.12。

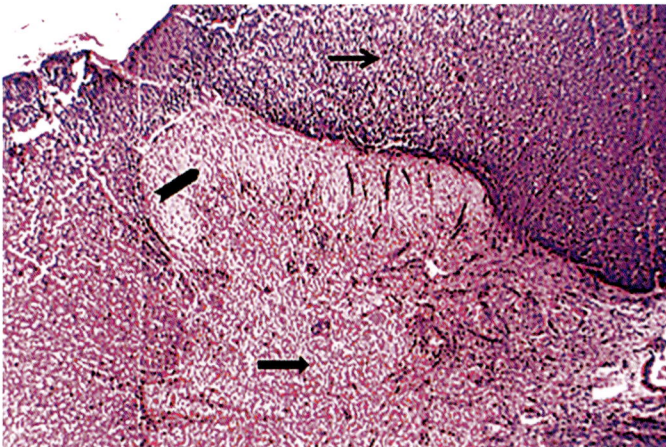

图2.6.1.11　脊髓（猪）

脊髓背角较窄长，其内的神经元组成较复杂，胞体一般较小，主要是接受感觉神经传入的神经冲动。白质（→），灰质（➡），背角（➡）。HE×40

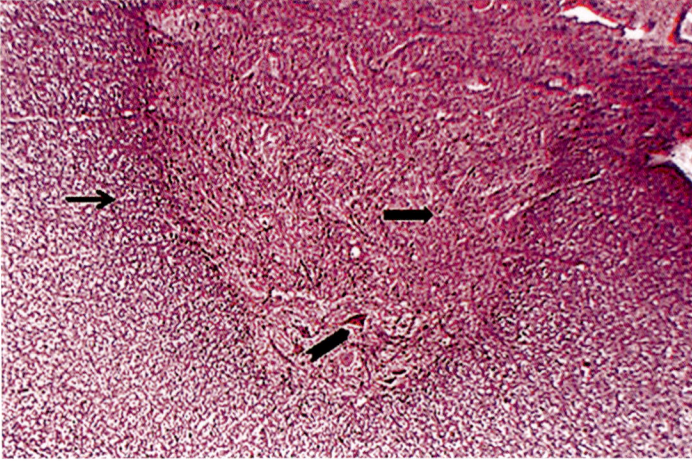

图 2.6.1.12　脊髓

脊髓腹角比较宽大，其内多数是大小不一的躯体运动神经元。白质（→），灰质（➡），神经元（▬►）。HE×40

四、交感神经节

交感神经节是自主神经节的一种（图2.6.1.13）。

图 2.6.1.13　交感神经节

交感神经节位于脊柱两旁的腹侧。神经节内含有大小和形态不一的多极神经元和无髓神经纤维。节细胞体（→），无髓神经纤维（➡）。HE×100

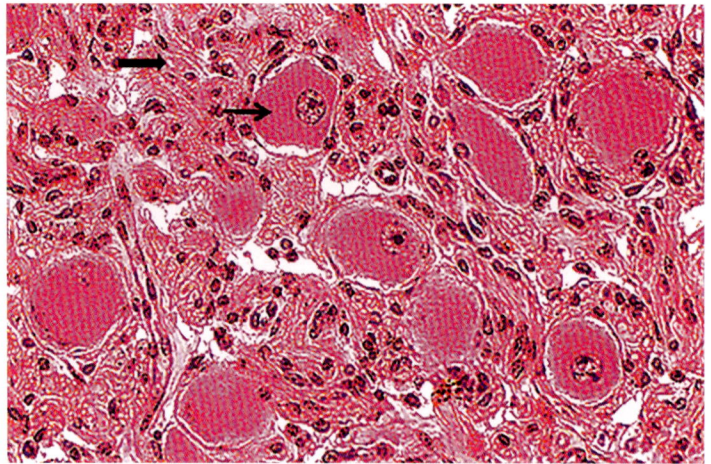

第二节　神经系统的病理变化

当动物发生传染病、寄生虫病、中毒、缺氧或维生素缺乏时，神经系统可能会出现一系列病理变化。常见的病变有神经元变性和坏死、神经胶质增生、脑炎、脑软化以及周围神经纤维的病变。

一、神经元的病变

神经元变性、坏死常表现为神经元急性肿胀、空泡变性、中心染色质溶解以及神经细胞核浓缩、核碎裂和核溶解等（图2.6.2.1、图2.6.2.2、图2.6.2.3、图2.6.2.4、图2.6.2.5、图2.6.2.6、图2.6.2.7、图2.6.2.8、图2.6.2.9、图2.6.2.10、图2.6.2.11、图2.6.2.12）。

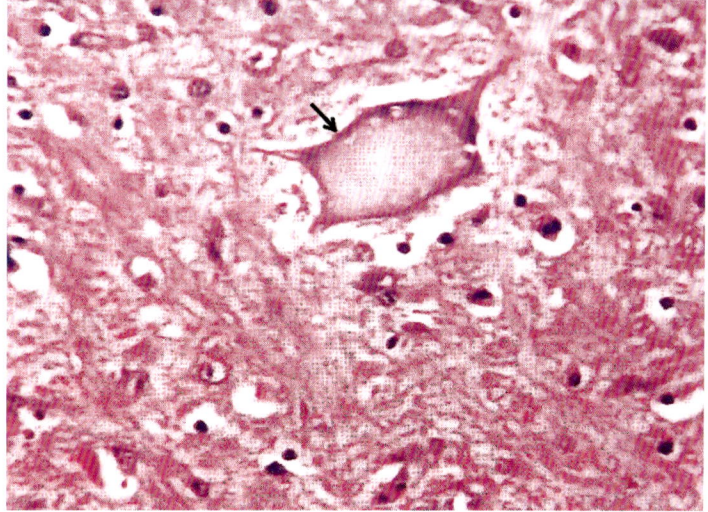

图2.6.2.1　神经元急性肿胀
神经元肿大，突起缩短、消失，染色质多已溶解，胞质淡染，胞核溶解、消失（➡）。HE×400（胡薛英）

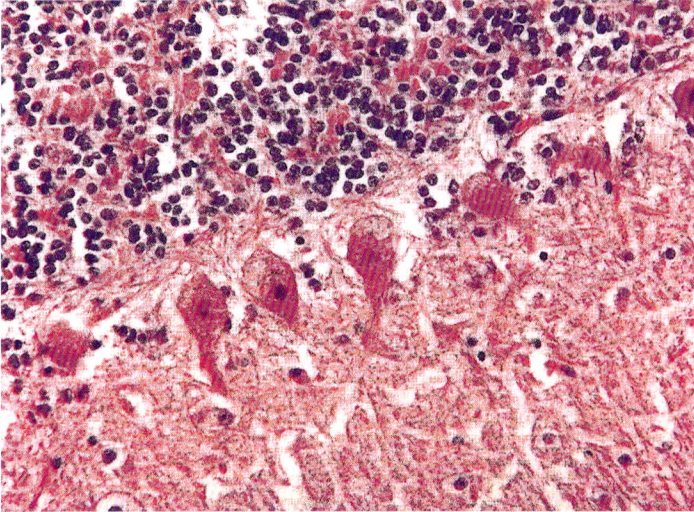

图2.6.2.2　浦金野氏细胞肿胀
小脑浦金野氏细胞体积肿大，核浓缩或溶解、消失。HE×400（陈怀涛）

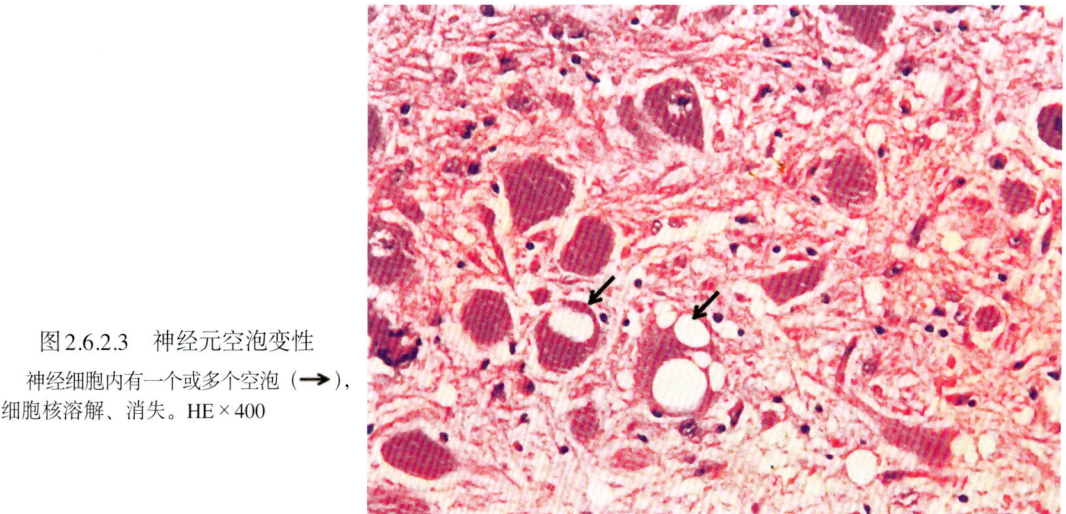

图2.6.2.3　神经元空泡变性
神经细胞内有一个或多个空泡（➡），细胞核溶解、消失。HE×400

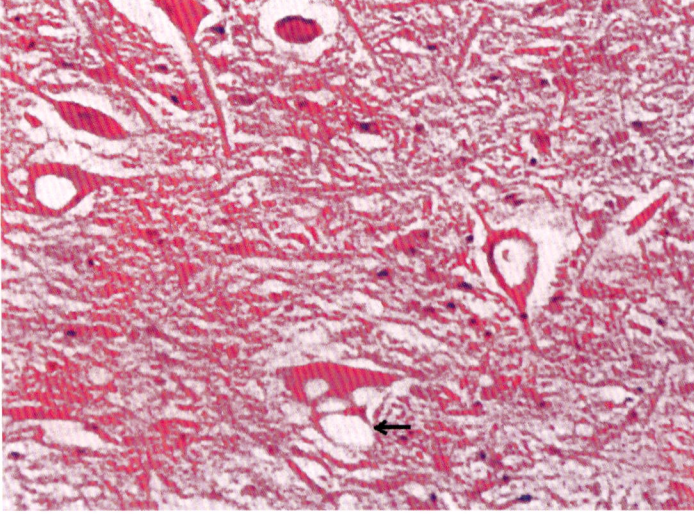

图2.6.2.4　神经元空泡变性

神经元中有一个或多个较大的空泡（→），突起缩短、消失，胞核溶解、消失。HE×400

图2.6.2.5　神经元中心染色质溶解

神经元细胞核周围染色质溶解，明显变淡，一个胶质细胞吞噬神经元（→）。HE×400

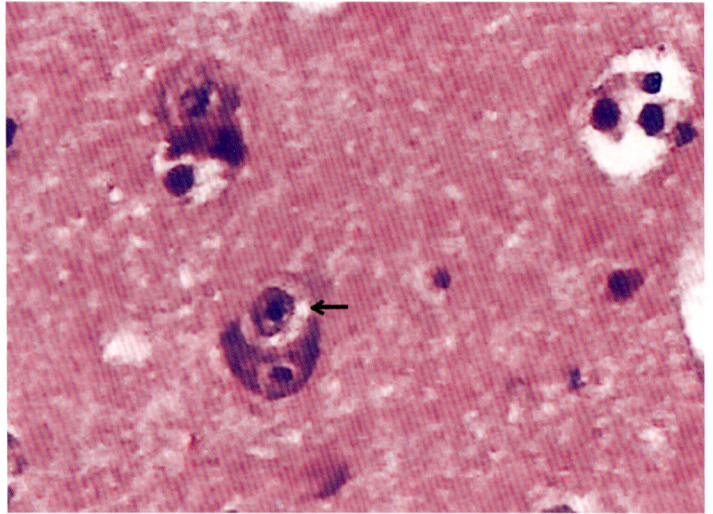

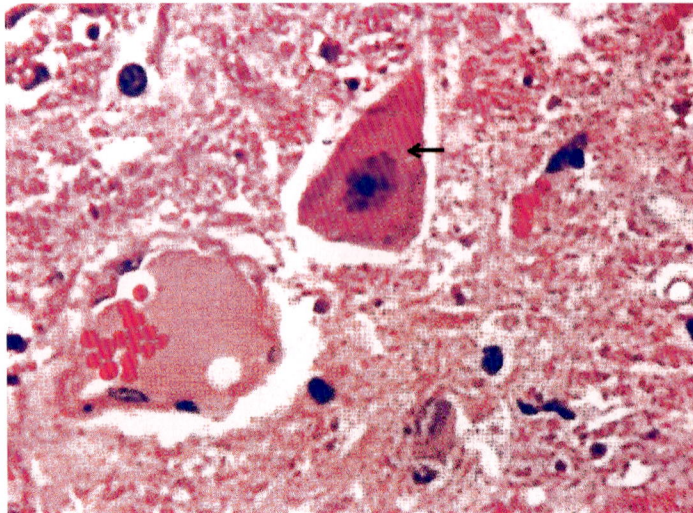

图2.6.2.6　神经元中心染色质溶解

神经元细胞核周围染色质溶解（→），明显变淡。HE×400（陈怀涛）

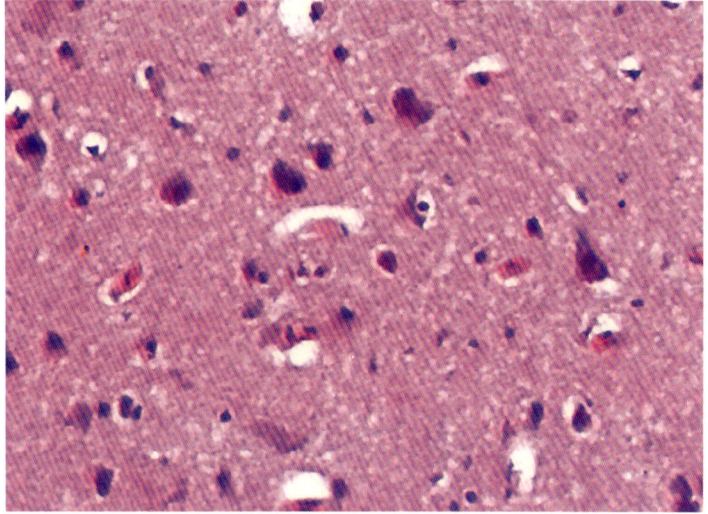

图2.6.2.7　神经元细胞核浓缩
神经元细胞核浓缩、深染。HE×400

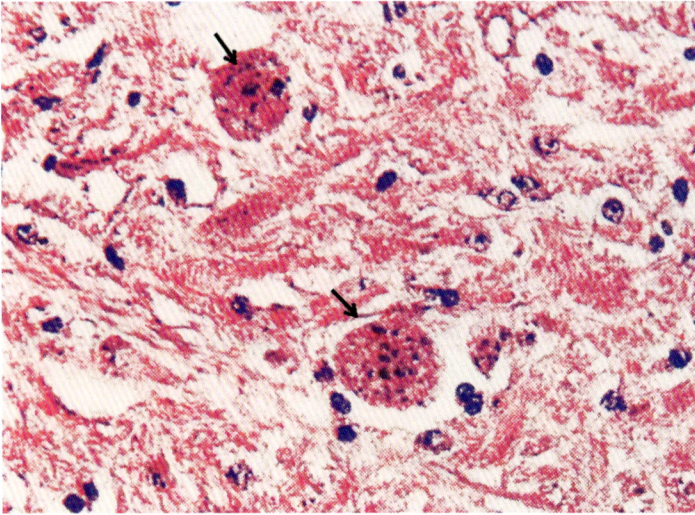

图2.6.2.8　神经元细胞核破碎
神经元细胞核破碎成大小不等的碎块（➝）。HE×400（陈怀涛）

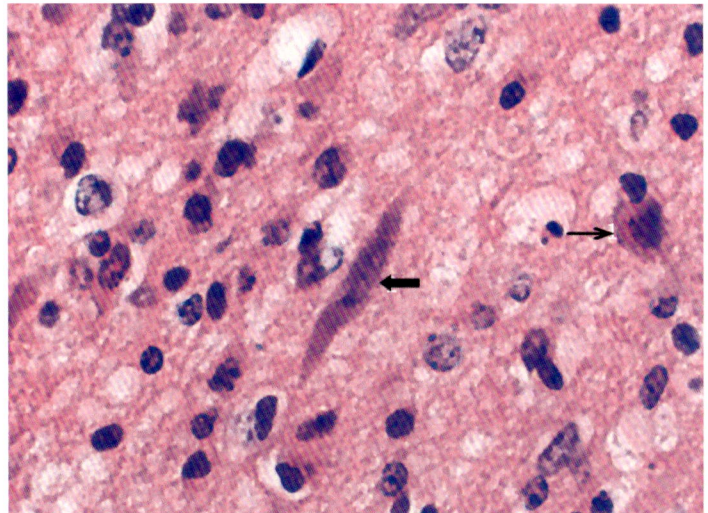

图2.6.2.9　神经元细胞核变化
核浓缩（➝），核碎裂（➡）。HE×400

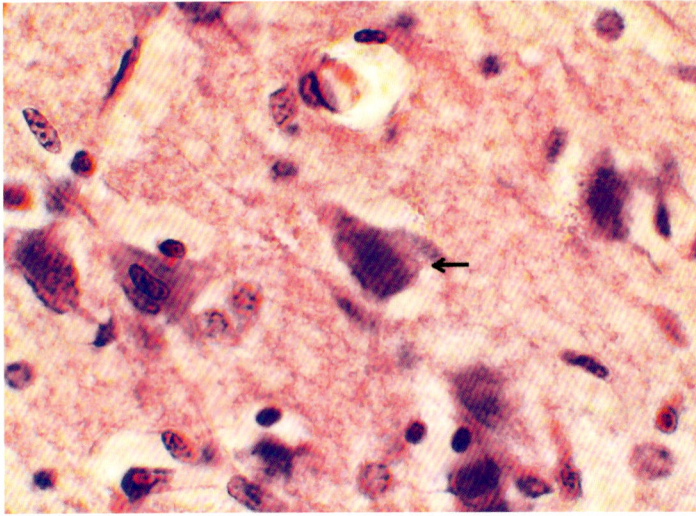

图 2.5.2.10　神经元细胞核溶解
神经元细胞核核膜消失，核染色质弥散在胞质中（➡）。HE×1 000

图 2.6.2.11　神经元细胞核溶解
神经元细胞核核溶解。HE×400（陈怀涛）

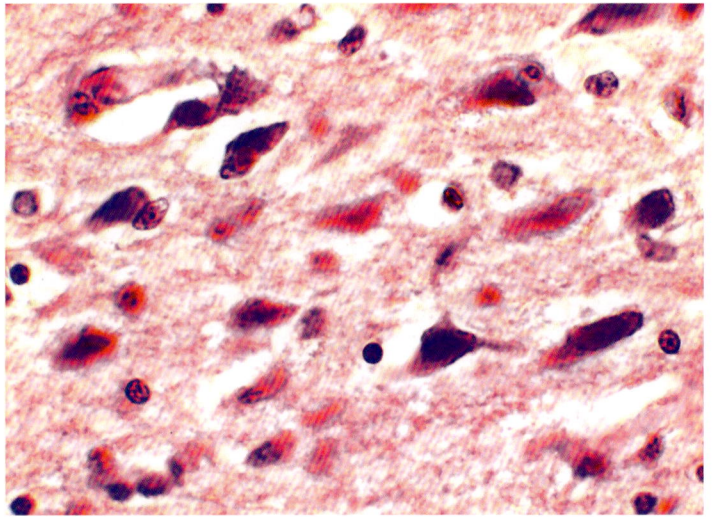

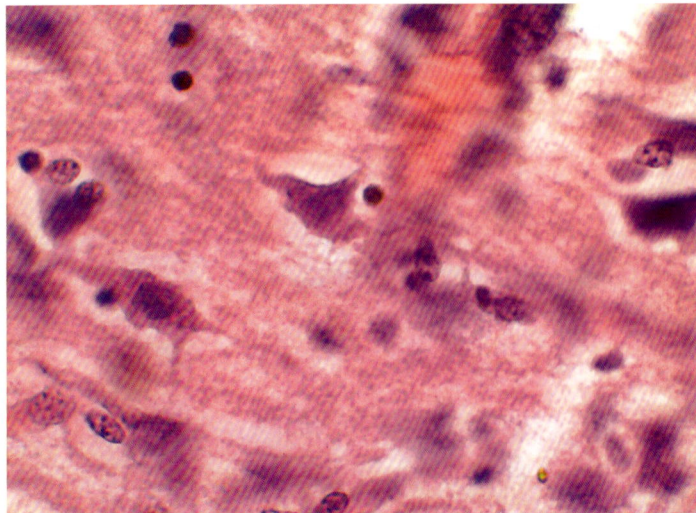

图 2.6.2.12　神经元细胞核溶解
神经元细胞核核溶解。HE×1 000

二、脑炎

脑炎有非化脓性脑炎、化脓性脑炎、寄生虫性脑炎和食盐中毒性脑炎等。

1.非化脓性脑炎　多由病毒引起，又称病毒性脑炎。病毒性脑炎的特征是神经元变性、坏死、胶质细胞增生和血管套形成以及核内包涵体形成（图2.6.2.13、图2.6.2.14、图2.6.2.15、图2.6.2.16、图2.6.2.17、图2.6.2.18、图2.6.2.19、图2.6.2.20、图2.6.2.21、图2.6.2.22、图2.6.2.23、图2.6.2.24）。

2.化脓性脑炎　由化脓性细菌引起，又称细菌性脑炎，其特征是在脑实质中出现中性粒细胞浸润、集聚形成大小不等的化脓灶（图2.6.2.25、图2.6.2.26、图2.6.2.27、图2.6.2.28）。

3.寄生虫性脑炎　是由某些寄生虫（如原虫、囊虫、线虫等）引起的脑炎，其特点是具有非化脓性脑炎的某些特征，若伴发感染亦会有化脓性脑炎的特点，在检查时多半会发现致病性寄生虫存在痕迹，同时可见嗜酸性粒细胞浸润。

4.食盐中毒性脑炎　动物食入过多食盐所致，其病变特点是脑实质血管周围大量嗜酸性粒细胞浸润，故又称嗜酸性粒细胞性脑炎（图2.6.2.29）。

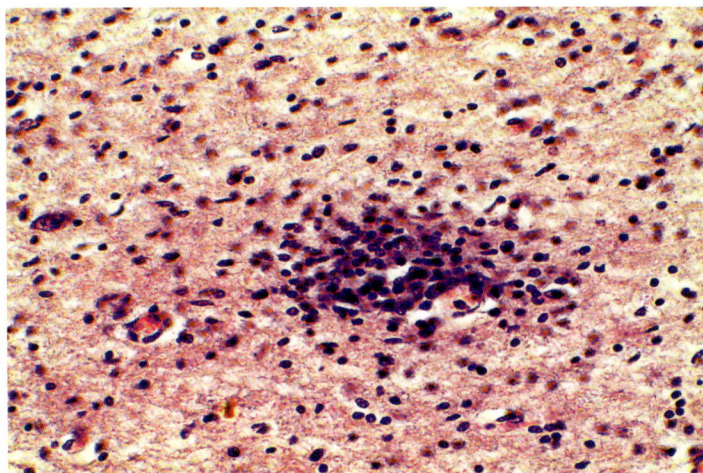

图2.6.2.13　非化脓性脑炎
神经胶质细胞结节。HE×200

图2.6.2.14　非化脓性脑炎
胶质细胞结节。HE×1 000

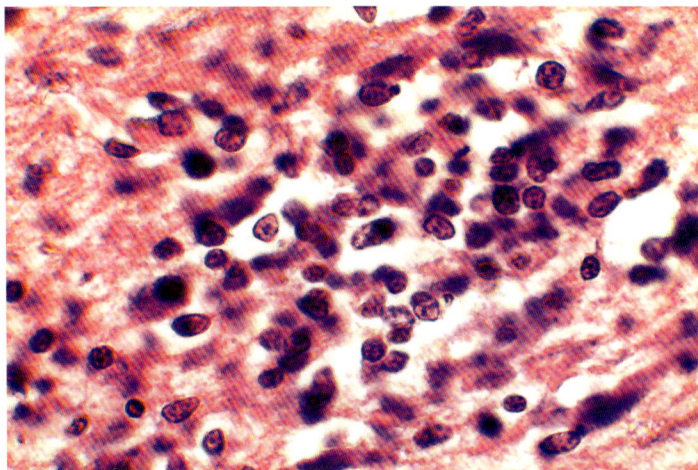

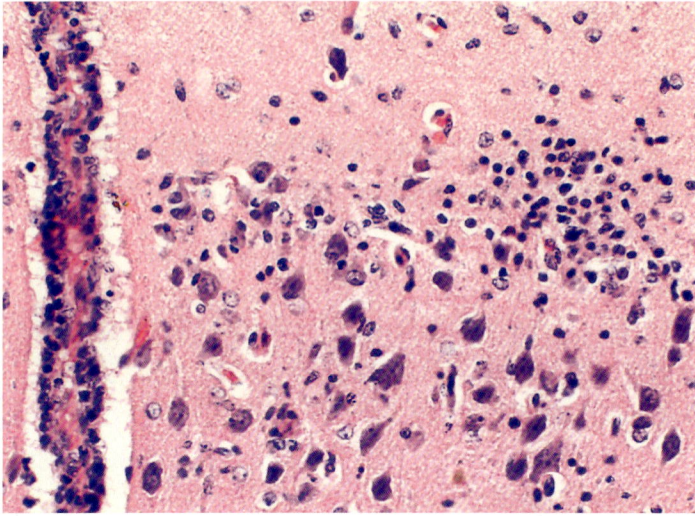

图2.6.2.15　非化脓性脑炎
神经元细胞核浓缩，神经胶质细胞
结节和血管套形成（纵切）。HE×400

图2.6.2.16　非化脓性脑炎
胶质细胞弥漫性增生。HE×100

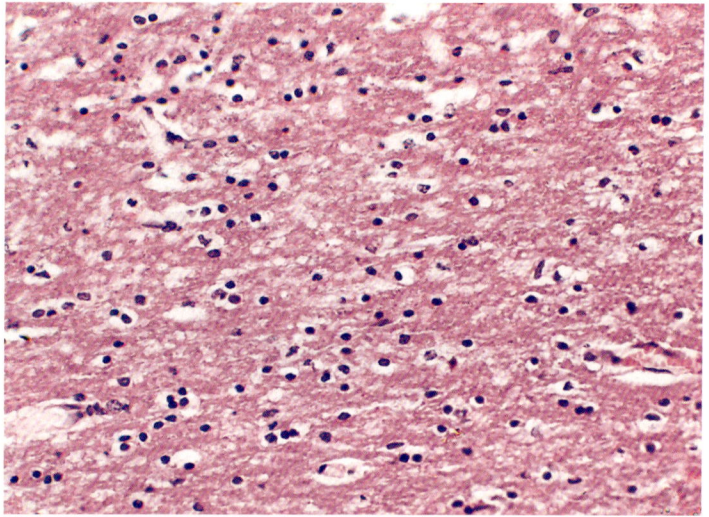

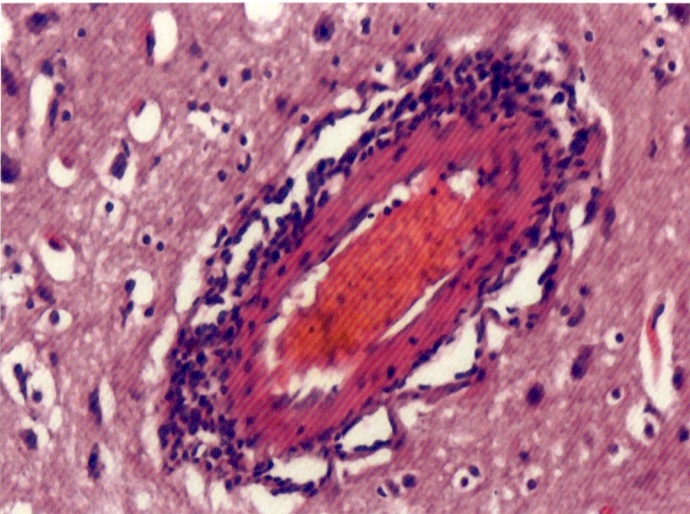

图2.6.2.17　非化脓性脑炎
血管充血，血管套形成，血管周淋
巴间隙扩张。HE×400

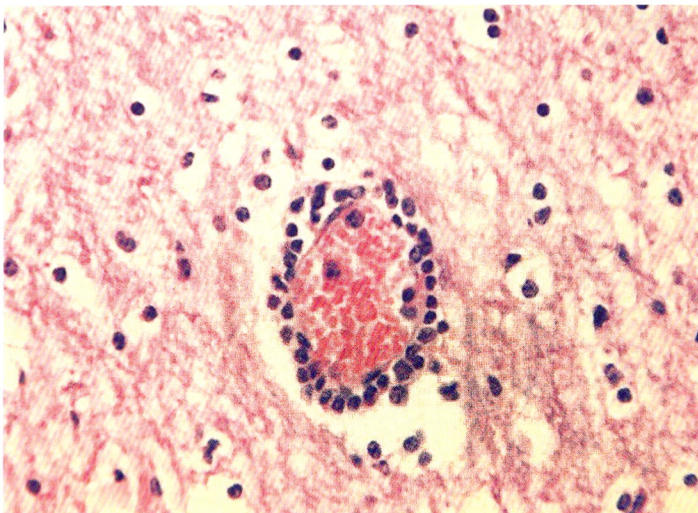

图2.6.2.18　非化脓性脑炎
脑组织中血管周围间隙增大，有很
多淋巴细胞浸润形成血管套。HE×400

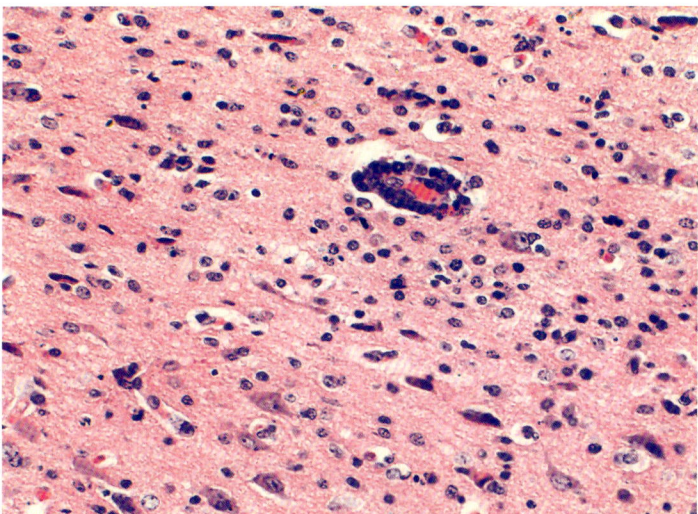

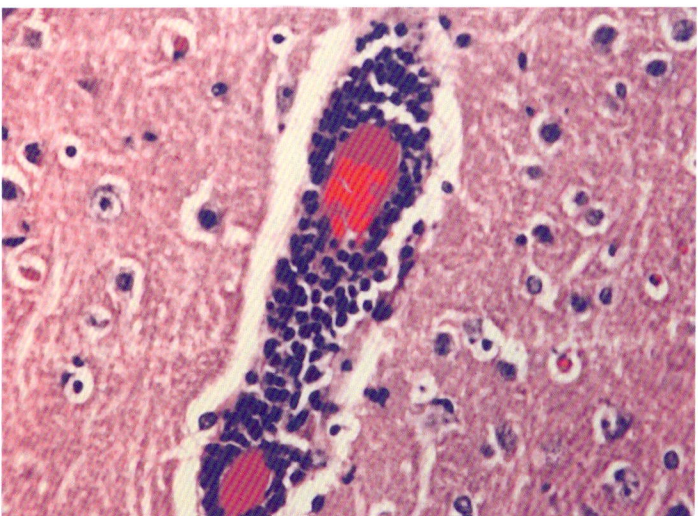

图2.6.2.19　非化脓性脑炎
血管套形成，胶质细胞弥漫性增生。
HE×400

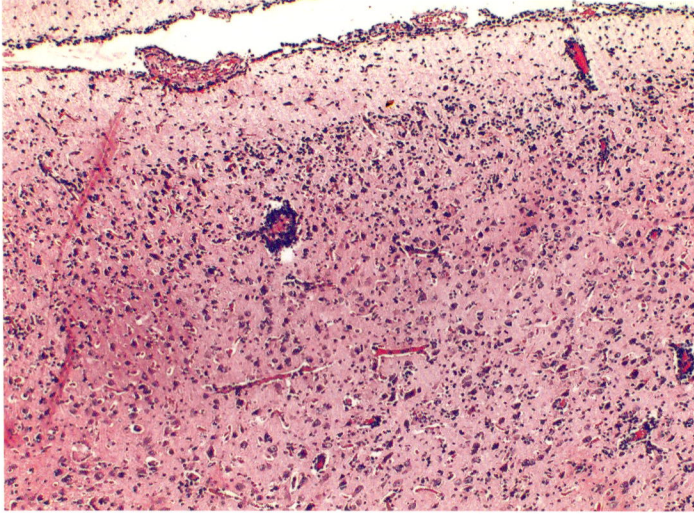

图2.6.2.20　非化脓性脑炎

脑膜充血，血管套形成，胶质细胞弥漫性增生。HE×50

图2.6.2.21　非化脓性脑炎

血管套形成，胶质细胞弥漫性增生，嗜神经现象（➡）。HE×400

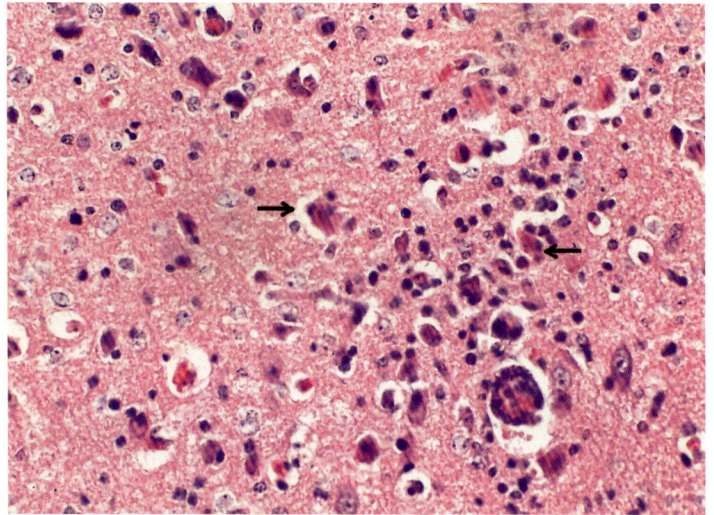

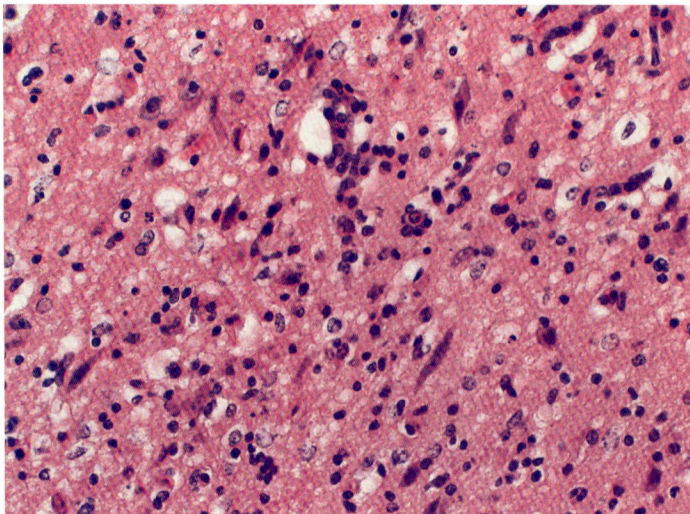

图2.6.2.22　非化脓性脑炎

1.神经元细胞核浓缩，2.核溶解，3.嗜神经现象，胶质细胞弥漫性增生。HE×200

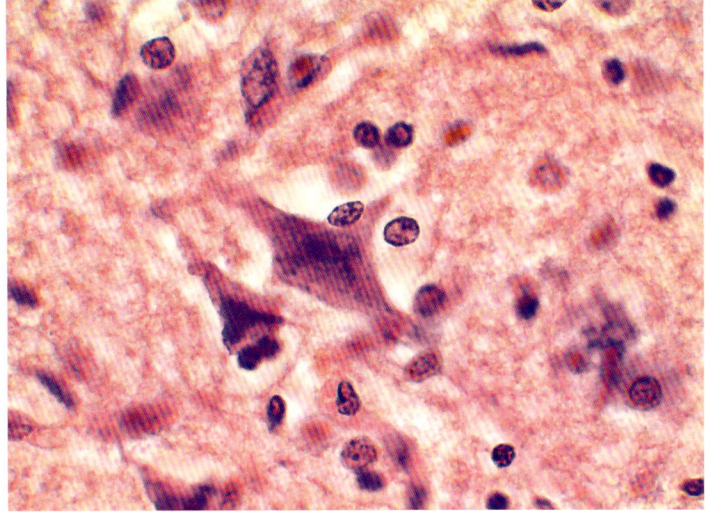

图2.6.2.23　非化脓性脑炎
嗜神经现象。HE×1 000

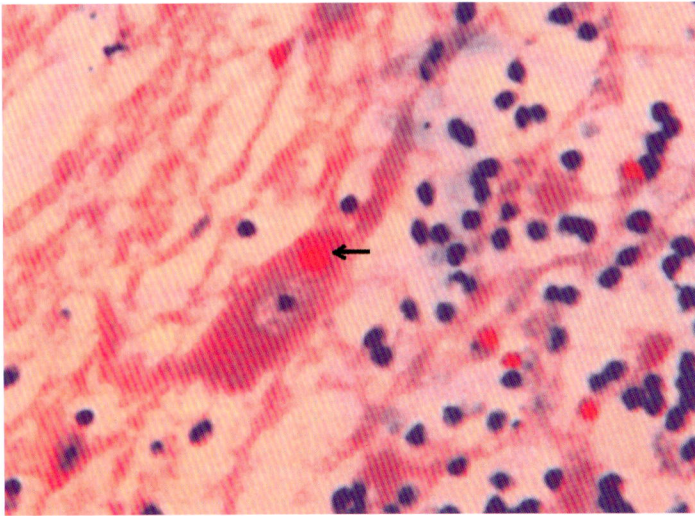

图2.6.2.24　非化脓性脑炎
神经细胞内的包涵体（➡）。HE×
400（祁保民）

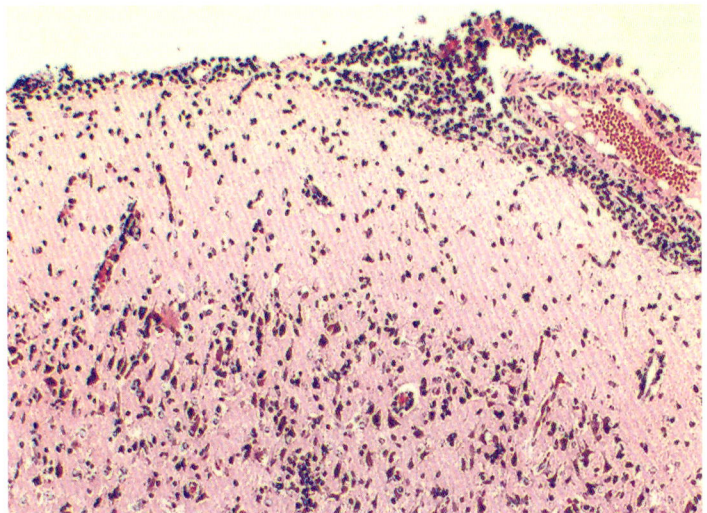

图2.6.2.25　化脓性脑炎
　脑膜血管充血，血管周围大量中性
粒细胞浸润，脑实质中小血管充血，中
性粒细胞灶状聚集。HE×100

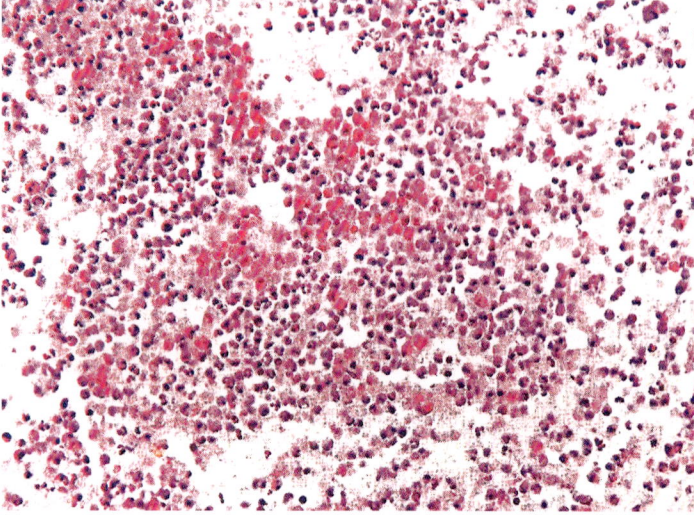

图2.6.2.26　化脓性脑炎
脑组织中有一个化脓灶，大量中性粒细胞聚集。HE×400（陈怀涛）

图2.6.2.27　化脓性脑炎
脑膜中有大量中性粒细胞、脓细胞和渗出的纤维蛋白。HE×400（陈怀涛）

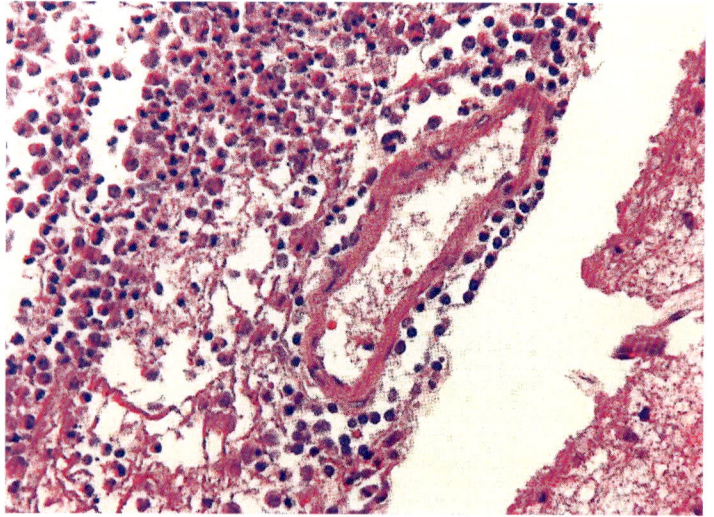

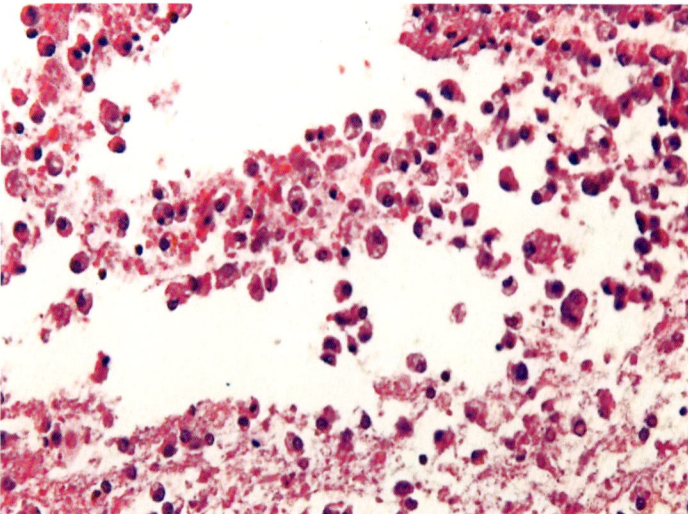

图2.6.2.28　化脓性脑炎
脑组织中化脓灶，溶解液化，残留空洞，洞内有中性粒细胞和脓液。HE×400（陈怀涛）

图 2.6.2.29　食盐中毒性脑炎（嗜
　　　　　　　酸性粒细胞性脑炎）
　脑组织中小血管周围集聚大量嗜酸
性粒细胞。HE×132（刘宝岩）

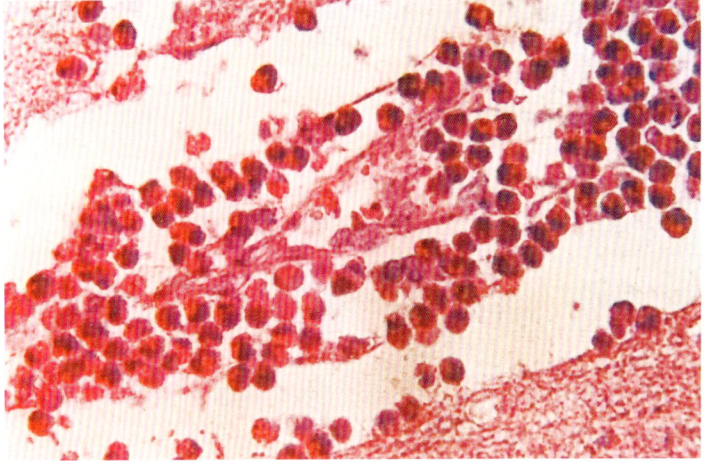

三、脑软化

脑软化是指脑组织坏死后的分解液化现象（图2.6.2.30、图2.6.2.31、图2.6.2.32）。

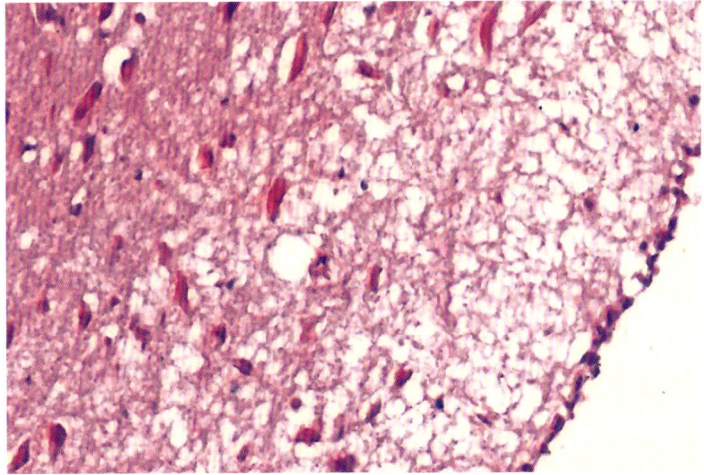

图 2.6.2.30　脑软化
　病灶部脑组织液化，呈大小不等的
空泡。HE×400

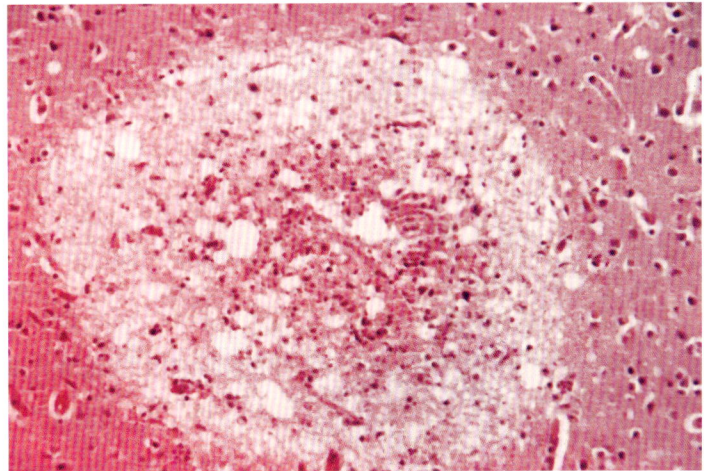

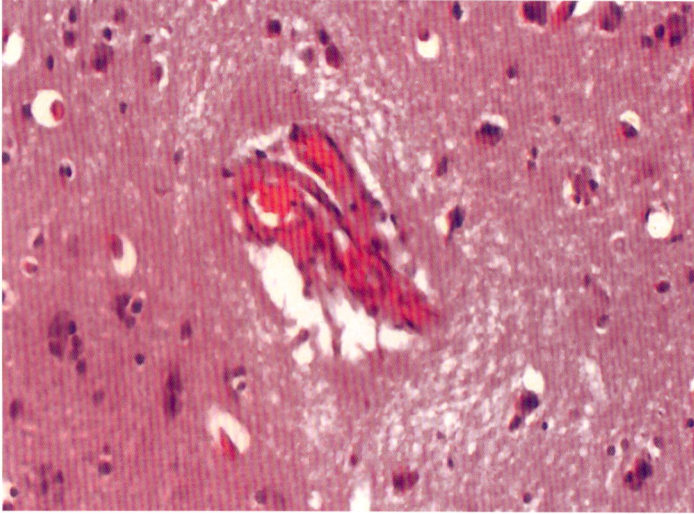

图 2.6.2.31　脑软化

小血管周围蓄积水肿液，脑组织液化，呈大小不等的空泡。HE×400

图 2.6.2.32　脑软化

脑组织液化，呈大小不等的空泡，神经元变性、坏死。HE×400

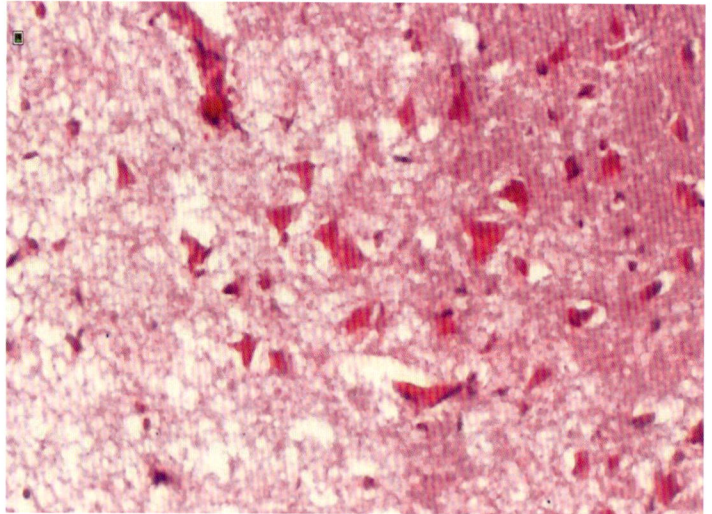

四、外周神经的病变

1.**沃勒氏变性**　是指有髓神经纤维损伤与胞体脱离后发生的变性过程，表现为轴突的不规则肿胀、断裂、崩解、髓鞘脱失以及随后的细胞反应（图2.6.2.33、图2.6.2.34、图2.6.2.35）。如吞噬细胞吞噬轴突与髓鞘碎片而形成含脂肪滴的巨噬细胞，此种细胞被称为格子细胞或泡沫细胞。

2.**神经纤维脱髓鞘**　脱髓鞘又称髓鞘脱失，是有髓神经纤维的重要病理变化，分为原发性和继发性神经纤维脱髓鞘。前者是指神经元的轴突未受损伤，仅仅髓鞘变性脱失，此类病变在动物很少见；后者发生在轴突变性之后，是轴突病变的一部分。轴突脱髓鞘多见于炎症和非炎症性病理过程中。

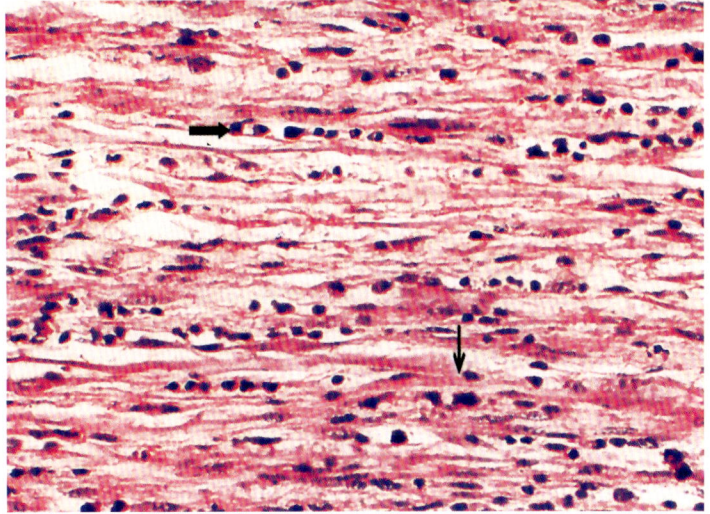

图 2.6.2.33　轴突变性

神经纤维间淋巴细胞浸润。轴突肿胀、变性（➡），髓鞘脱失（➡）。HE×400

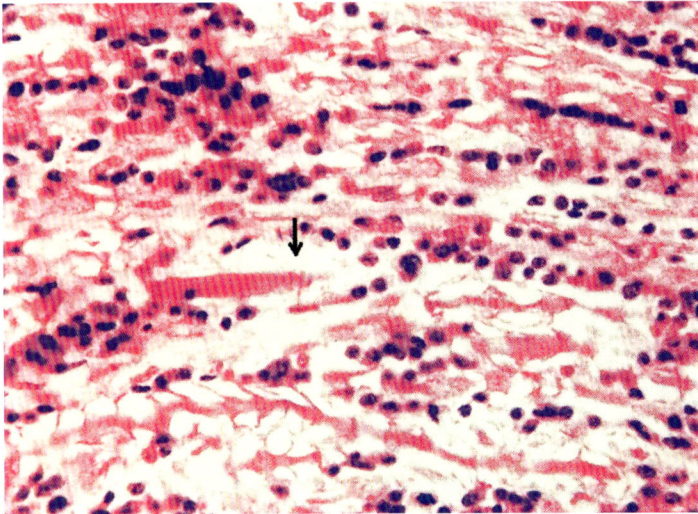

图 2.6.2.34　轴突变性

轴突变性，肿胀、断裂，髓鞘脱失（➡）。HE×400（陈怀涛）

图 2.6.2.35　轴突变性

轴突肿胀、断裂（➡）。Marslands 氏镀银染色×400（陈怀涛）

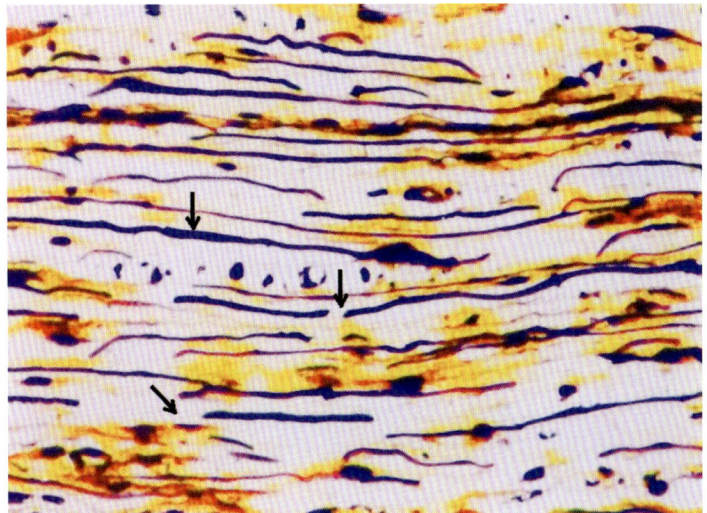

第三篇

疾 病 病 理

第一章
病毒性疾病

第一节　马传染性贫血

　　马传染性贫血是由病毒引起的马属动物和其他单蹄动物的一种急性、热性传染病。由于病毒引起动物高热稽留或反复发热，造成红细胞大量破坏而出现严重贫血和黄疸，故称传染性贫血。临床特征表现为高热稽留或间歇发热，贫血，血液稀薄，可视黏膜苍白、黄染，有出血斑点，心力衰竭，腹下水肿等。根据病程进展可分为急性型、亚急性型和慢性型，其共同特点是贫血，铁代谢障碍，网状内皮系统细胞变性、坏死或活化、增生，以及实质器官变性坏死。

　　急性型：肝、肾、脾实质器官肿大、变性，全身淋巴结肿大、出血和水肿。肝细胞严重颗粒变性、坏死，肝窦内窦壁细胞和枯否氏细胞增生、脱落、变性、坏死。肝窦内有吞噬含铁血黄素的巨噬细胞和淋巴细胞（图3.1.1.1、图3.1.1.2、图3.1.1.3）。

　　亚急性型：网状内皮系统增生反应明显，肝索和窦状隙内有大量增生的淋巴细胞和巨噬细胞以及含铁细胞。肾脏可见肾小体肿大，肾小球基底膜增厚，形成膜性肾小球肾炎，间质内可见大量淋巴样细胞、浆细胞和巨噬细胞浸润。

　　慢性型：有两种形式。一种是病情好转，症状消失，血清抗体阳性；另一种是病情恶化，动物呈现恶病质状态，各实质器官萎缩、变硬，形成慢性增生性炎或间质性炎，可见组织内大量淋巴细胞、浆细胞弥漫性或局灶性增生（图3.1.1.4、图3.1.1.5）。

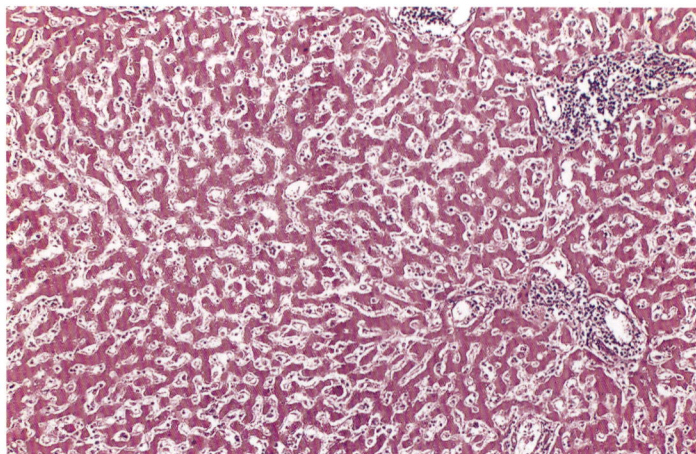

图3.1.1.1　马传染性贫血（肝脏）

　　肝细胞颗粒变性，肝小叶和汇管区淋巴细胞、浆细胞、巨噬细胞局灶性增生，肝窦状隙内也有淋巴细胞增生。HE×100

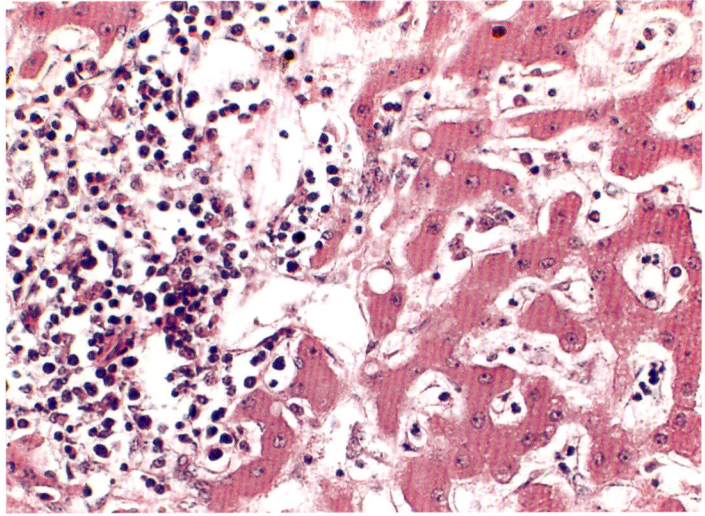

图3.1.1.2 马传染性贫血（肝脏）
　肝细胞颗粒变性，肝窦内窦壁细胞、枯否氏细胞增生、脱落，淋巴细胞浸润，肝小叶内淋巴细胞、巨噬细胞灶状聚集。HE×400

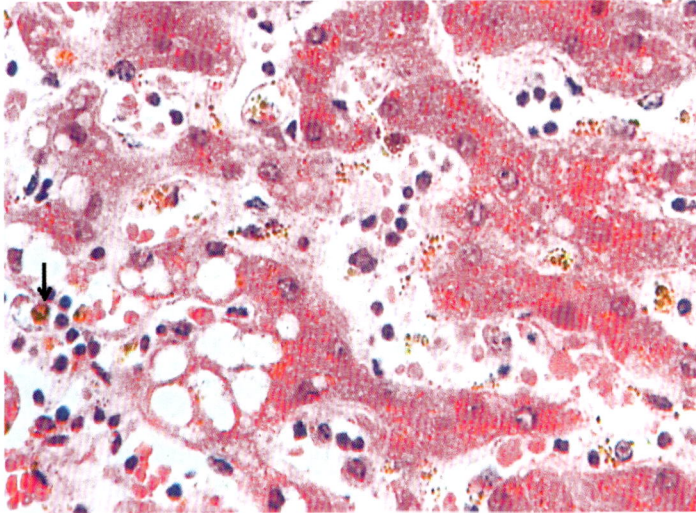

图3.1.1.3 马传染性贫血（肝脏）
　肝细胞肿胀，颗粒变性、脂肪变性，肝窦内有多量淋巴样细胞和含铁血黄素颗粒以及含铁细胞（→）。HE×132
（刘宝岩）

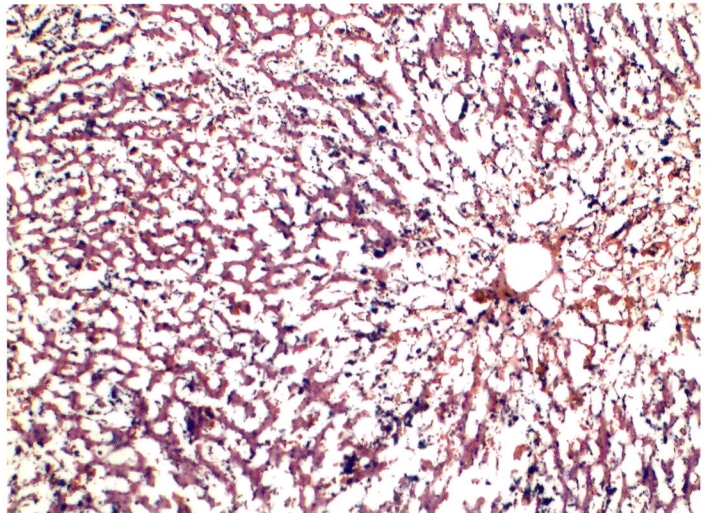

图3.1.1.4 马传染性贫血（肝脏）
　肝细胞变性，萎缩、消失，仅留下残缺不全的肝细胞呈条索状，肝窦扩张，其中有大量吞噬含铁血黄素的巨噬细胞。普鲁士蓝染色 ×100

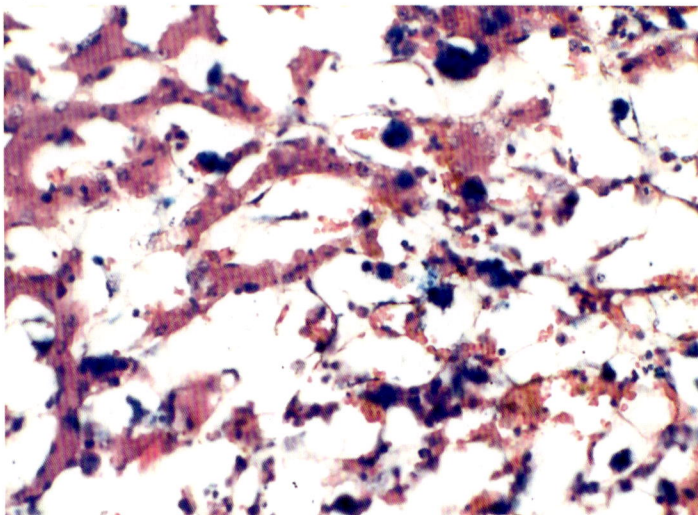

图3.1.1.5　马传染性贫血（肝脏）

肝细胞变性、坏死，仅留下残缺不全的碎片，肝窦内滞留含铁血黄素，有些被巨噬细胞吞噬。普鲁士蓝染色×400

第二节　鸡传染性法氏囊病

　　鸡传染性法氏囊病是由鸡传染性法氏囊病病毒引起鸡的一种急性高度接触性传染病，是危害雏鸡和青年鸡的严重传染病。由于本病可导致免疫抑制，常造成免疫失败而诱发多种疫病。本病特征是传播快，病程短，发病率和死亡率高，主要表现为沉郁、腹泻和脱水。

　　病理特征是法氏囊肿大、出血、坏死；腿肌、胸肌、翼肌等处明显出血；腺胃乳头出血；肾脏肿大呈灰白色花纹状。组织病变主要是法氏囊水肿、出血和淋巴组织坏死。也可见肾脏出血，肾小管颗粒变性（图3.1.2.1、图3.1.2.2、图3.1.2.3、图3.1.2.4、图3.1.2.5、图3.1.2.6、图3.1.2.7、图3.1.2.8、图3.1.2.9、图3.1.2.10、图3.1.2.11）。

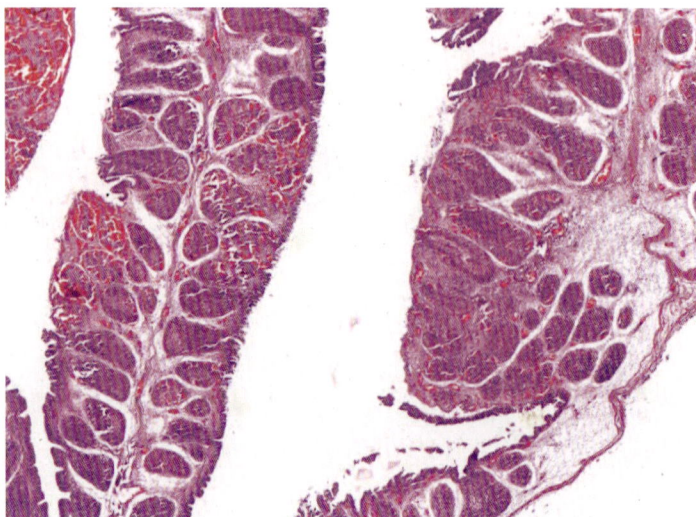

图3.1.2.1　鸡传染性法氏囊病

法氏囊严重肿大、水肿，出血。HE×20

图3.1.2.2 鸡传染性法氏囊病
法氏囊严重出血、水肿。HE×40

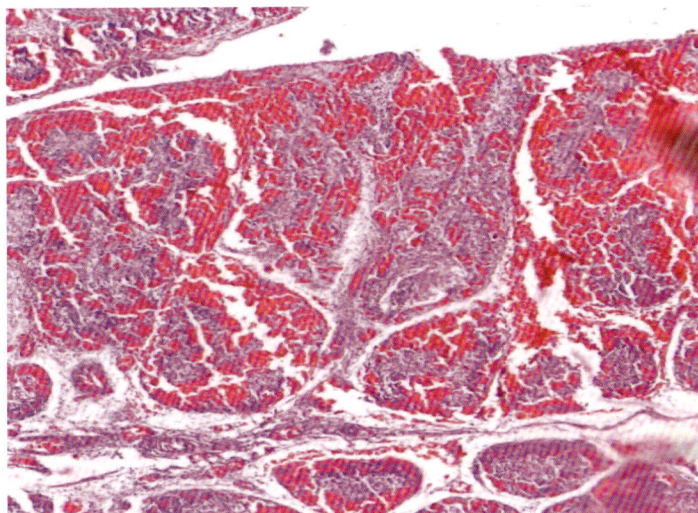

图3.1.2.3 鸡传染性法氏囊病
法氏囊出血、水肿。HE×40

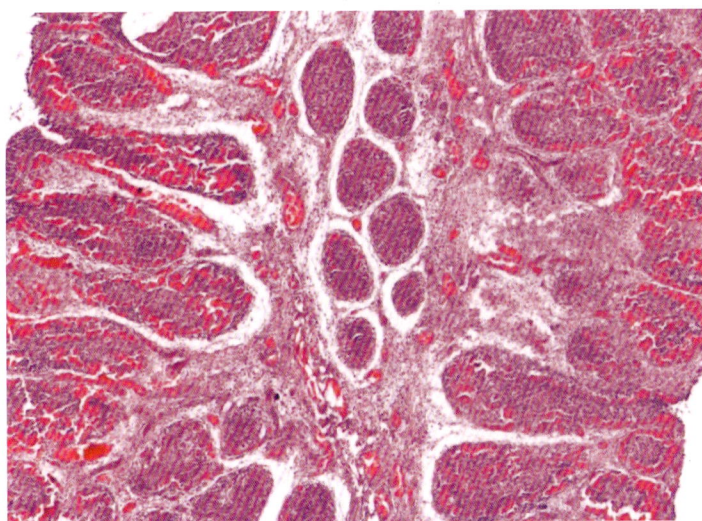

图3.1.2.4 鸡传染性法氏囊病
法氏囊滤泡间质水肿，淋巴细胞明
显减少，生发中心发生坏死（➙）。
HE×200

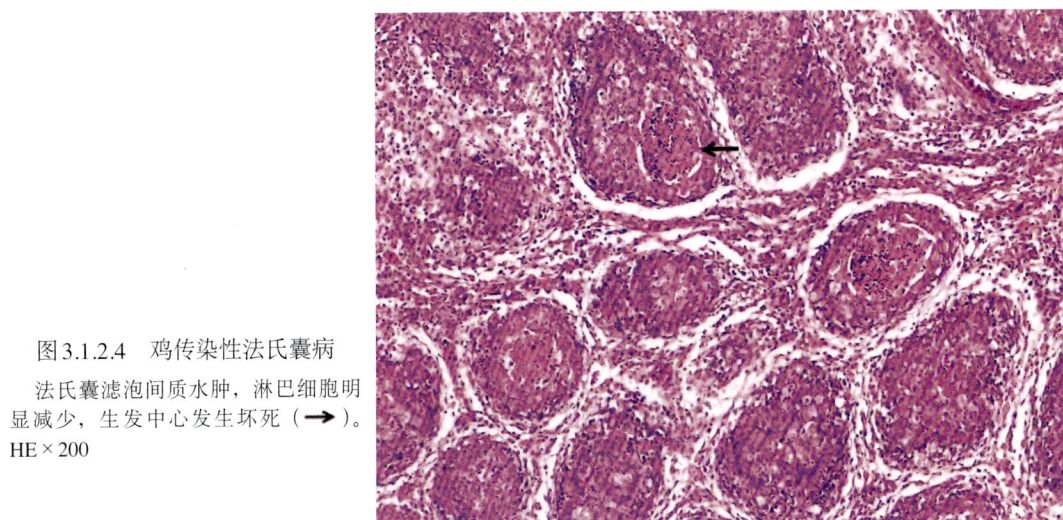

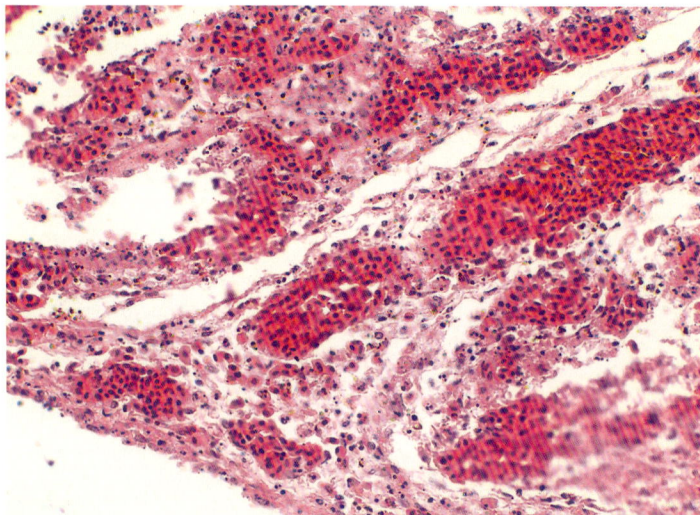

图3.1.1.5　鸡传染性法氏囊病

法氏囊间质出血、水肿，淋巴细胞坏死。HE×100

图3.1.2.6　鸡传染性法氏囊病

法氏囊间质出血，淋巴细胞坏死，生发中心细胞已完全坏死脱落成一片空白（➜）。HE×100

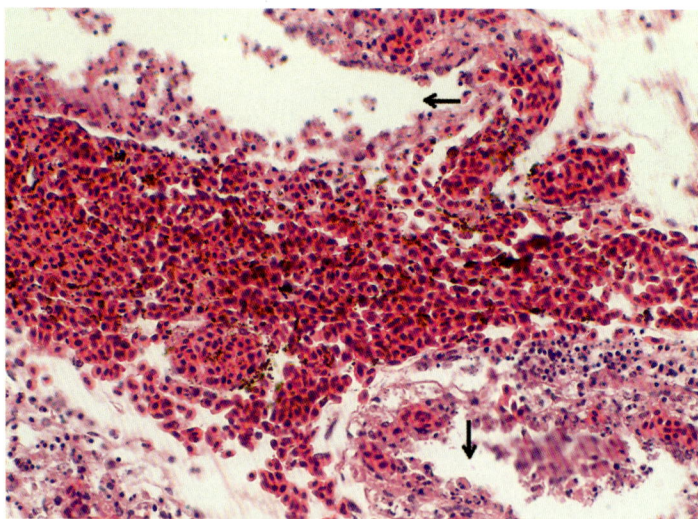

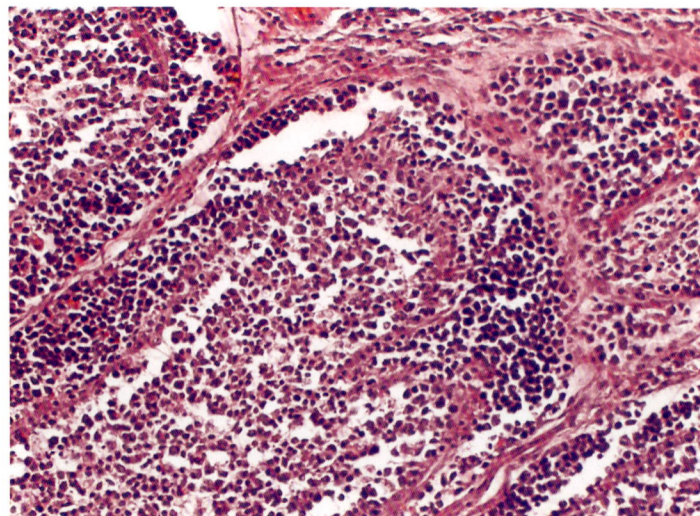

图3.1.2.7　鸡传染性法氏囊病

法氏囊淋巴细胞坏死，生发中心细胞稀疏。HE×100

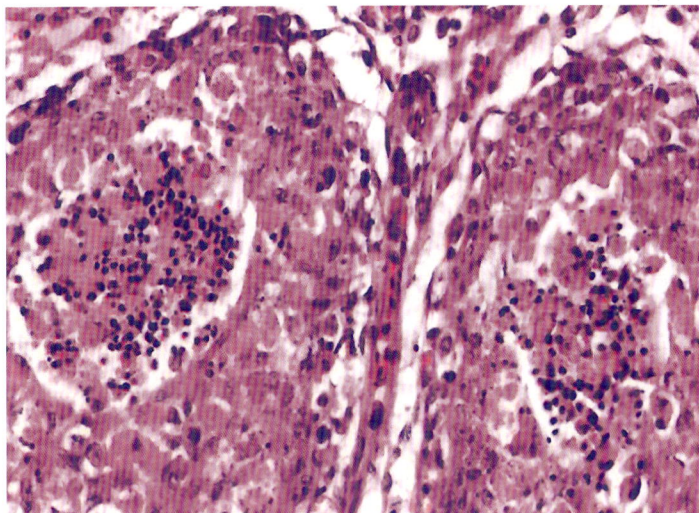

图3.1.2.8 鸡传染性法氏囊病
淋巴滤泡中淋巴细胞坏死，胞核浓缩、碎裂。HE×200

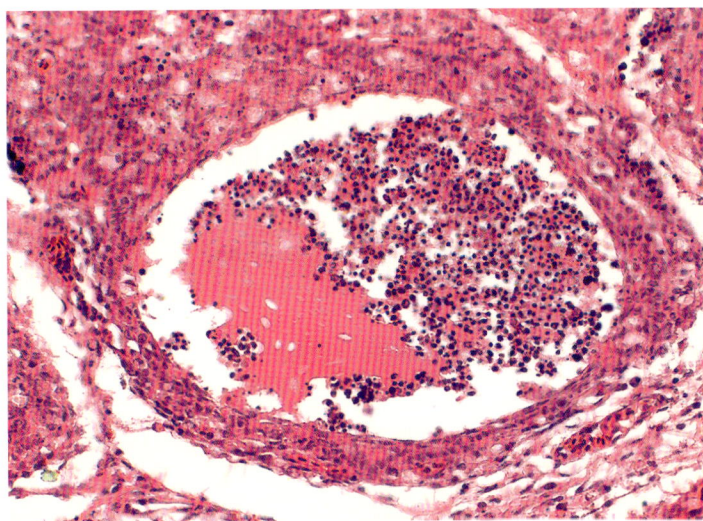

图3.1.2.9 鸡传染性法氏囊病
法氏囊滤泡生发中心淋巴细胞坏死。HE×100

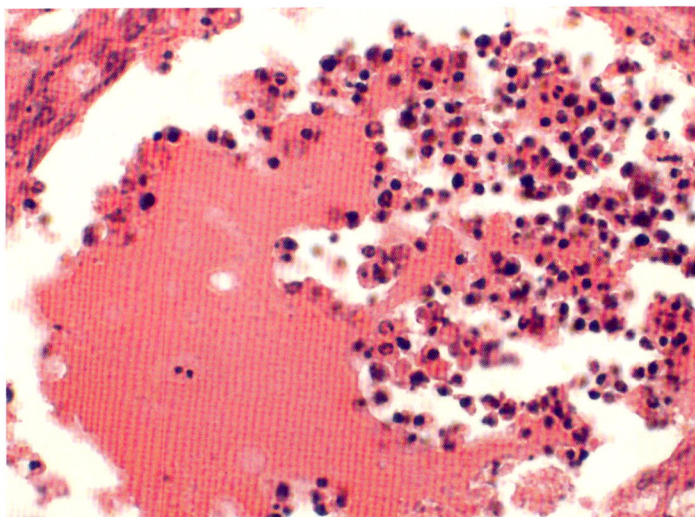

图3.1.2.10 鸡传染性法氏囊病
法氏囊滤泡中淋巴细胞坏死，核浓缩、碎裂、溶解，坏死细胞溶解呈均质红染的物质。HE×400

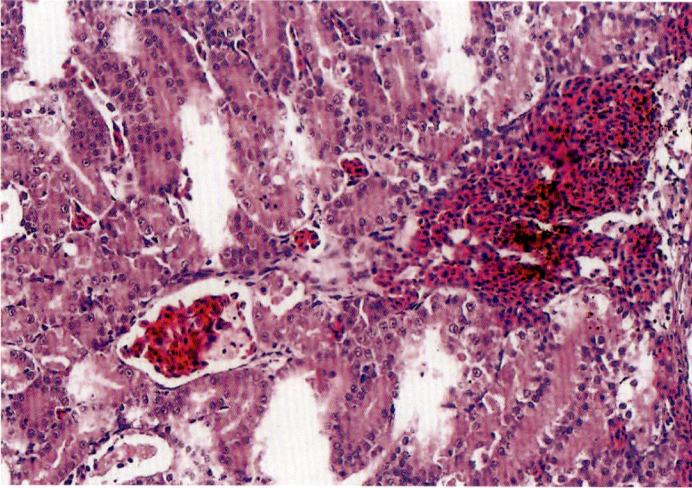

图3.1.2.11　鸡传染性法氏囊病

肾脏出血，肾小管上皮细胞颗粒变性。HE×100

第三节　白　血　病

一、牛白血病

牛白血病是由牛白血病病毒感染引起的，又称牛淋巴肉瘤、牛恶性淋巴瘤或地方流行性牛白血病，是一种常见的肿瘤性疾病。牛患病后主要表现为全身性淋巴结肿大，持续性淋巴样细胞增生，形成淋巴肉瘤，死亡率较高。

患病牛淋巴结肿大，被膜增厚，小梁增粗，淋巴样细胞广泛增生和出血。肝脏淋巴样细胞局灶性和弥漫性增生（图3.1.3.1、图3.1.3.2、图3.1.3.3、图3.1.3.4、图3.1.3.5）。脾脏红髓和白髓淋巴样细胞浸润，淋巴细胞坏死、出血，其中有较多单核巨噬细胞。肺组织水肿，肺胸膜、小叶间、支气管周围及肺泡壁均见淋巴样细胞浸润。食道和肠道从黏膜层到浆膜层，也可见淋巴样细胞浸润。

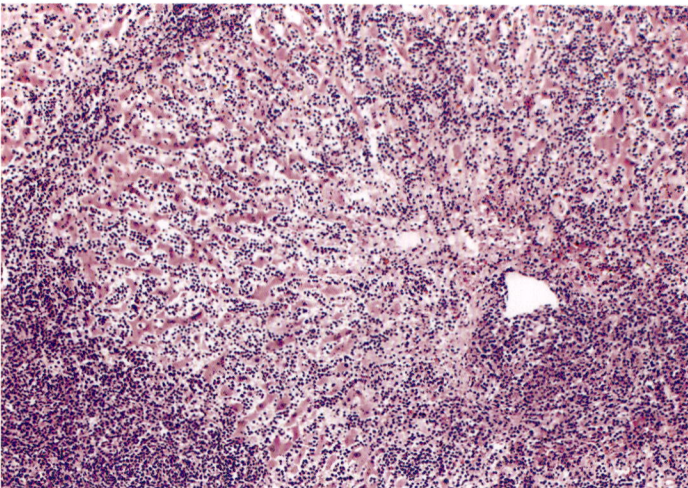

图3.1.3.1　牛白血病（肝脏）

肝小叶间、肝窦内弥漫性淋巴样细胞增生，肝小叶周边淋巴样细胞密集性增生。HE×100

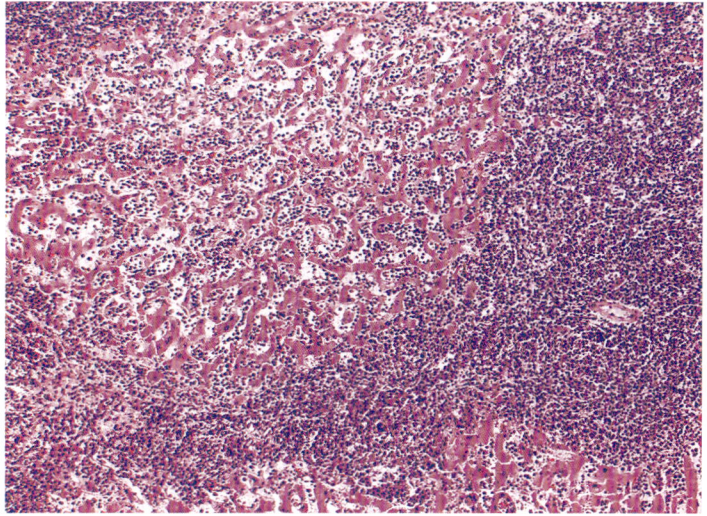

图3.1.3.2　牛白血病（肝脏）

肝脏中广泛分布的淋巴样细胞。
HE×100

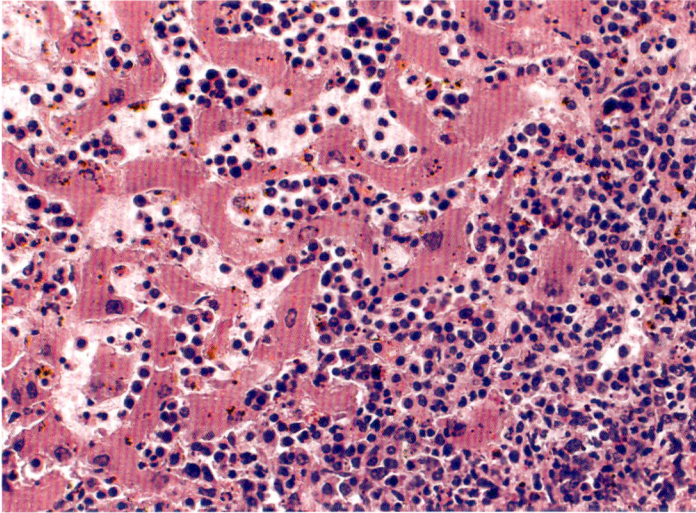

图3.1.3.3　牛白血病（肝脏）

肝窦中灶状和弥漫散性存在的淋巴样细胞，肝索狭窄，大部分肝细胞核溶解、消失。HE×400

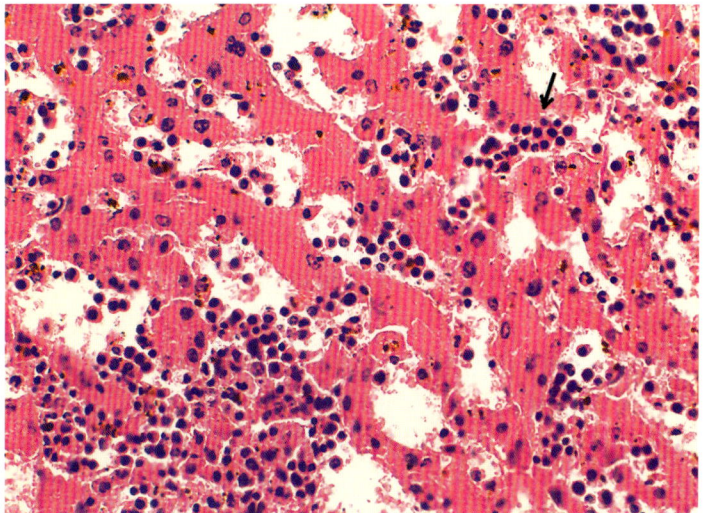

图3.1.3.4　牛白血病（肝脏）

肝窦内弥漫性增生的淋巴样细胞（→），肝窦扩张，肝索变窄，肝细胞颗粒变性，核溶解、消失。HE×400

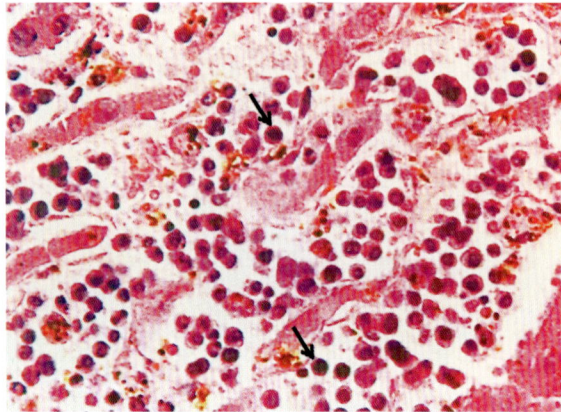

图3.1.3.5　牛白血病（肝脏）

肝索萎缩、消失，肝窦中聚集大量大、中、小淋巴样细胞（➡）。HE×400

二、禽白血病

禽白血病是由禽C型反录病毒群的病毒引起的禽类多种肿瘤性疾病的总称。主要有淋巴细胞性白血病，其次是髓细胞性白血病、成髓细胞性白血病、成红细胞性白血病。此外，还有骨髓细胞瘤、结缔组织瘤等。

1.禽淋巴细胞性白血病　表现为全身性贫血，皮下、肌肉和内脏有点状出血。特征是肝、脾、肾呈弥漫性肿大（俗称大肝病），呈樱桃红色到暗红色，有的剖面可见灰白色肿瘤结节。镜检各脏器中成淋巴细胞弥漫性和局灶性增生，或形成肿瘤结节（图3.1.3.6、图3.1.3.7、图3.1.3.8、图3.1.3.9）。

2.禽髓细胞性白血病　禽髓细胞性白血病又称J型白血病或髓细胞瘤病，是由禽白血病/肉瘤群病毒中的J型病毒引起的。临床症状与淋巴细胞性白血病相似，病理特征表现为肝、脾显著肿大，其表面有数量不等灰白色肿瘤结节，胸骨或肋骨表面也有肿瘤形成。组织学检查可见肿瘤由较大的圆形髓样细胞组成，瘤细胞中有嗜酸性或嗜碱性颗粒（图3.1.3.10）。

3.禽成髓细胞性白血病　又称成骨髓细胞增生性白血病、白细胞骨髓增生、骨髓瘤病、成粒细胞增多症和骨髓性白血病。

病雏禽消瘦、贫血，骨髓呈灰红色至灰白色。肝、脾和肾肿大，颜色变淡，呈灰白颗粒或条纹样外观。在骨髓、肝脏和心壁内见有许多灰白色、半透明、针尖大小的结节，法氏囊缩小，其皱褶内滤泡几乎完全萎缩、消失。肿瘤一般见于头骨周围、喉头黏膜、气管、肋骨和龙骨等处，在各种器官中形成易碎的淡黄色、大小各异的肿瘤。

镜检：实质器官可见有大量成髓细胞和不同比例的前骨髓细胞于血管内外积聚，在肝脏窦状隙和门管束周围有成髓细胞样细胞浸润与增生，原有的肝组织细胞明显地被挤压萎缩、消失（图3.1.3.11、图3.1.3.12、图3.1.3.13、图3.1.3.14、图3.1.3.15、图3.1.3.16、图3.1.3.17、图3.1.3.18、图3.1.3.19、图3.1.3.20）。脾和骨髓的网状细胞和吞噬细胞中存在大量的病毒粒子。成髓细胞样细胞呈多角形、三角形、圆形和不正形，核大而圆，多位于中央，核染色质较多，呈粗颗粒状（图3.1.3.21、图3.1.3.22、图3.1.3.23）。

图3.1.3.6　禽淋巴细胞性白血病
（肝脏）

肝组织中灶状集聚的成淋巴细胞。
HE×200

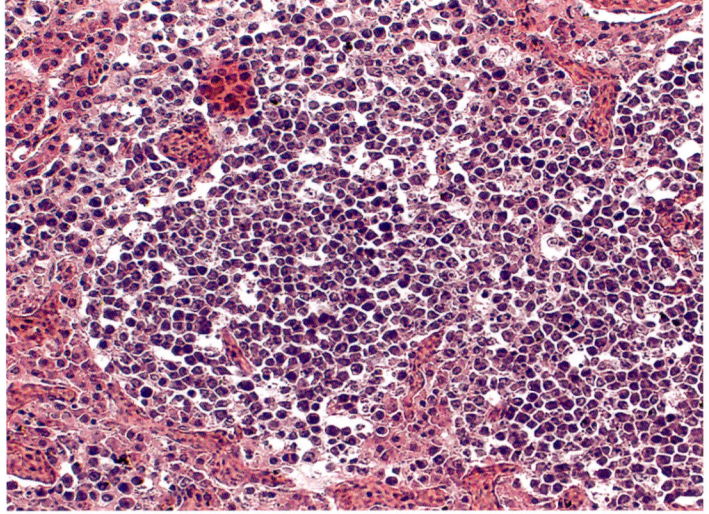

图3.1.3.7　禽淋巴细胞性白血病

肝组织中大量成淋巴细胞浸润，肝索被压迫而萎缩、消失，仅有少量肝组织呈岛屿状存在。HE×400

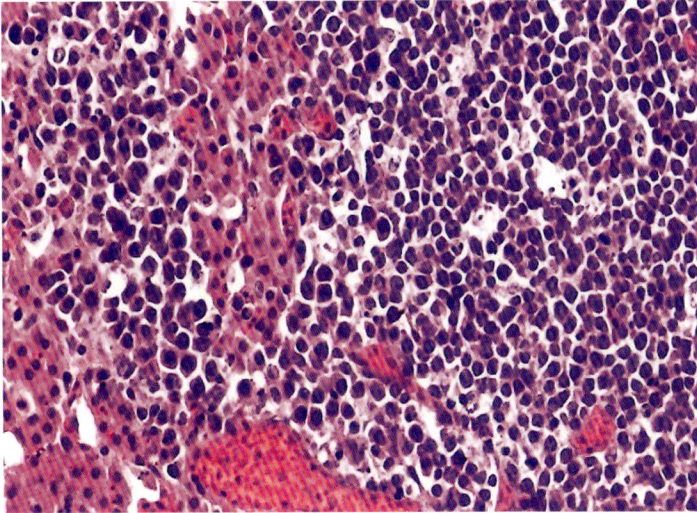

图3.1.3.8　禽淋巴细胞性白血病
（肝脏）

肝组织中大量增生的成淋巴细胞，其形态、大小相近，其中不乏核分裂象。HE×1 000

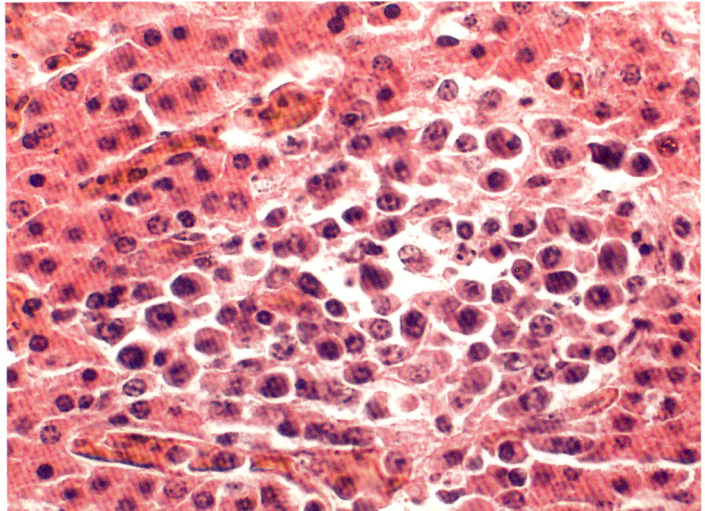

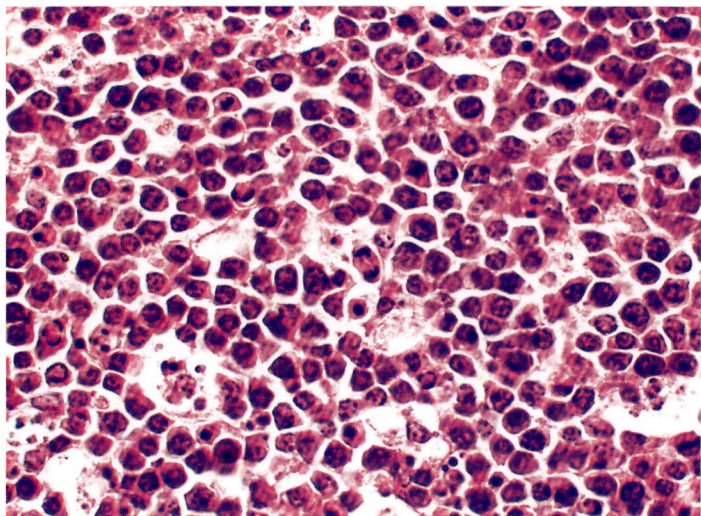

图3.1.3.9　禽淋巴细胞性白血病
（肝脏）

肝组织中灶状集聚的成淋巴细胞。
HE×1 000

图3.1.3.10　禽髓细胞性白血病

骨骼肌中大量髓细胞样瘤细胞浸润，
髓细胞样细胞胞质中含有粗大的嗜酸性
颗粒。HE×1 000（陈怀涛）

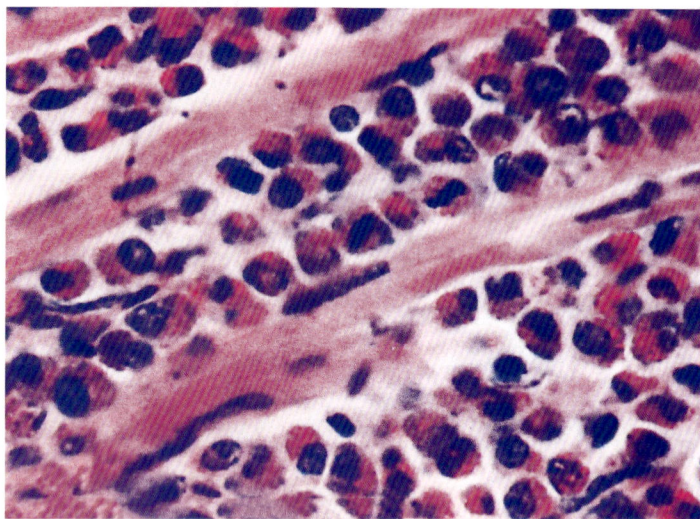

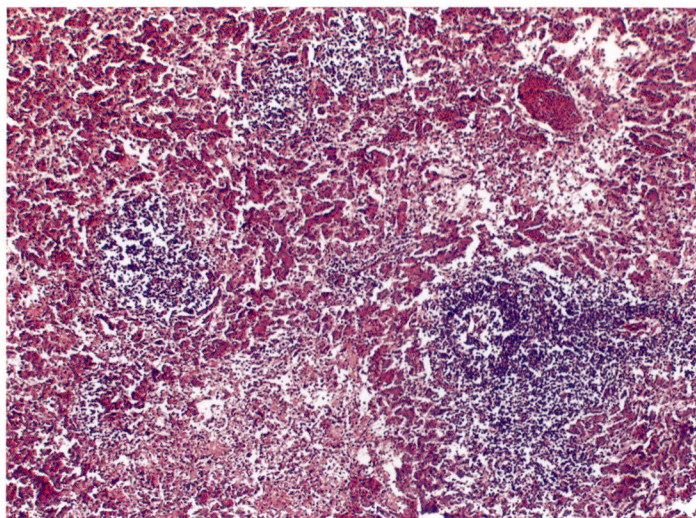

图3.1.3.11　禽成髓细胞性白血病
（肝脏）

肝脏中许多不规则的肿瘤细胞灶状
集聚，也有坏死病灶，正常的肝组织被
挤压的凌乱不堪。HE×100

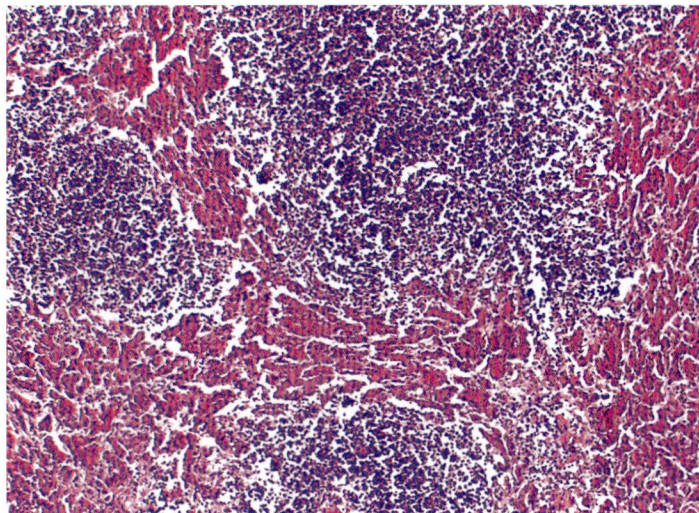

图 3.1.3.12 禽成髓细胞性白血病
　　　　　（肝脏）

　　肝脏中有许多不规则的肿瘤结节，
正常的肝组织被挤压的凌乱不堪。
HE×100

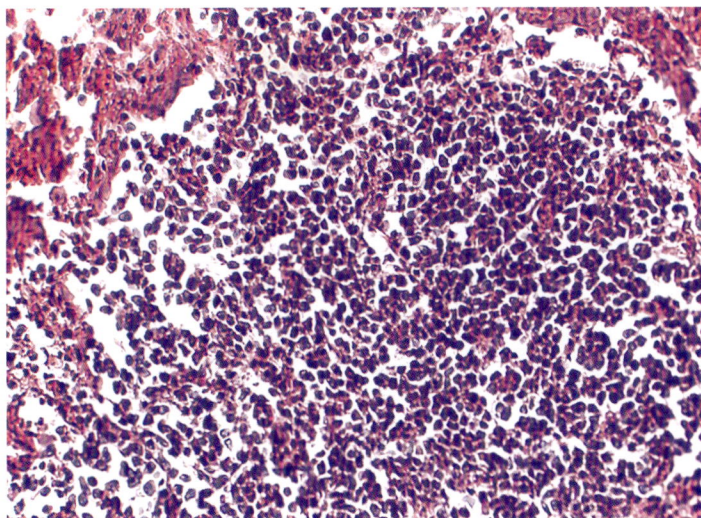

图 3.1.3.13 禽成髓细胞性白血病
　　　　　（肝脏）

　　肿瘤组织呈膨胀性生长，压迫肝组
织，致使肝组织细胞消失。HE×200

图 3.1.3.14 禽成髓细胞性白血病
　　　　　（肝脏）

　　肝窦淤血，其中弥散性存在大量肿
瘤细胞，肝细胞变性、坏死，肝窦内有
嗜酸性小体（➡）。HE×200

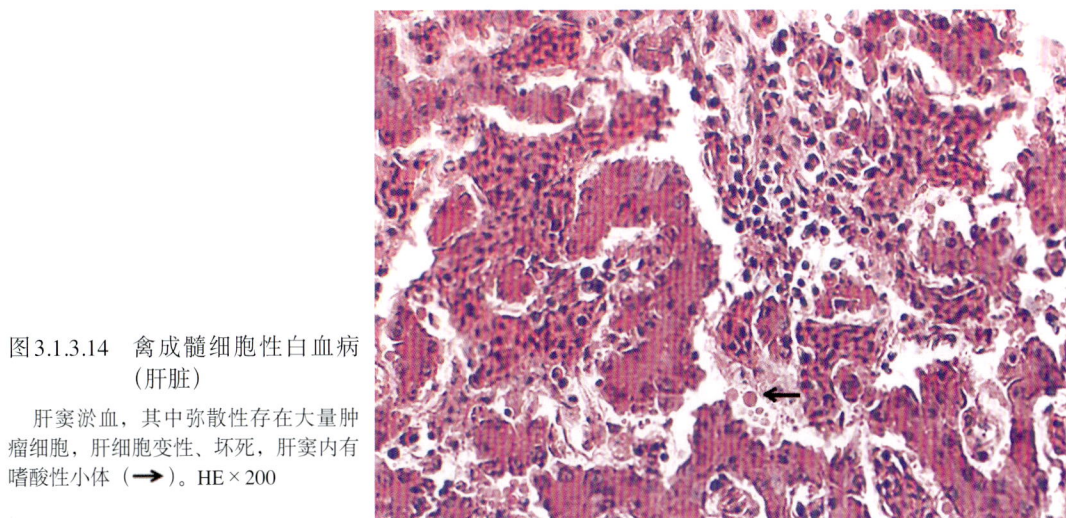

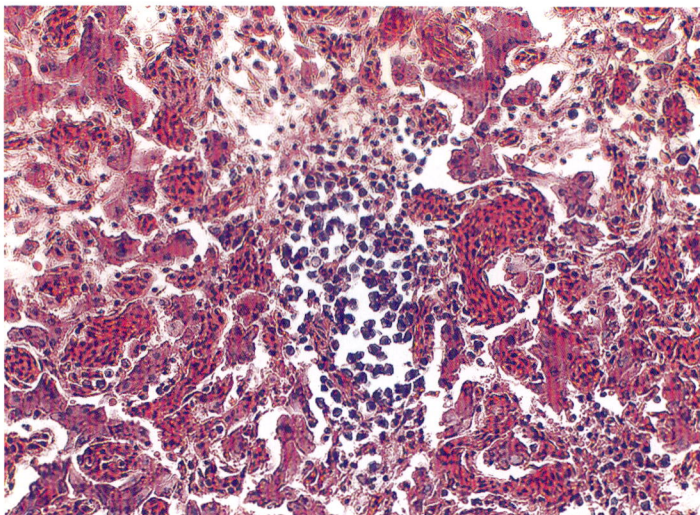

图3.1.3.15　禽成髓细胞性白血病
（肝脏）

肝窦淤血，肿瘤细胞灶状聚集。HE×200

图3.1.3.16　禽成髓细胞性白血
（肝脏）

肝脏淤血，肝细胞变性、坏死，肝
组织中灶状集聚的肿瘤细胞。HE×400

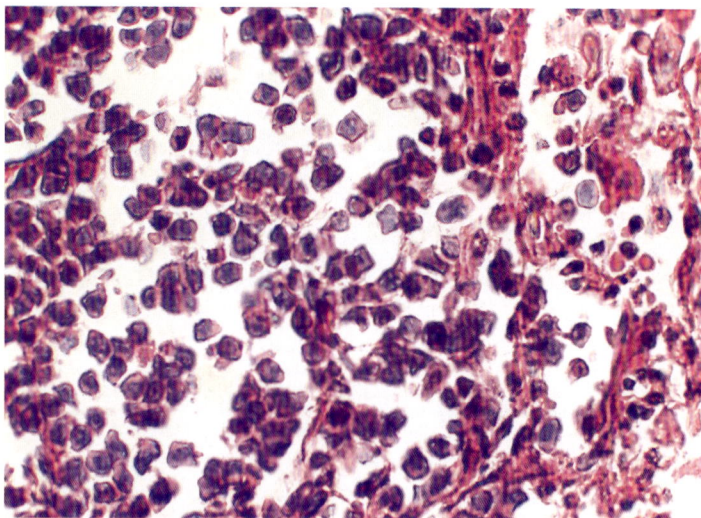

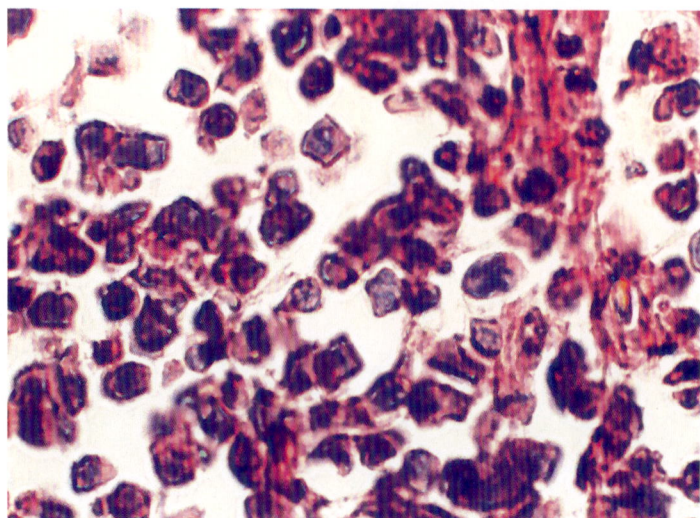

图3.1.3.17　禽成髓细胞性白血
（肝脏）

肿瘤结节由成髓细胞样细胞组成，
瘤细胞体积较大，形状不规则，核呈蓝
灰色，胞质较少。HE×1 000

图3.1.3.18　禽成髓细胞性白血病
　　　　　　（肝脏）

　肿瘤结节由成髓细胞样细胞组成，瘤细胞体积较大，形状不规则，核呈蓝灰色，胞质较少。HE×400

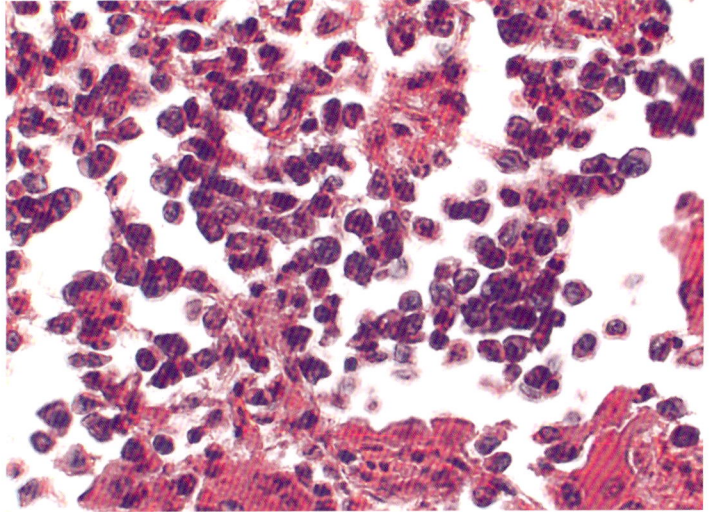

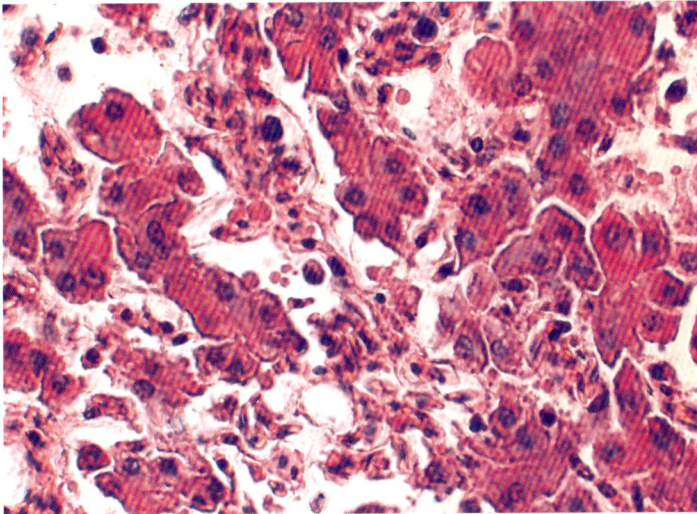

图3.1.3.19　禽成髓细胞性白血病
　　　　　　（肝脏）

　残存的肝细胞坏死，胞核浓缩，呈岛屿状分布。HE×1 000

图3.1.3.20　禽成髓细胞性白血病
　　　　　　（肝脏）

　肝细胞大多数坏死、消失，肝窦内残存坏死组织碎片和嗜伊红小体。HE×1 000

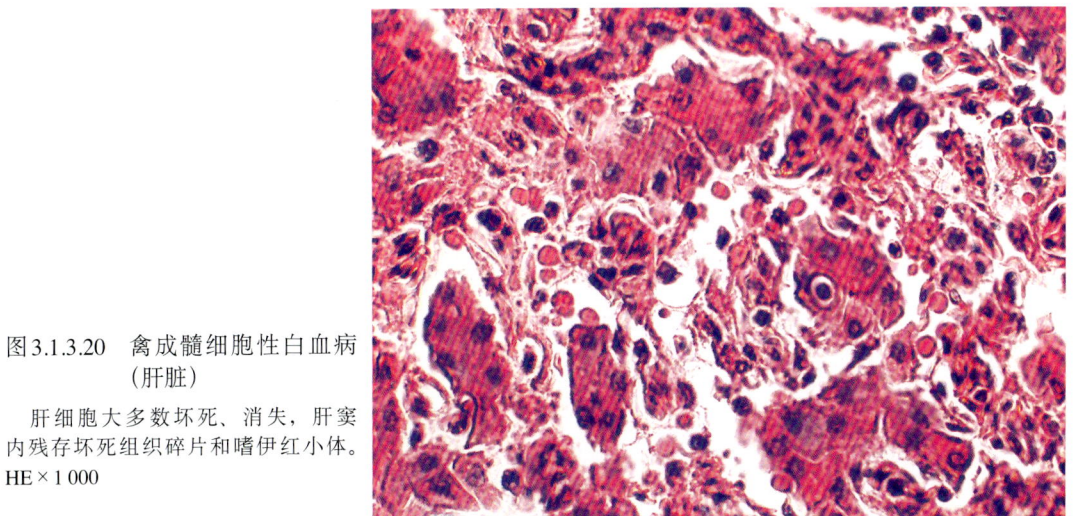

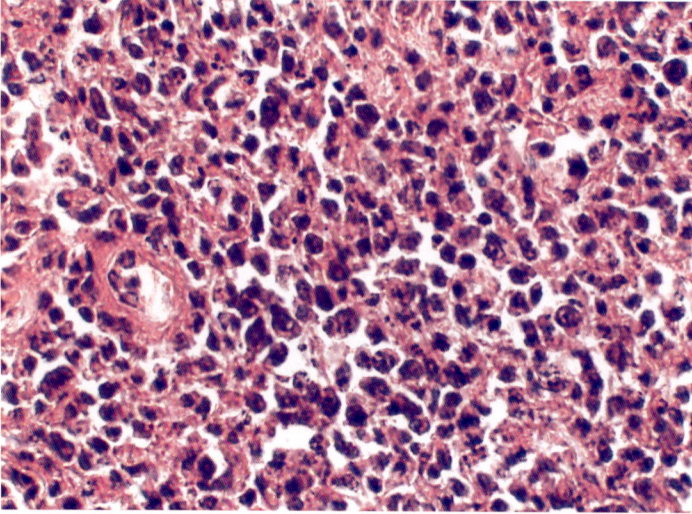

图3.1.3.21　禽成髓细胞性白血病
　　　　　　（脾脏）

　脾脏内广泛弥散性存在肿瘤细胞。
HE×400

图3.1.3.22　禽成髓细胞性白血病
　　　　　　（脾脏）

　脾脏组织中弥散存在大量成髓细胞样细胞，血管内也有较多肿瘤细胞（→）。HE×1 000

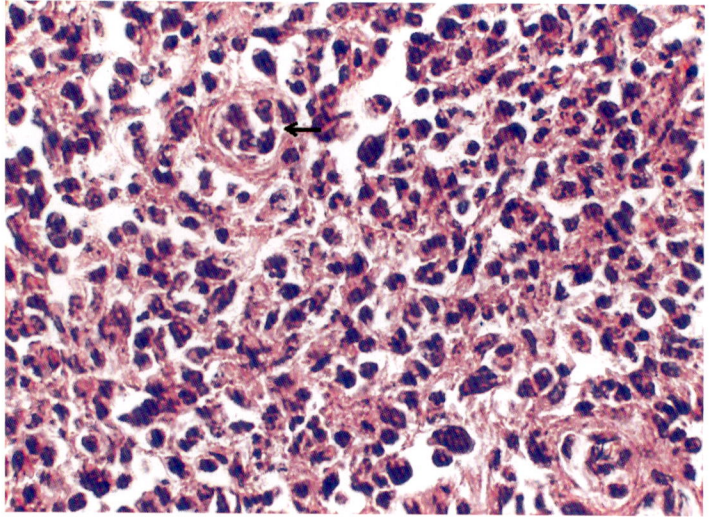

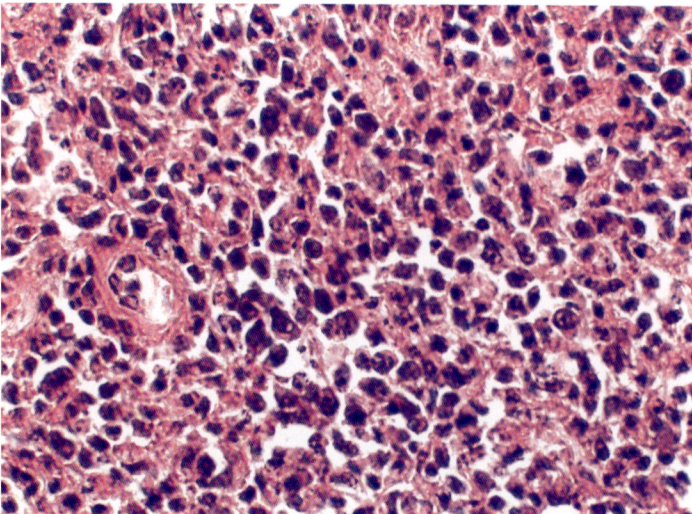

图3.1.3.23　禽成髓细胞性白血病
　　　　　　（脾脏）

　脾脏组织中弥散性存在大量成髓细胞样细胞。HE×1 000

第四节　鸡马立克氏病

　　本病是由细胞结合性疱疹病毒引起鸡的传染性肿瘤病，是鸡的一种淋巴组织增生性疾病。根据病理特征可分为古典型（神经型）、内脏性和混合型等。古典型以周神经组织中淋巴细胞增生为特征；内脏型是在性腺、各种内脏器官、肌肉等组织器官形成肿瘤；混合型是内脏、神经和皮肤等多处都形成肿瘤。这种分型只是相对的，不可能截然分开，往往是多种器官都可出现病变。组织学检查可见各种组织器官的肿瘤由大、中、小淋巴细胞，成淋巴细胞以及马立克氏病细胞（变性的成淋巴细胞）组成（图3.1.4.1、图3.1.4.2、图3.1.4.3、图3.1.4.4、图3.1.4.5、图3.1.4.6、图3.1.4.7、图3.1.4.8、图3.1.4.9、图3.1.4.10、图3.1.4.11、图3.1.4.12、图3.1.4.13、图3.1.4.14、图3.1.4.15、图3.1.4.16、图3.1.4.17、图3.1.4.18）。

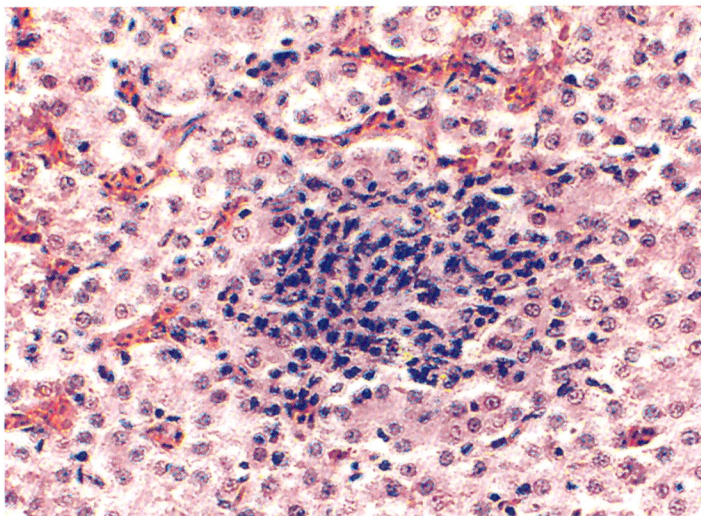

图3.1.4.1　鸡马立克氏病（肝脏）
　　肝脏中的肿瘤结节由大、中、小淋巴细胞及成淋巴细胞组成，肝细胞被压迫变形、变性。HE×400

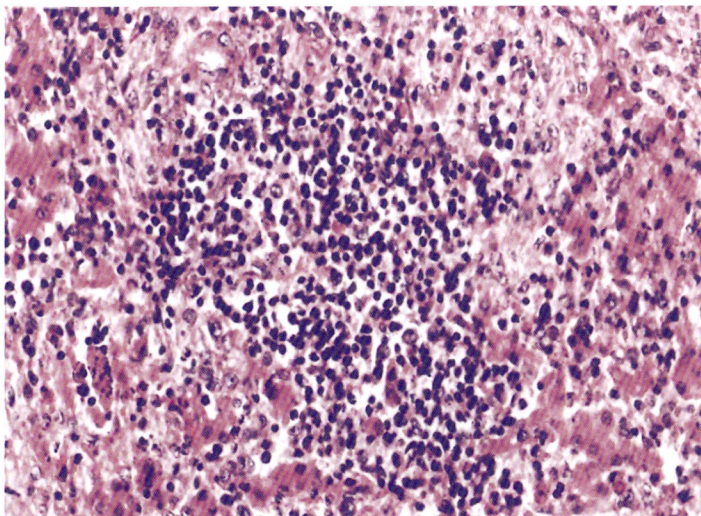

图3.1.4.2　鸡马立克氏病（肝脏）
　　肝脏中的肿瘤结节由大、中、小淋巴细胞及成淋巴细胞组成。HE×400

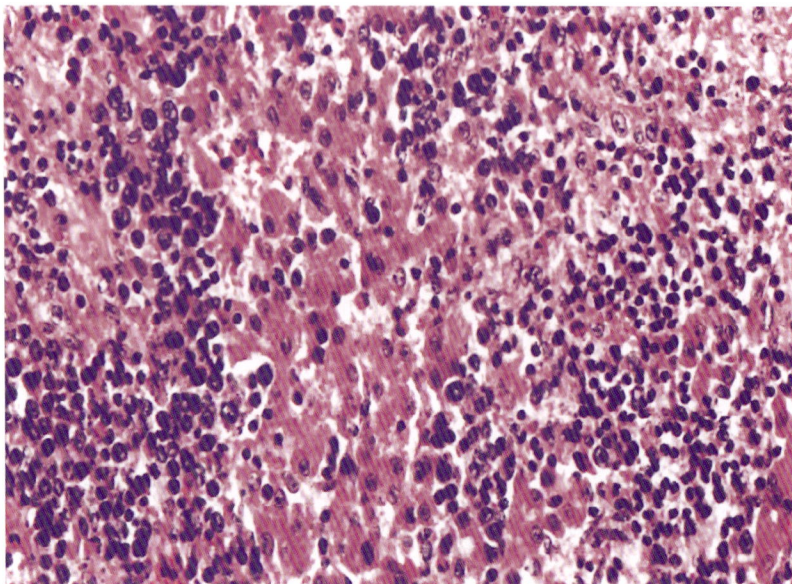

图3.1.4.3　鸡马立克氏病（肝脏）

肝脏中密布肿瘤结节，由大、中、小淋巴细胞及成淋巴细胞组成，仅残存少量肝细胞。HE×400

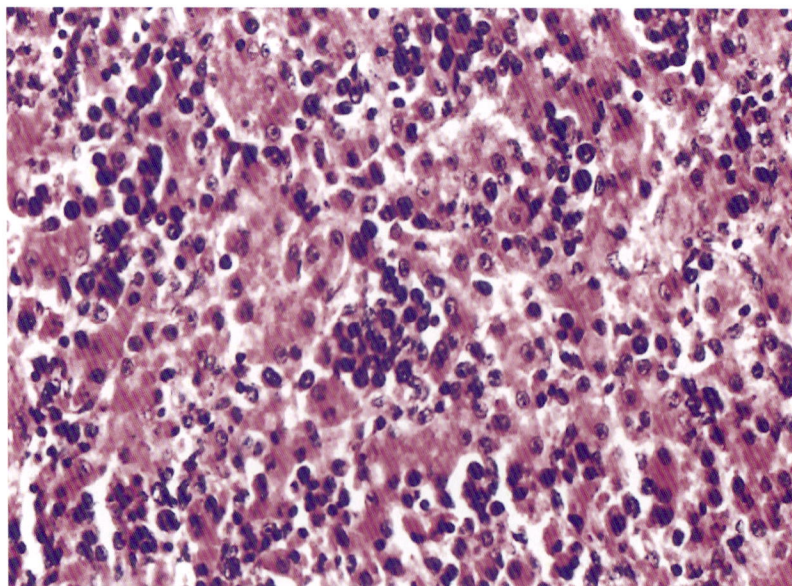

图3.1.4.4　鸡马立克氏病（肝脏）

肝脏中较小的肿瘤结节，由大、中、小淋巴细胞及成淋巴细胞组成。HE×400

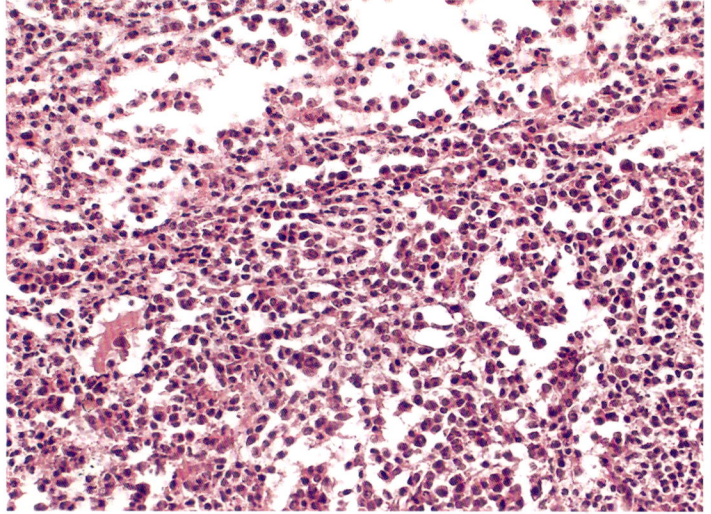

图3.1.4.5　鸡马立克氏病（肾脏）
　　肿瘤细胞弥漫性存在，肾脏实质组织被挤压，已不复存在。HE×400

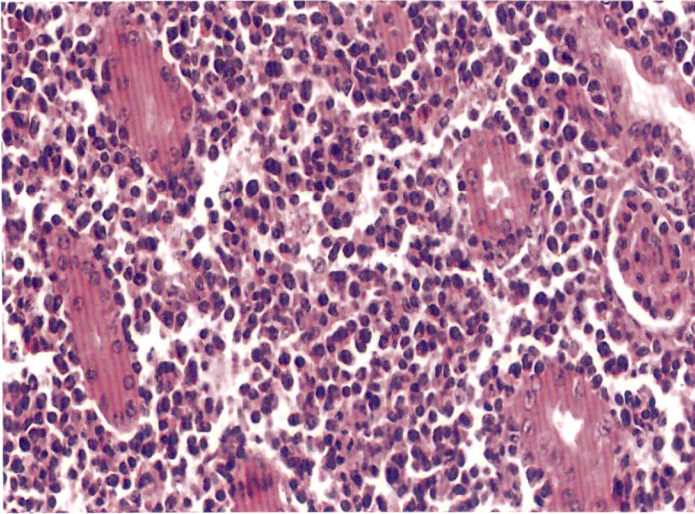

图3.1.4.6　鸡马立克氏病（肾脏）
　　肿瘤细胞增生，导致肾脏实质萎缩，仅见少量变性的肾小管。HE×400

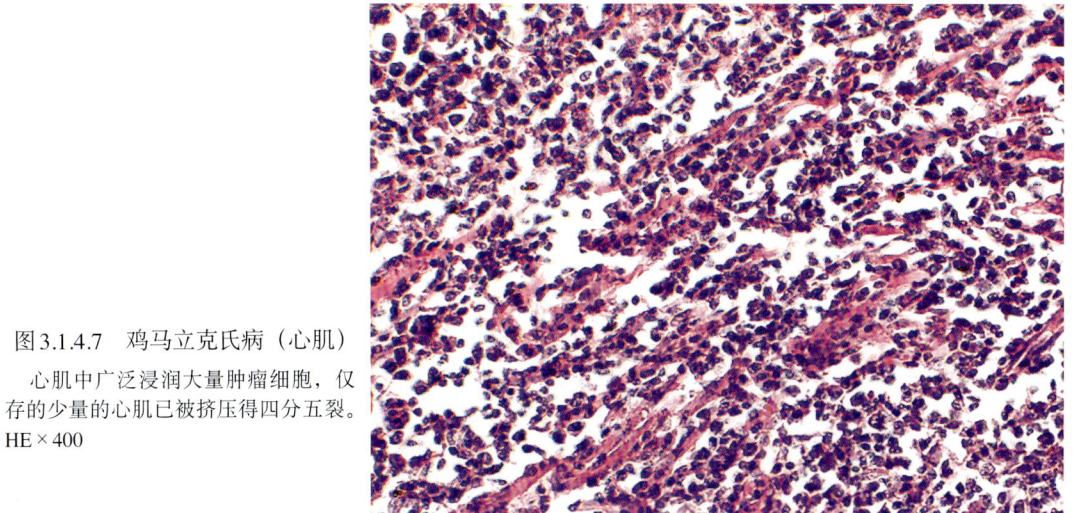

图3.1.4.7　鸡马立克氏病（心肌）
　　心肌中广泛浸润大量肿瘤细胞，仅存的少量的心肌已被挤压得四分五裂。HE×400

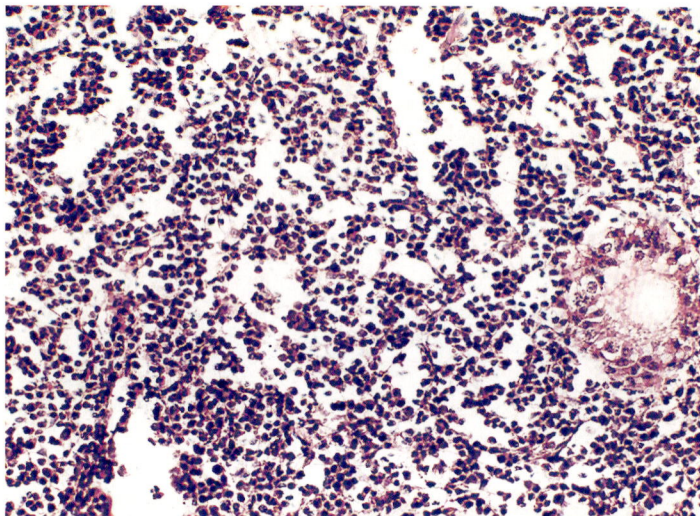

图3.1.4.8 鸡马立克氏病（卵巢）

卵巢已失去正常的形态结构，完全被肿瘤细胞取代。HE×400

图3.1.4.9 鸡马立克氏病（肠壁）

肠道黏膜下层大量肿瘤细胞浸润。HE×400

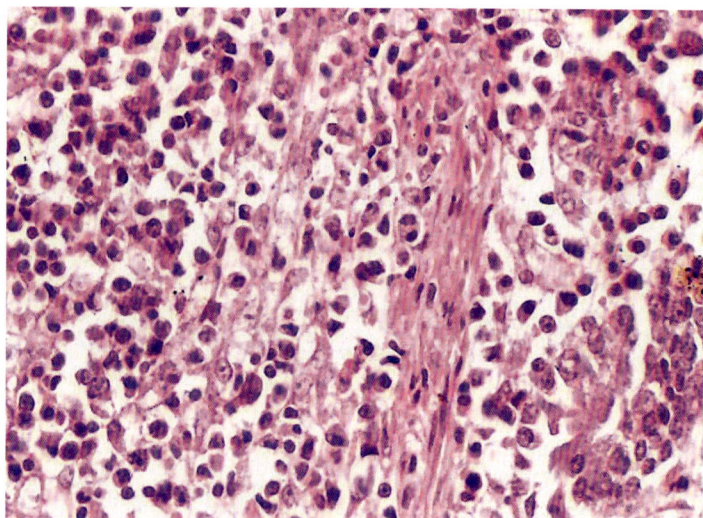

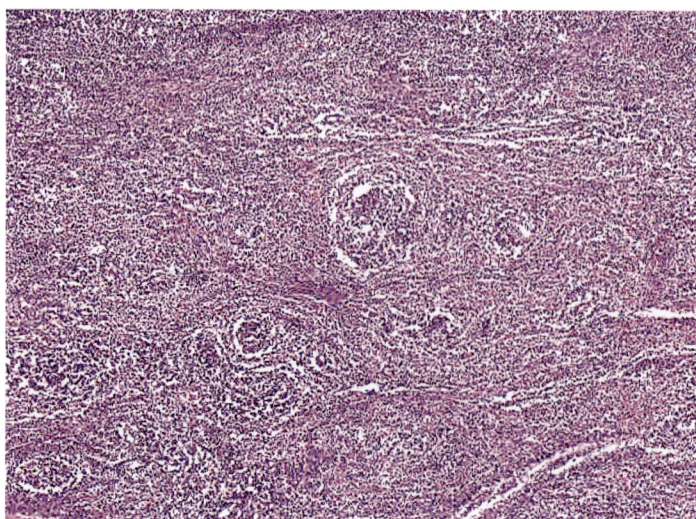

图3.1.4.10 鸡马立克氏病（坐骨神经）

神经纤维已完全被肿瘤细胞取代，仅存神经被膜。HE×40

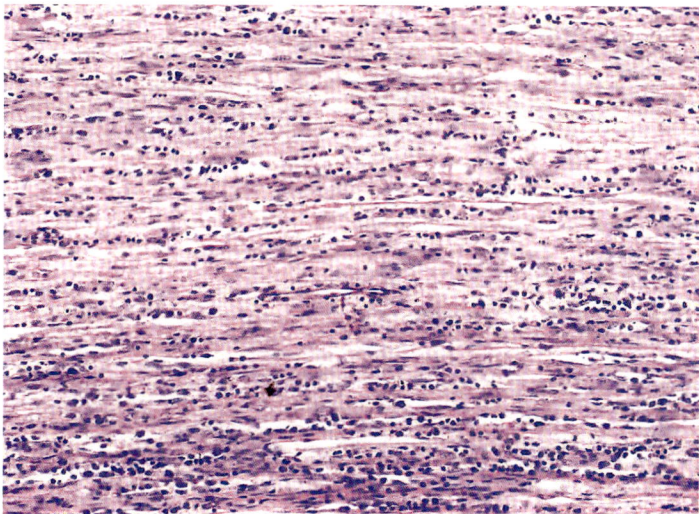

图 3.1.4.11 鸡马立克氏病（坐骨
神经）

神经纤维间弥漫性存在的肿瘤细胞。
HE×200

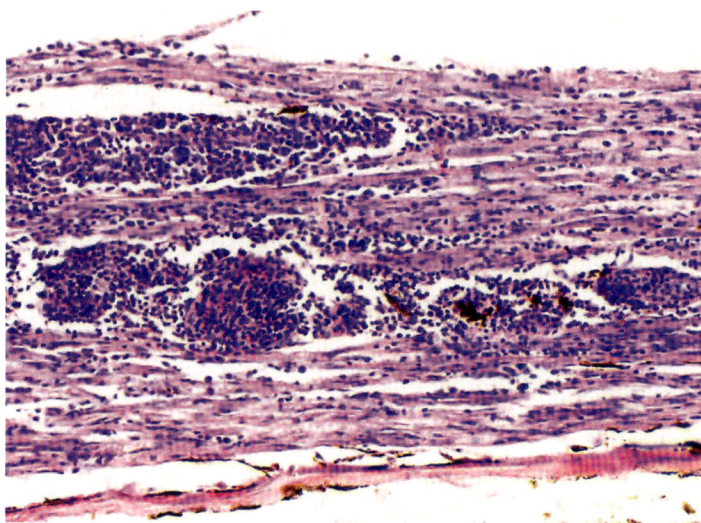

图 3.1.4.12 鸡马立克氏病（坐骨
神经）

神经纤维之间灶状集聚的肿瘤细胞。
HE×200

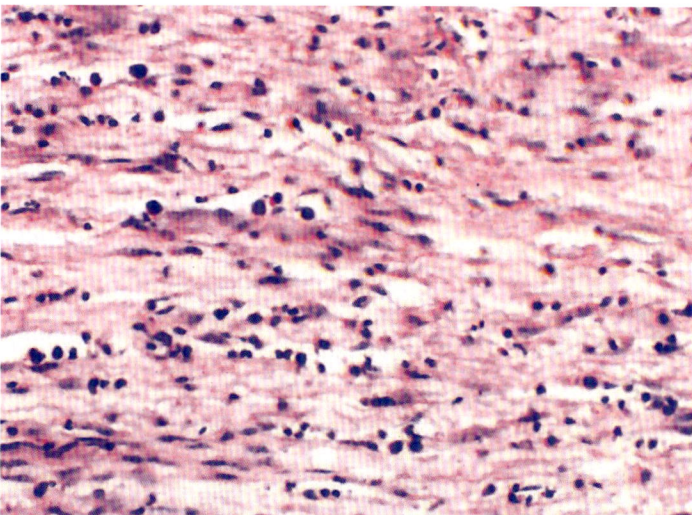

图 3.1.4.13 鸡马立克氏病（坐骨
神经）

坐骨神经水肿，神经纤维变性，纤
维间弥散存在肿瘤细胞。HE×400

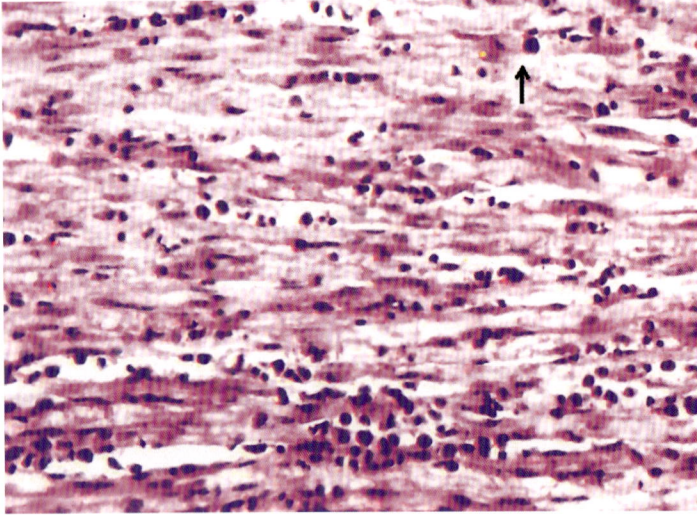

图3.1.4.14　鸡马立克氏病（坐骨神经）

神经纤维间弥散性存在的肿瘤细胞，有大淋巴细胞、中淋巴细胞、小淋巴细胞、成淋巴细胞和马立克氏病细胞（➡）。HE×400

图3.1.4.15　鸡马立克氏病（坐骨神经）

神经纤维间弥散存在的肿瘤细胞，有大淋巴细胞、中淋巴细胞、成淋巴细胞和马立克氏病细胞（➡）。HE×400

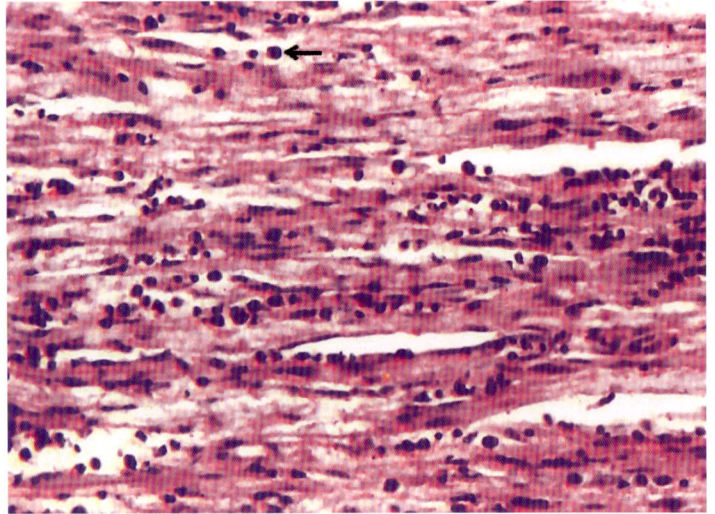

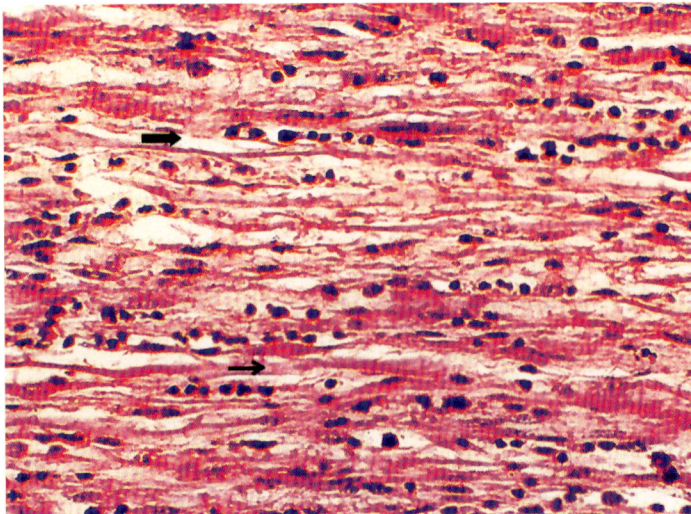

图3.1.4.16　鸡马立克氏病（坐骨神经）

神经纤维之间散在肿瘤细胞，神经纤维肿胀、变性（➡）和脱髓鞘（➡）。HE×400

图3.1.4.17 鸡马立克氏病（坐骨神经）

神经纤维中的肿瘤细胞由大、中、小淋巴细胞和成淋巴细胞组成，仅存的神经纤维依稀可见。HE×400

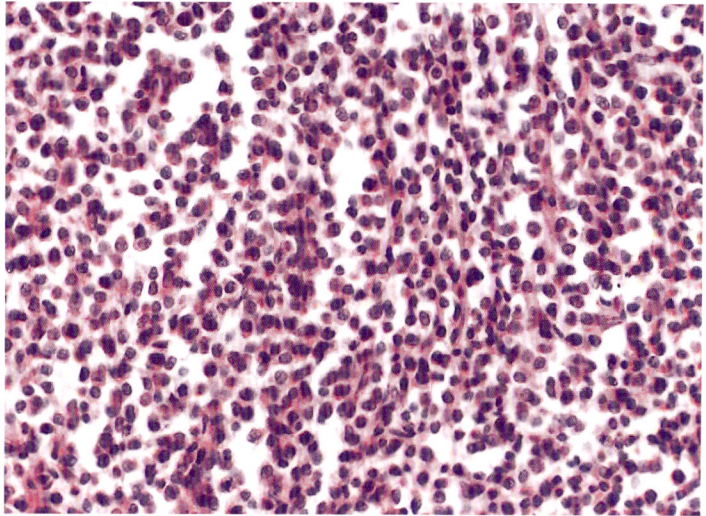

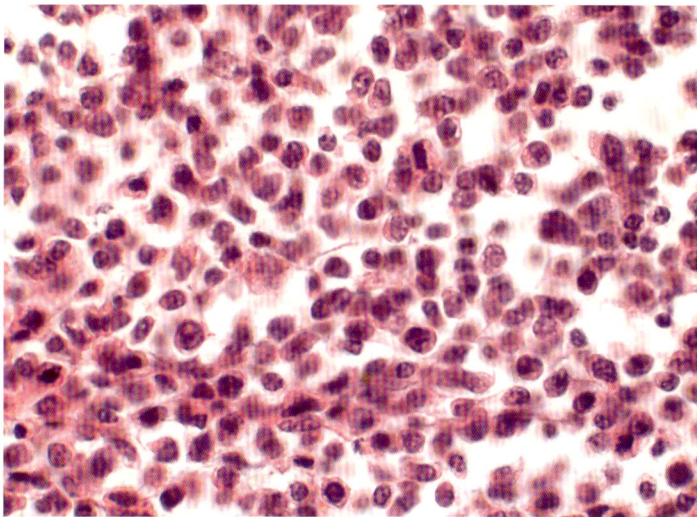

图3.1.4.18 鸡马立克氏病（坐骨神经）

肿瘤组织由大、中、小淋巴细胞，以及成淋巴细胞和浆细胞组成。HE×1 000

第五节 禽腺病毒病

禽腺病毒病最早于1987年在巴基斯坦卡拉奇附近一个叫安卡拉的小镇发生，因此该病又被称作安卡拉病。2015年以来，在我国大面积发生。该病是由禽腺病毒引起的一种传染病。禽腺病毒分为Ⅰ、Ⅱ、Ⅲ三个群，Ⅰ群可以引起包涵体肝炎和心包积液综合征；Ⅱ、Ⅲ群可以造成火鸡出血性肠炎和减蛋综合征。其中以心包积液综合征危害严重，常造成青年鸡大批死亡。特征性病理变化是心包腔内蓄积大量淡黄色液体，肝脏肿大变性、坏死。组织学检查可见肝细胞变性、弥漫性或局灶性坏死，可见核内嗜酸性包涵体（图3.1.5.1、图3.1.5.2、图3.1.5.3、图3.1.5.4、图3.1.5.5、图3.1.5.6、图3.1.5.7、图3.1.5.8、图3.1.5.9）。心肌颗粒变性，肌纤维溶解、断裂，致使心肌出现大面积空白区（图3.1.5.10、图3.1.5.11、图3.1.5.12）。

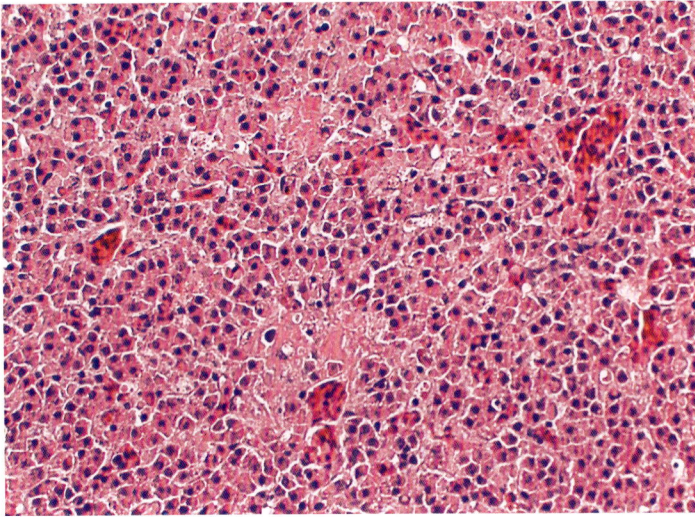

图3.1.5.1　禽腺病毒病

肝细胞肿胀、颗粒变性，局灶性肝细胞坏死，肝窦出血。HE×400

图3.1.5.2　禽腺病毒病

肝脏出血，局灶性淋巴细胞浸润，嗜酸性包涵体多见。HE×400

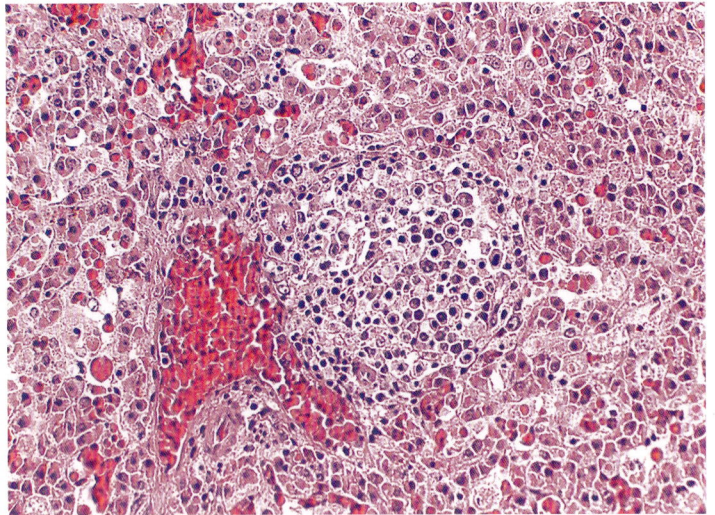

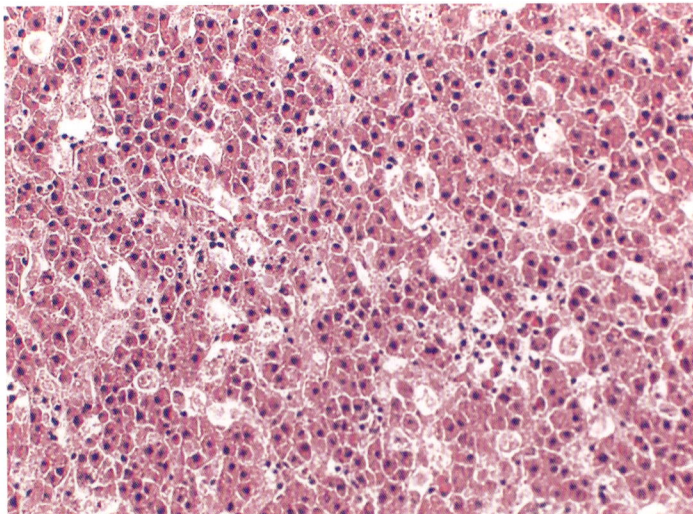

图3.1.5.3　禽腺病毒病

肝细胞肿胀、颗粒变性。HE×400

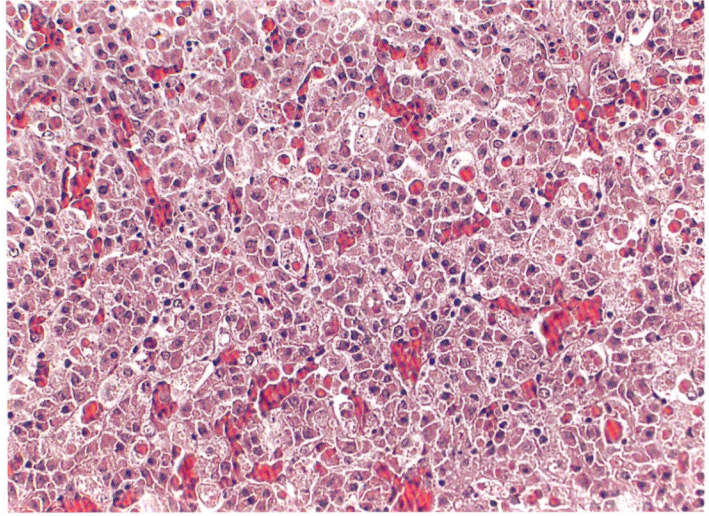

图3.1.5.4 禽腺病毒病
肝细胞坏死，肝窦出血，散在淋巴细胞，可见嗜酸性包涵体。HE×400

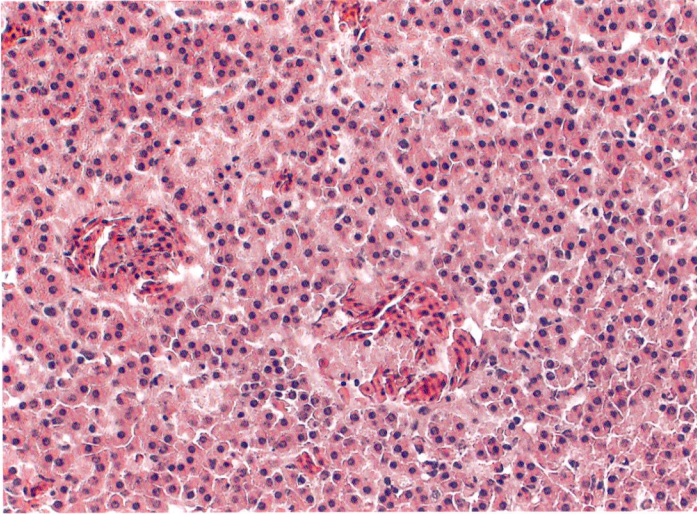

图3.1.5.5 禽腺病毒病
肝脏灶状出血，弥漫性肝细胞坏死。HE×400

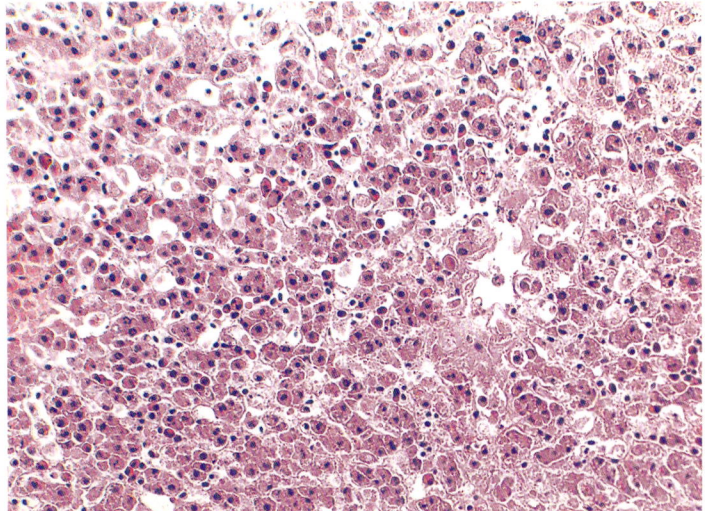

图3.1.5.6 禽腺病毒病
肝细胞弥漫性坏死。HE×400

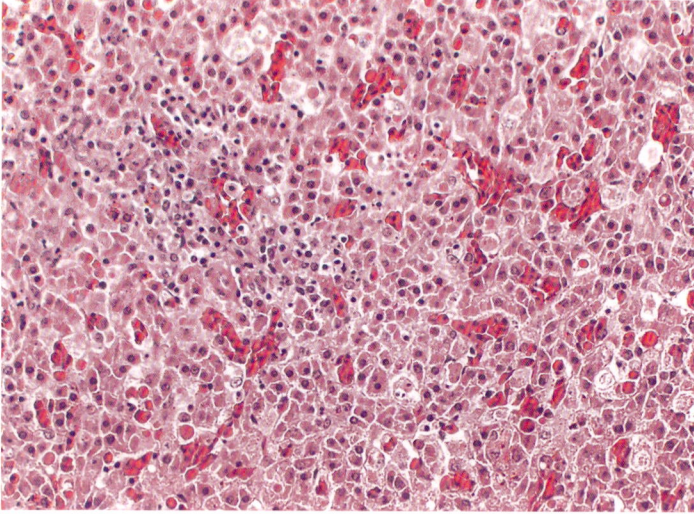

图3.1.5.7　禽腺病毒病

肝脏广泛出血，肝细胞肿胀、坏死，淋巴细胞浸润。HE×400

图3.1.5.8　禽腺病毒病

肝细胞弥漫性坏死，肝窦内有较多大小不等的嗜酸性小体（➡）。HE×400

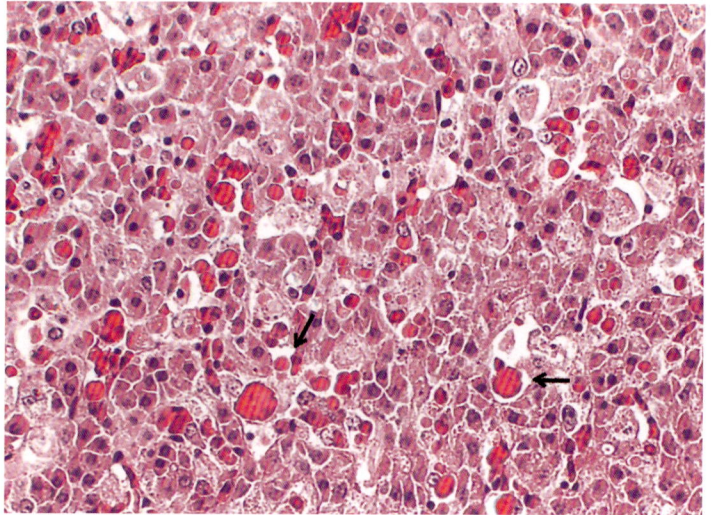

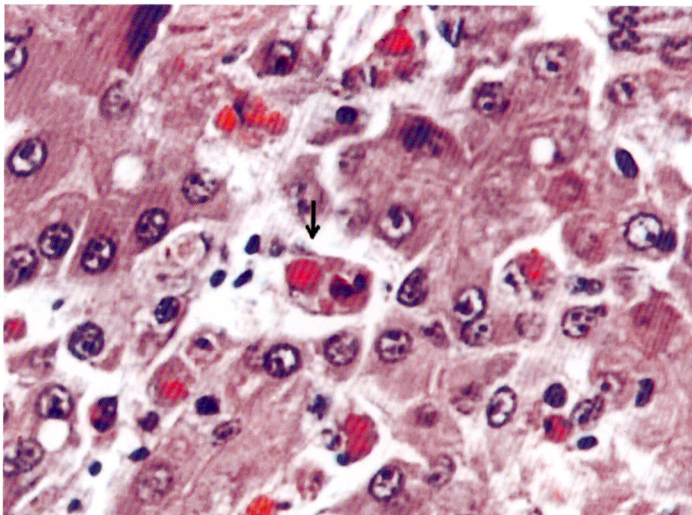

图3.1.5.9　禽腺病毒病

肝细胞内嗜酸性包涵体（➡）。HE×1 000

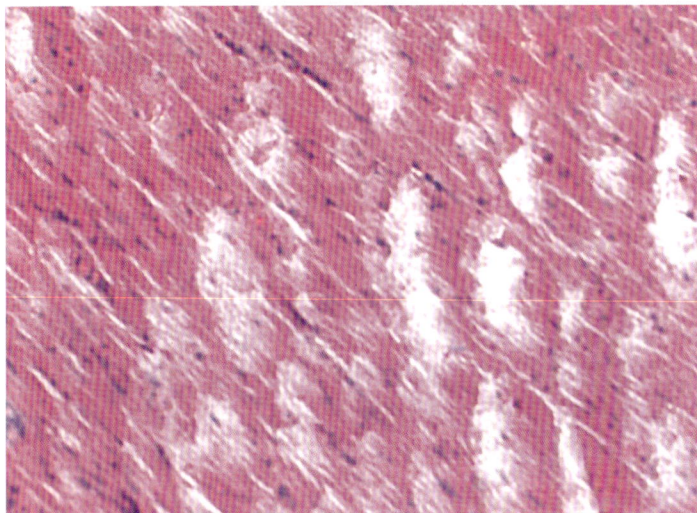

图 3.1.5.10　禽腺病毒病

心肌颗粒变性，肌纤维溶解、断裂，致使心肌出现大面积空白区。HE×400

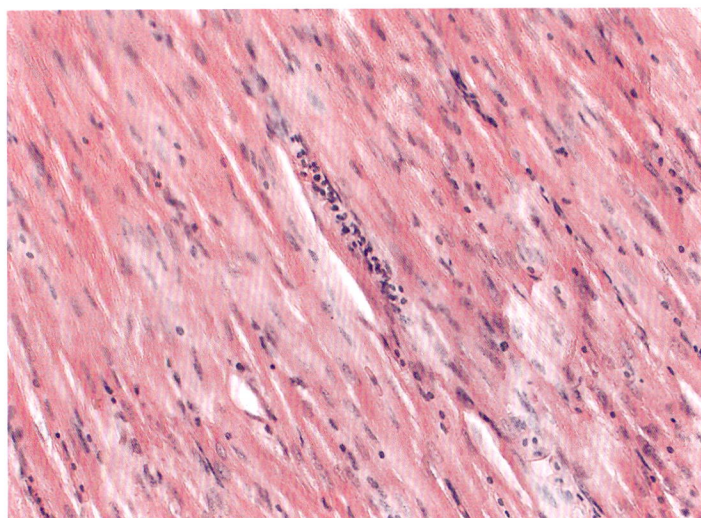

图 3.1.5.11　禽腺病毒病

心肌纤维颗粒变性，肌纤维溶解、断裂，间质炎性细胞浸润。HE×400

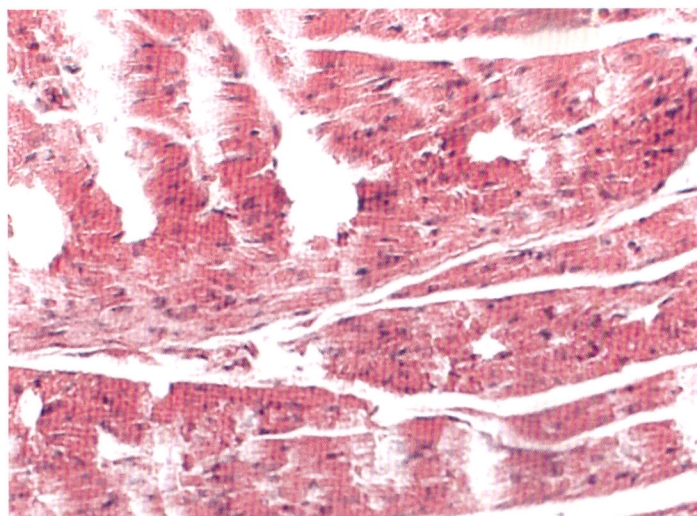

图 3.1.5.12　禽腺病毒病

心肌大面积溶解、断裂。HE×400

第六节　小反刍兽疫

小反刍兽疫俗称羊瘟，又名小反刍兽假性牛瘟、肺肠炎、口炎-肺肠炎复合症，是由小反刍兽疫病毒引起的一种急性病毒性传染病，主要感染小反刍动物，以发热、口炎、腹泻、肺炎为特征。

病理变化与牛瘟相似，可见结膜炎、坏死性口炎等，严重病例可蔓延到硬腭及咽喉部。皱胃常出现病变，而瘤胃、网胃、瓣胃很少出现病变，病变部常出现有规律的轮状糜烂，创面红色、出血。肠可见糜烂或出血，肠道出现特征性条纹状出血，特别是在结肠直肠结合处。淋巴结肿大。脾有坏死性病变。在鼻腔、喉、气管等处有出血斑。还可见支气管肺炎。

组织学检查：在胃肠道淋巴细胞及上皮细胞中出现嗜酸性胞质包涵体及多核巨细胞。在淋巴组织中，脾脏、扁桃体、淋巴结细胞坏死，形成含有嗜酸性胞质包涵体的多核巨细胞，少有核内包涵体（图3.1.6.1、图3.1.6.2、图3.1.6.3、图3.1.6.4、图3.1.6.5）。在消化系统，病毒引起马尔基氏层深部的上皮细胞发生坏死，感染细胞发生核浓缩和核破裂，在表皮生发层形成含有嗜酸性胞质包涵体的多核巨细胞。舌黏膜上皮细胞水泡变性，棘细胞层出现圆形局灶性坏死，其中有淋巴细胞和浆细胞（图3.1.6.6）。另外，也可见肝细胞变性、坏死，肾小管上皮细胞坏死、脱落（图3.1.6.7、图3.1.6.8）。

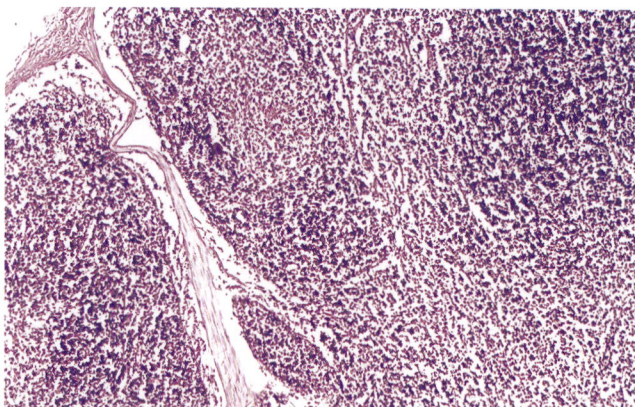

图3.1.6.1　小反刍兽疫（淋巴结）
淋巴结出血，淋巴细胞坏死。HE×40

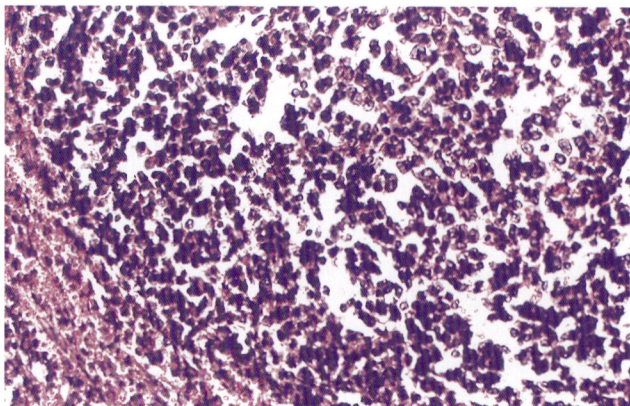

图3.1.6.2　小反刍兽疫（淋巴结）
淋巴结出血，淋巴细胞细胞坏死，细胞明显稀疏。HE×400

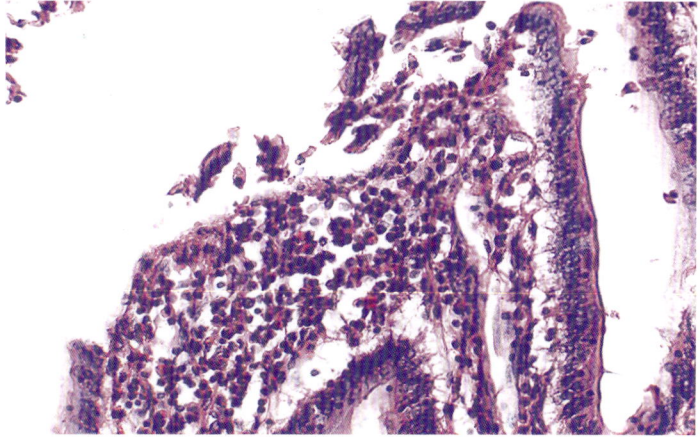

图3.1.6.3　小反刍兽疫（肠）

肠黏膜上皮细胞脱落，固有膜内大量炎性细胞浸润。HE×400

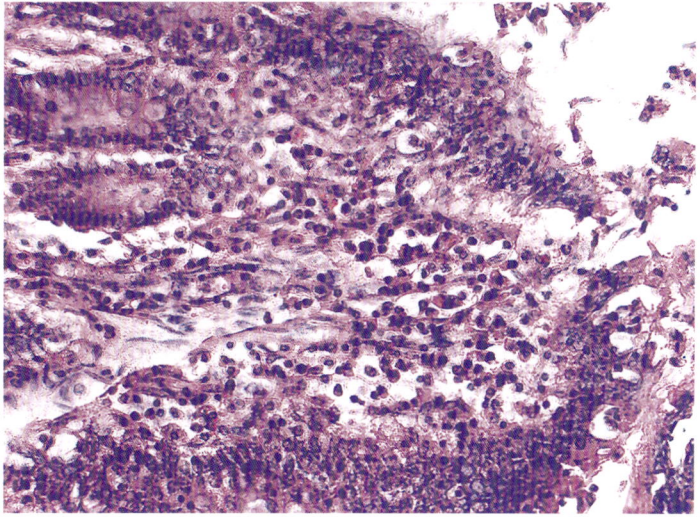

图3.1.6.4　小反刍兽疫（脾脏）

脾脏出血，淋巴细胞坏死。HE×400

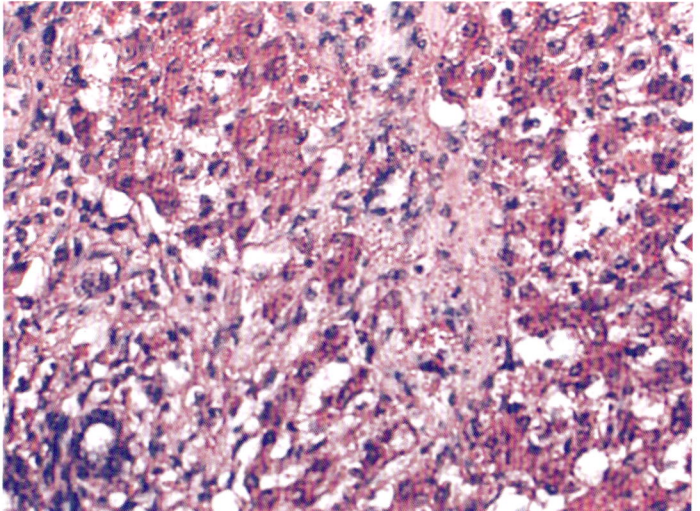

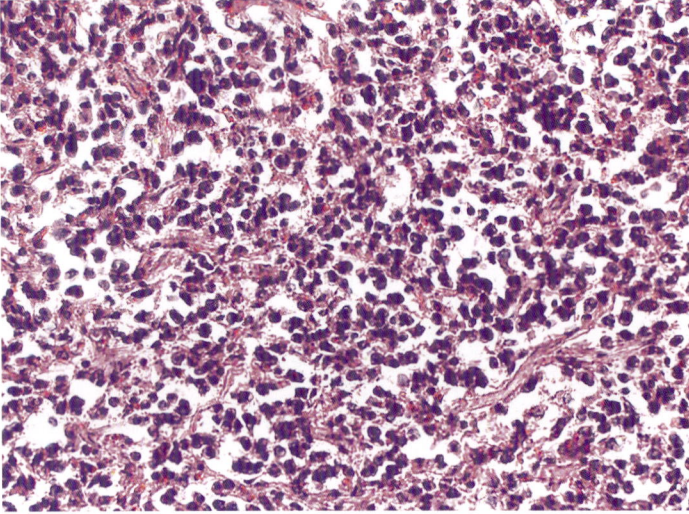

图3.1.6.5　小反刍兽疫（脾脏）

脾脏淋巴细胞坏死，细胞明显稀疏。HE×400

图3.1.6.6　小反刍兽疫（舌）

舌黏膜上皮细胞水泡变性（→），棘细胞层出现圆形局灶性坏死，其中有淋巴细胞和浆细胞。HE×400

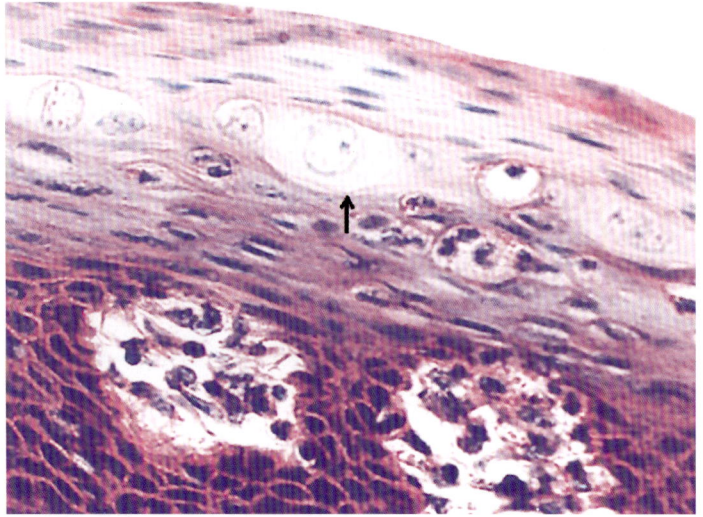

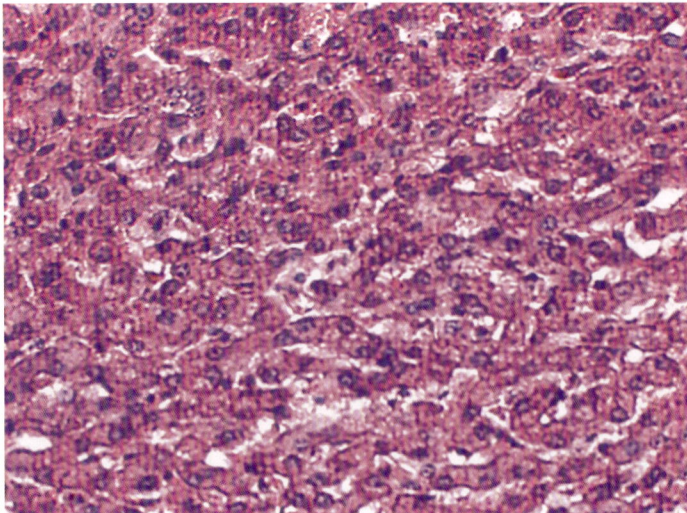

图3.1.6.7　小反刍兽疫（肝脏）

肝细胞颗粒变性、坏死。HE×400

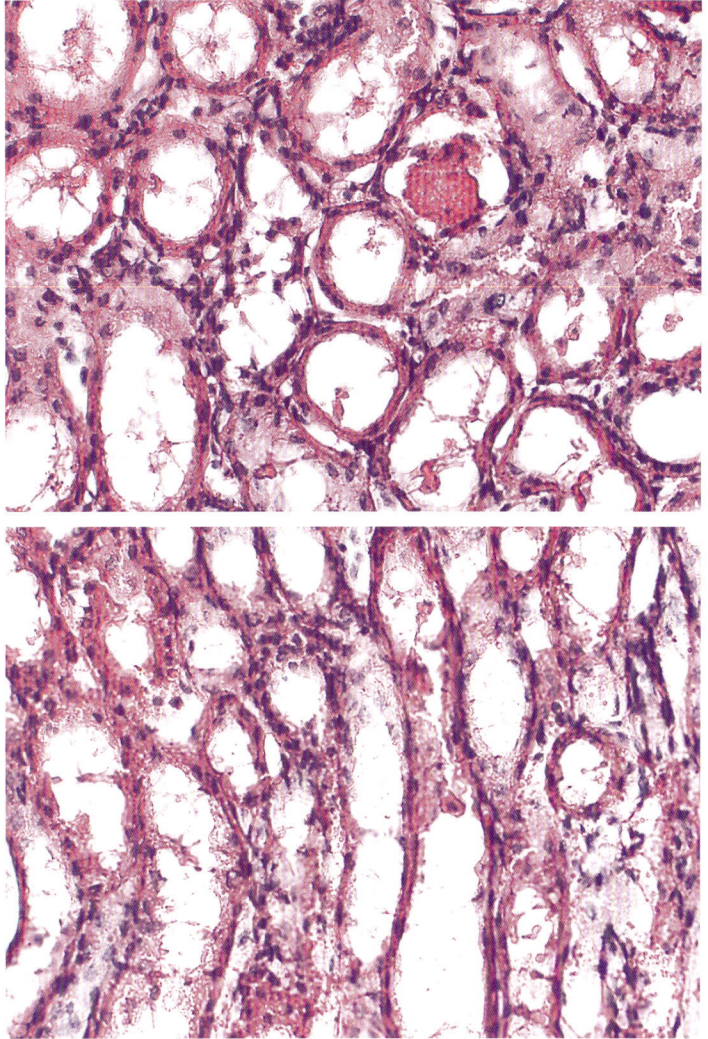

图3.1.6.8 小反刍兽疫（肾脏）
肾小管上皮细胞变性、坏死、脱落，仅残留基底膜，肾小管仅剩轮廓。HE×400

第七节 犬细小病毒性肠炎

犬细小病毒性肠炎是由细小病毒科细小病毒属的细小病毒引起的犬科动物的一种烈性传染病。发病犬表现为出血性肠炎，严重呕吐、腹泻，便血。本病分为肠炎型、心肌炎型和混合型。心肌炎型死亡率高。病理特征是严重出血性肠炎，心脏、肝脏、肾脏、脾脏、淋巴结出血，细胞变性、坏死肠黏膜上皮细胞内可见核内包涵体（图3.1.7.1、图3.1.7.2、图3.1.7.3、图3.1.7.4、图3.1.7.5、图3.1.7.6、图3.1.7.7、图3.1.7.8、图3.1.7.9、图3.1.7.10、图3.1.7.11）。

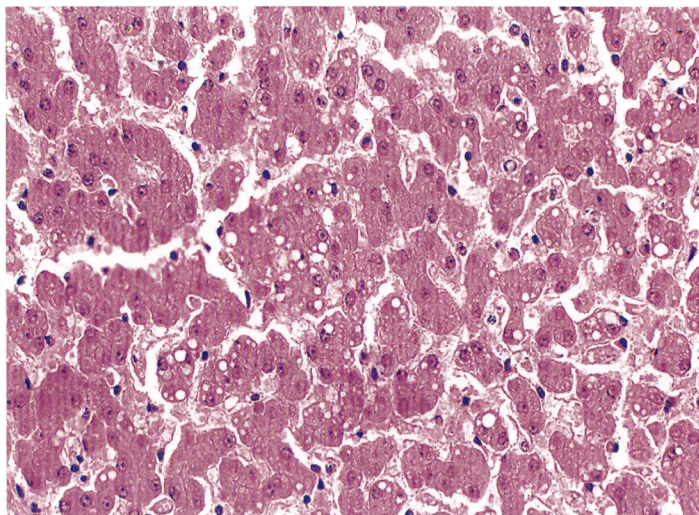

图3.1.7.1　犬细小病毒性肠炎

肝细胞肿大、颗粒变性、脂肪变性。HE×400

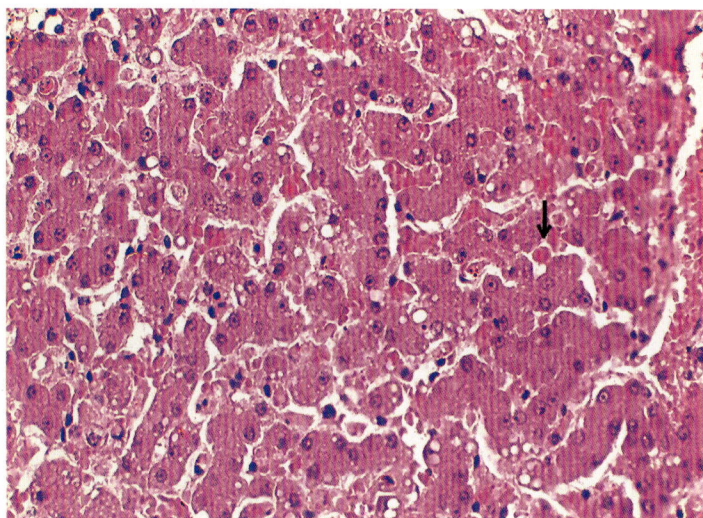

图3.1.7.2　犬细小病毒性肠炎

肝细胞肿大、颗粒变性、脂肪变性，出血，肝组织内出现嗜酸性包涵体（➡）。HE×400

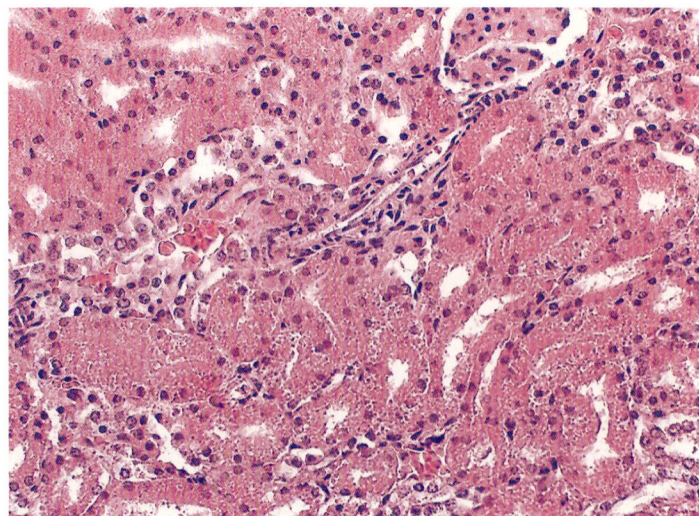

图3.1.7.3　犬细小病毒性肠炎

肾脏出血，肾小管上皮细胞颗粒变性。HE×400

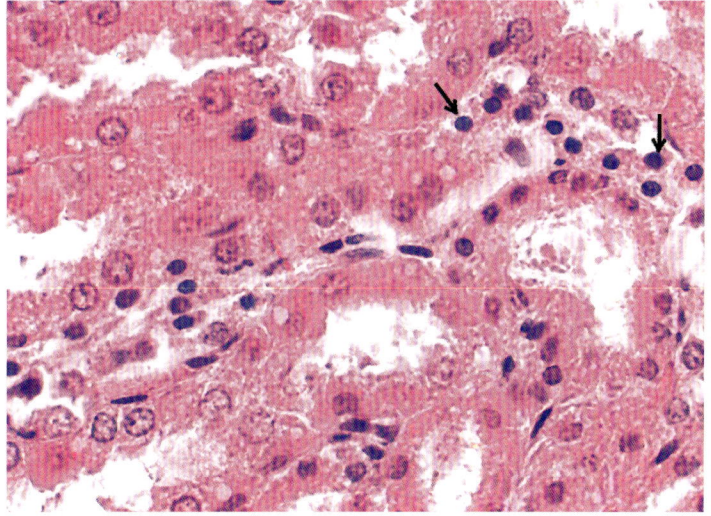

图 3.1.7.4 犬细小病毒性肠炎
肾小管上皮细胞颗粒变性、坏死、
核浓缩（→）。HE×1 000

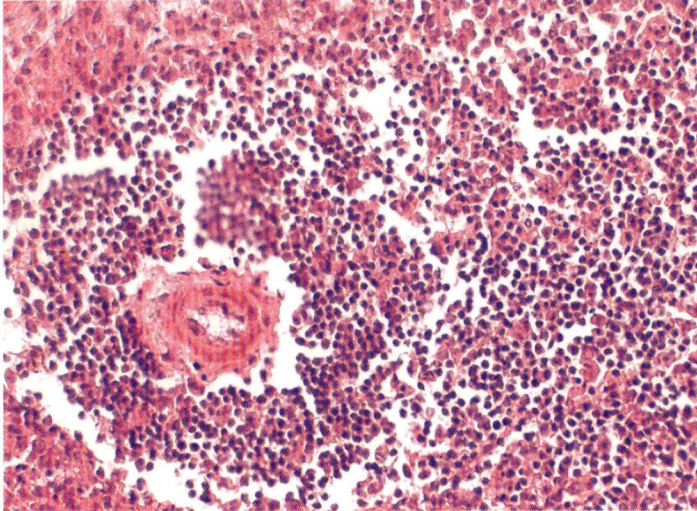

图 3.1.7.5 犬细小病毒性肠炎
脾脏白髓生发中心淋巴细胞显著减
少，淋巴鞘水肿。HE×400

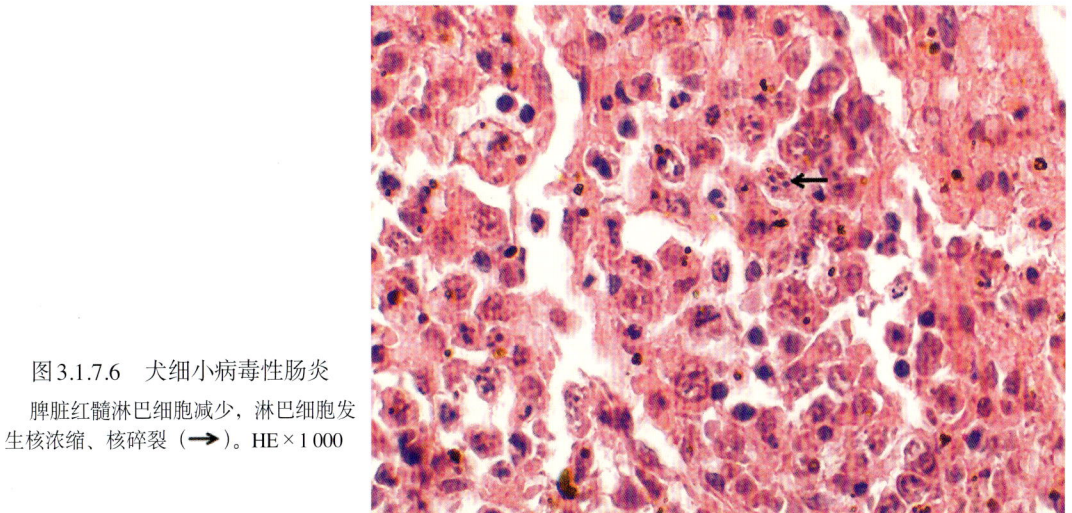

图 3.1.7.6 犬细小病毒性肠炎
脾脏红髓淋巴细胞减少，淋巴细胞发
生核浓缩、核碎裂（→）。HE×1 000

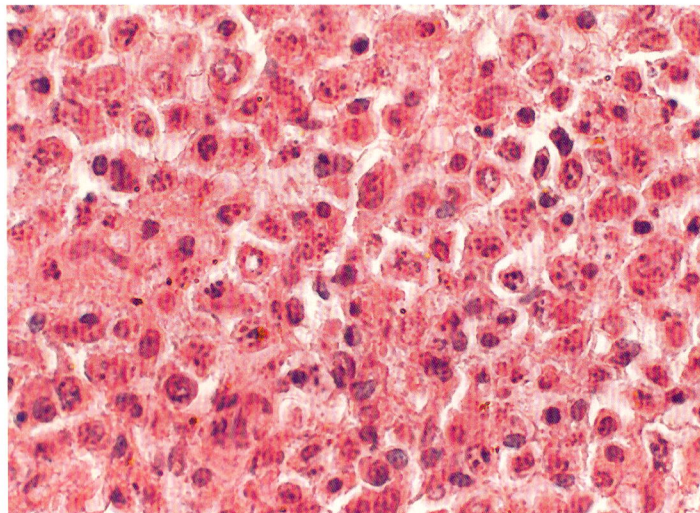

图3.1.7.7　犬细小病毒性肠炎
脾脏大多数淋巴细胞发生核碎裂和溶解性坏死。HE×1 000

图3.1.7.8　犬细小病毒性肠炎
淋巴结严重出血，淋巴细胞减少。HE×400

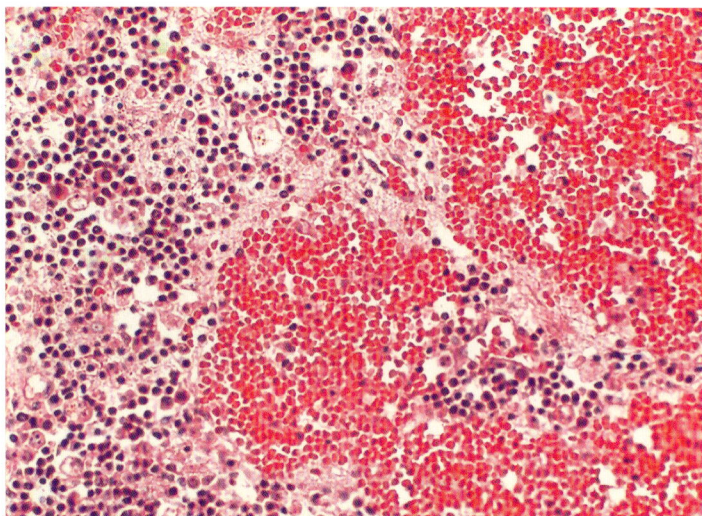

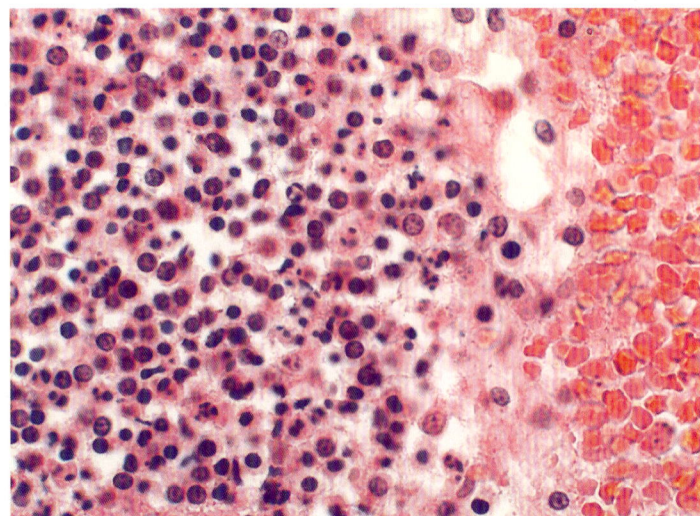

图3.1.7.9　犬细小病毒性肠炎
淋巴结严重出血，淋巴细胞发生坏死而明显减少。HE×1 000

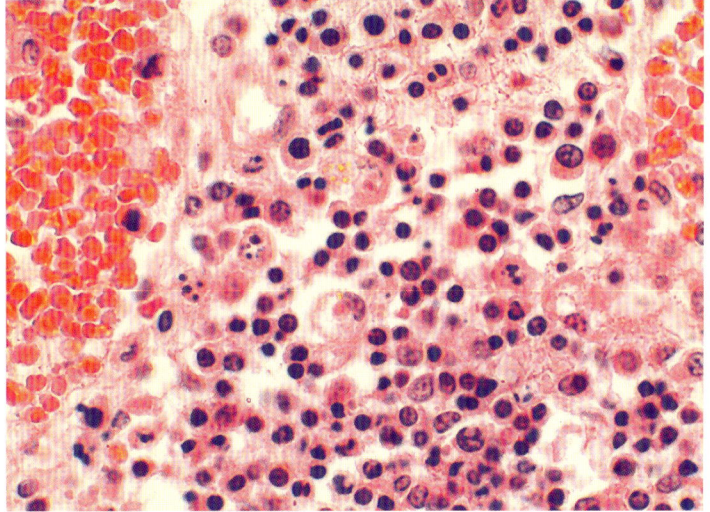

图 3.1.7.10　犬细小病毒性肠炎
淋巴结严重出血，淋巴细胞发生坏死，核浓缩、碎裂，浆细胞增多。
HE×1 000

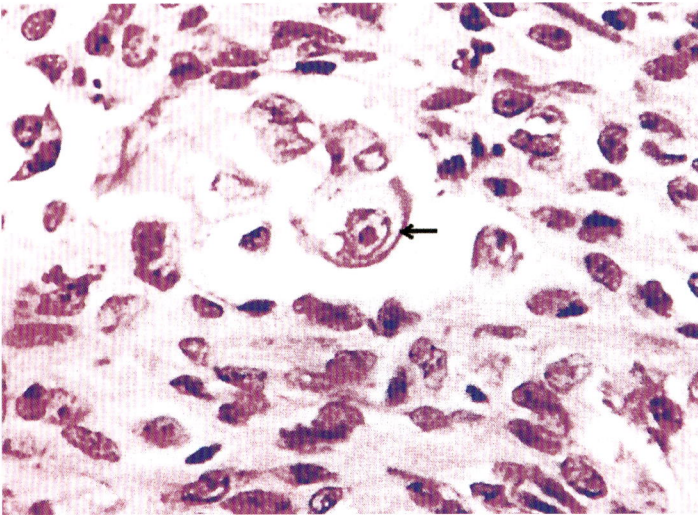

图 3.1.7.11　犬细小病毒性肠炎
十二指肠腺一个上皮细胞发生变性，其核内有一个嗜酸性包涵体（➡）。
HE×400（陈怀涛）

第八节　猪伪狂犬病

　　猪伪狂犬病是由伪狂犬病病毒引起猪的一种急性传染病。病猪体温升高，新生仔猪表现为神经症状，也感染其他家畜和野生动物。本病在很多养猪国家和地区均有发生。世界动物卫生组织将其列为法定报告的动物疫病，我国将其列为三类动物疫病。

　　病理变化：表现为非化脓性脑炎，脑膜表面充血、出血和水肿。脑脊髓液增多，脑实质点状出血。脑组织中胶质细胞弥漫性或局灶性增生、嗜神经现象和血管套形成（图3.1.8.1、图3.1.8.2、图3.1.8.3、图3.1.8.4、图3.1.8.5）。鼻腔出血性或化脓性炎症。扁桃体出血、水肿、坏死（图3.1.8.6、图3.1.8.7）。肺出血，呈间质性肺炎病变，肺泡壁毛细血管扩张、充血，上皮细胞增生（图3.1.8.8、图3.1.8.9、图3.1.8.10）。脾脏白髓和红髓组织间隙红细胞增多。肝细胞肿胀、脂肪变性，肝窦扩张、充血、出血（图3.1.8.11）。

肾出血，肾小管上皮细胞萎缩、变性，肾小管之间出现大量淋巴样细胞，并伴有淀粉物质沉着（图3.1.8.12、图3.1.8.13）。

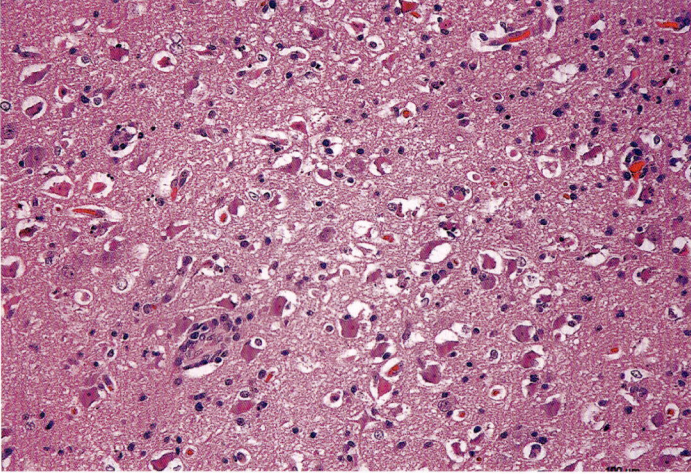

图3.1.8.1　猪伪狂犬病（脑）

非化脓性脑炎病变，胶质细胞弥漫性增生，嗜神经现象。HE×400

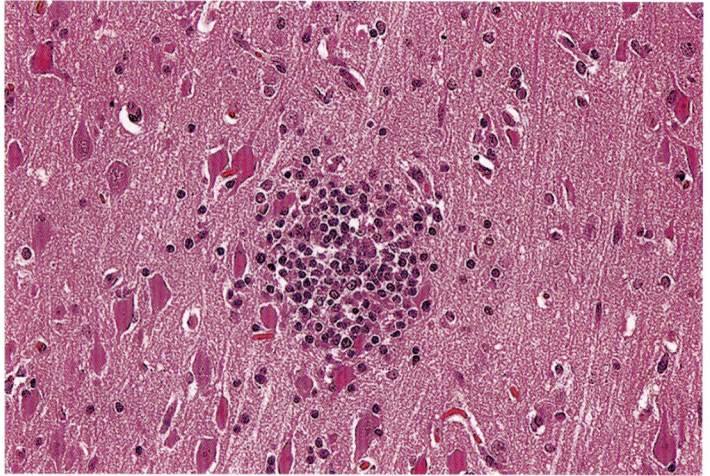

图3.1.8.2　猪伪狂犬病（脑）

非化脓性脑炎病变，神经细胞变性、坏死，胶质细胞结节性增生。HE×400

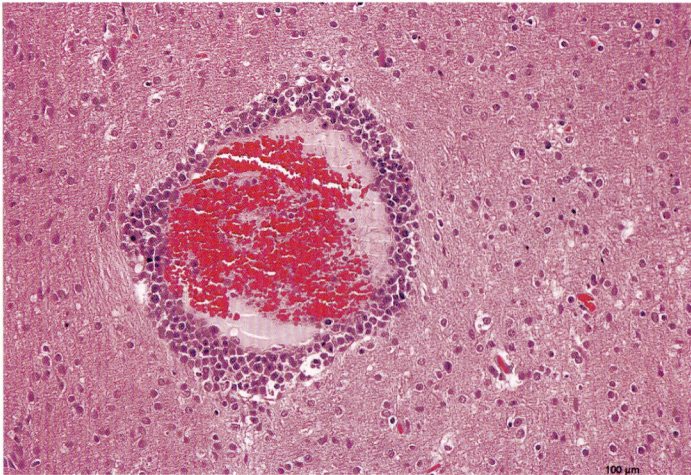

图3.1.8.3　猪伪狂犬病（脑）

非化脓性脑炎病变，毛细血管充血，血管套形成。HE×400

图3.1.8.4　猪伪狂犬病（大脑）

神经细胞核浓缩（→），嗜神经现
象，血管套形成。HE×400

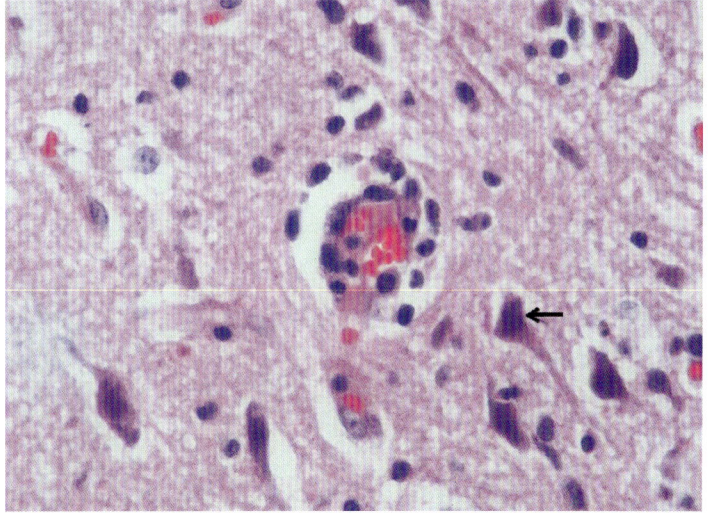

图3.1.8.5　猪伪狂犬病（大脑）

大脑毛细血管充血、出血，血管套
形成，其中淋巴细胞部分坏死，核碎
裂。HE×400

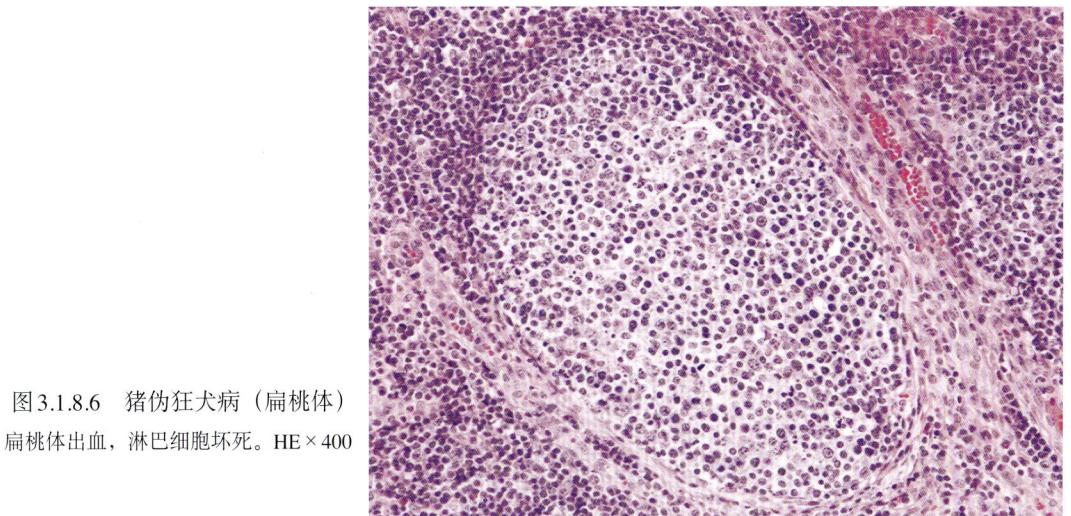

图3.1.8.6　猪伪狂犬病（扁桃体）

扁桃体出血，淋巴细胞坏死。HE×400

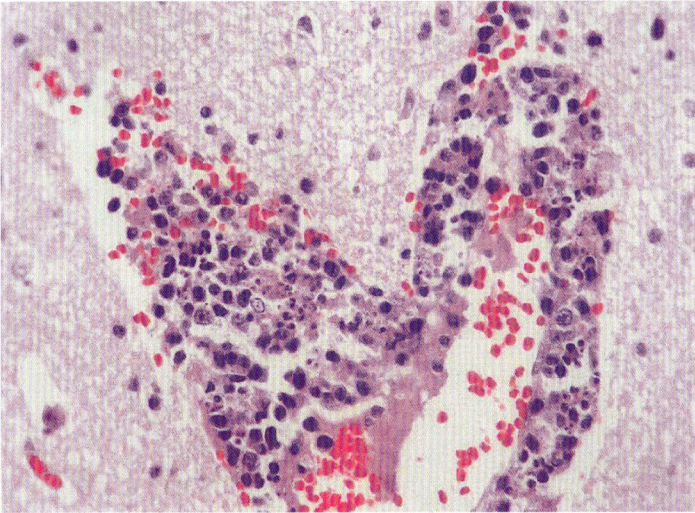

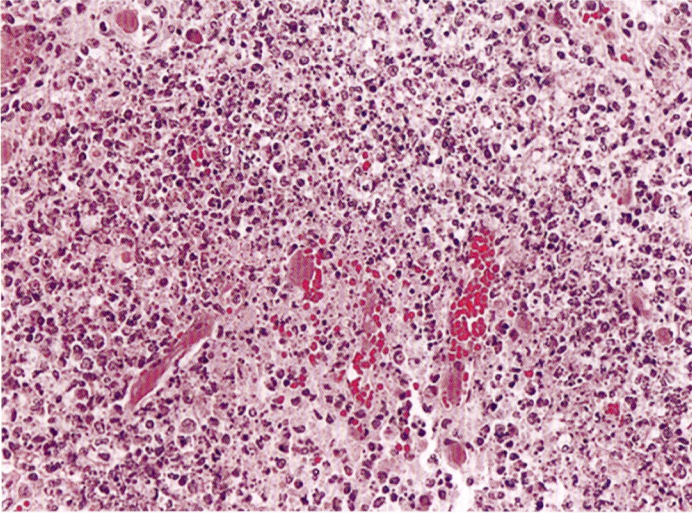

图3.1.8.7　猪伪狂犬病（扁桃体）
扁桃体出血，淋巴细胞坏死，核碎裂。HE×400

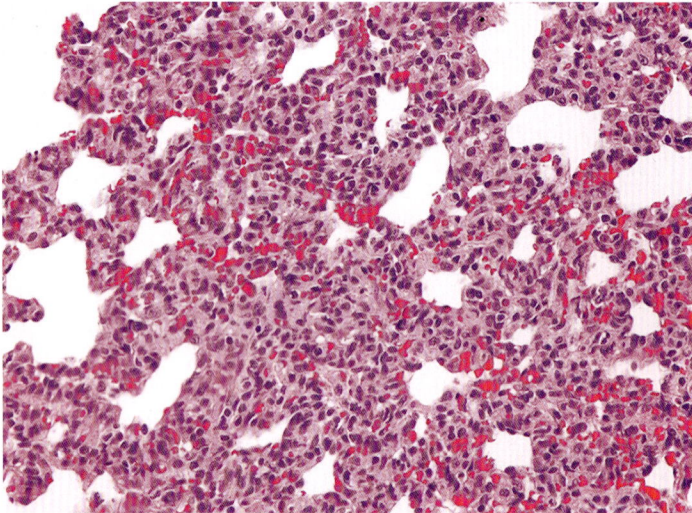

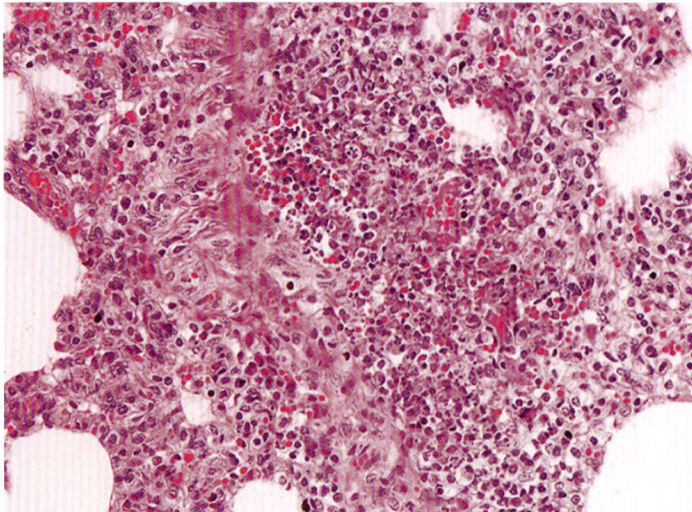

图3.1.8.8　猪伪狂犬病（肺）
肺出血，呈间质性肺炎病变。HE×400

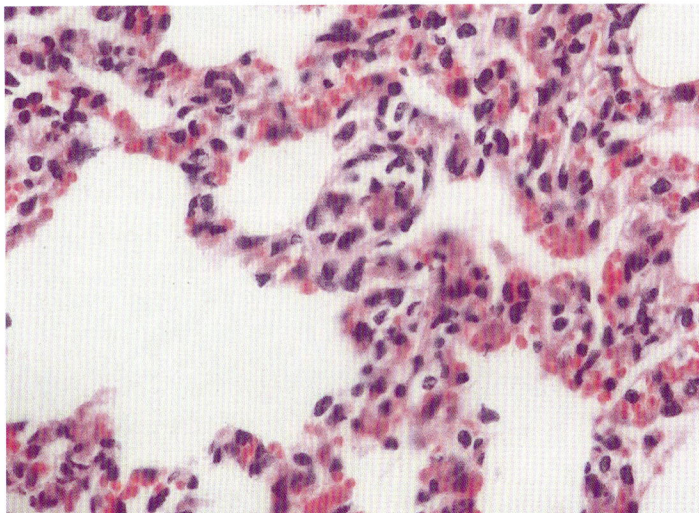

图3.1.8.9 猪伪狂犬病（肺）

间质性肺炎，肺泡隔肿胀变厚，毛
细血管扩张、充血、出血。HE×400

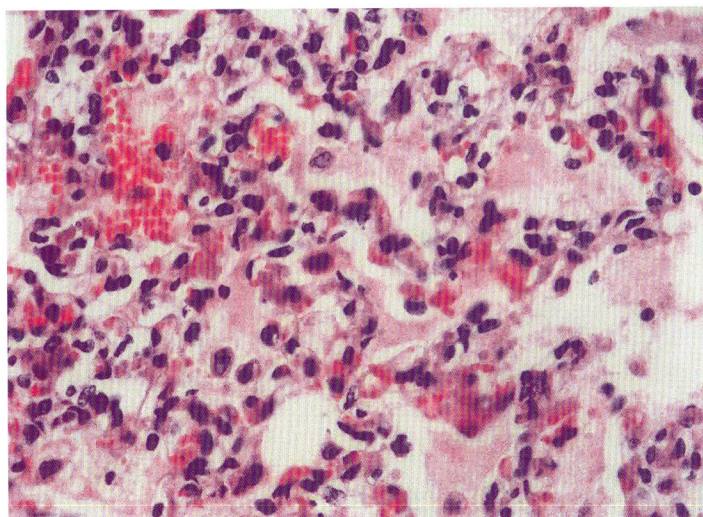

图3.1.8.10 猪伪狂犬病（肺）

肺泡腔内充满浆液性渗出物，其中
含有大量红细胞和脱落的肺泡上皮细
胞。HE×400

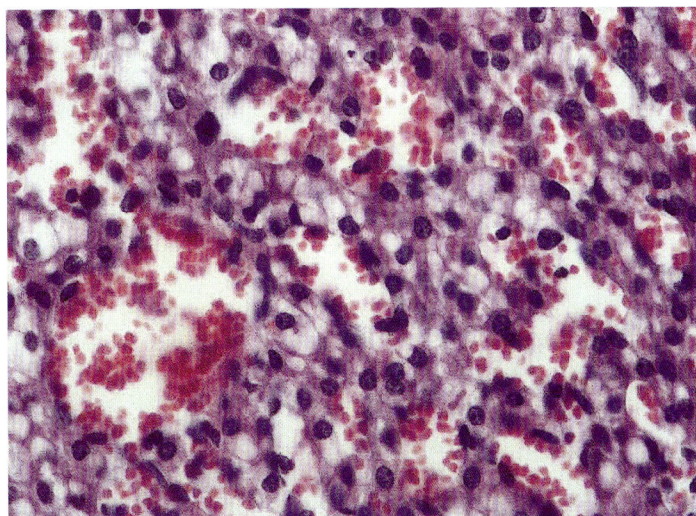

图3.1.8.11 猪伪狂犬病（肝脏）

肝细胞肿胀、脂肪变性，肝索失去
正常形态，肝窦扩张、充血。HE×400

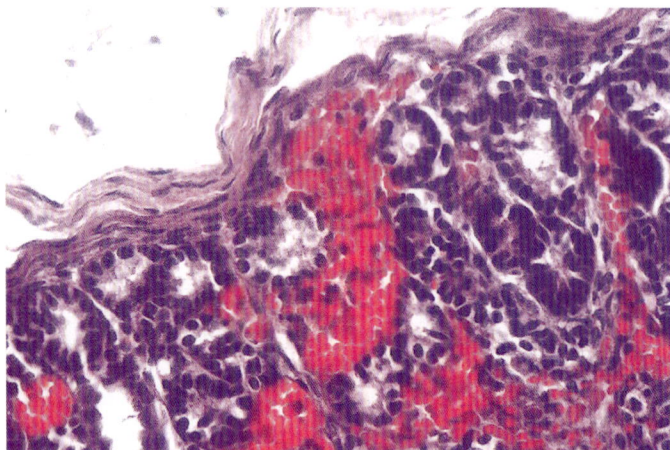

图3.1.8.12 猪伪狂犬病（肾脏）
球后毛细血管扩张、充血、出血。肾小管上皮细胞萎缩、变性。肾小管之间出现大量淋巴样细胞。HE×400

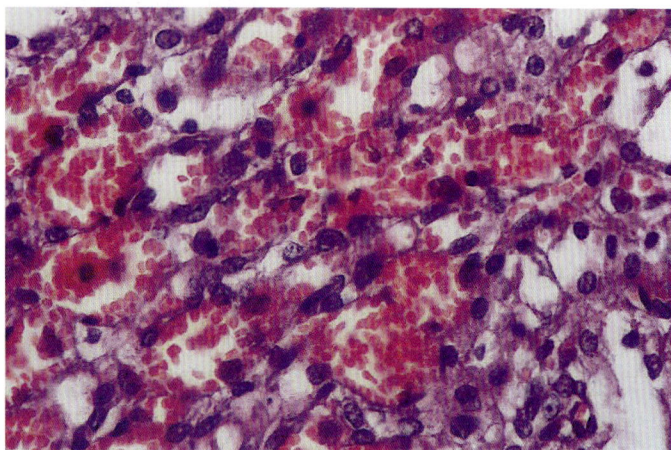

图3.1.8.13 猪伪狂犬病（肾脏）
球后毛细血管扩张、充血、出血。肾小管上皮细胞变性、坏死。HE×400

第九节 猪　　瘟

　　猪瘟是由猪瘟病毒引起的高度传染性、接触性疾病，遍布世界各地，从发现至今约有180年历史，是危害养猪业的重要传染病之一。猪瘟潜伏期为2 ～ 14d，临床表现取决于猪瘟病毒毒株毒力情况、感染猪年龄以及整个猪群健康状况和免疫水平等因素。猪瘟被世界动物卫生组织列为法定报告疫病，我国则将其列为二类动物传染病。

　　急性败血型猪瘟时，病猪特异性形态学变化出现于免疫系统器官，如淋巴结和脾。淋巴结表现为出血性炎症。组织学检查，淋巴结充血、出血，血管壁呈纤维素样肿胀、坏死，边缘窦和中间窦以及窦间的网状组织呈出血性浸润，淋巴滤泡和弥散性淋巴组织区淋巴细胞呈轻度坏死（图3.1.9.1、图3.1.9.2、图3.1.9.3）。脾脏边缘见有孤立的或多发性的出血性梗死（图3.1.9.4、图3.1.9.5、图3.1.9.6）。肺脏淤血，有卡他性肺炎、浆液性出血性胸膜肺炎及化脓性支气管肺炎。心、肺、肾脏有明显的弥散性出血斑点（图3.1.9.7、图3.1.9.8、图3.1.9.9、图3.1.9.10、图3.1.9.11、图3.1.9.12、图3.1.9.13）。胃、肠黏膜呈急性卡他性炎，且有点状和斑状出血。肠集合淋巴滤泡和孤立淋巴滤泡增生。中枢神经系统呈现非化脓性脑炎病变，其特征为血管周围的淋巴细胞浸润，神经胶质细胞局灶性增生，形成神经胶质细胞结节（图3.1.9.14、图3.1.9.15、图3.1.9.16、图3.1.9.17）。慢性或亚急性猪瘟时，常因继发细菌性感染而发生肠型或胸型猪瘟。肠型猪瘟多是继发沙门氏菌感染所致，胸型猪瘟则是继发巴氏杆菌感染所致。前者表现为盲肠和结肠的溃疡性肠炎，形成典型的扣状肿；后者多表现为胸膜肺炎。

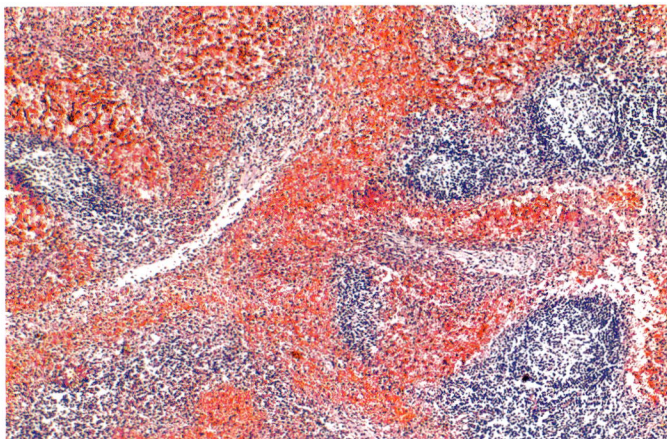

图3.1.9.1　猪瘟（淋巴结）
出血性淋巴结炎。HE×100

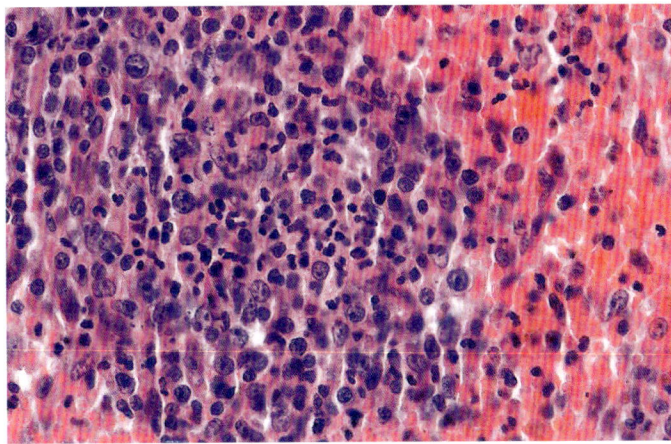

图3.1.9.2　猪瘟（淋巴结）
淋巴结出血，淋巴小结内大量淋巴细胞坏死、核碎裂，巨噬细胞增生。HE×400

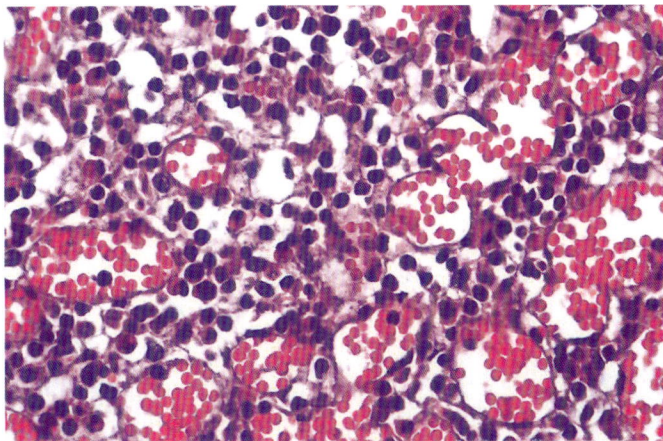

图3.1.9.3　猪瘟（淋巴结）
淋巴结毛细血管扩张、充血、出血。HE×400

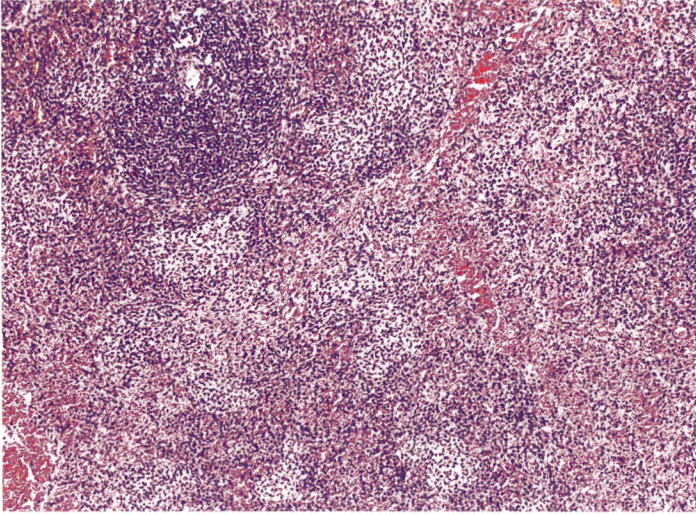

图3.1.9.4　猪瘟（脾脏）
脾脏出血。HE×100

图3.1.9.5　猪瘟（脾脏）
脾窦扩张，充满红细胞，脾小体淋巴细胞坏死，脾脏中散在小梗死灶。HE×100

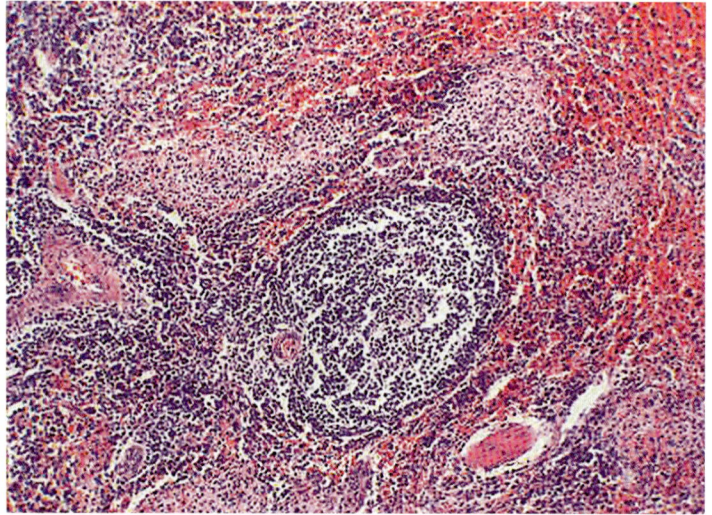

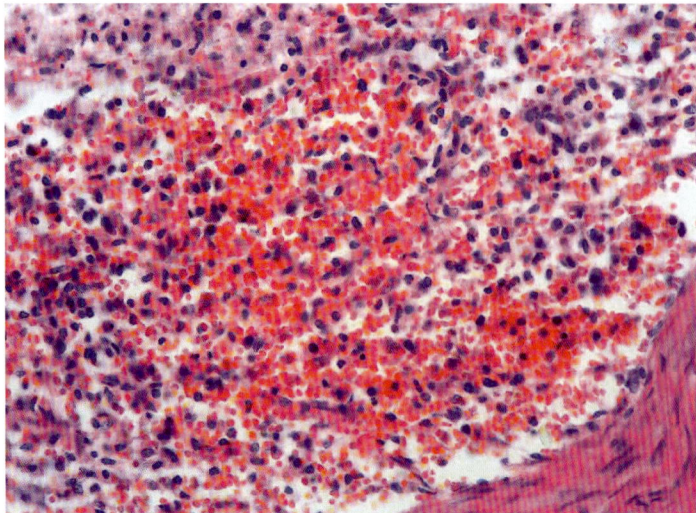

图3.1.9.6　猪瘟（脾脏）
脾脏的出血灶。HE×400

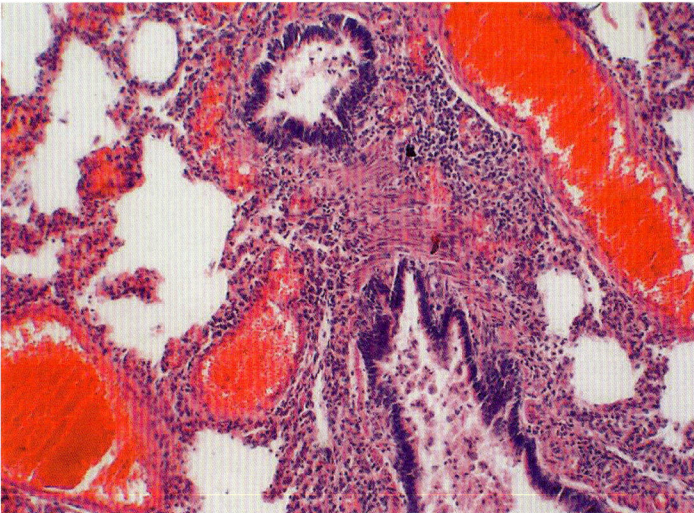

图 3.1.9.7　猪瘟（肺）
肺脏呈现支气管肺炎病变。HE×100

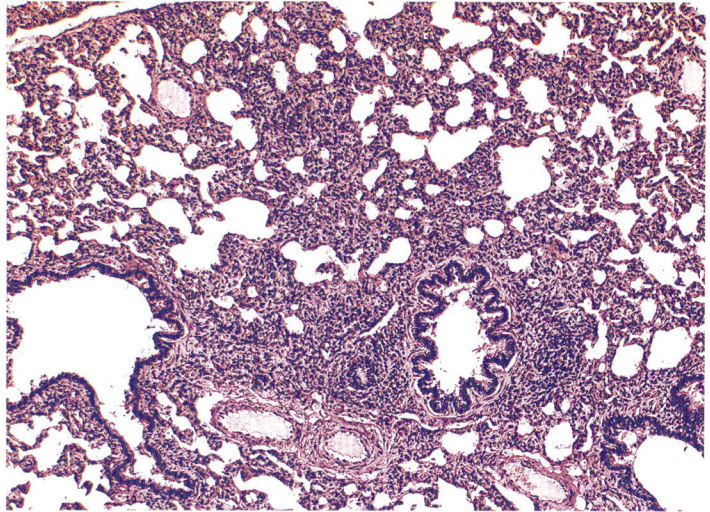

图 3.1.9.8　猪瘟（肺）
支气管动脉、支气管静脉扩张充血，毛细血管扩张、充血、出血，支气管内积有炎性渗出物，支气管周围炎性细胞浸润。HE×200

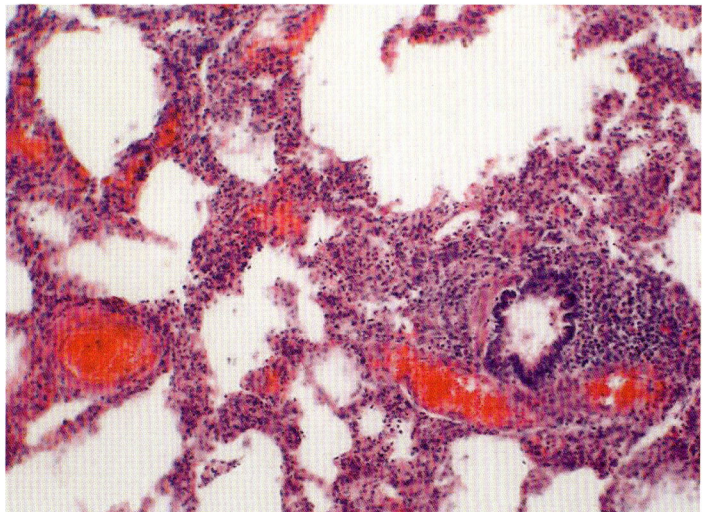

图 3.1.9.9　猪瘟（肺）
肺泡隔变厚，毛细血管扩张、充血、出血，肺泡隔、支气管周围炎性细胞浸润。HE×200

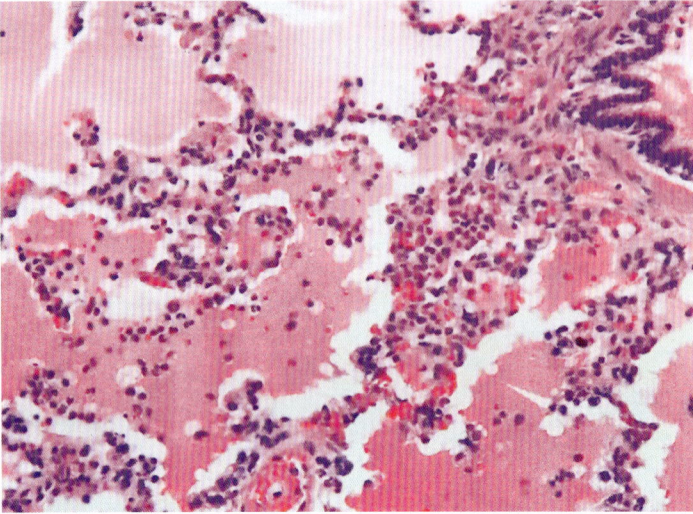

图3.1.9.10　猪瘟（肺）

化脓性支气管肺炎，支气管和肺泡内充满粉红色浆液，散在炎性细胞、红细胞。HE×200

图3.1.9.11　猪瘟（肾脏）

肾脏出血，肾小管上皮细胞变性、坏死。HE×400

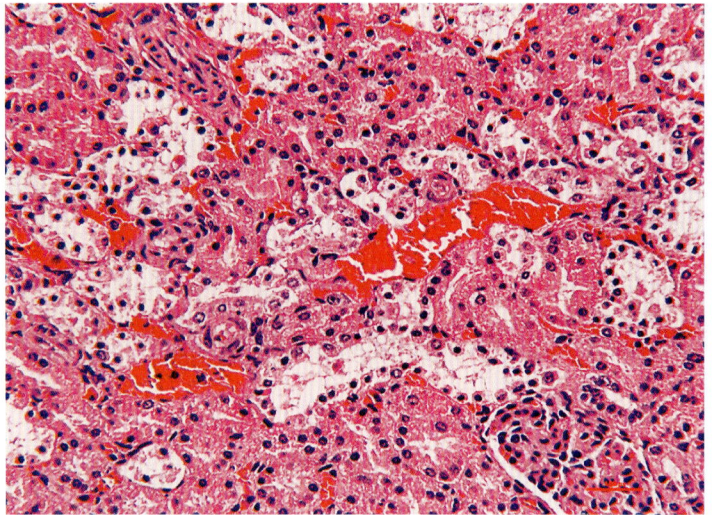

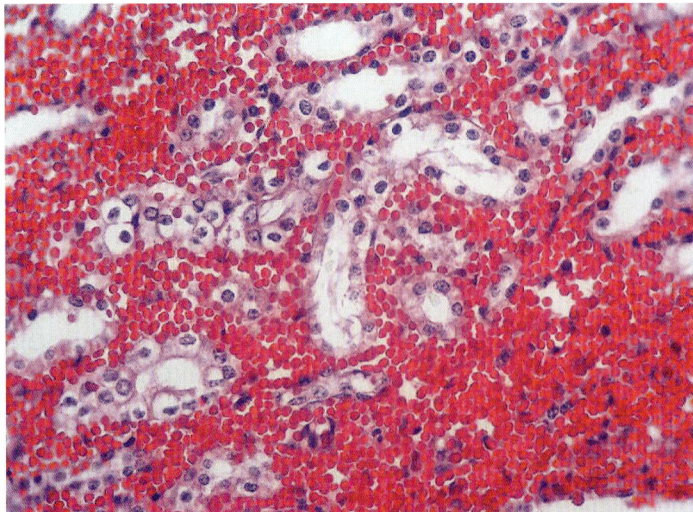

图3.1.9.12　猪瘟（肾脏）

肾脏髓质球后毛细血管扩张、充血、出血，肾小管上皮细胞变性、死死。HE×200

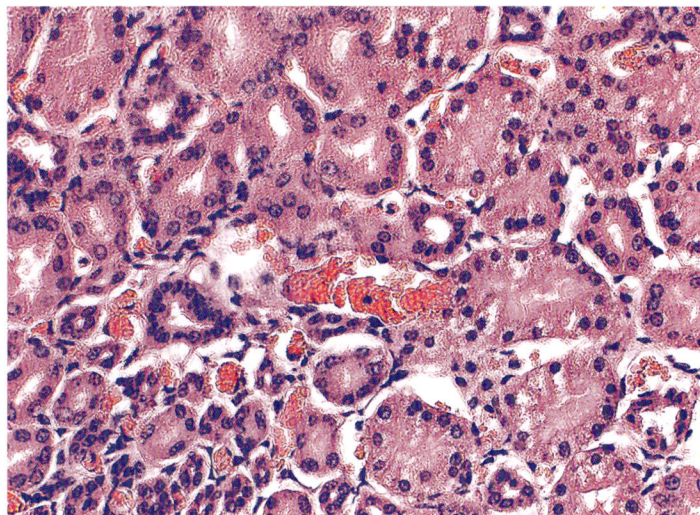

图3.1.9.13　猪瘟（肾脏）
肾脏出血，肾小管上皮细胞颗粒变性。HE×400

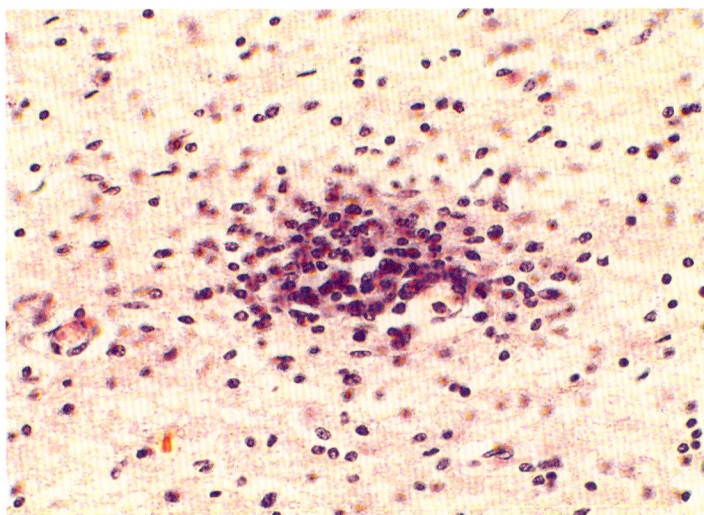

图3.1.9.14　猪瘟（脑）
脑炎病变，胶质细胞结节。HE×400

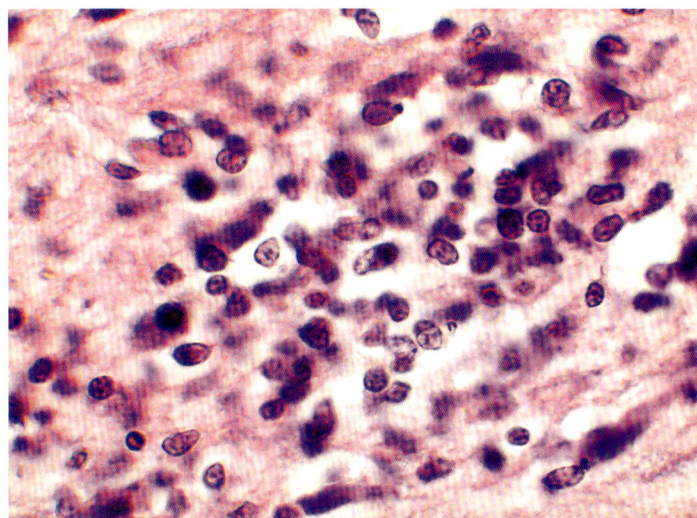

图3.1.9.15　猪瘟（脑）
脑炎病变，胶质细胞结节。HE×1 000

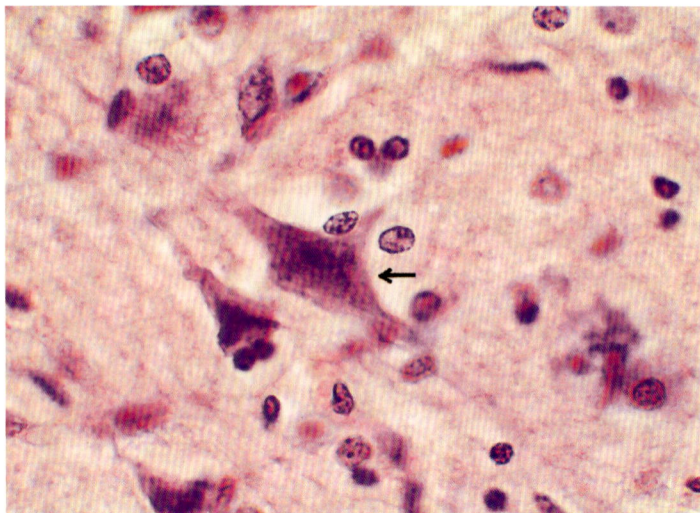

图3.1.9.16　猪瘟（脑）

脑炎病变，嗜神经现象（➡）。
HE×1 000

图3.1.9.17　猪瘟（脑）

　　脑炎病变，神经细胞变性，突起消失，核膜消失，核染色质散布在胞质中。HE×1 000

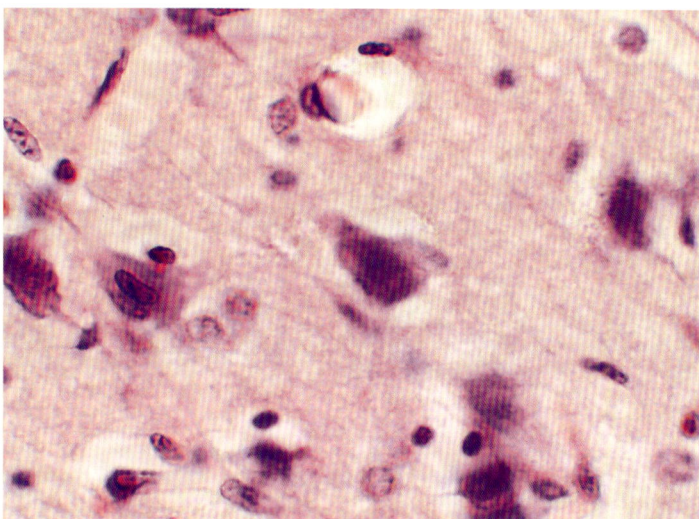

第十节　非洲猪瘟

　　非洲猪瘟是由非洲猪瘟病毒感染引起的家猪和野猪的一种急性、热性、高度接触性传染病。世界动物卫生组织将其列为法定报告动物疫病，我国将其列为一类动物疫病。

　　本病症状和大体病理变化与猪瘟相似。

　　病理组织学变化：心肌充血、出血，肌间有多量大小不一的出血灶。肝脏出血和淋巴细胞浸润，肝细胞颗粒变性、坏死。脾脏严重出血，淋巴细胞坏死，脾小体数量减少，白髓体积缩小。肺水肿和出血，肺泡腔内充满大量粉红色浆液，其间混有多量红细胞，间质小静脉和肺泡壁毛细血管扩张、充血、出血，中后期死亡病例呈现出血性间质性肺炎或支气管肺炎病变。肾脏以出血性变化为主，肾小球、肾间质见大量红细胞，肾小管上皮细胞广泛变性、坏死，肾小管内有粉红色蛋白管型和脱落的上皮细胞。肠黏膜重度出血，胃浆膜重度出血，回盲口重度出血和溃疡（图3.1.10.1、图3.1.10.2、图3.1.10.3、图3.1.10.4、图3.1.10.5、图3.1.10.6、图3.1.10.7）。脑呈现病毒性脑炎特征，细胞性管套形成，可见卫星现象和嗜神经现象。淋巴结出现典型出血性、坏死性炎病变特征，大量淋巴细胞坏死，核崩解碎裂。

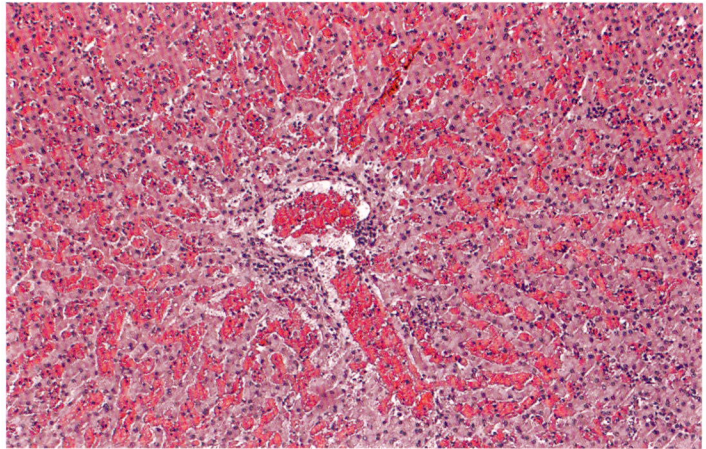

图3.1.10.1　非洲猪瘟（肝脏）
肝脏淤血、出血。HE×100

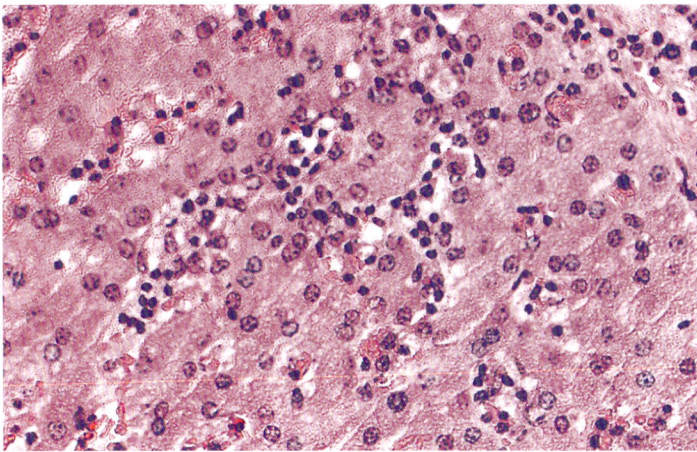

图3.1.10.2　非洲猪瘟（肝脏）
肝细胞变性、坏死，核浓缩，肝窦中淋巴细胞浸润。HE×400

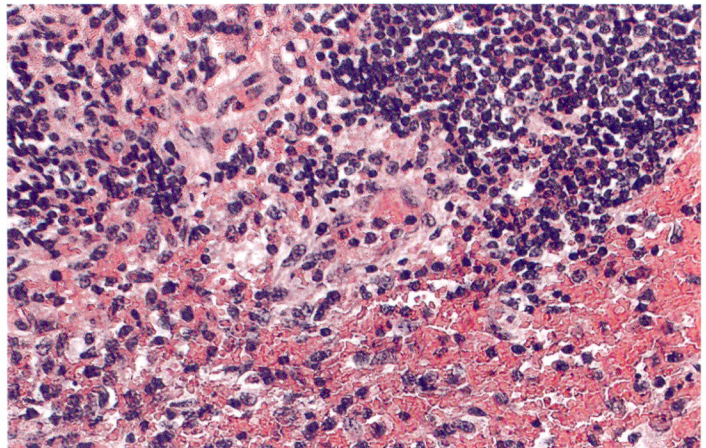

图3.1.10.3　非洲猪瘟（脾脏）
脾脏出血，淋巴细胞坏死。HE×400

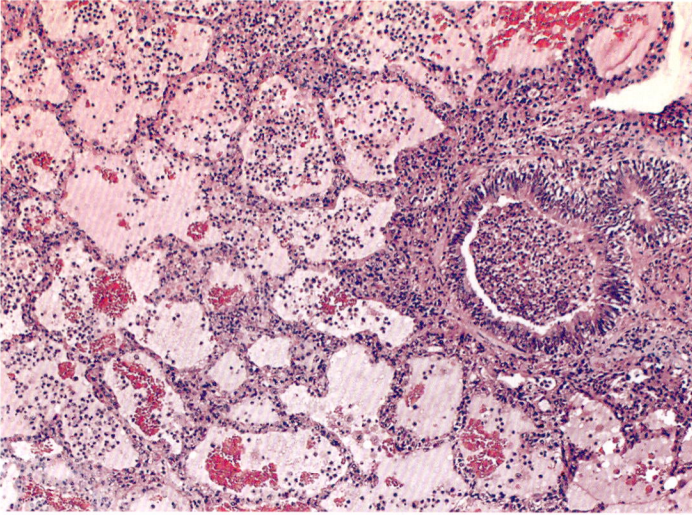

图3.1.10.4 非洲猪瘟（肺）
肺出血，呈现支气管肺炎病变，支气管和支气管周围大量炎性细胞浸润，肺泡内充满浆液以及大量炎性细胞和红细胞。HE×100

图3.1.10.5 非洲猪瘟（肾脏）
肾脏出血，肾小管上皮细胞颗粒变性、坏死。HE×400

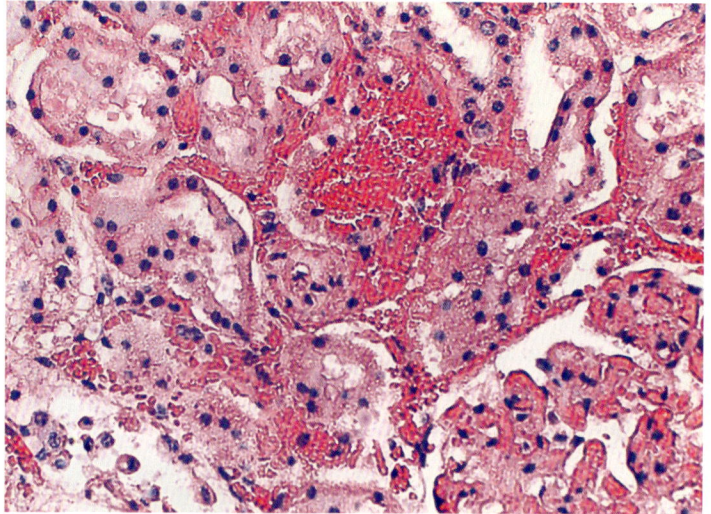

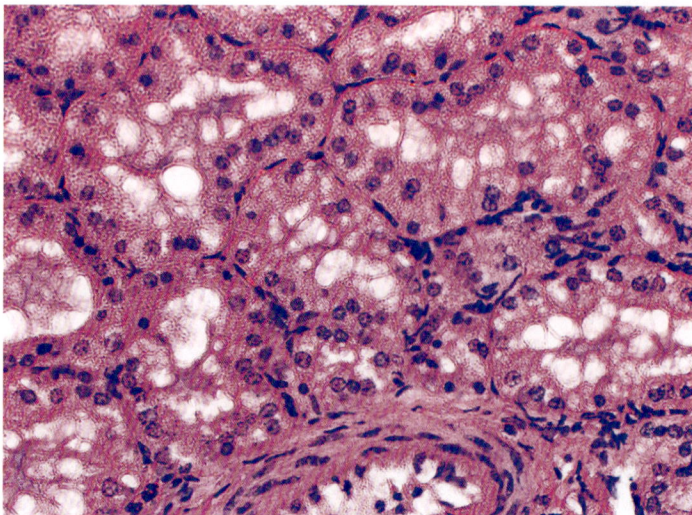

图3.1.10.6 非洲猪瘟（肾脏）
肾小管上皮细胞脂肪变性。HE×400

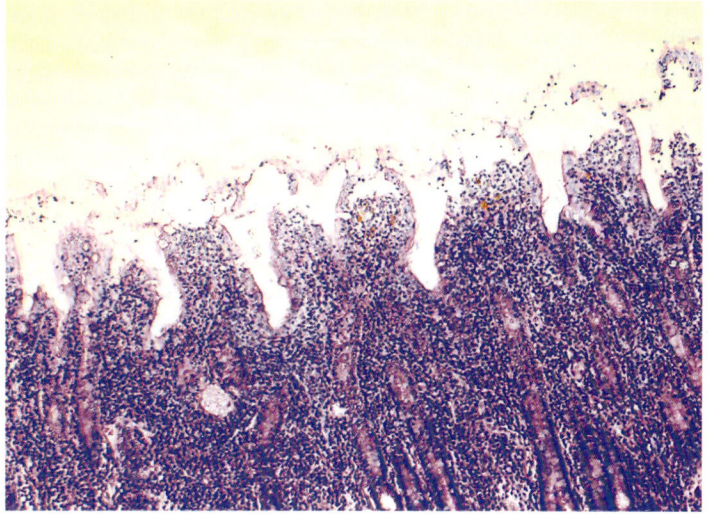

图 3.1.10.7 非洲猪瘟（肠）
肠绒毛上皮细胞脱落，固有膜出血、炎性细胞浸润。HE×100

第十一节　猪繁殖与呼吸综合征

猪繁殖与呼吸综合征俗称猪蓝耳病，是由猪繁殖与呼吸综合征病毒引起猪的一种接触性传染病，以母猪繁殖障碍、早产、流产、死胎、木乃伊胎，以及仔猪呼吸系统症状为主要特征，属二类动物疫病。

病理变化：全身多数器官淤血、出血；间质性肺炎；肝脏出血、变性；脾淤血，淋巴细胞坏死，脾索发生淀粉样变；淋巴结有不同程度的淤血、出血、肿胀；肾出血、变性；脑呈现非化脓性脑炎病变（图3.1.11.1、图3.1.11.2、图3.1.11.3、图3.1.11.4、图3.1.11.5、图3.1.11.6）。

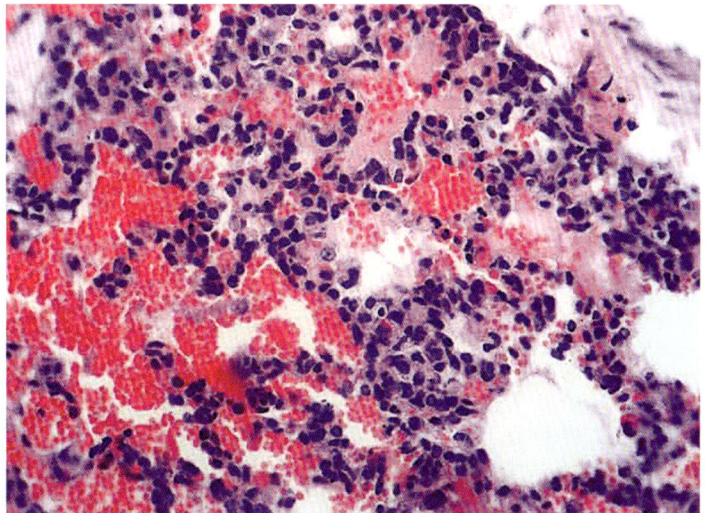

图3.1.11.1 猪繁殖与呼吸综合征（肺）
肺泡隔变厚，毛细血管扩张、充血、出血，肺泡内充满血液和炎性渗出物。HE×400

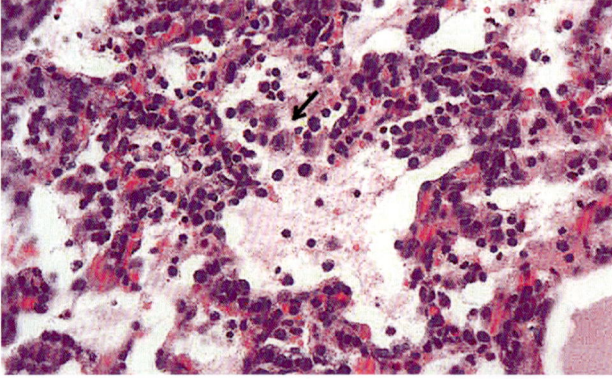

图3.1.11.2　猪繁殖与呼吸综合征（肺）

　　肺泡隔变厚，毛细血管扩张、充血、出血。肺泡内充满炎性渗出物和脱落的上皮细胞（➡）。HE×400

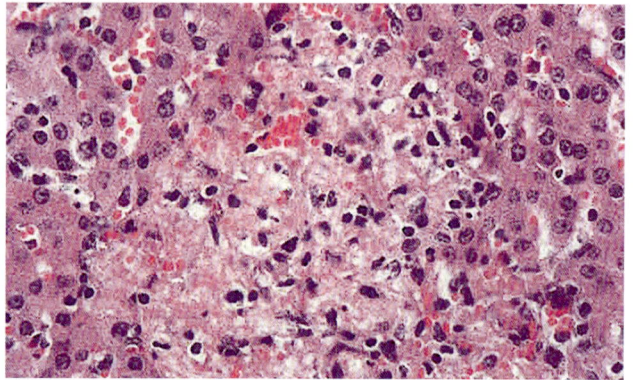

图3.1.11.3　猪繁殖与呼吸综合征（肝脏）

　　肝脏发生脂肪变性，肝细胞胞质被脂滴占据，胞核被挤向一侧或悬浮于细胞中央。HE×400

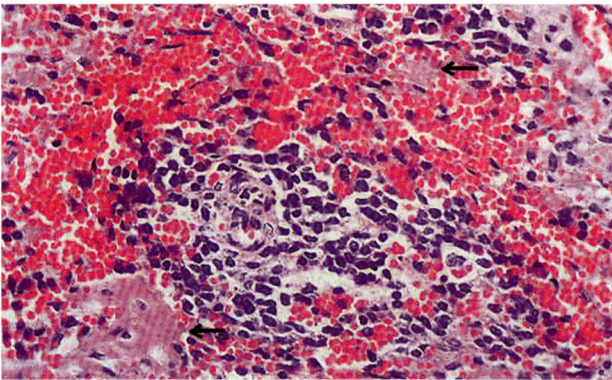

图3.1.11.4　猪繁殖与呼吸综合征（脾脏）

　　中央动脉周围淋巴鞘变小，脾窦扩张，其内充满红细胞，脾索多处发生大小不等的淀粉样变病灶（➡）。HE×400

图3.1.11.5　猪繁殖与呼吸综合征（淋巴结）

　　淋巴结弥漫出血，淋巴细胞坏死。HE×400

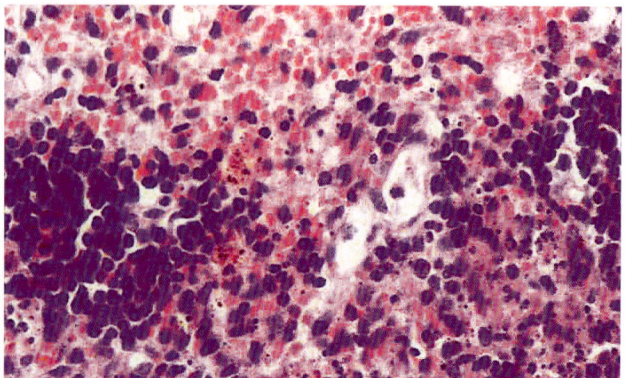

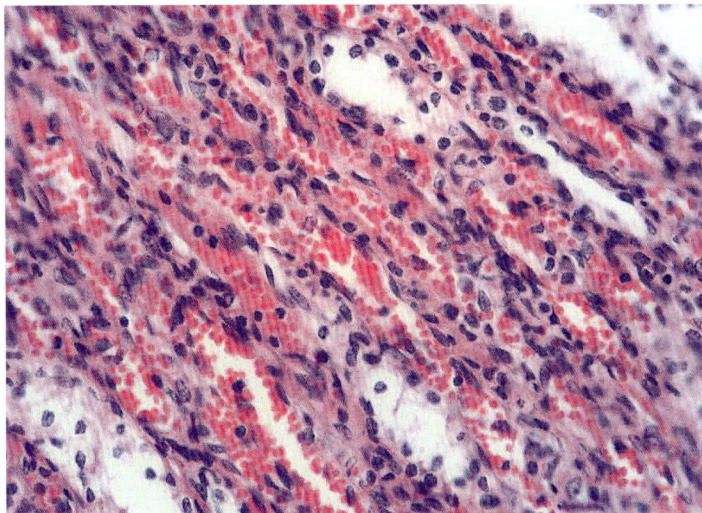

图3.1.11.6　猪繁殖与呼吸综合征（肾脏）

球后毛细血管扩张、充血、出血。肾小管发生颗粒变性。HE×400

第十二节　山　羊　痘

　　山羊痘是由山羊痘病毒引起的一种接触性传染病，病理特征是皮肤、黏膜和肺脏的痘疹形成。皮肤痘疹的组织学变化表现为表皮增生和水泡变性，真皮层呈浆液性炎症变化。在痘疹部的上皮细胞、淋巴细胞、肺脏和脾脏的巨噬细胞内，均可检出胞质内包涵体。肺泡上皮细胞活化、增生，甚至呈腺泡样结构（图3.1.12.1、图3.1.12.2、图3.1.12.3、图3.1.12.4、图3.1.12.5、图3.1.12.6）。

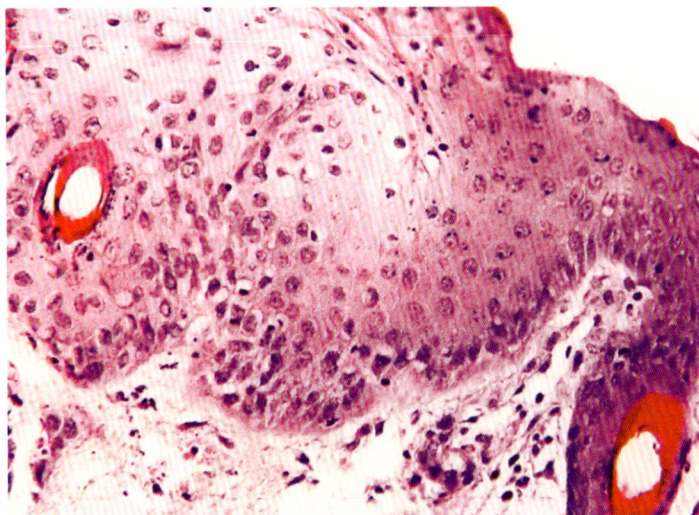

图3.1.12.1　山羊痘（皮肤）

左侧痘疹部皮肤明显增厚，棘细胞增生，肿大、变性；右侧皮肤较为正常。HE×400（陈怀涛）

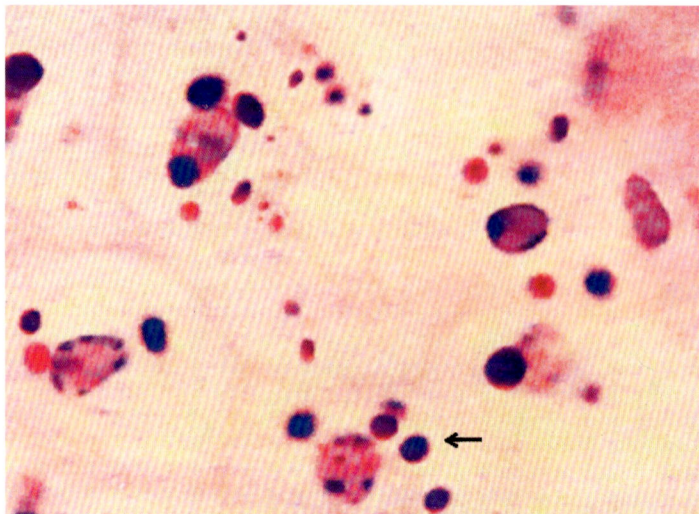

图3.1.12.2 山羊痘（皮肤）
变性的皮肤细胞胞质中可见大小不等，圆形或椭圆形，紫红色的包涵体（➡）。HE×1 000（陈怀涛）

图3.1.12.3 山羊痘（网胃）
上皮细胞肿大、变性，胞核空泡化，胞质内可见大小不一、数量不等的沙粒状包涵体（➡）。HE×1 000

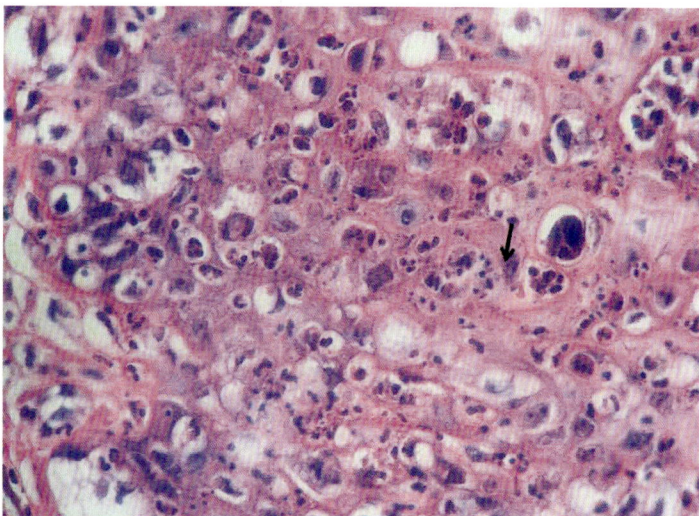

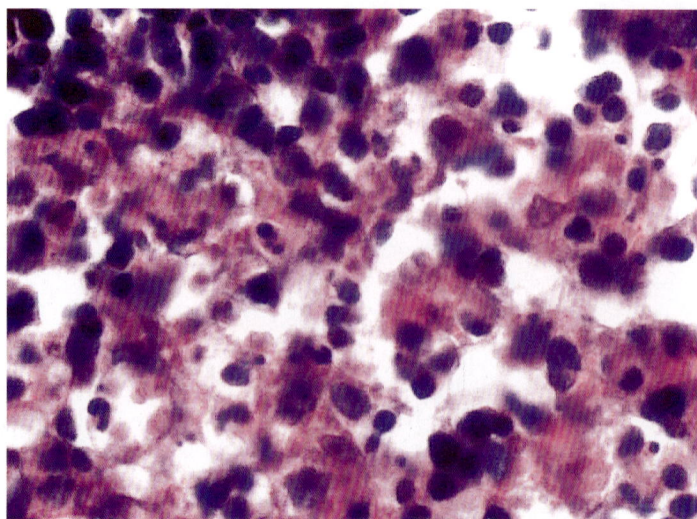

图3.1.12.4 山羊痘（淋巴结）
坏死性淋巴结炎，淋巴细胞肿大、变性、坏死，核浓缩。HE×400

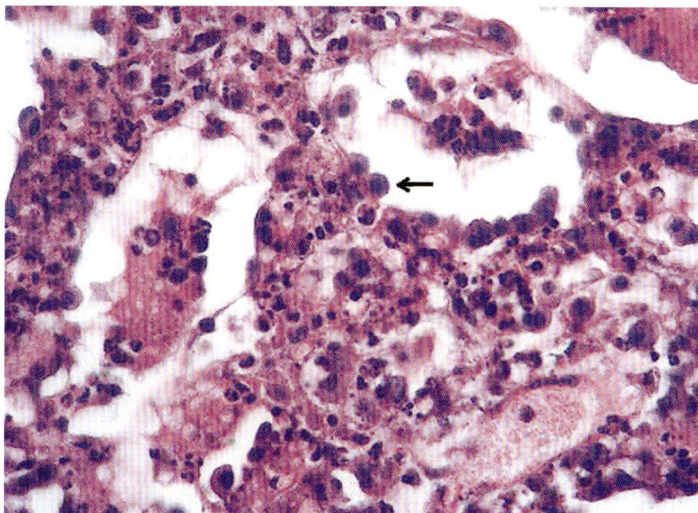

图3.1.12.5　山羊痘（肺脏）

Ⅱ型肺泡上皮细胞（➡）大量增生。肺巨噬细胞的胞质内含有深紫红色的包涵体。HE×400

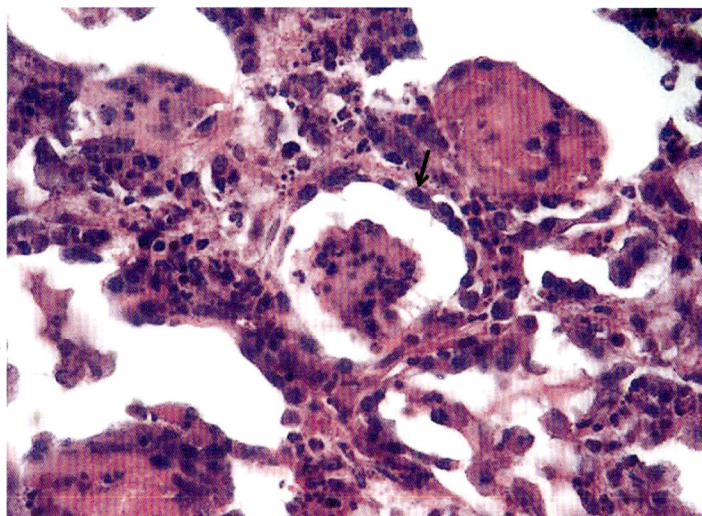

图3.1.12.6　山羊痘（肺脏）

肺脏呈间质性肺炎，Ⅱ型肺泡上皮细胞活化、大量增生，有些呈立方形，肺泡似腺泡样（➡）。HE×400

第十三节　猪塞内卡病毒病

　　猪塞内卡病毒病是由小核糖核酸病毒科塞内卡病毒属的塞内卡病毒引起的一种以吻突、口鼻、蹄部等部位的皮肤和黏膜发生水疱和糜烂为特征的病毒性传染病。对我国而言，该病与非洲猪瘟一样，是一种外来动物疾病，可危害任何品种、性别、年龄的生猪，而且可致新生仔猪成批急性死亡。在临床上很难通过肉眼观察，将本病与口蹄疫、猪传染性水疱病、水疱性口炎和猪水疱性皮疹等相区别，严重困扰养猪业。

　　截至目前，对感染猪的特异性病理变化尚不清楚。发病猪下颌和腹股沟淋巴结水肿、出血。肺气肿和支气管性肺炎。心肌充血、出血，变性、坏死。肝、肾表面有白斑。组织病理学检查：发现心肌变性、坏死。脾脏淋巴细胞减少，多核巨细胞浸润。脑神经细胞周围出现"卫星现象"和"嗜神经现象"。局灶性肝细胞坏死。肾脏肾小管上皮细胞变性、坏死，局灶性淋巴细胞和单核细胞浸润。肺脏呈现间质性肺炎变化。小肠黏膜严重坏死和脱落，单核细胞、浆细胞、淋巴细胞浸润（图3.1.13.1、图3.1.13.2、图3.1.13.3、图3.1.13.4、图3.1.13.5、图3.1.13.6、图3.1.13.7、图3.1.13.8、图3.1.13.9、图3.1.13.10、图3.1.13.11、图3.1.13.12、图3.1.13.13、图3.1.13.14、图3.1.13.15）。

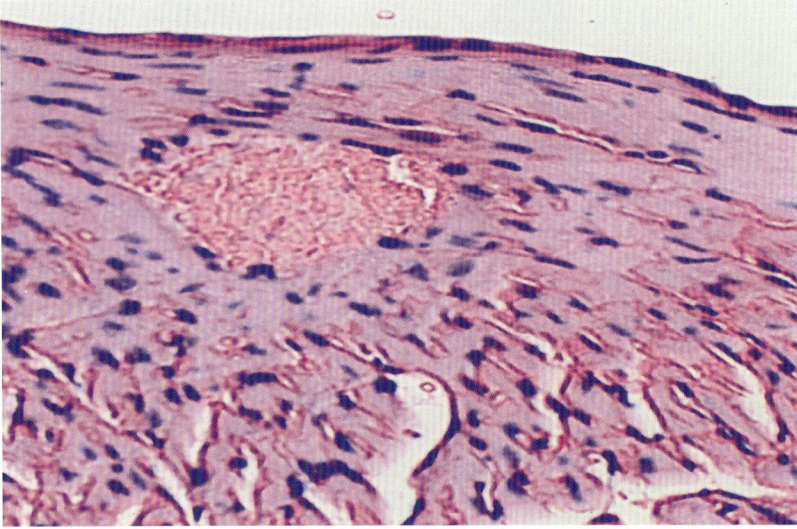

图3.1.13.1　猪塞内卡病毒病（心肌）

心肌中有一个出血灶，红细胞已经崩解。HE×100

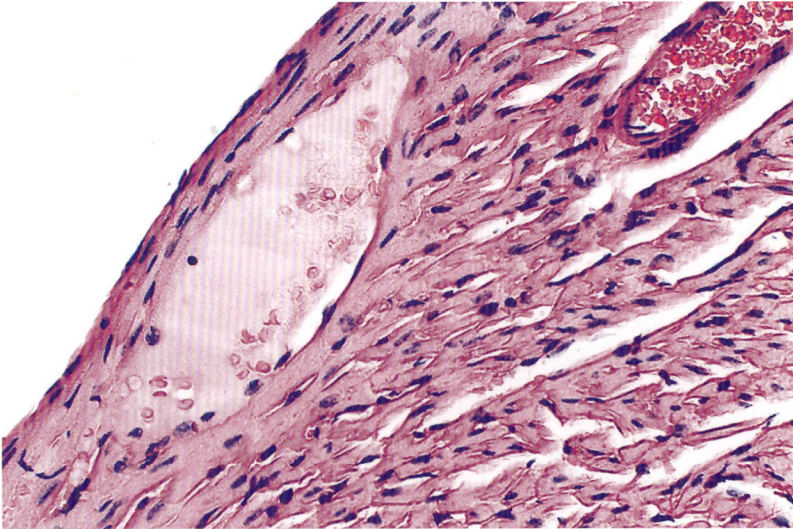

图3.1.13.2　猪塞内卡病毒病（心肌）

心肌中见有透明血栓，小动脉充血。HE×100

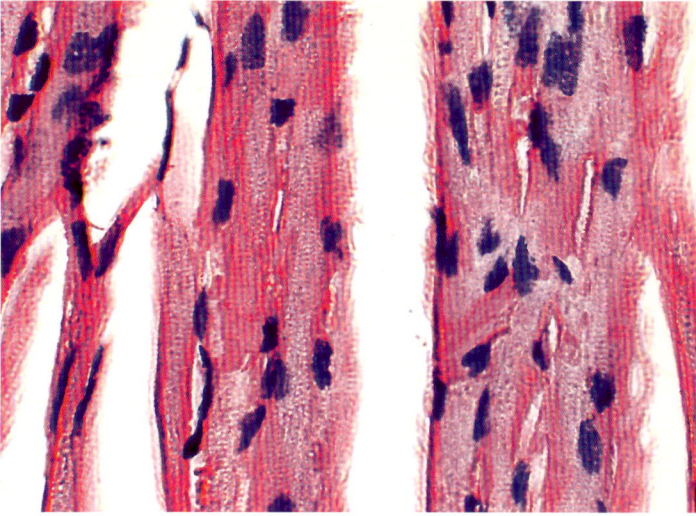

图3.1.13.3　猪塞内卡病毒病（心肌）

心肌纤维颗粒变性，横纹消失，胞核浓缩。HE×1 000

图3.1.13.4　猪塞内卡病毒病（心肌）

心肌纤维颗粒变性，横纹消失，肌纤维断裂，胞核浓缩。HE×1 000

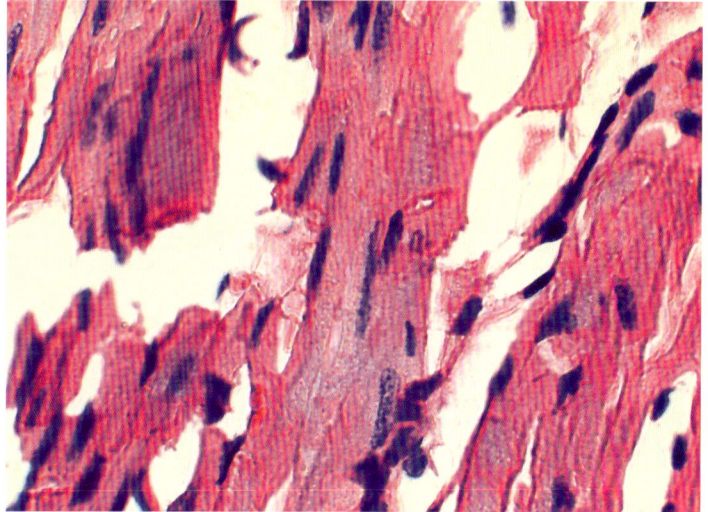

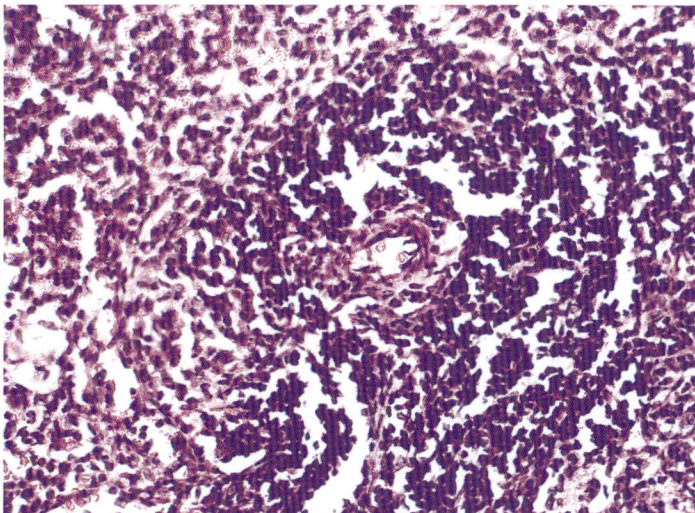

图3.1.13.5　猪塞内卡病毒病（脾脏）

脾小体淋巴鞘细胞明显减少。HE×400

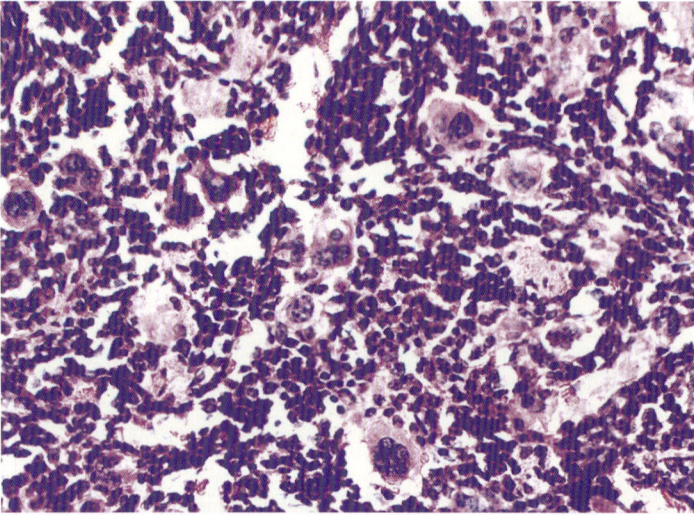

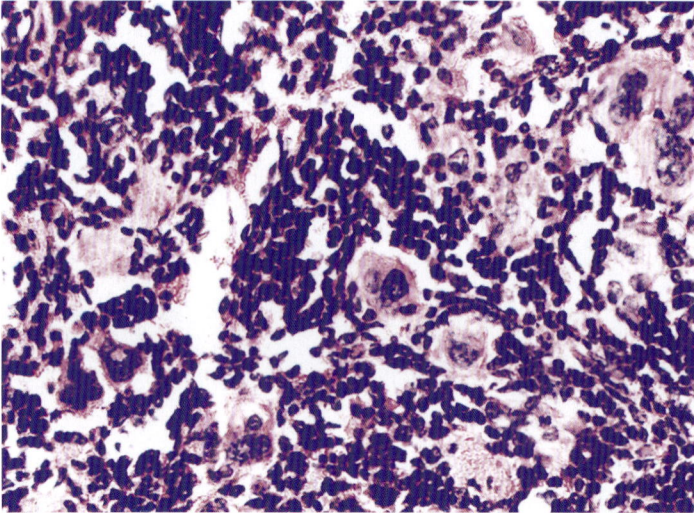

图3.1.13.6　猪塞内卡病毒病（脾脏）
脾脏红髓中大量多核巨细胞浸润。
HE×400

图3.1.13.7　猪塞内卡病毒病（肝脏）
肝淤血，肝细胞颗粒变性、坏死，
胞核碎裂。HE×400

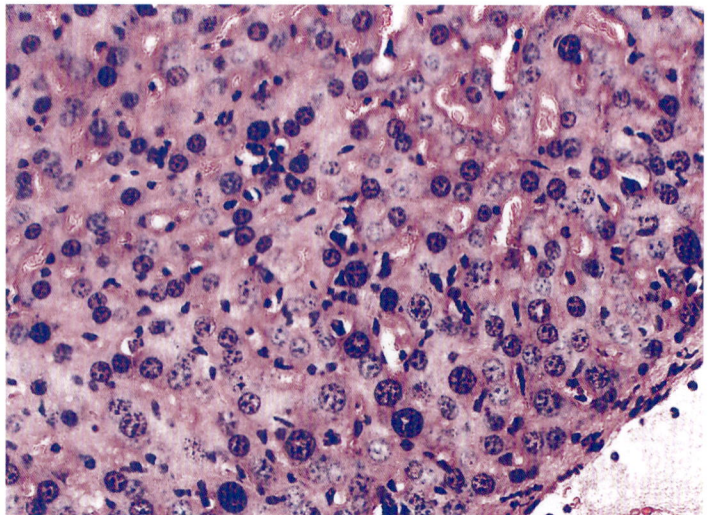

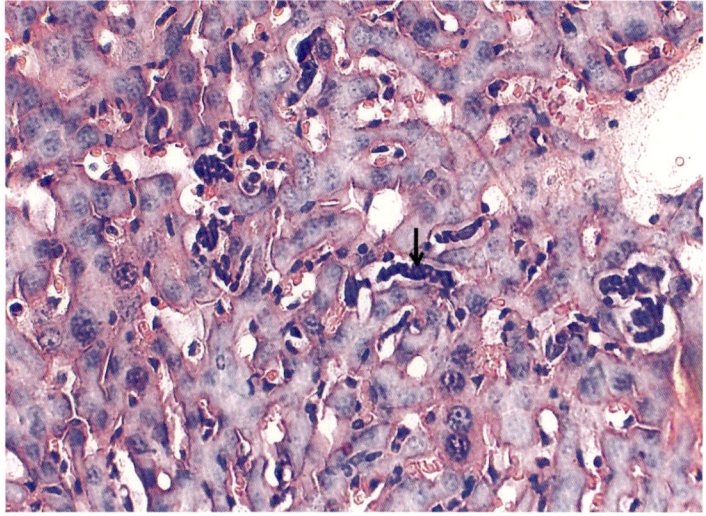

图 3.1.13.8　猪塞内卡病毒病（肝脏）

　　肝淤血，肝细胞变性、坏死，胞质
嗜碱性增强，核浓缩深染，肝窦中大量
微胆栓形成（➡）。HE×400

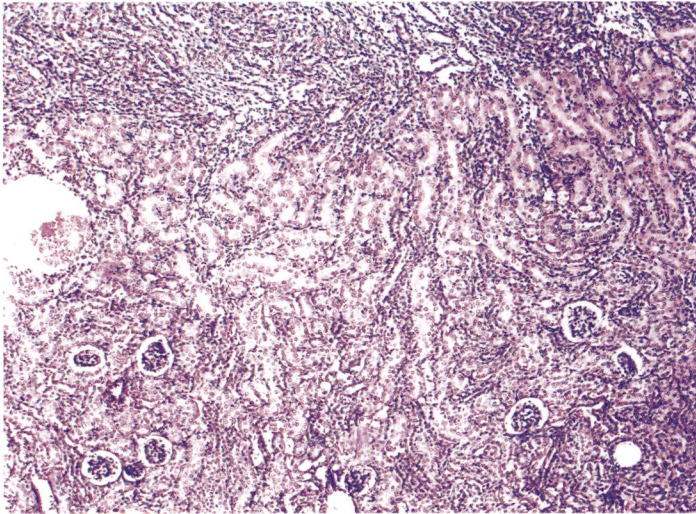

图3.1.13.9　猪塞内卡病毒病（肾脏）

　　肾间质出血，肾小管上皮细胞颗粒
变性。HE×100

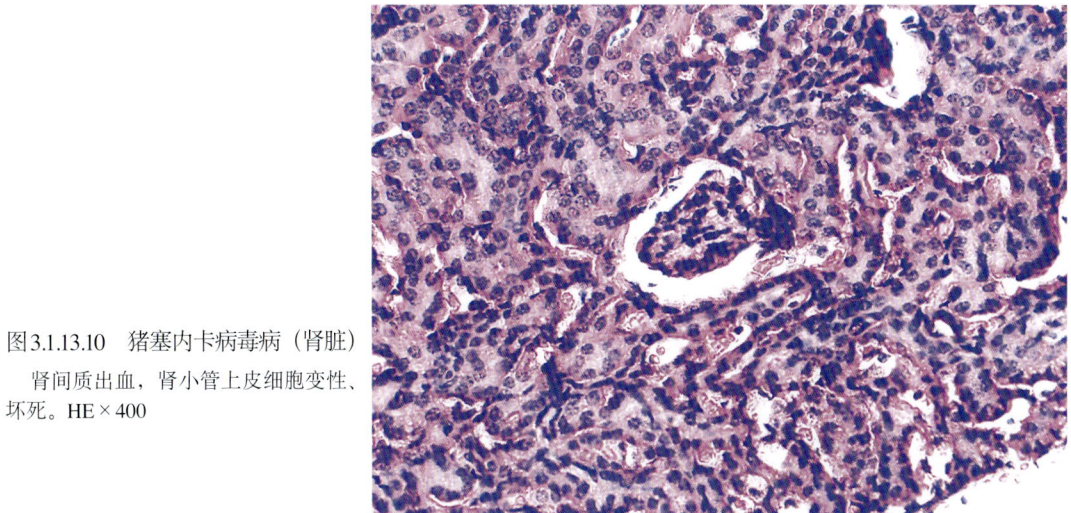

图 3.1.13.10　猪塞内卡病毒病（肾脏）

　　肾间质出血，肾小管上皮细胞变性、
坏死。HE×400

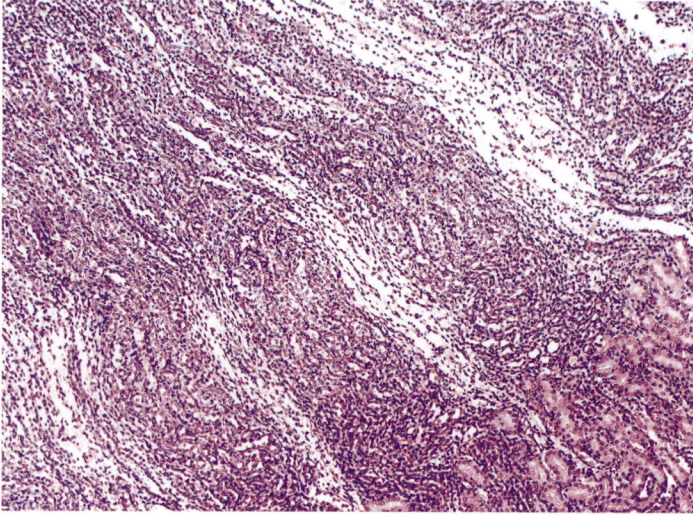

图3.1.13.11　猪塞内卡病毒病（肾脏）
　　肾脏皮质肾小管上皮细胞变性、坏死，髓质肾小管呈条带状坏死。HE×100

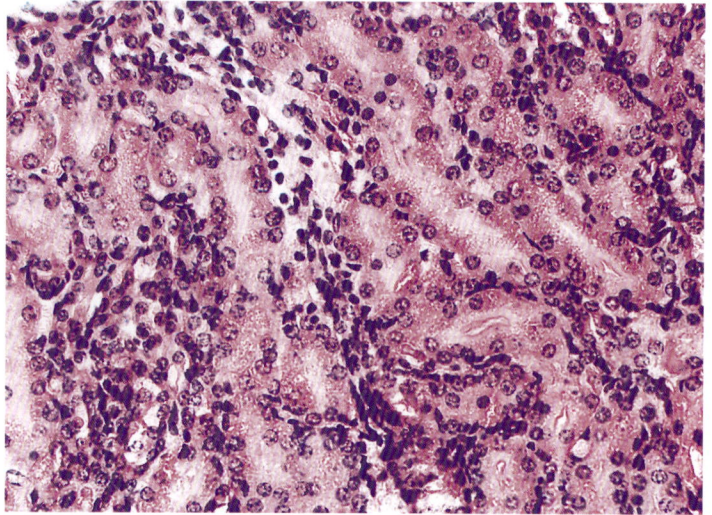

图3.1.13.12　猪塞内卡病毒病（肾脏）
　　肾小管上皮细胞变性、坏死，核浓缩，胞质溶解流失，肾小管间淋巴细胞浸润。HE×400

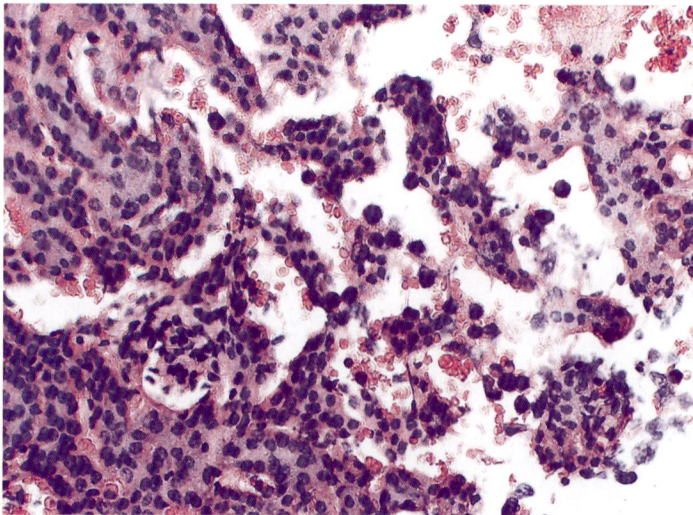

图3.1.13.13　猪塞内卡病毒病（肾脏）
　　肾脏灶状坏死，淋巴细胞和巨噬细胞浸润。HE×400

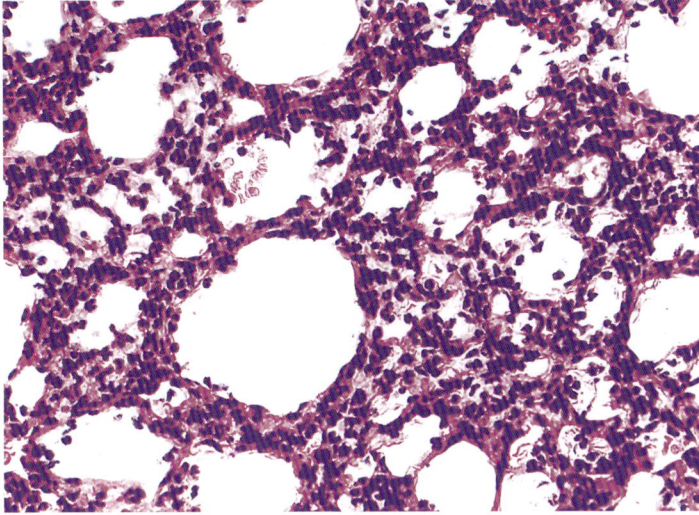

图 3.1.13.14　猪塞内卡病毒病（肺脏）

肺脏呈现间质性肺炎变化，肺泡隔显著增厚，其中成纤维细胞、淋巴细胞增多，Ⅱ型肺泡上皮细胞增生、脱落。
HE×400

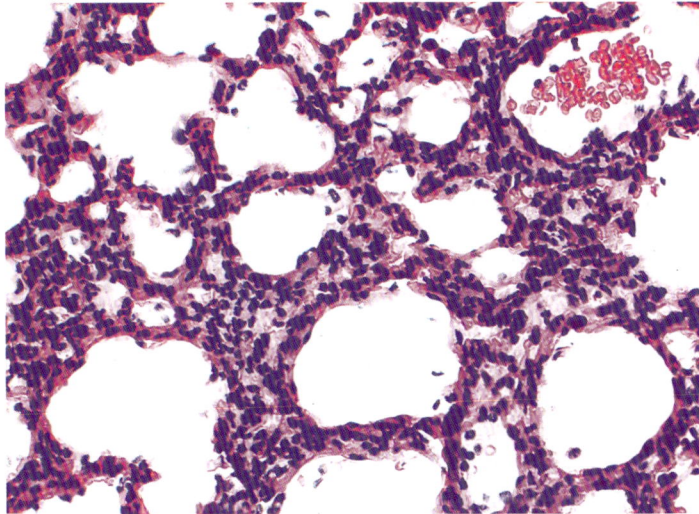

图 3.1.13.15　猪塞内卡病毒病（肺脏）

肺脏呈现间质性肺炎变化，肺泡隔显著增厚，其中成纤维细胞、淋巴细胞增多，Ⅱ型肺泡上皮细胞增生。HE×400

第二章

细菌性与支原体性疾病

第一节 鼻 疽

鼻疽是由鼻疽杆菌引起的马属动物的慢性传染病。本病经消化道、呼吸道或损伤皮肤、黏膜感染。鼻疽杆菌突破机体屏障后，经血流或淋巴流散布全身，引起鼻腔黏膜、肺部、皮肤及相应的淋巴结发生特异性鼻疽性炎。按发病部位分以下几种：

1.肺鼻疽 肺鼻疽的基本病变是鼻疽结节和鼻疽性支气管肺炎。

（1）鼻疽结节 因机体的反应不同，可分为渗出性鼻疽结节和增生性鼻疽结节。渗出性鼻疽结节多见于疾病早期或急性经过的病例，在鼻疽杆菌的作用下肺组织发生变性、坏死、充血、出血、浆液渗出和炎性细胞游出，从而形成鼻疽结节的雏形，随着病程进展，坏死、渗出范围扩大，炎性细胞渗出增多，而形成肉眼可见的鼻疽结节。

一个典型的渗出性鼻疽结节：中央是坏死崩解的组织、大量核碎裂的中性粒细胞和大量鼻疽杆菌，坏死灶周围的肺泡壁毛细血管扩张、充血，肺泡腔内充满浆液、纤维蛋白和中性粒细胞。随着机体抵抗力的变化，细菌数量和毒力的变化，鼻疽结节也会发生变化。当机体免疫力增强时，渗出性鼻疽结节可能转为增生性鼻疽结节，乃至发生钙化而痊愈。当机体抵抗力低下或细菌数量增多、毒力增强时，病灶扩大，互相融合，甚至造成动物死亡。

增生性鼻疽结节是疾病好转的迹象，渗出性鼻疽结节发展速度减慢，渗出物开始溶解吸收和机化或钙化。一个典型的增生性鼻疽结节：中央是核碎裂的坏死组织，外围是由巨噬细胞、上皮样细胞、多核巨细胞组成的特殊肉芽组织，再外围是由成纤维细胞、淋巴细胞、浆细胞组成的普通肉芽组织。

（2）鼻疽性支气管肺炎 因为鼻疽多呈慢性经过，多数情况下会发生鼻疽性支气管肺炎。其病理变化与普通支气管肺炎相同，炎灶区内肺泡壁毛细血管扩张、充血，肺泡腔内充满浆液、纤维蛋白、中性粒细胞和脱落的肺泡上皮细胞，炎灶内见有核碎裂的颗粒状物（图3.2.1.1、图3.2.1.2、图3.2.1.3、图3.2.1.4、图3.2.1.5、图3.2.1.6）。

2.鼻腔鼻疽 经血流扩散而来或直接经呼吸道感染。鼻腔鼻疽表现为鼻黏膜形成溃疡或增生性鼻疽结节，鼻疽结节也是由特殊肉芽组织和普通肉芽组织构成。

3.皮肤鼻疽 经外伤直接感染或经血流或淋巴流感染，多发于四肢皮肤。经血流感染时，可在全身各处形成鼻疽结节。经淋巴流感染时，可在淋巴管经路上形成成串增生性鼻疽结节，淋巴管发生化脓性炎，使淋巴管增粗变硬，呈条索状。邻近淋巴结也会发生化脓性炎症。淋巴管炎可使其经路上发生化脓性蜂窝织炎，导致动物死亡。若动物抵抗力强，可使病情转为慢性，皮下组织广泛炎性水肿致使结缔组织弥漫性增生，皮肤增厚变硬，形成所谓"橡皮腿"。

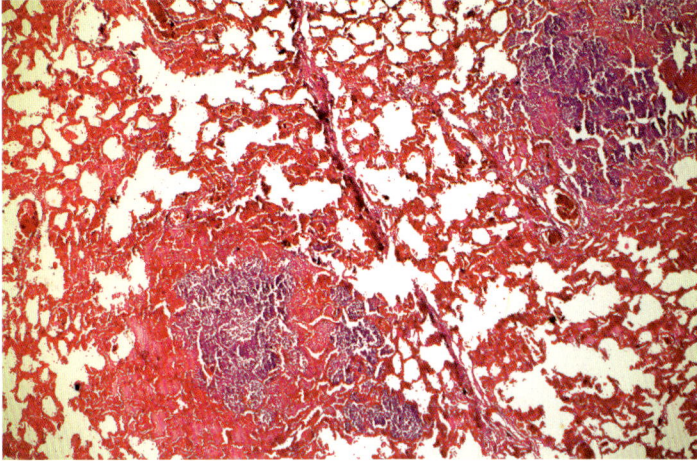

图 3.2.1.1　马鼻疽（肺）

肺鼻疽结节中心深蓝色区域是坏死组织和渗出的炎性细胞，周围红色区域是充血和纤维蛋白渗出区。HE×40

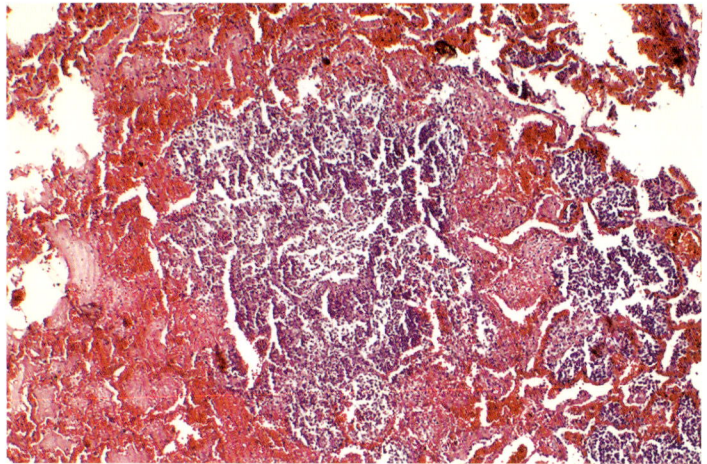

图 3.2.1.2　马鼻疽（肺）

图中有一个大鼻疽结节和几个小鼻疽结节，周围呈现鼻疽性肺炎病变。HE×100

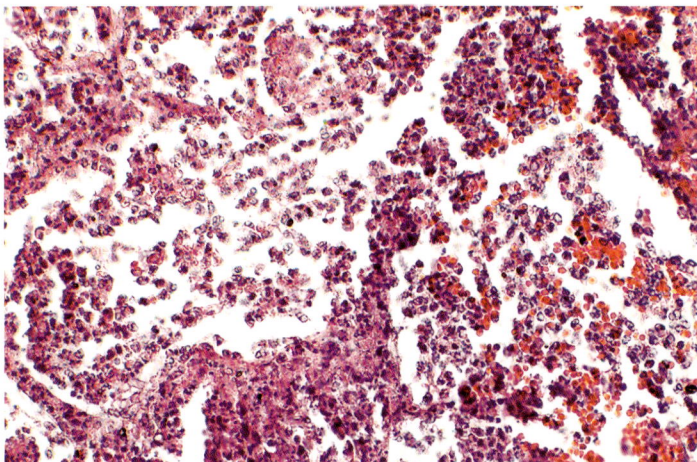

图 3.2.1.3　马鼻疽（肺）

鼻疽结节中心组织坏死，旁边有一个渗出性鼻疽结节，其中有炎性细胞渗出和出血。HE×100

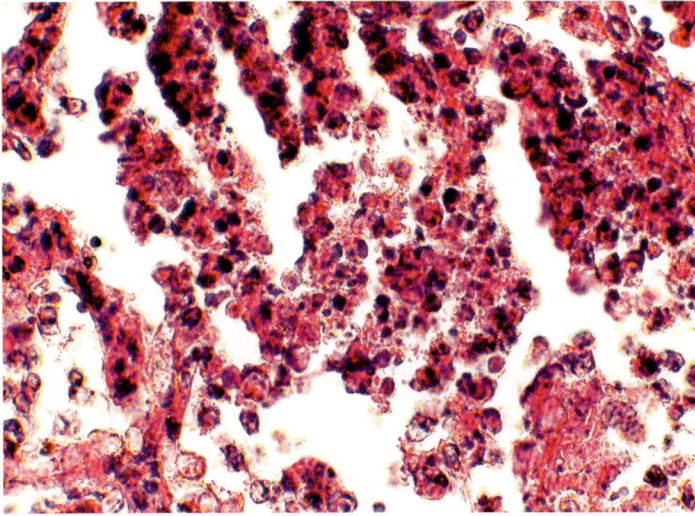

图3.2.1.4 马鼻疽（肺）
坏死性鼻疽结节中心炎性细胞发生核浓缩、核碎裂。HE×400

图3.2.1.5 马鼻疽（肺）
鼻疽结节内有大量中性粒细胞和脓细胞。HE×1 000

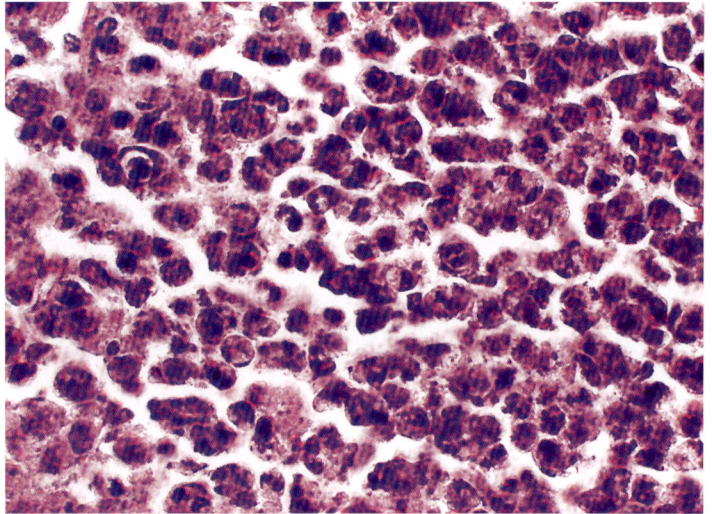

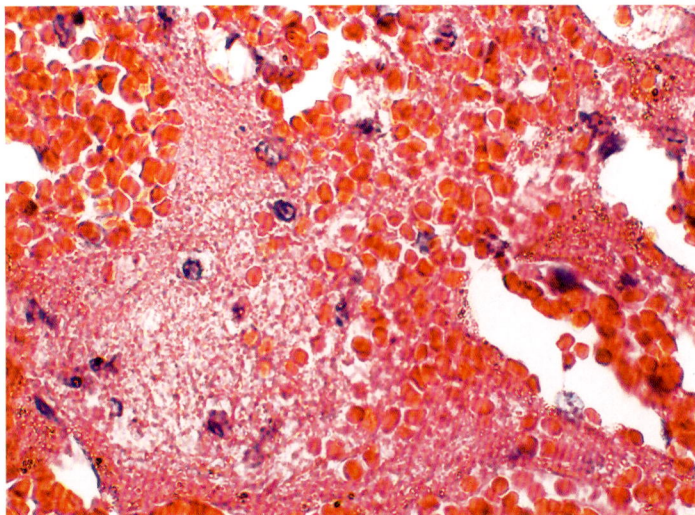

图3.2.1.6 马鼻疽（肺）
肺泡壁充血、出血，肺泡腔内充满渗出的纤维蛋白、红细胞及炎性细胞。HE×400

第二节　结　核　病

　　结核病是由结核分枝杆菌引起的人兽共患传染病，在动物中以牛、鹿、猪、禽、猴等动物多发。其病理变化特征是在组织器官中形成特异性结核结节。结核结节可分为渗出性结核结节和增生性结核结节。渗出性结核结节在动物中较少见，主要见于初期感染的幼龄动物以及免疫力极度低下的动物。成年动物、抵抗力较强的动物感染后多形成增生性结核结节。

　　一个典型的增生性结核结节有三层结构：最中心是干酪样坏死灶或钙化灶，中间层是由上皮样细胞、多核巨细胞组成的特殊肉芽组织，外层是由淋巴细胞、成纤维细胞组成的普通肉芽组织（图3.2.2.1、图3.2.2.2、图3.2.2.3、图3.2.2.4、图3.2.2.5、图3.2.2.6、图3.2.2.7、图3.2.2.8、图3.2.2.9、图3.2.2.10、图3.2.2.11、图3.2.2.12、图3.2.2.13、图3.2.2.14、图3.2.2.15、图3.2.2.16、图3.2.2.17）。结核结节与鼻疽结节类似，但是鼻疽结节中有大量中性粒细胞，而且表现为化脓性炎症，而结核结节中缺乏中性粒细胞，不会出现化脓性炎症而是发生干酪样坏死。

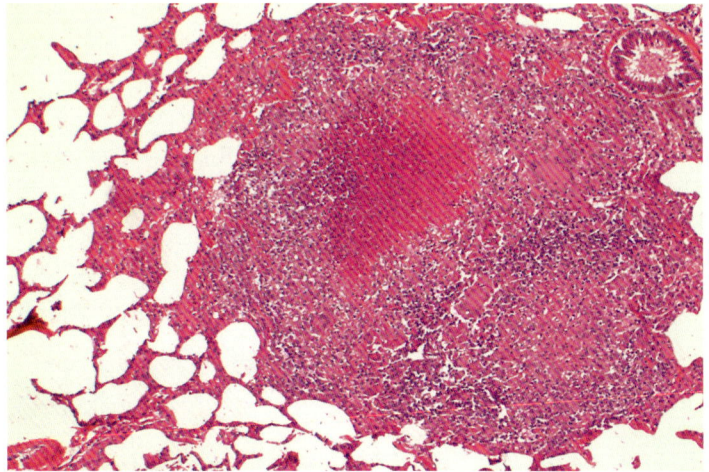

图3.2.2.1　肺结核
两个结核结节融合在一起，其中一个发生干酪样坏死。HE×100

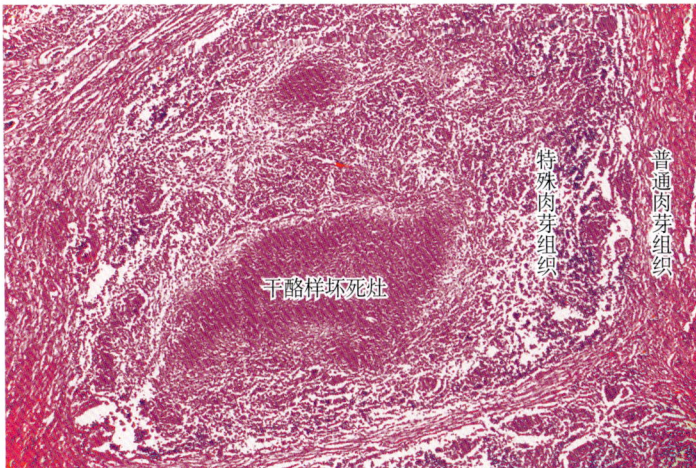

图3.2.2.2　肺结核
可以看出结核结节结构的层次性，中心是钙化灶和干酪样坏死灶，向外是上皮样细胞和朗格汉斯细胞（多核巨细胞）组成的特殊肉芽组织，再外层是淋巴细胞（多核巨细胞）和成纤维细胞组成的普通肉芽组织。HE×100

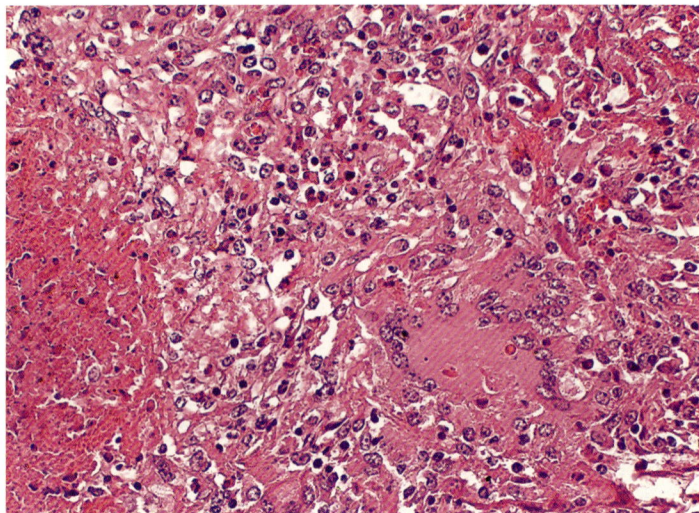

图3.2.2.3　肺结核

特殊肉芽组织中的朗格汉斯细胞。HE×400

图3.2.2.4　肺结核

图中有两个朗格汉斯细胞（➡）。
HE×1 000

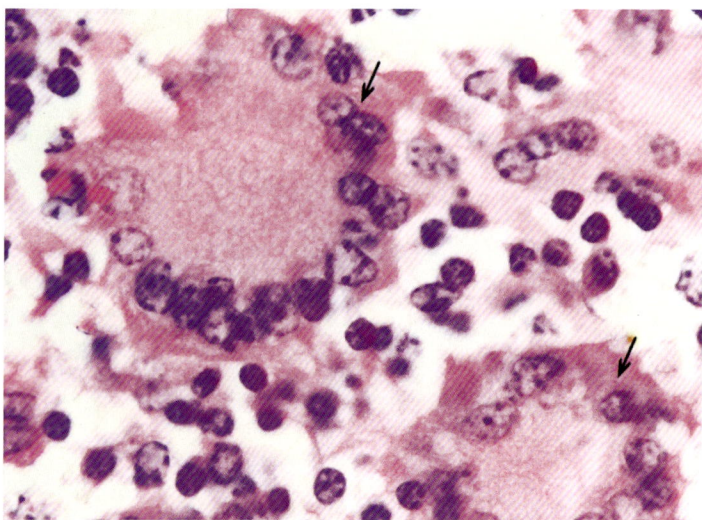

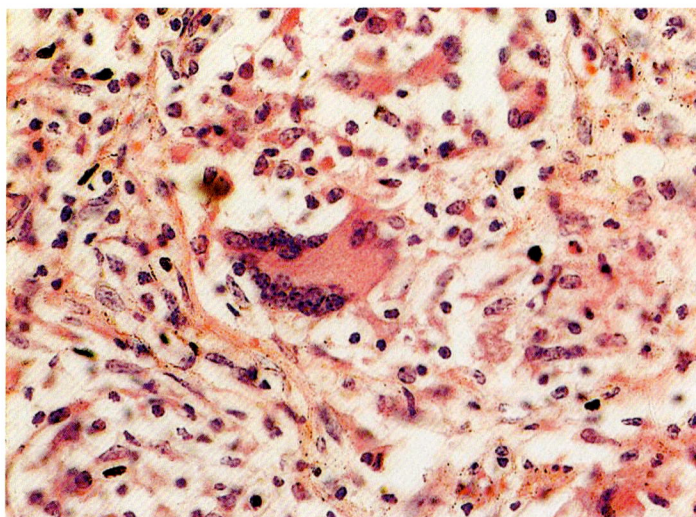

图3.2.2.5　肺结核（鹿）

朗格汉斯细胞和周围的巨噬细胞、淋巴细胞及成纤维细胞。HE×400

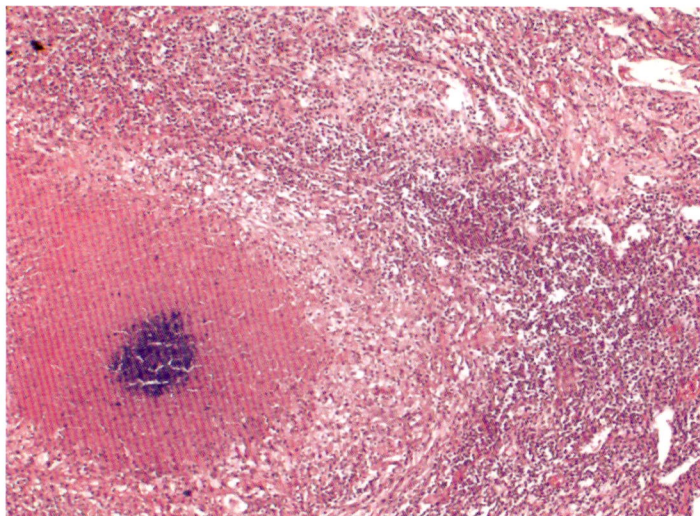

图3.2.2.6　肾结核（牛）
结核结节的层次结构明显。HE×40

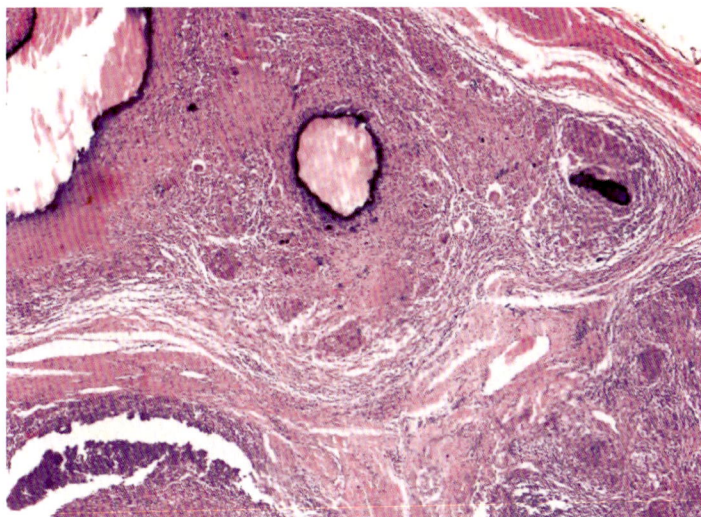

图3.2.2.7　淋巴结结核
结核结节干酪样坏死中心发生钙化，
特殊肉芽组织中有几个朗格汉斯细胞，
淋巴结正常结构遭到破坏。HE×40

图3.2.2.8　淋巴结结核
上图放大，可见朗格汉斯细胞（➞）
吞噬钙盐颗粒。HE×400

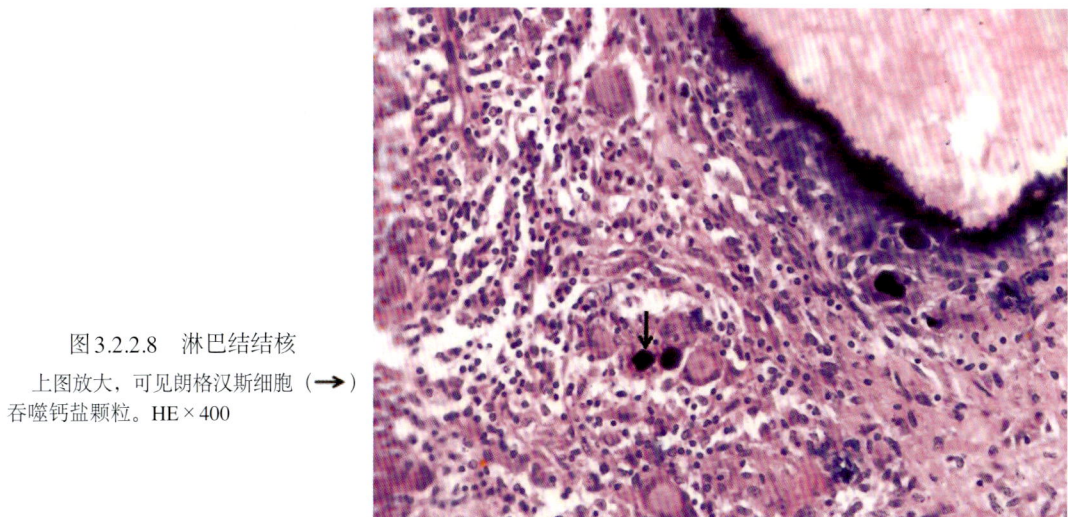

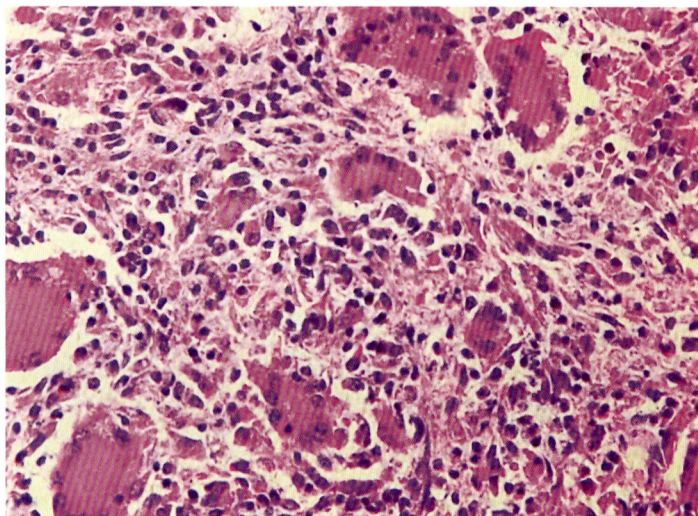

图3.2.2.9　淋巴结结核

特殊肉芽组织中有多个朗格汉斯细胞。HE×400

图3.2.2.10　淋巴结结核

特殊肉芽组织中的朗格汉斯细胞，周围是上皮样细胞、淋巴细胞和成纤维细胞。HE×400

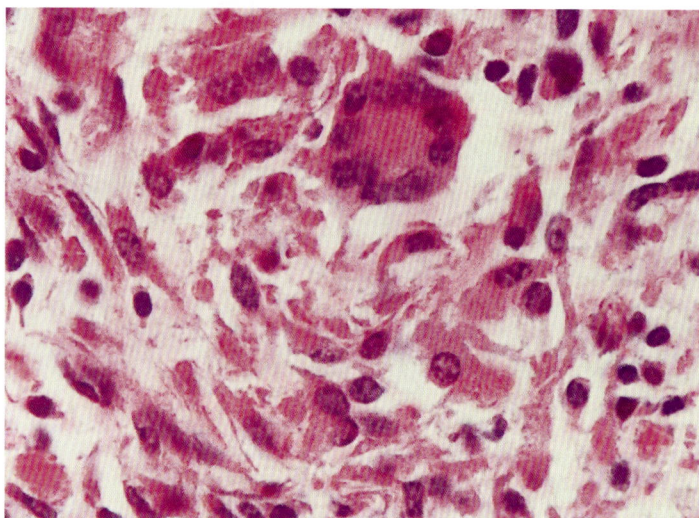

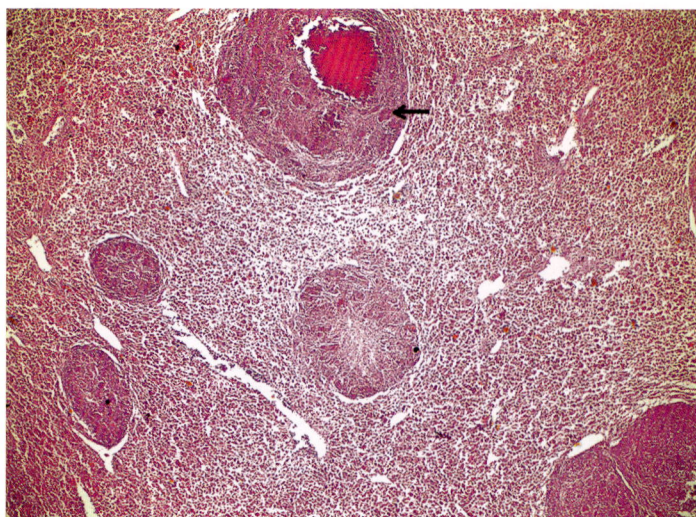

图3.2.2.11　睾丸结核

睾丸中散在大小不等的结核结节，其特殊肉芽组织与周围区别明显，特殊肉芽组织中有几个朗格汉斯细胞（➙）。HE×40

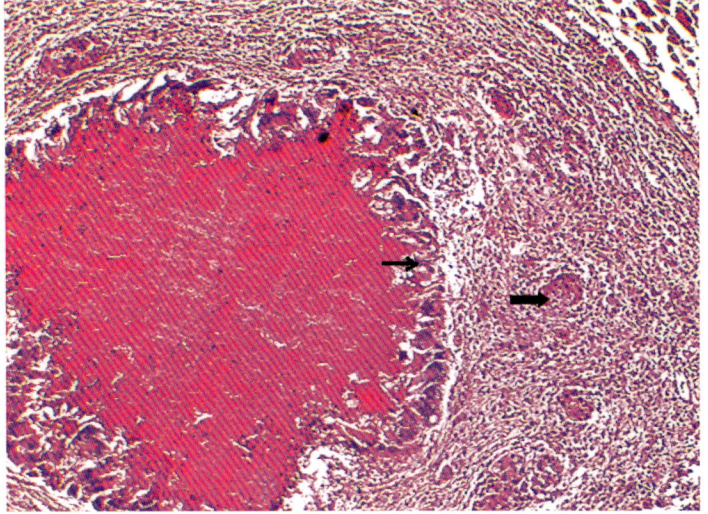

图 3.2.2.12　睾丸结核

特殊肉芽组织的结构：异物巨细胞（→），朗格汉斯细胞（➡）。HE×100

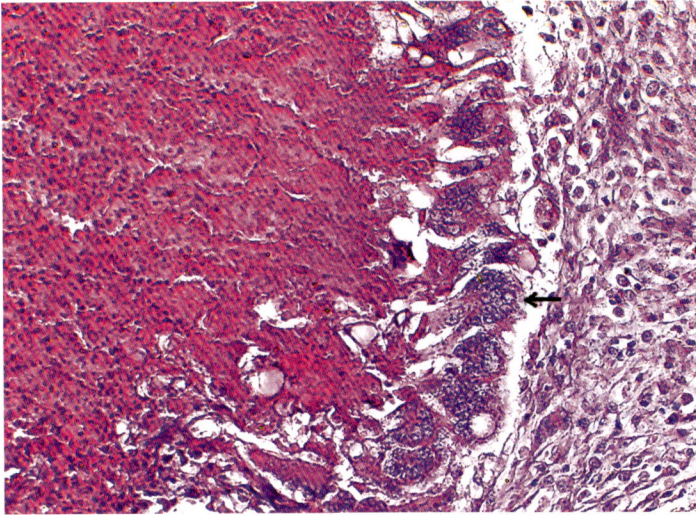

图 3.2.2.13　睾丸结核

干酪样坏死灶边沿围绕大量异物巨细胞（→）。HE×400

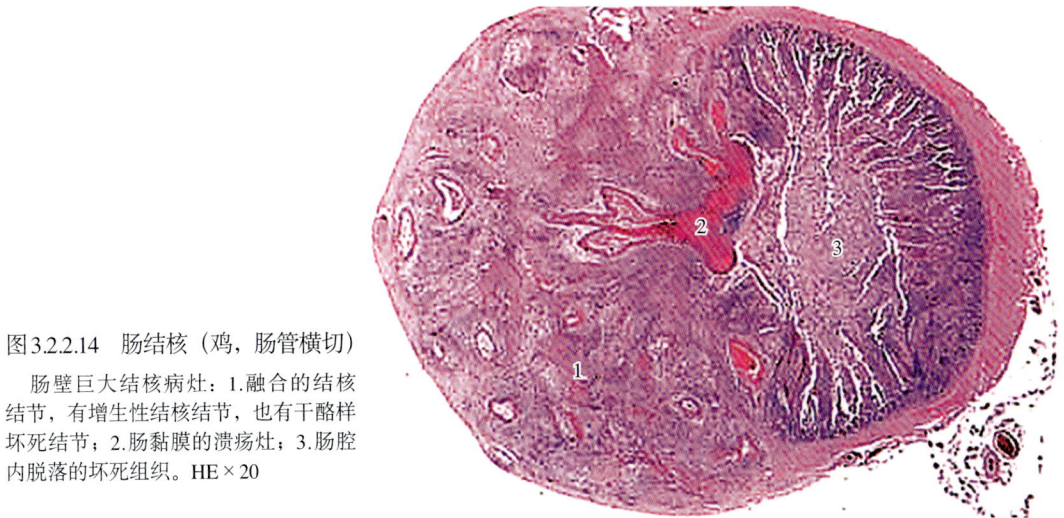

图 3.2.2.14　肠结核（鸡，肠管横切）

肠壁巨大结核病灶：1.融合的结核结节，有增生性结核结节，也有干酪样坏死结节；2.肠黏膜的溃疡灶；3.肠腔内脱落的坏死组织。HE×20

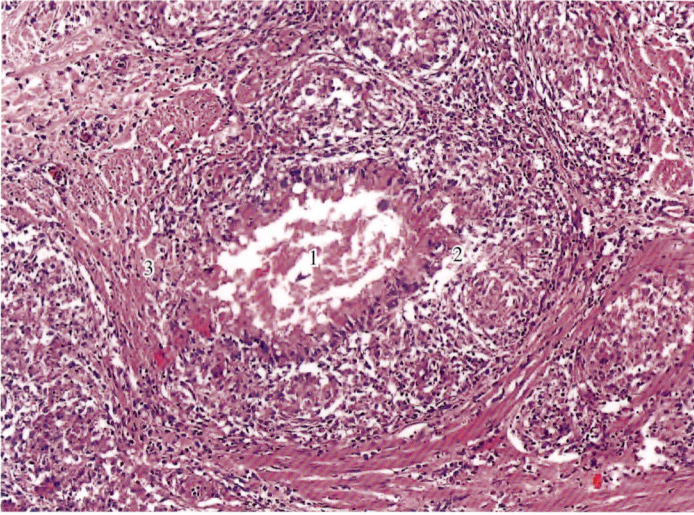

图 3.2.2.15　肠结核（鸡）

图 3.2.2.14 中已发生干酪样坏死的结节：1.干酪样坏死物；2.由上皮样细胞、巨噬细胞组成的特殊肉芽组织；3.由淋巴细胞、成纤维细胞组成的普通肉芽组织。HE×400

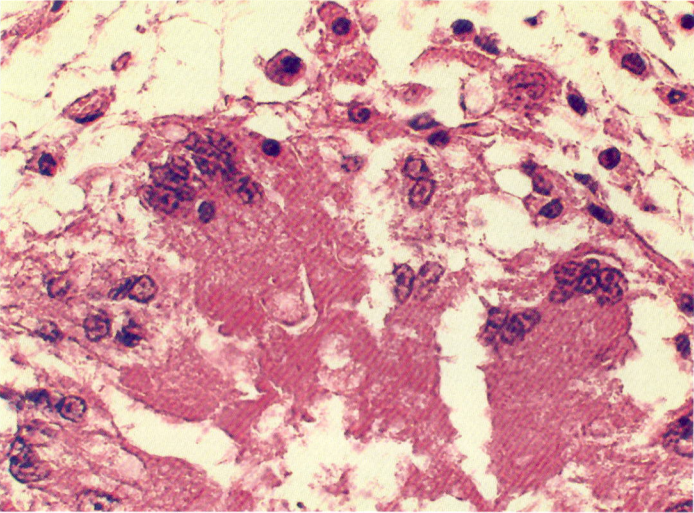

图 3.2.2.16　肠结核（鸡）

图 3.2.2.14 中干酪样坏死灶周边围绕着大量巨噬细胞和异物巨细胞。HE×1 000

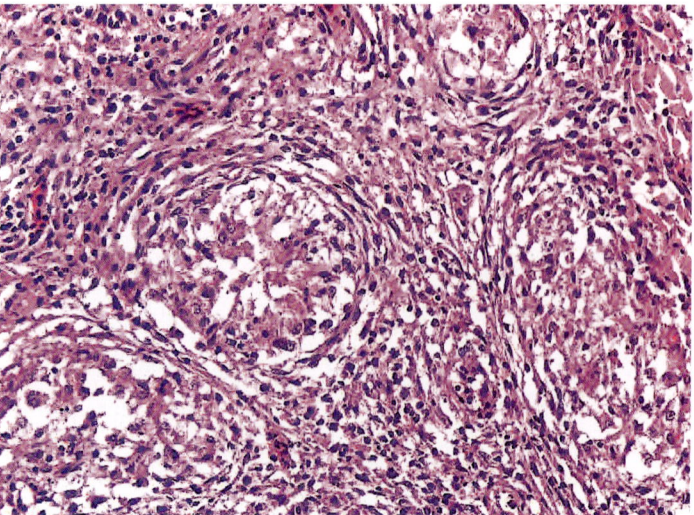

图 3.2.2.17　肠结核（鸡）

图 3.2.2.14 中上皮样细胞结节，中央是上皮样细胞，周围包绕大量纤维组织。HE×400

第三节　沙门氏菌病

一、鸡白痢

鸡白痢是由鸡白痢沙门氏菌引起的禽类的传染病，各种禽类均可发，主要危害幼禽，死亡率可达100%，成年禽类多为慢性经过。雏鸡感染后组织学变化主要表现为肝脏充血、出血，灶性变性、坏死。典型病变为肝脏局灶性坏死，坏死灶中有变性、坏死的肝细胞，以及渗出的异嗜性粒细胞、淋巴样细胞、巨噬细胞和异物巨细胞等（图3.2.3.1、图3.2.3.2、图3.2.3.3、图3.2.3.4、图3.2.3.5），肝细胞发生颗粒变性、脂肪变性、凝固性坏死。

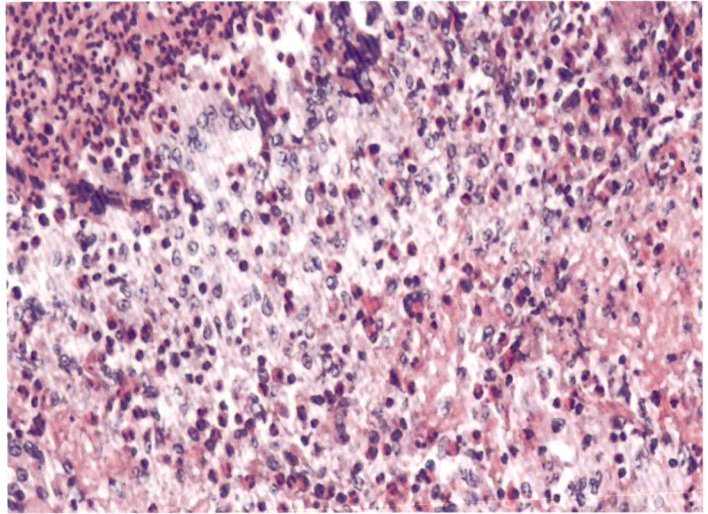

图3.2.3.1　鸡白痢（肝）

肝脏坏死灶中大量异嗜性粒细胞、巨噬细胞、淋巴样细胞增生，肝组织几乎完全被坏死组织取代。HE×400

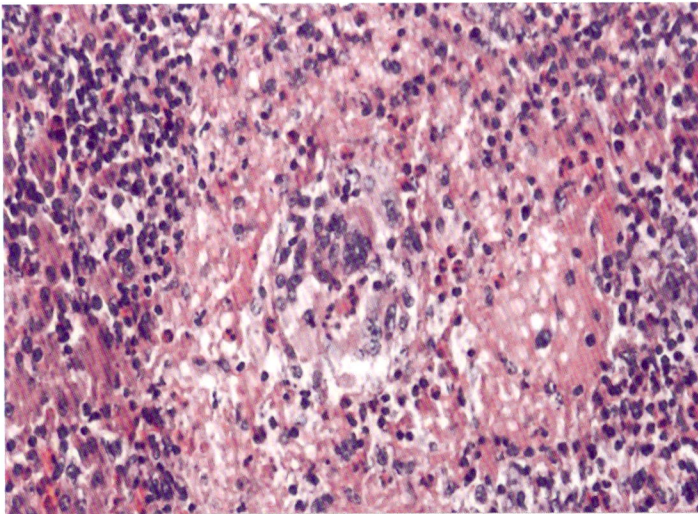

图3.2.3.2　鸡白痢（肝）

肝脏坏死灶中心由巨噬细胞、单核细胞等组成，周围是变性、坏死的肝细胞、异嗜性粒细胞、巨噬细胞，再向外是大量淋巴样细胞。它们共同组成增生性结节。HE×400

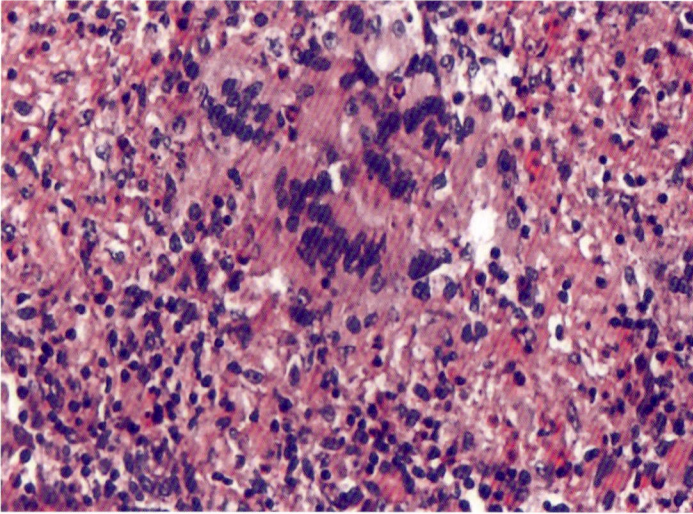

图3.2.3.3　鸡白痢（肝）

增生性结节中心有几个异物巨细胞，向外是变性、坏死的肝细胞和巨噬细胞、淋巴样细胞。HE×400

图3.2.3.4　鸡白痢（肝）

坏死结节，中心是干酪样坏死灶，周围是巨噬细胞、异物巨细胞，再外是异嗜性粒细胞、淋巴样细胞。HE×400

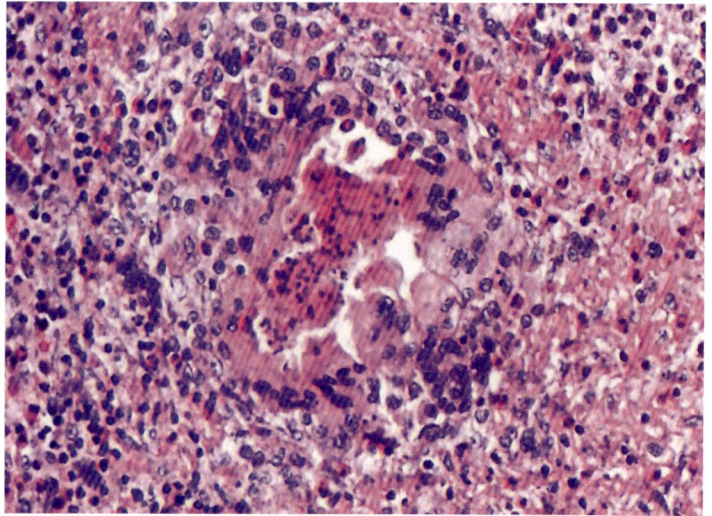

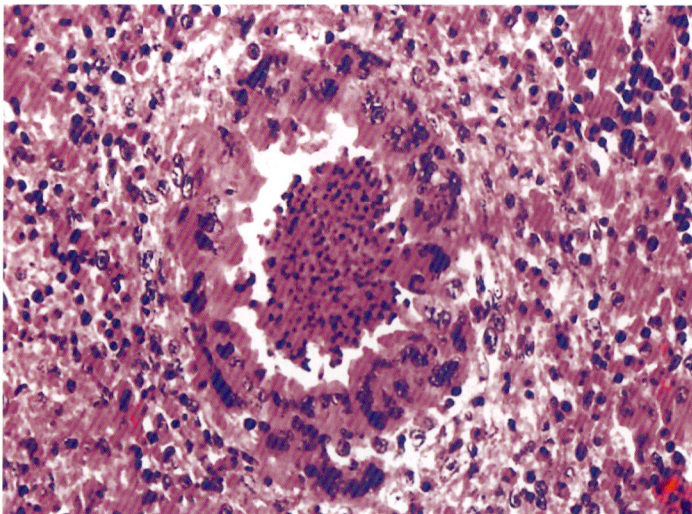

图3.2.3.5　鸡白痢（肝）

一个坏死灶的中心呈干酪样坏死，凝固性坏死的细胞核尚在，周围包绕大量异物巨细胞，再向外是巨噬细胞、异嗜性粒细胞和淋巴样细胞。HE×400

二、猪沙门氏菌病

猪沙门氏菌病又称猪副伤寒，是由沙门氏菌属的细菌引起猪的一种传染病。急性者呈败血症变化；亚急性和慢性副伤寒时，呈现特征性的纤维素性坏死肠炎及肺炎，肝脏出现特征性的副伤寒结节，肾脏出血、淤血、肾小管上皮细胞变性、坏死、脱落（图3.2.3.6、图3.2.3.7、图3.2.3.8、图3.2.3.9、图3.2.3.10、图3.2.3.11、图3.2.3.12、图3.2.3.13、图3.2.3.14、图3.2.3.15、图3.2.3.16、图3.2.3.17、图3.2.3.18、图3.2.3.19）。

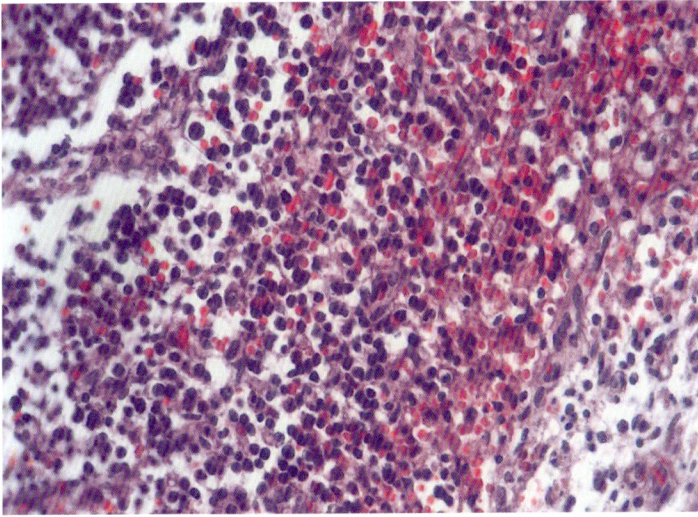

图3.2.3.6 猪沙门氏菌病（淋巴结）
急性型沙门氏菌病淋巴结肿大、出血。HE×400

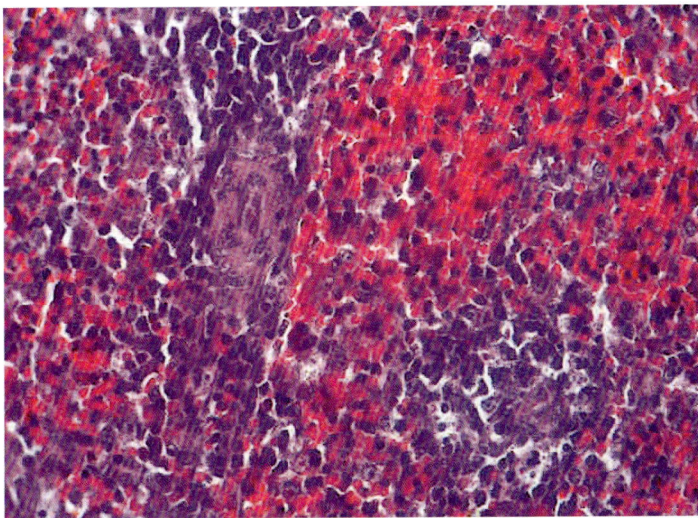

图3.2.3.7 猪沙门氏菌病（脾脏）
急性型沙门氏菌病脾脏中央动脉周围淋巴鞘淋巴细胞减少，鞘变小，鞘内出现红细胞，脾脏内的髓动脉、鞘动脉及毛细血管充血、出血，脾髓充满大量血液。HE×400

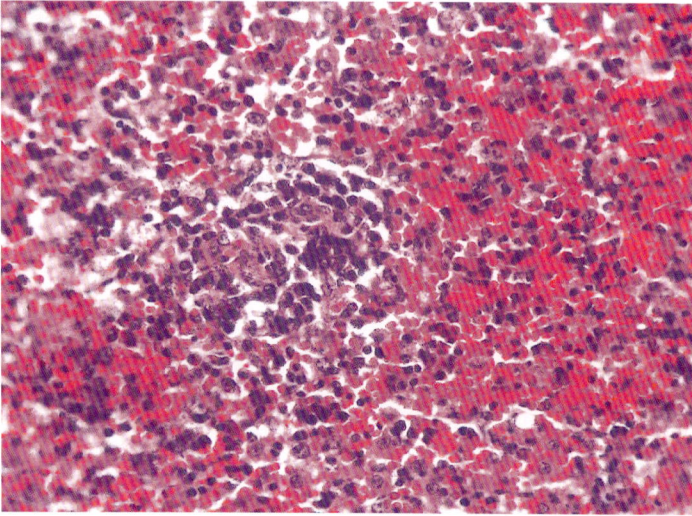

图3.2.3.8　猪沙门氏菌病（脾脏）
脾淤血、出血。HE×400

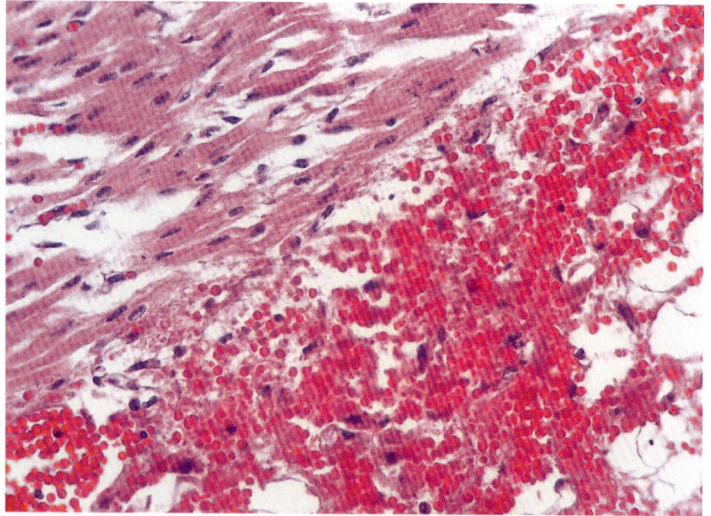

图3.2.3.9　猪沙门氏菌病（心肌）
急性型沙门氏菌病心外膜毛细血管充血、出血，心房和心室表现为实质性心肌炎。心肌纤维分离，心肌纤维出现明显的颗粒。HE×400

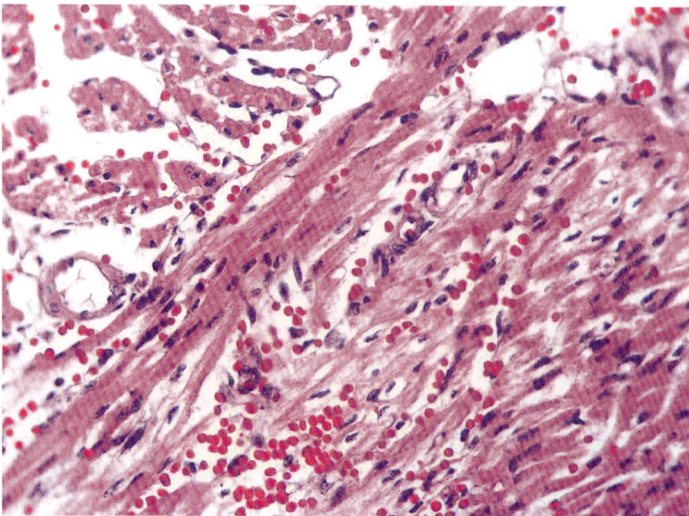

图3.2.3.10　猪沙门氏菌病（心肌）
急性型沙门氏菌病心肌纤维变细，其间散在大量红细胞。HE×400

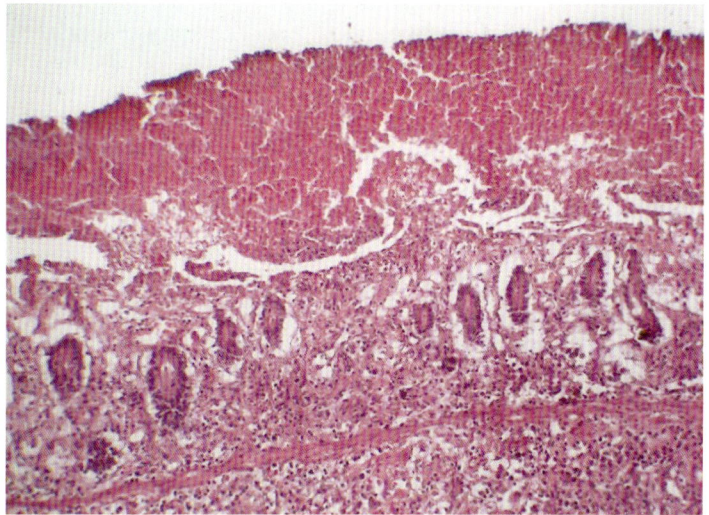

图3.2.3.11　猪沙门氏菌病（肠道）
　　盲肠和结肠黏膜表面散在局灶性溃疡，溃疡表面覆盖着由坏死的上皮细胞、渗出的纤维蛋白和炎性渗出物形成的痂膜。HE×200

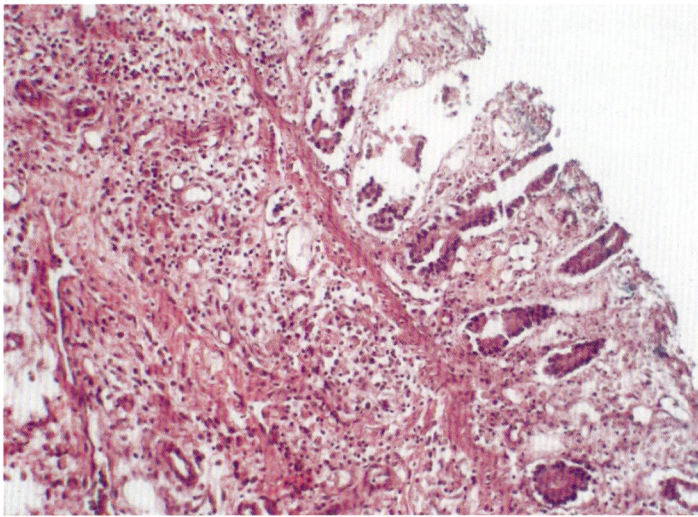

图3.2.3.12　猪沙门氏菌病（结肠）
　　剥去溃疡性痂膜暴露出变性、坏死的固有层，其间淋巴小结萎缩变小，淋巴细胞排空，网状细胞清晰。HE×200

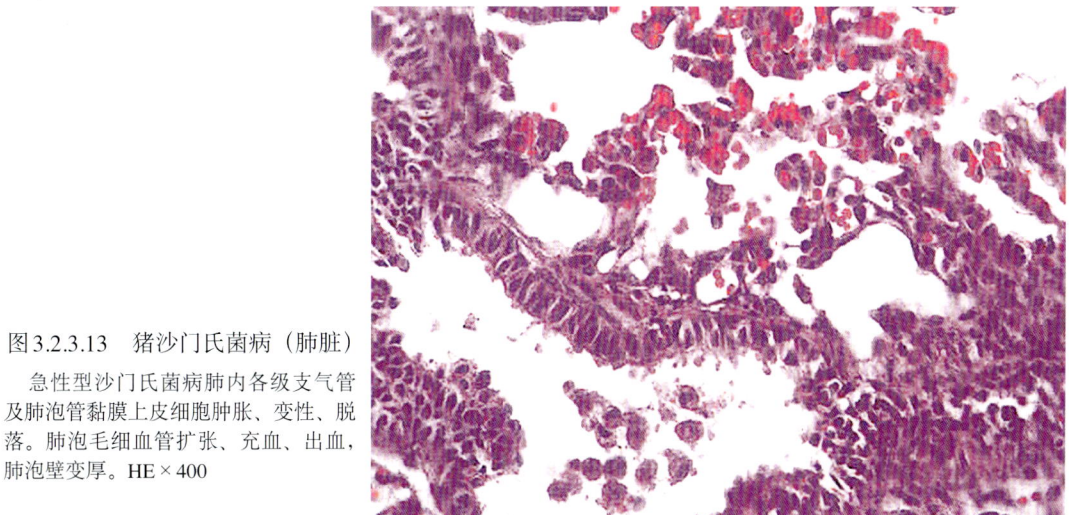

图3.2.3.13　猪沙门氏菌病（肺脏）
　　急性型沙门氏菌病肺内各级支气管及肺泡管黏膜上皮细胞肿胀、变性、脱落。肺泡毛细血管扩张、充血、出血，肺泡壁变厚。HE×400

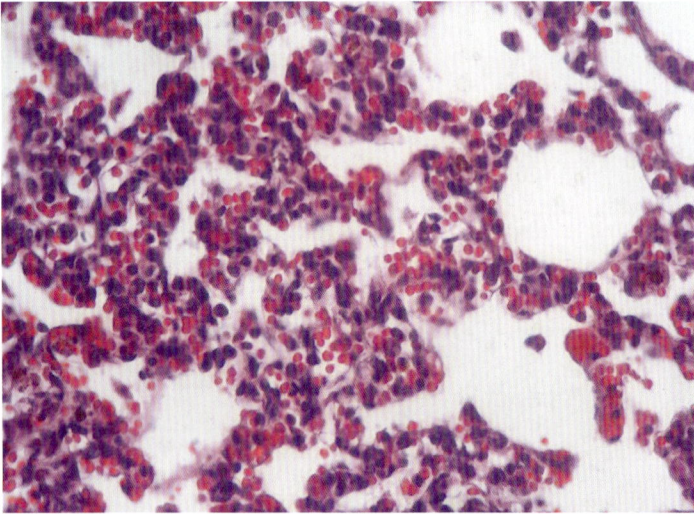

图3.2.3.14 猪沙门氏菌病（肺脏）

急性型沙门氏菌病肺泡隔内毛细血管扩张、充血、出血，肺泡壁变厚。肺泡塌陷，肺泡腔变小，肺泡内散在红细胞和炎性细胞。HE×400

图3.2.3.15 猪沙门氏菌病（肝脏）

急性型沙门氏菌病肝索断裂，肝细胞变性、脱落，肝窦极度扩张，充满血液。HE×400

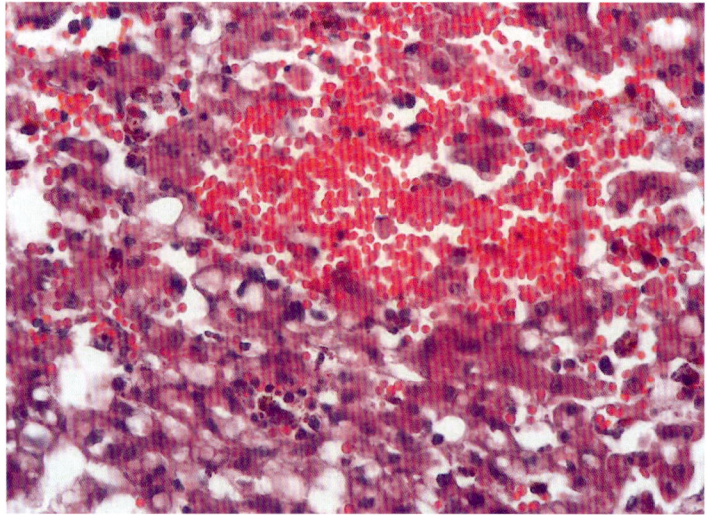

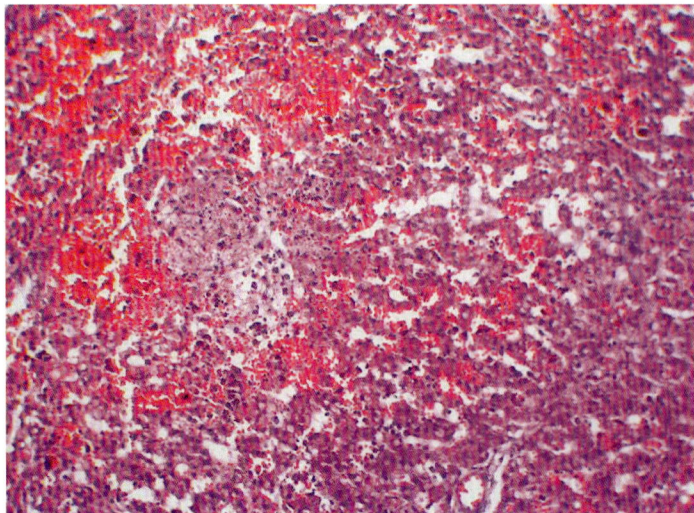

图3.2.3.16 猪沙门氏菌病（肝脏）

肝脏局灶性坏死，坏死灶中心发生凝固性坏死，其周围出血和炎性细胞浸润。HE×200

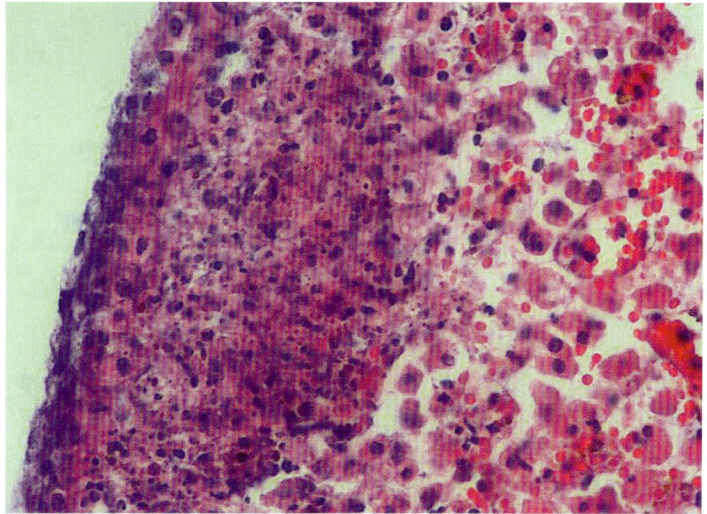

图3.2.3.17　猪沙门氏菌病（肝脏）
　　慢性型出现特征性的副伤寒结节，肝细胞坏死、崩解，核碎裂，网状细胞、巨噬细胞、淋巴细胞浸润。HE×200

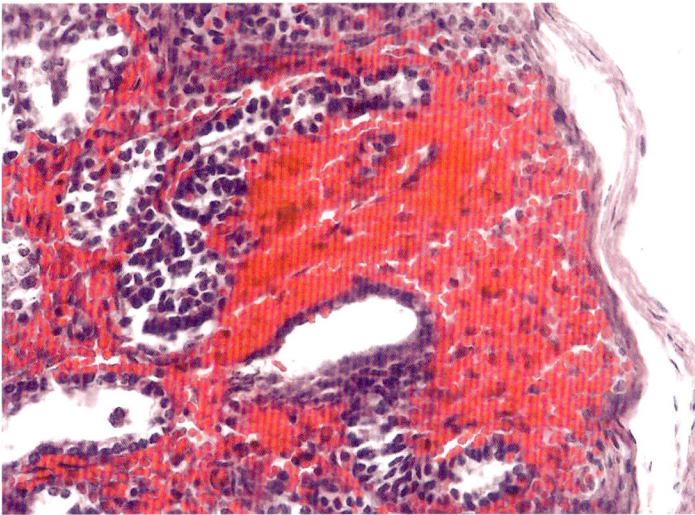

图3.2.3.18　猪沙门氏菌病（肾脏）
　　肾脏被膜下和肾皮质部出血，肾小管上皮细胞变性、坏死、脱落。HE×200

图3.2.3.19　猪沙门氏菌病（肾脏）
　　肾脏髓质严重淤血、出血，小静脉和毛细血管扩张、充血、出血。肾小管上皮细胞变性、坏死、脱落。HE×200

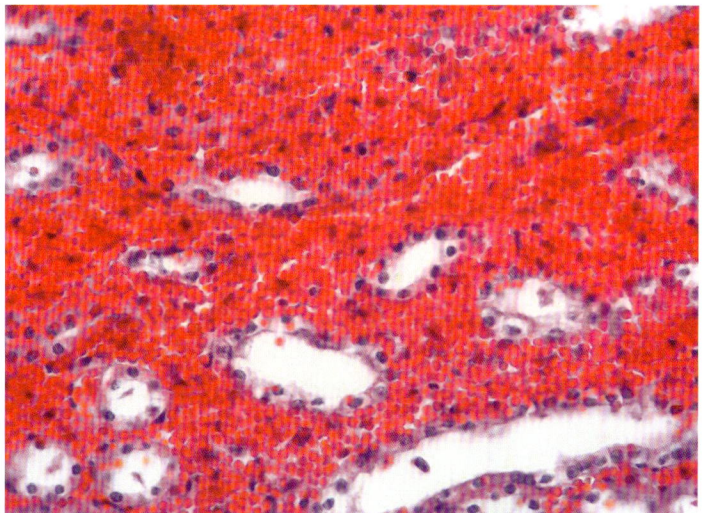

第四节　猪巴氏杆菌病

猪巴氏杆菌又称猪肺疫、猪出血性败血症，是由多杀性巴氏杆菌所引起的一种急性传染病。根据病程经过，本病可分为最急性、急性和慢性三个类型。最急性和急性者多表现为败血症及胸膜肺炎，以各组织器官发生出血性炎症为特征，常以地方性流行方式出现（图3.2.4.1、图3.2.4.2、图3.2.4.3、图3.2.4.4、图3.2.4.5、图3.2.4.6、图3.2.4.7、图3.2.4.8）；慢性者多表现为慢性肺炎和慢性胃肠炎症状，多以散发形式出现。

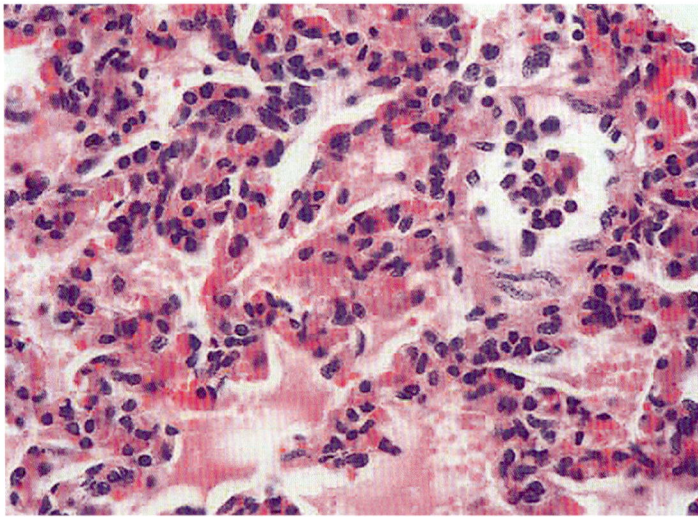

图3.2.4.1　猪巴氏杆菌病（肺脏）

肺泡隔变厚，毛细血管扩张、充血、出血。肺泡内含有红细胞的浆液性渗出物。HE×400

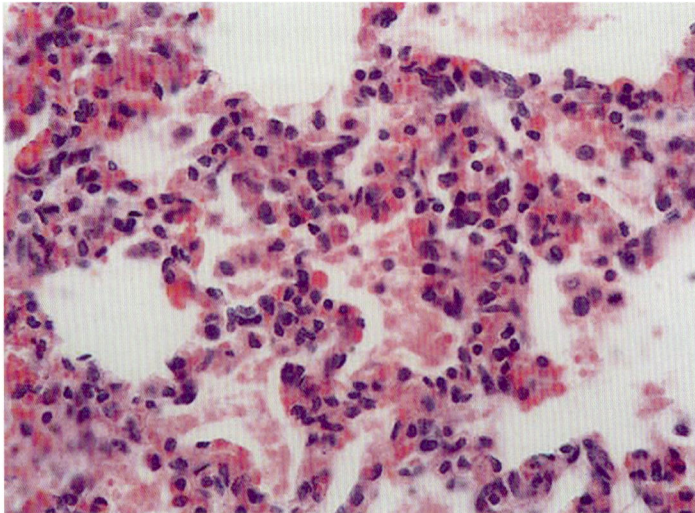

图3.2.4.2　猪巴氏杆菌病（肺脏）

肺泡隔变厚，毛细血管扩张、充血、出血。肺泡内含有大量炎性渗出物。HE×400

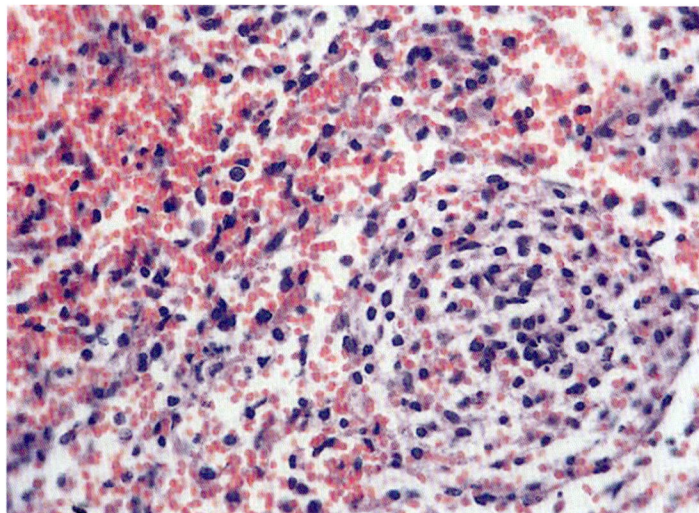

图3.2.4.3　猪巴氏杆菌病（脾脏）
中央动脉周围淋巴鞘细胞减少，其间有红细胞渗出。脾索变细，脾窦扩张，充满红细胞。HE×400

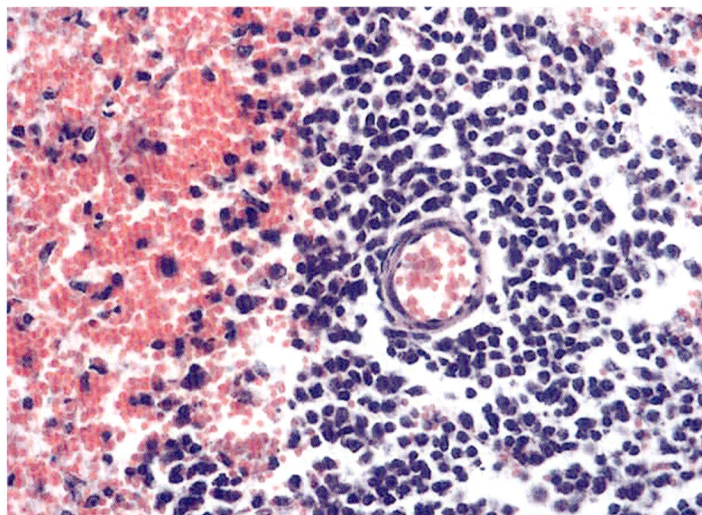

图3.2.4.4　猪巴氏杆菌病（脾脏）
中央动脉扩张、充血，脾索消失，红髓中充满红细胞。HE×400

图3.2.4.5　猪巴氏杆菌病（淋巴结）
淋巴结毛细血管扩张、充血、出血。HE×200

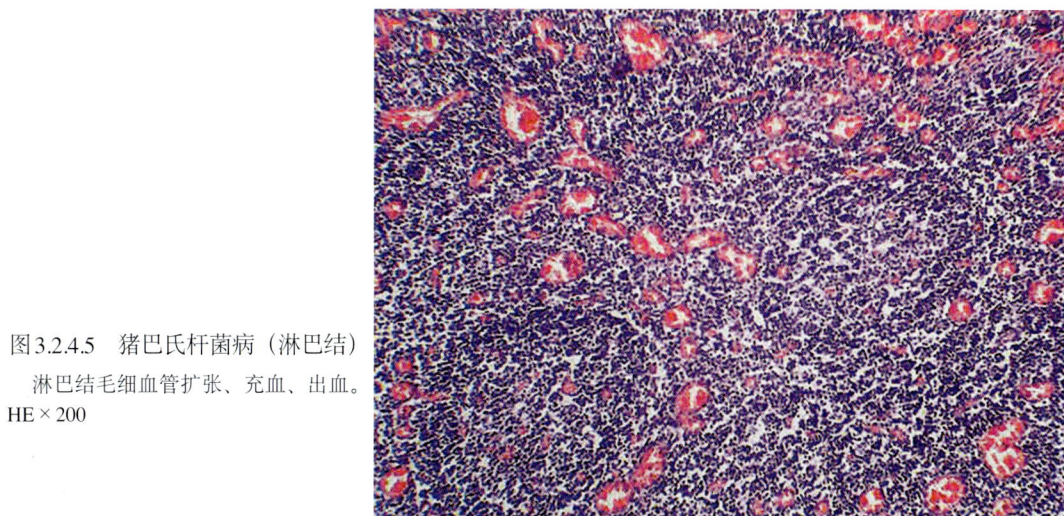

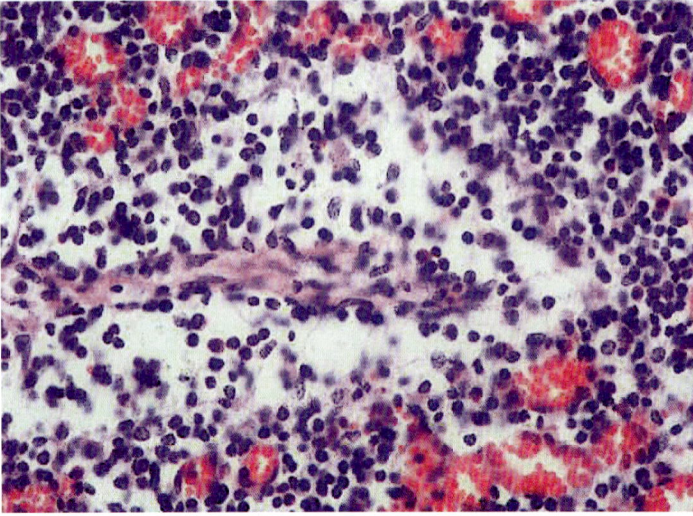

图3.2.4.6 猪巴氏杆菌病（淋巴结）

淋巴结毛细血管扩张、充血，水肿。HE×400

图3.2.4.7 猪巴氏杆菌病（肾脏）

肾小球毛细血管、球后毛细血管扩张、充血、出血。肾小管变性、坏死。HE×400

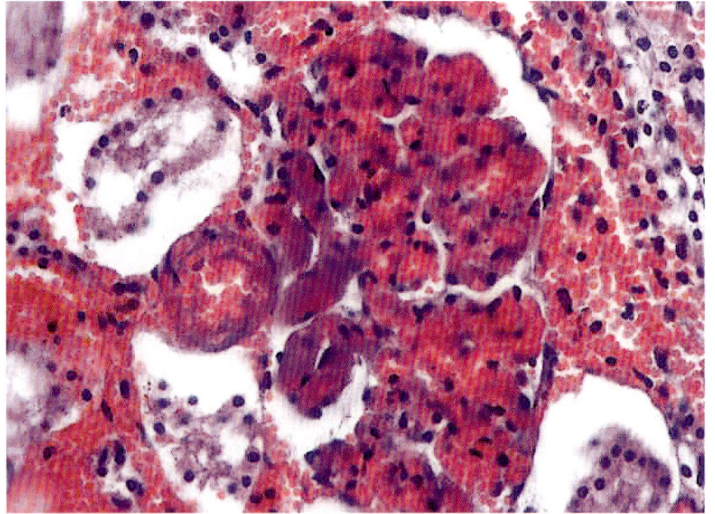

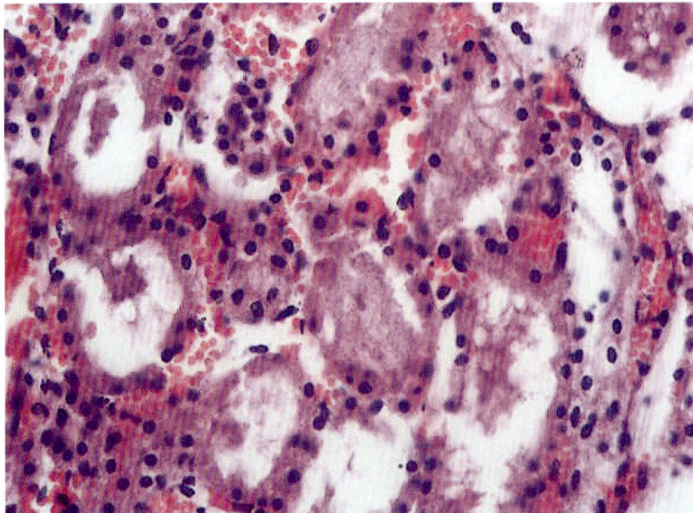

图3.2.4.8 猪巴氏杆菌病（肾脏）

毛细血管充血、出血。肾小管上皮细胞变性、坏死，肾小管内充满蛋白管型物。HE×400

第五节　支原体病

一、牛支原体肺炎（牛传染性胸膜肺炎）

牛支原体肺炎，又称牛传染性胸膜肺炎，是由牛支原体引起的以坏死性肺炎为主要特征的牛呼吸道传染病。

牛支原体肺炎的病变大致可分为两类（图3.2.5.1、图3.2.5.2、图3.2.5.3、图3.2.5.4、图3.2.5.5、图3.2.5.6、图3.2.5.7、图3.2.5.8、图3.2.5.9、图3.2.5.10、图3.2.5.11）：

1.化脓性支气管性肺炎　在支气管、细支气管和肺泡内有大量脓性渗出物，支气管黏膜上皮变性、坏死或增生。肺泡隔增厚，其中有浆液-纤维素性渗出物、中性粒细胞、巨噬细胞、淋巴细胞和浆细胞浸润，以及成纤维细胞增生，毛细血管极度扩张、充血。肺泡腔中有浆液-纤维素性渗出物，大量中性粒细胞及单核细胞。肺组织内有大小不等的化脓灶和干酪样坏死灶，血管周围、小叶间结缔组织极度增生，支气管周围有淋巴细胞、中性粒细胞、巨噬细胞浸润。

2.间质性肺炎　肺泡隔增厚，内有大量红细胞及浆液-纤维素性渗出物，以及单核细胞、淋巴细胞和中性粒细胞浸润。

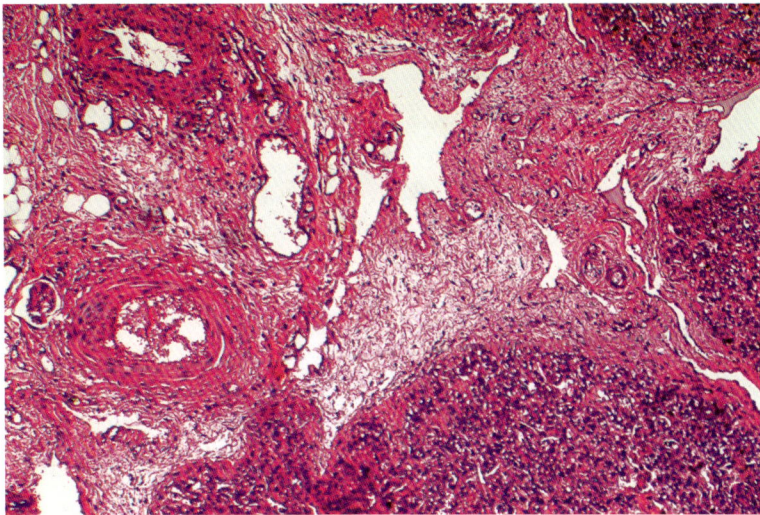

图3.2.5.1　牛支原体肺炎（肺脏）

肺小叶间大量结缔组织增生，小动脉管壁明显增厚。HE×100

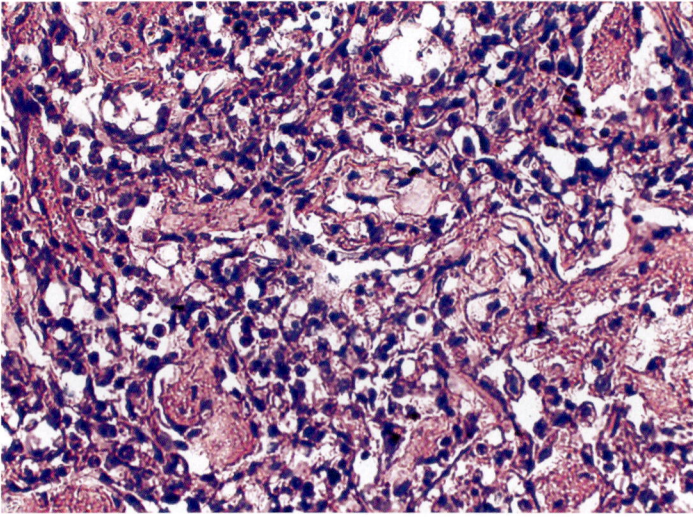

图3.2.5.2　牛支原体肺炎（肺脏）

肺泡壁增厚，肺泡腔内蓄积大量纤维素性渗出物和炎性细胞，肺组织实变。HE×400

图3.2.5.3　牛支原体肺炎（肺脏）

肺泡腔内蓄积大量纤维素性渗出物和炎性细胞，肺组织实变。HE×400

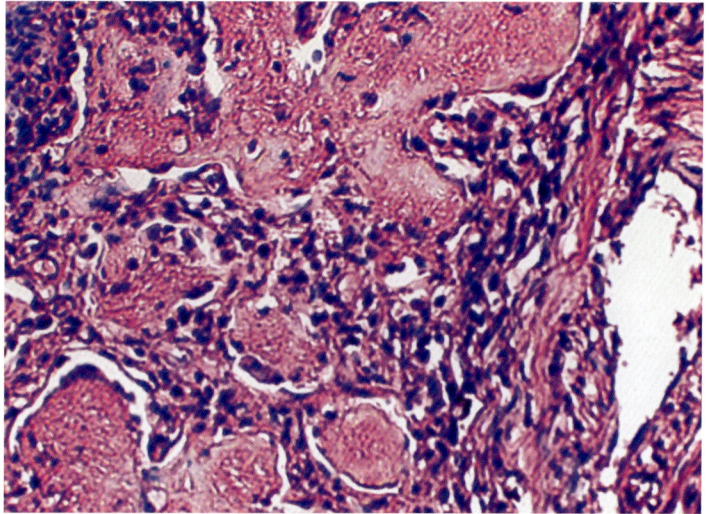

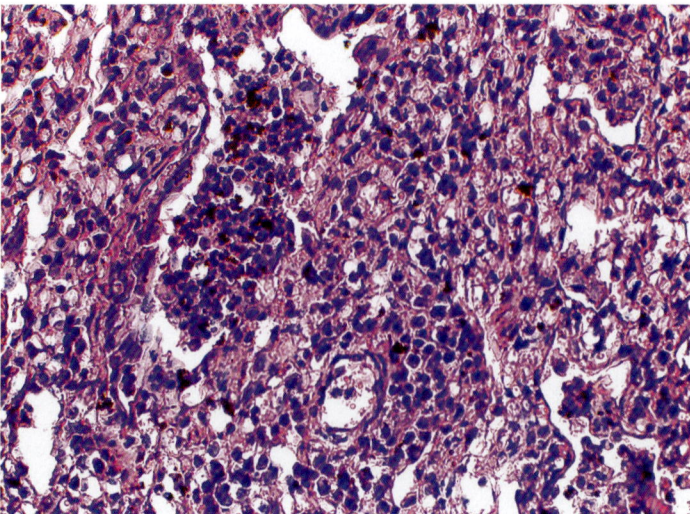

图3.2.5.4　牛支原体肺炎（肺脏）

肺泡腔内和细支气管内蓄积大量中性粒细胞和含铁血黄素。HE×400

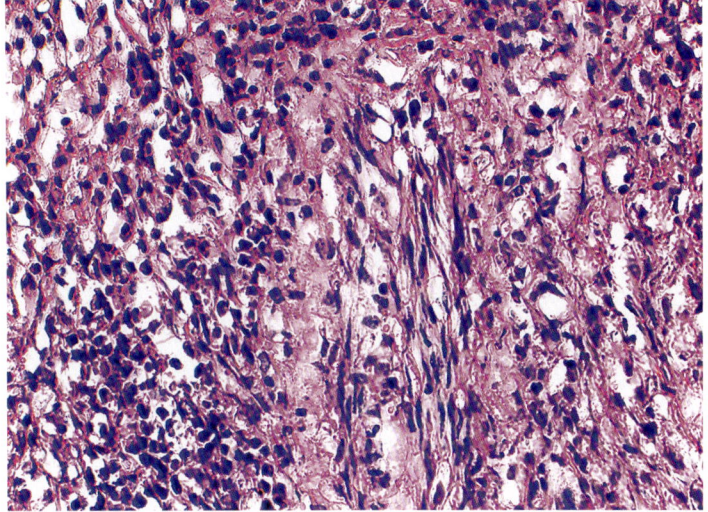

图3.2.5.5　牛支原体肺炎（肺脏）
　　肺泡腔内蓄积大量炎性细胞，肺间质结缔组织增生。HE×400

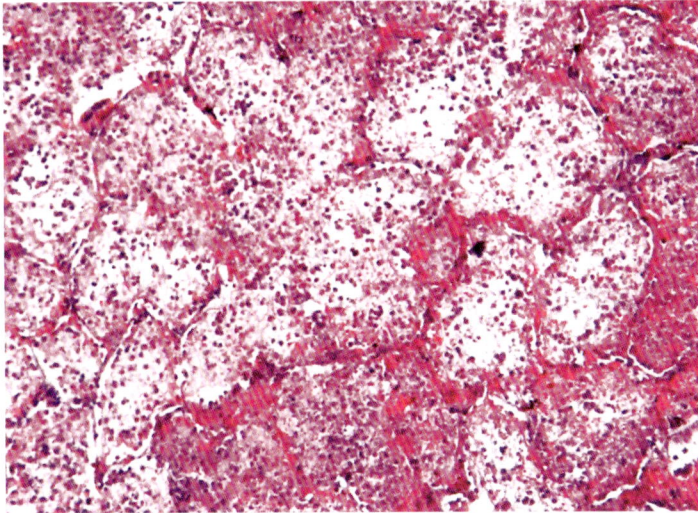

图3.2.5.6　牛支原体肺炎（肺脏）
　　肺泡腔内充满大量纤维素性渗出物和炎性细胞。HE×100

图3.2.5.7　牛支原体肺炎（肺脏）
　　肺胸膜充血，胸膜表面被覆大量纤维蛋白和炎性细胞。HE×200（赵德明）

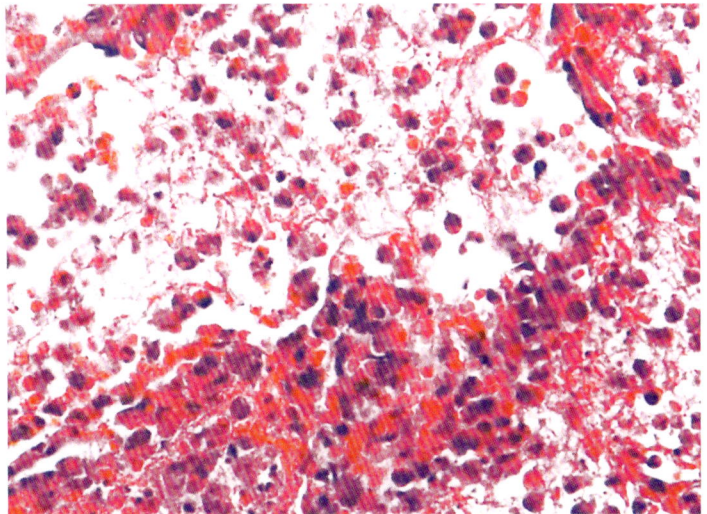

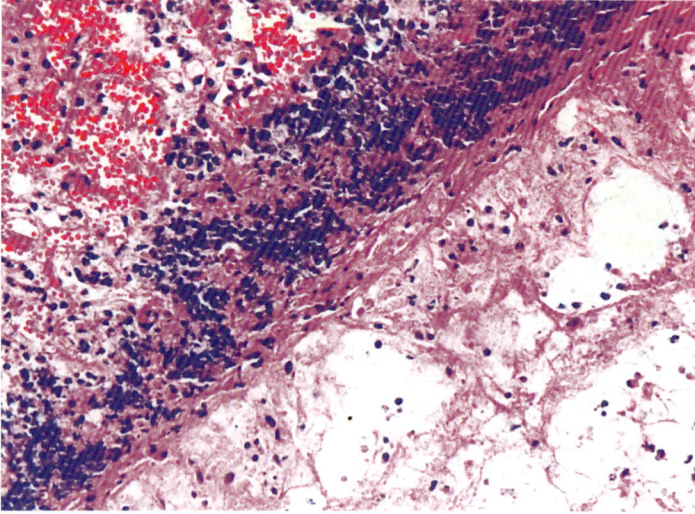

图3.2.5.8　牛支原体肺炎（肺脏）

肺泡腔内有大量纤维素性渗出物、脱落的上皮细胞、炎性细胞和红细胞。HE×400（赵德明）

图3.2.5.9　牛支原体肺炎（肺脏）

肺泡隔增厚，毛细血管扩张、充血，肺泡腔内充满大量纤维素性渗出物和炎性细胞。HE×400（赵德明）

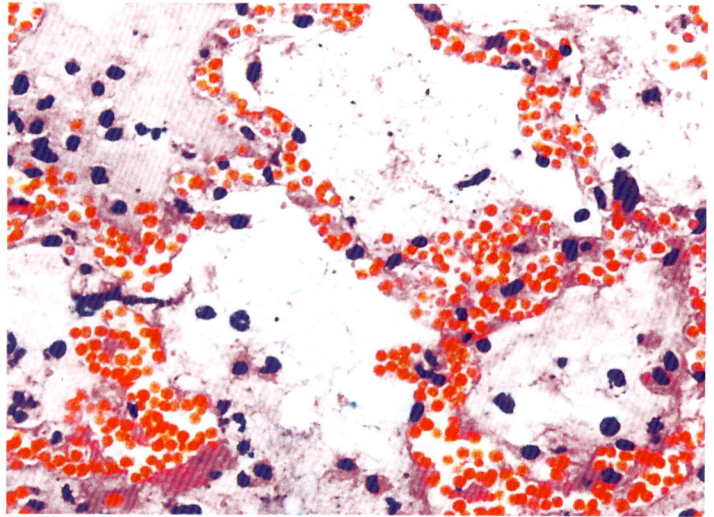

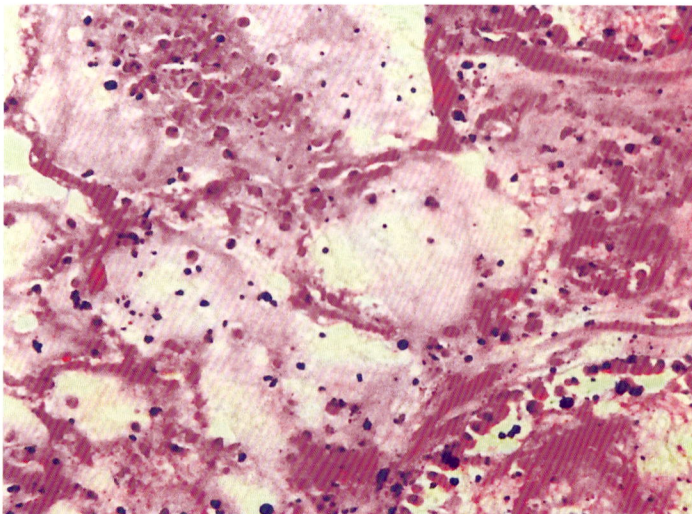

图3.2.5.10　牛支原体肺炎（肺脏）

肺泡腔内充满大量浆液、纤维蛋白、中性粒细胞和巨噬细胞。HE×200（徐镔蕊）

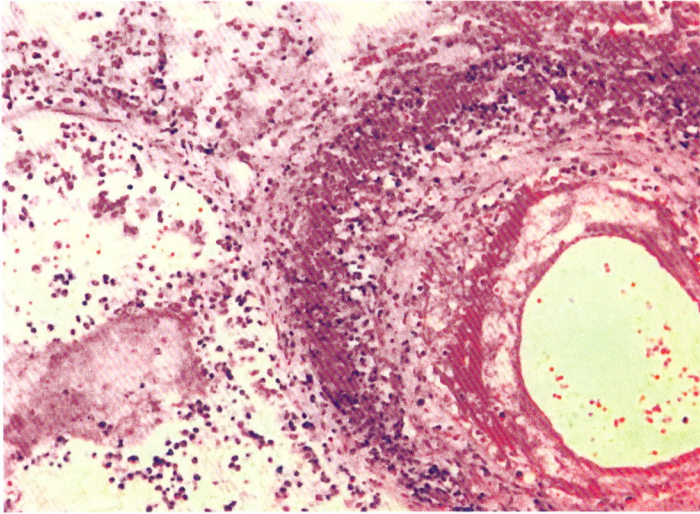

图3.2.5.11　牛支原体肺炎（肺脏）

肺小动脉壁坏死，周围组织水肿，其间有大量中性粒细胞和巨噬细胞。HE×200（徐镔蕊）

二、猪喘气病

猪喘气病又称猪地方流行性肺炎、猪气喘病，是由猪肺炎支原体引起的一种慢性、接触性、呼吸道传染病。主要临诊症状是咳嗽和气喘。剖检变化为肺的尖叶、心叶和膈叶发生对称性实变。该病多呈慢性经过，常伴有其他病菌继发感染。

主要病变在肺脏、肺门淋巴结和纵隔淋巴结。肺的心叶、尖叶、膈叶前下缘及中间叶，两侧肺叶发生对称性实变。实变区大小不一，呈淡红色或灰红色，与周围肺组织界限明显。随着病程延长，病变部逐渐扩展、融合，病变部颜色转为浅灰红色、灰白色或灰黄色，呈胶冻样浸润的半透明状，与周围肺组织，界限分明，如鲜嫩肉一样，俗称"肉变"。切面压之，从小支气管流出黏性混浊的灰白色液体。随着病程的发展，病变部的颜色加深，转为浅灰或灰黄色，硬度增强，与胰脏组织相似，有"胰变"或"虾肉样变"之称。肺门淋巴结和纵隔淋巴结肿大、质硬，断面呈黄白色，呈髓样变，淋巴滤泡明显增生。

组织学检查：早期急性病例，主要是支气管周围炎及融合性间质性肺炎，小支气管及血管周围出现淋巴样细胞增生，形成"管套"。肺泡腔内充满浆液性渗出物，其中混有中性粒细胞、淋巴样细胞和脱落的肺泡上皮细胞。随后，发生融合性支气管肺炎，小支气管周围的肺泡腔充满多量炎性渗出物，其中混有淋巴细胞和脱落上皮细胞，小支气管黏膜上皮脱落，管腔内充满大量炎性渗出物（图3.2.5.12、图3.2.5.13、图3.2.5.14）。

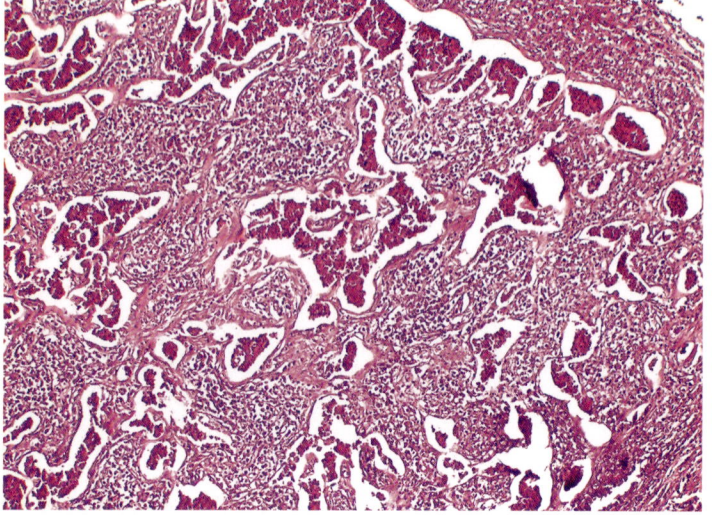

图 3.2.5.12 猪喘气病（肺脏）

肺小叶发生肉变，肺泡被渗出的纤维蛋白和炎性细胞填充，已不见正常肺泡，肺小叶间大量结缔组织增生。HE×40

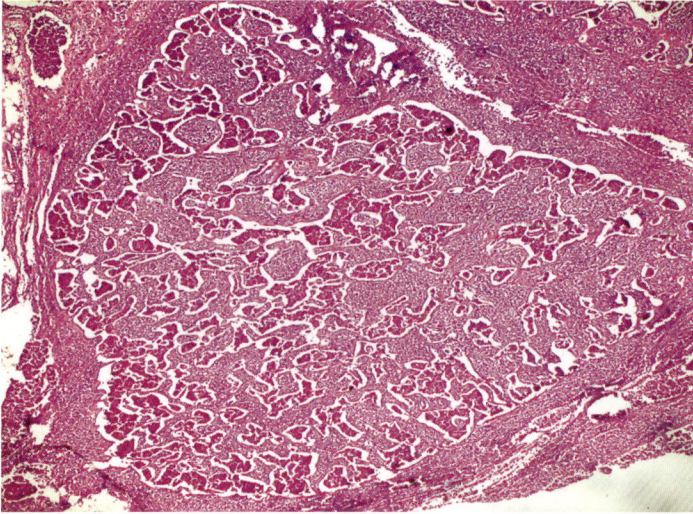

图 3.2.5.13 猪喘气病（肺脏）

由于淋巴细胞和结缔组织增生，致使肺泡壁严重增厚，肺泡内集聚大量炎性细胞和脱落的上皮细胞。HE×100

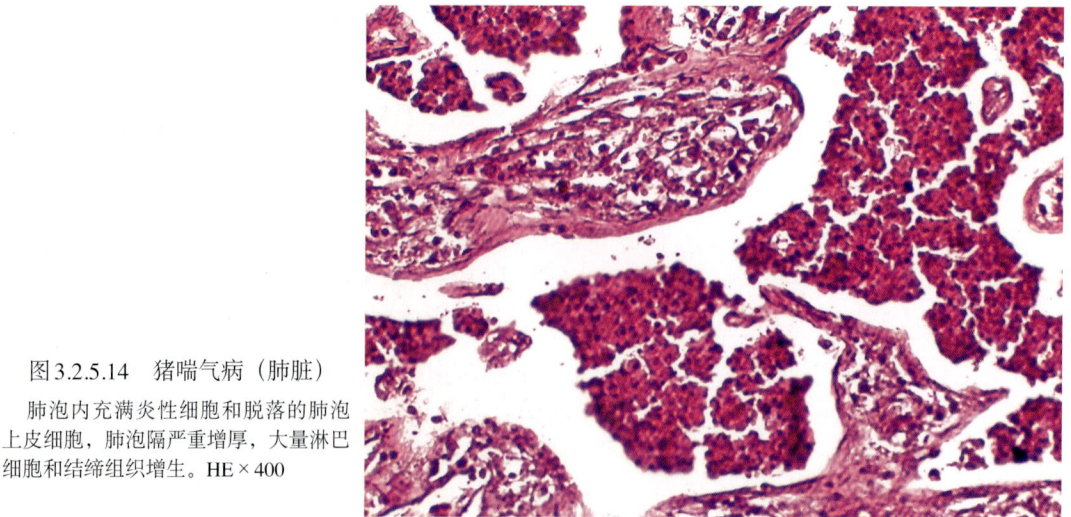

图 3.2.5.14 猪喘气病（肺脏）

肺泡内充满炎性细胞和脱落的肺泡上皮细胞，肺泡隔严重增厚，大量淋巴细胞和结缔组织增生。HE×400

第三章
真菌性疾病

根据真菌侵害的部位，可将真菌病分为浅部真菌病和深部真菌病。浅部真菌病主要侵害皮肤、毛发、爪、蹄等部位。深部真菌病侵害肺、肝、淋巴结、胸腹腔浆膜等深层组织。浅部真菌病一般无病理组织学诊断意义，深部真菌病多表现为异物性肉芽肿，引起机体排异反应，表现为炎性细胞浸润、巨噬细胞增生、多核巨细胞增多。在病灶中多能见到菌丝体和孢子。

第一节　球孢子菌病

球孢子菌病是由粗球孢子菌引起的一种慢性传染病，多种哺乳动物均可发生。病变特征是形成化脓性肉芽肿，常见于支气管、肺脏、淋巴结、纵隔淋巴结等处。在肺脏可形成孤立或融合性的肉芽肿，其中心的脓液中含有不同发育阶段的粗球孢子菌的球形体，大的球形体内充满内生孢子。牛和鹿感染时，球形体周围有棍棒状的放射状花冠，形似绽放的菊花。菌体周围是变性、坏死的中性粒细胞、巨噬细胞、上皮样细胞和多核巨细胞（图3.3.1.1、图3.3.1.2、图3.3.1.3、图3.3.1.4、图3.3.1.5、图3.3.1.6、图3.3.1.7、图3.3.1.8、图3.3.1.9、图3.3.1.10、图3.3.1.11、图3.3.1.12）。

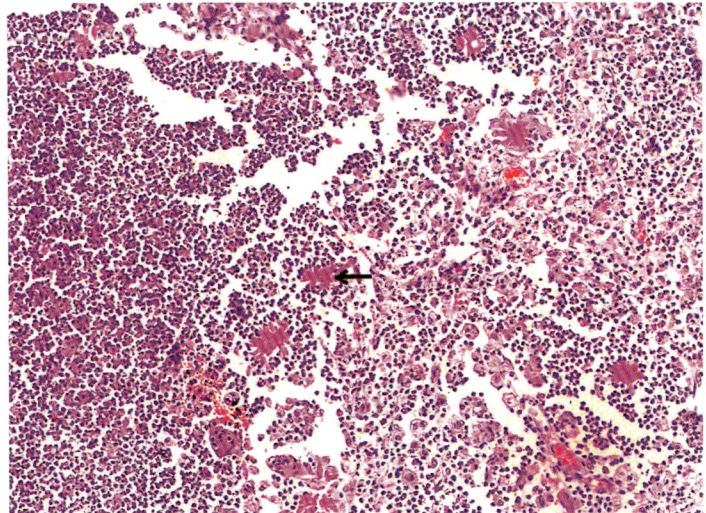

图3.3.1.1　球孢子菌病（鹿，肺脏）
　肉芽肿由大量中性粒细胞、上皮样细胞和粗球孢子菌菌体（➡）组成。
HE×40

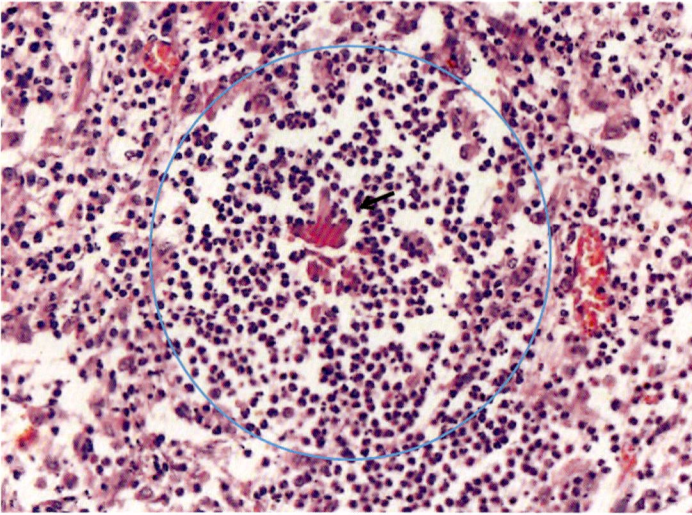

图3.3.1.2 球孢子菌病（鹿，肺脏）

化脓性肉芽肿，其中有大量中性粒细胞、上皮样细胞和粗球孢子菌（➡）。HE×100

图3.3.1.3 球孢子菌病（鹿，肺脏）

肉芽肿中心有一个菌体，周围是大量中性粒细胞，向外是上皮样细胞。HE×400

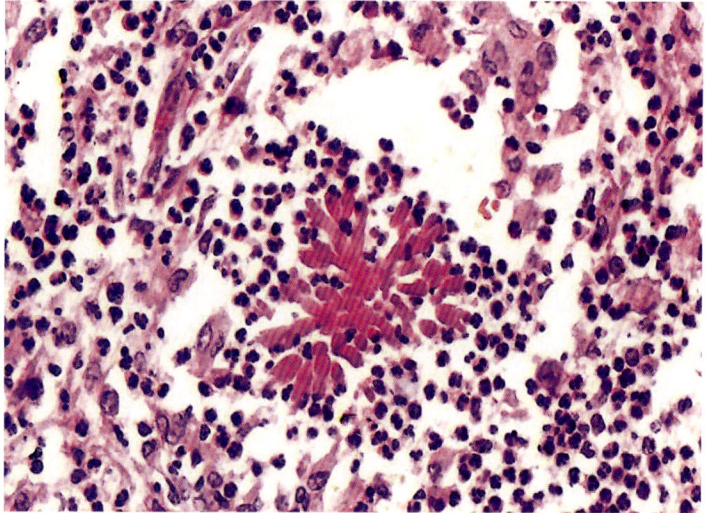

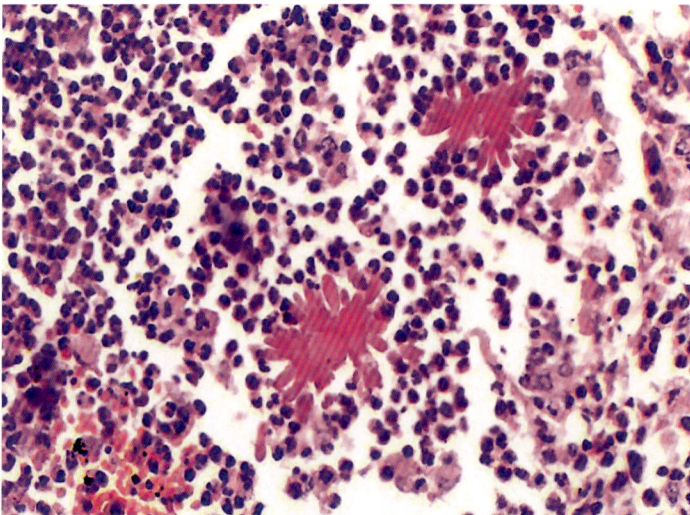

图3.3.1.4 球孢子菌病（鹿，肺脏）

菌体周围有大量脓细胞，再外边是上皮样细胞。HE×400

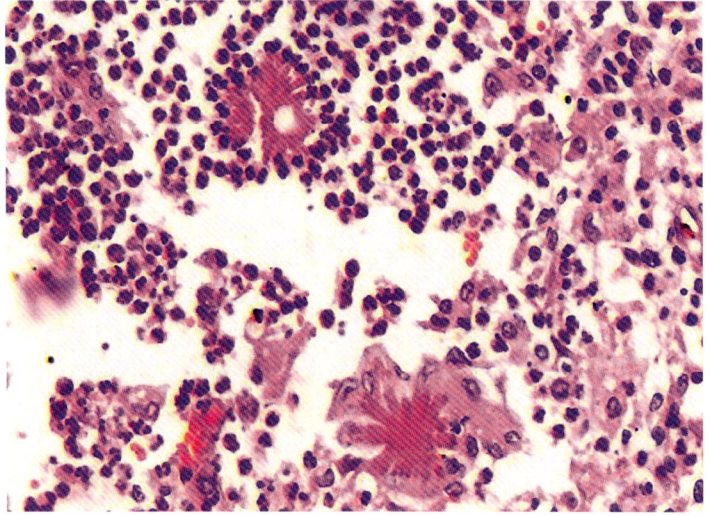

图3.3.1.5　球孢子菌病（鹿，肺脏）
　　在大量中性粒细胞之中有两个粗球
孢子菌菌体，其中一个被上皮样细胞包
围，一个被中性粒细胞包围。HE×400

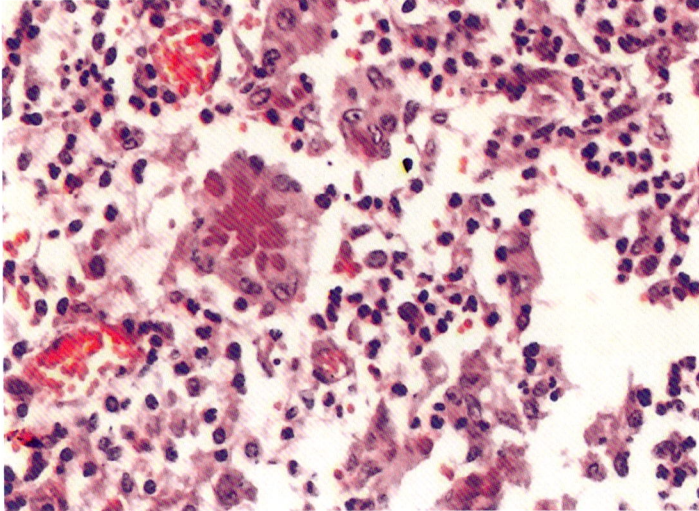

图3.3.1.6　球孢子菌病（鹿，肺脏）
　　一个菌体被上皮样细胞包围。HE×400

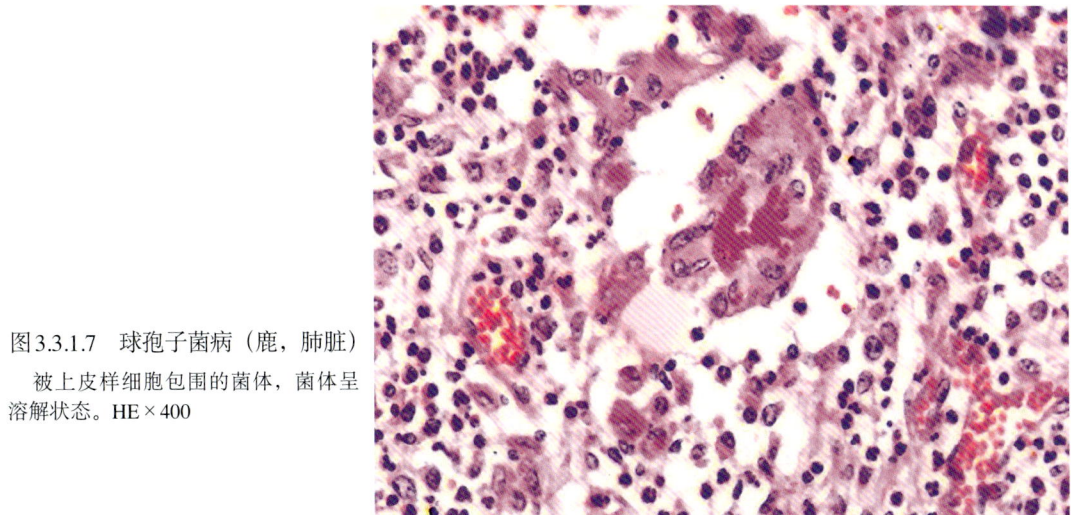

图3.3.1.7　球孢子菌病（鹿，肺脏）
　　被上皮样细胞包围的菌体，菌体呈
溶解状态。HE×400

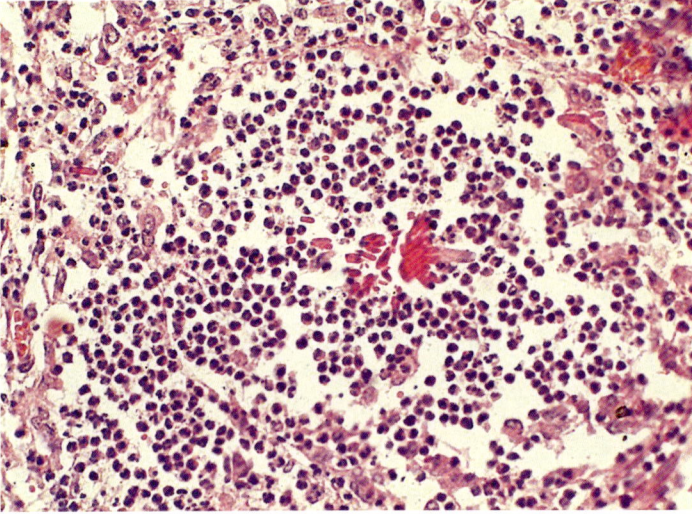

图3.3.1.8　球孢子菌病（鹿，肺脏）
　肉芽肿中有一个球孢子菌菌体，菌体周围有大量中性粒细胞。HE×400

图3.3.1.9　球孢子菌病（鹿，肺脏）
　肺部化脓性肉芽肿中的粗球孢子菌球形体，菌体周围有大量中性粒细胞和上皮样细胞。HE×400

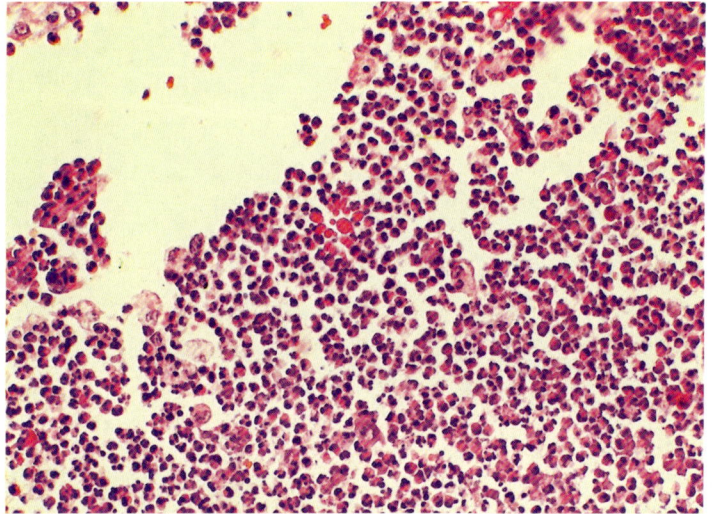

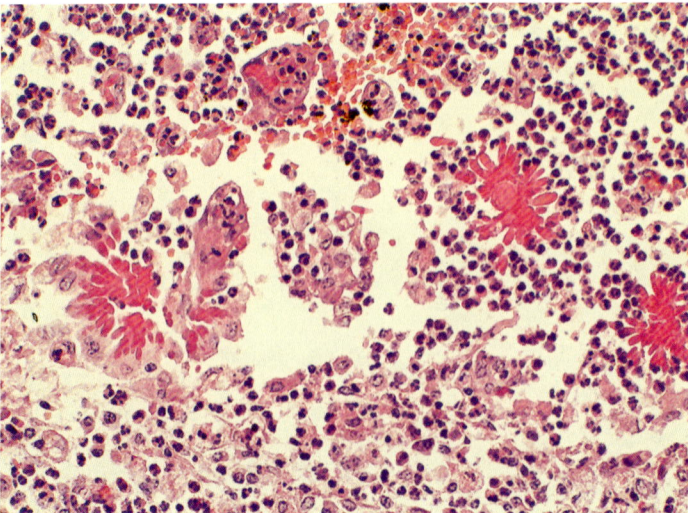

图3.3.1.10　球孢子菌病（鹿，肺脏）
　化脓性肉芽肿中有多个粗球孢子菌菌体，菌体周围有大量中性粒细胞和上皮样细胞。HE×400

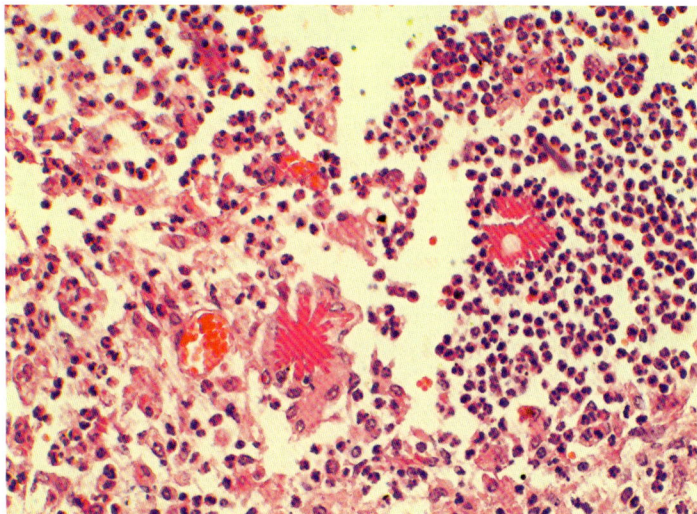

图3.3.1.11 球孢子菌病（鹿，肺脏）

　　球孢子菌菌体呈花瓣状，周围有大量中性粒细胞和上皮样细胞。HE×400

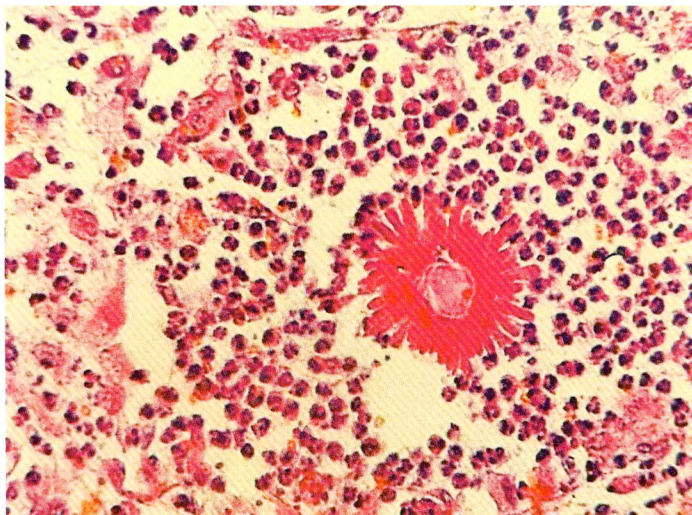

图3.3.1.12 球孢子菌病（鹿，肺脏）

　　球孢子菌球形体呈盛开的菊花样，菌体周围有大量中性粒细胞和上皮样细胞。HE×400

第二节　放 线 菌 病

　　放线菌病是由牛放线菌和猪放线菌引起的一种慢性传染病，多见于牛和猪。牛放线菌病多发生于面部、颈部皮下组织以及下颌骨等部位。猪放线菌病多发生于乳腺、耳部皮下。病变特征是形成化脓性肉芽肿。化脓性肉芽肿的组成包括中性粒细胞、上皮样细胞、巨噬细胞、异物巨细胞等，时久肉芽肿发生化脓，形成大小不等的脓肿，脓液中含有淡黄色类似硫黄颗粒的块状物。所谓硫黄颗粒即是放线菌集落，此集落由菌丝体和周围放射状的棍棒体组成（图3.3.2.1、图3.3.2.2、图3.3.2.3）。

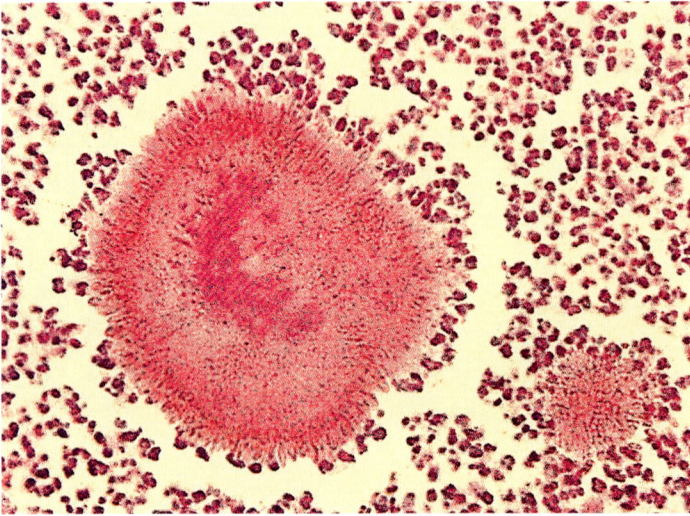

图 3.3.2.1　放线菌病（牛）

放线菌集落由缠结的菌丝团块和周围短的放射状棒状体组成，右下方有一小的菌落，菌体周围是大量中性粒细胞及脓细胞。HE×132（刘宝岩）

图 3.3.2.2　放线菌病（猪）

放线菌集落由菌丝团块和周围放射状的棒状体组成，周围是大量中性粒细胞及脓细胞。HE×132（刘宝岩）

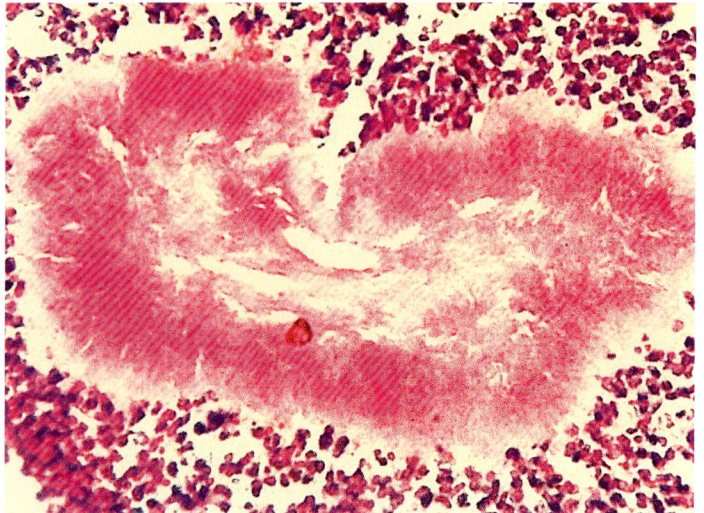

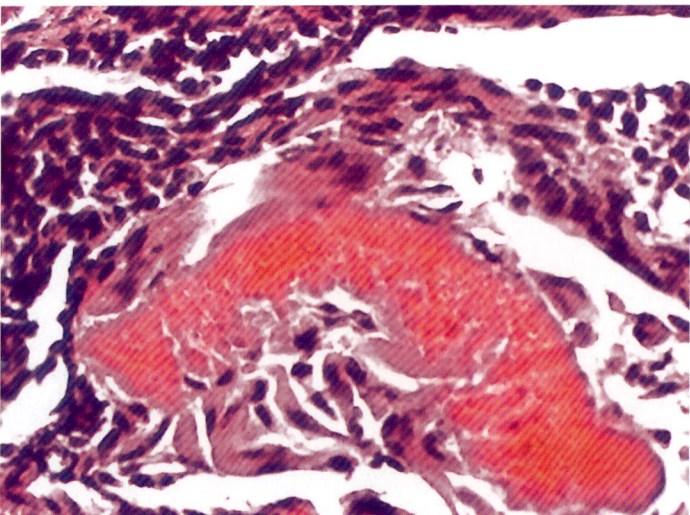

图 3.3.2.3　放线菌病（猪，耳部）

放线菌菌落周围有炎性细胞和成纤维细胞。HE×100

第三节　芽生菌病

　　芽生菌病是由皮炎芽生菌引起的一种人畜共患的慢性传染病，动物中以犬多见。主要是在肛门、会阴部周围、乳房、胸骨等部位的皮肤以及肺脏淋巴结等器官内形成化脓性肉芽肿。患部皮肤表皮异常增生，肥厚，在广泛增生的肉芽组织内可见由中性粒细胞、巨噬细胞和病菌构成的微小脓肿。肺脏的肉芽肿其中心区域发生干酪样坏死，外围是上皮样细胞，再外围是淋巴细胞和结缔组织。淋巴结内的肉芽肿少见干酪样坏死，而以淋巴细胞、上皮样细胞和多核巨细胞为主。上皮样细胞和多核巨细胞内可见有芽生菌（图3.3.3.1、图3.3.3.2、图3.3.3.3）。

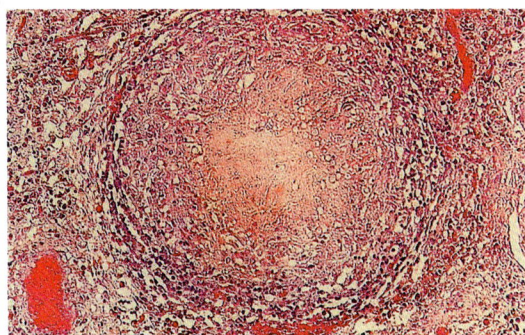

图3.3.3.1　芽生菌病（犬）
　　犬肺内肉芽肿是由中央区的干酪样坏死灶（其中含有皮炎芽生菌）和周围的上皮样细胞及结缔组织构成的。HE×33（刘宝岩）

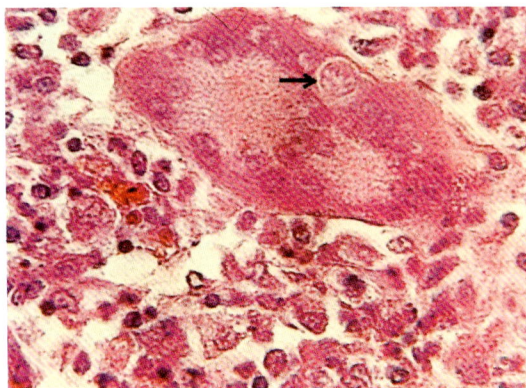

图3.3.3.2　芽生菌病（犬）
　　淋巴结肉芽肿内有许多淋巴细胞、巨噬细胞、上皮样细胞和吞噬皮炎芽生菌（➜）的多核巨细胞。HE×132（刘宝岩）

图3.3.3.3　芽生菌病（犬）
　　在淋巴结肉芽肿内，许多巨噬细胞胞质内吞噬有皮炎芽生菌（➜）。PAS×132（刘宝岩）

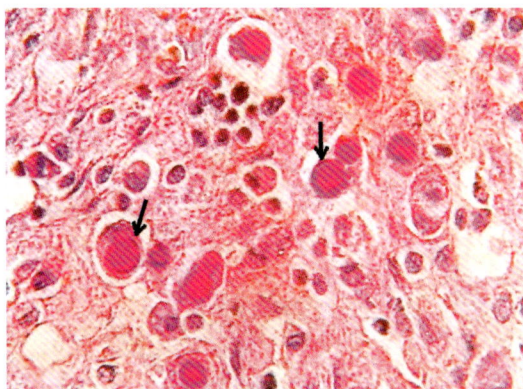

第四节 曲霉菌病

本病主要是由烟曲霉菌引起的以侵害呼吸器官为主的真菌病，多见于鸡、火鸡、鸭等家禽，主要表现为肺炎、气囊炎。在牛、羊、马、猪等哺乳动物，除引起肺炎外，还可引起流产。病变特征表现为受害组织内形成肉芽肿性结节，与结核结节相似，中心是坏死组织，向外是特殊肉芽组织，再外是普通肉芽组织。结节中可见菌丝体和分生孢子（图3.3.4.1、图3.3.4.2、图3.3.4.3）。

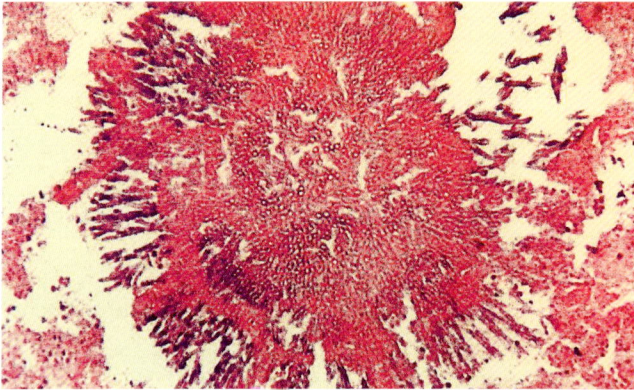

图3.3.4.1 曲霉菌病（绵羊）
肺炎灶中可见呈放射状的有隔分枝菌丝体和圆形分生孢子。HE×100（刘宝岩）

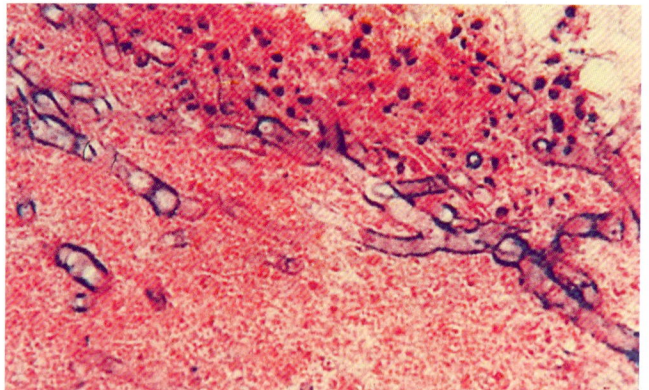

图3.3.4.2 曲霉菌病（鸡）
肺内肉芽肿的坏死区可见有隔分枝菌丝体和圆形分生孢子GMS×132（刘宝岩）

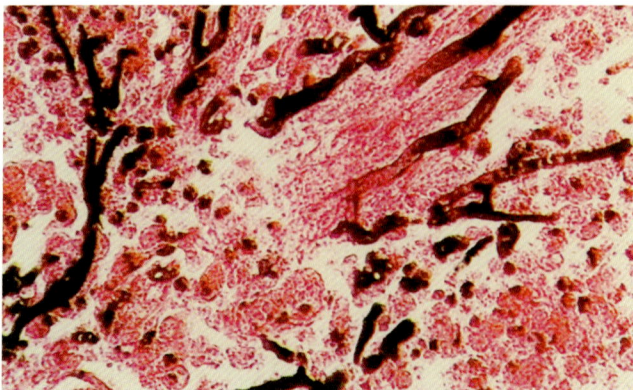

图3.3.4.3 曲霉菌病（牛，胎盘）
病灶中的菌丝体和分生孢子。GMS×132（刘宝岩）

第四章
寄生虫性疾病

许多寄生虫肉眼可见，不需要进行组织学检查，但原虫个体微小，肉眼难以观察，因此，组织病理学在原虫引起的疾病诊断中具有重要意义。常见的原虫病有球虫病、禽住白细胞虫病、组织滴虫病、肉孢子虫病、弓形虫病等。除此之外，旋毛虫的幼虫在肌肉中形成的包囊也具有组织病理学诊断意义。

第一节 球 虫 病

球虫病是由艾美耳科的各种球虫引起牛、羊、猪、兔、禽类感染的寄生虫病。受危害最大的是禽类、兔、犊牛和仔猪，常造成严重经济损失。由于球虫的裂殖生殖阶段在细胞内完成，因此会造成被寄生的动物肠黏膜上皮细胞大量破裂，引起严重出血和肠道毒性物质吸收导致动物死亡。组织切片可见肠黏膜中大量球虫卵囊、配子体、裂殖体和裂殖子，并见黏膜损伤（图3.4.1.1、图3.4.1.2、图3.4.1.3、图3.4.1.4、图3.4.1.5、图3.4.1.6、图3.4.1.7）。兔球虫病主要侵害肝脏，可见肝脏中形成较小的脓肿，脓液中有大量球虫卵囊和中性粒细胞（图3.4.1.8）

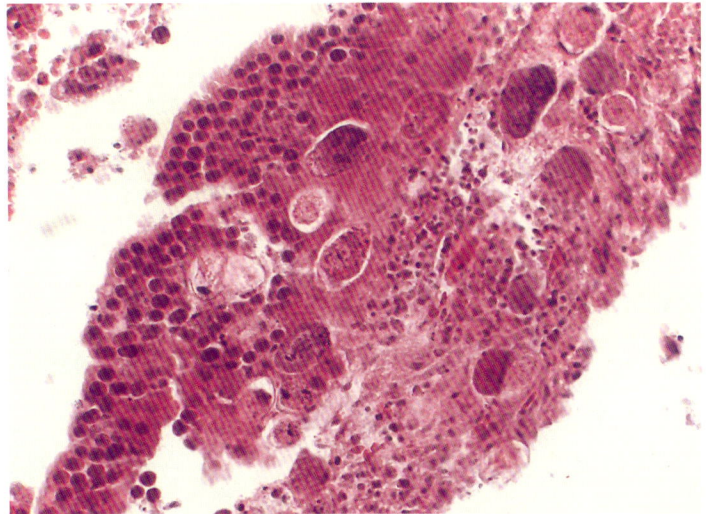

图3.4.1.1　鸡球虫病（肠）

肠绒毛遭到破坏，在黏膜层乃至固有膜中有大量球虫卵囊和大配子体、小配子体，色深而大的是大配子，色淡而小的是小配子。HE×400

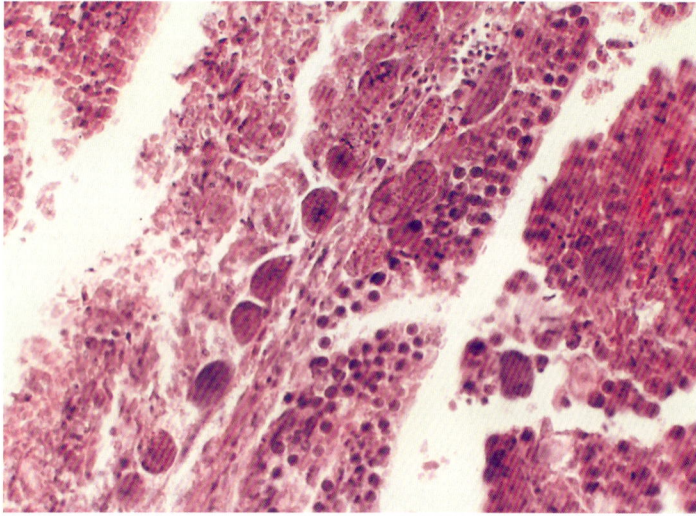

图3.4.1.2　鸡球虫病（肠）

肠绒毛遭到破坏，其中有大量球虫卵囊和大配子体、小配子体，色深而大的是大配子，色淡而小的是小配子。HE×400

图3.4.1.3　鸡球虫病（肠）

肠绒毛中的球虫卵囊。HE×400

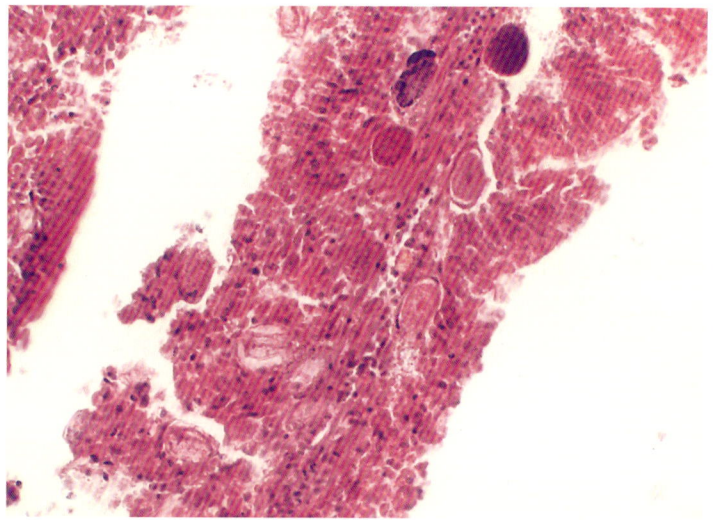

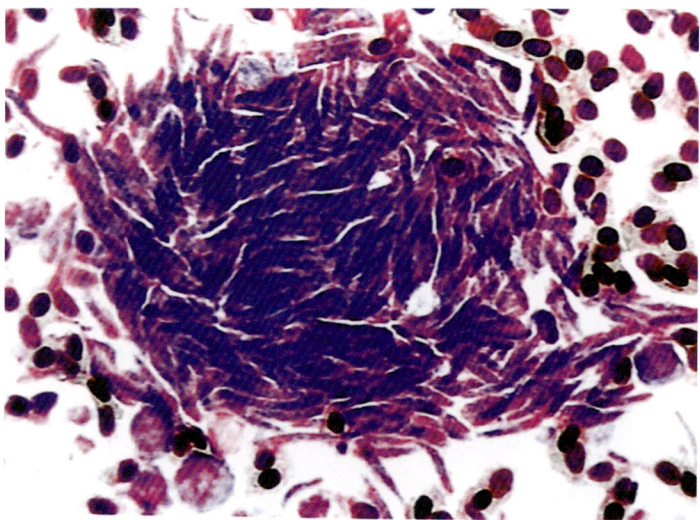

图3.4.1.4　鸡球虫病（盲肠内容物）

盲肠内容物中的裂殖体正在释放裂殖子。吉姆萨染色×330（刘宝岩）

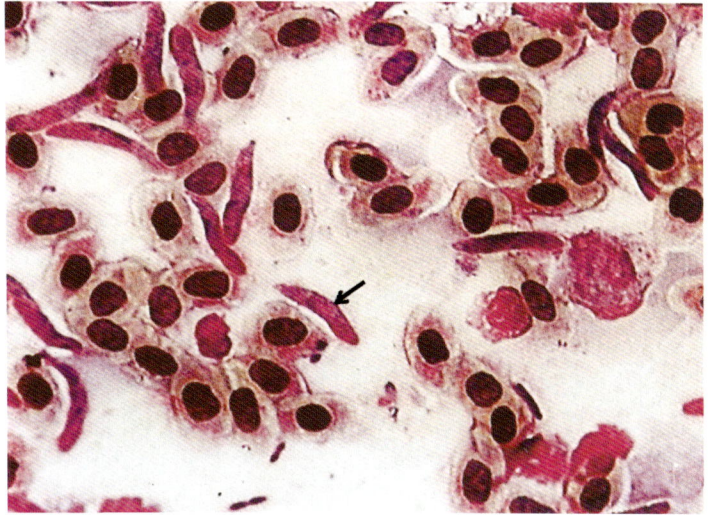

图3.4.1.5　鸡球虫病（盲肠内容物）
　　盲肠内容物中的裂殖子（➜）。吉
姆萨染色×330（刘宝岩）

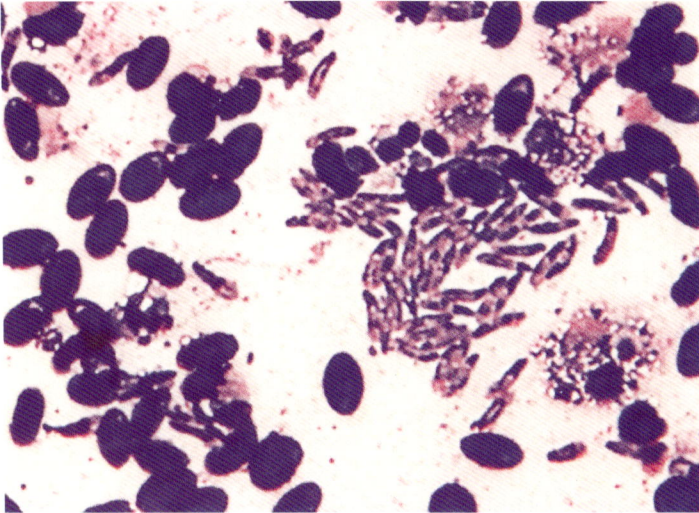

图3.4.1.6　鸡球虫病（盲肠内容物）
肠内容物中的裂殖子。美蓝染色×400

图3.4.1.7　犊牛球虫病
　　肠黏膜内不同发育阶段的球虫卵囊
（➜）。HE×132（刘宝岩）

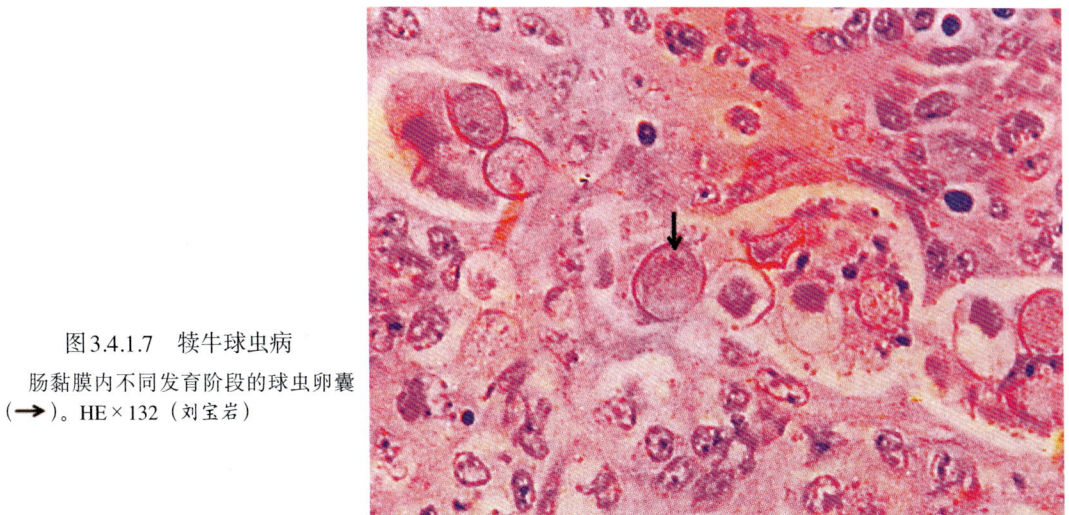

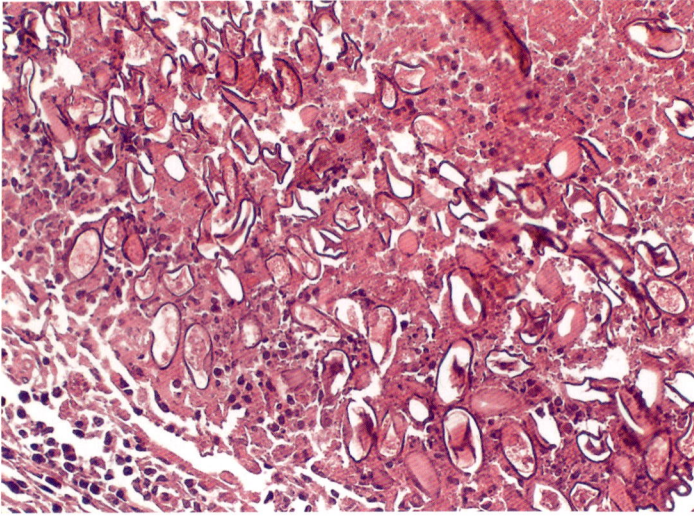

图3.4.1.8 兔肝球虫病（肝脏）

肝脏中形成大小不等的化脓灶，病灶中有大量球虫卵囊和中性粒细胞。HE×400

第二节 禽住白细胞虫病

禽住白细胞虫病是由住白细胞虫科住白细胞原虫属的原虫引起的。我国发现的有卡氏住白细胞虫和沙氏住白细胞虫两种。本病主要发生于青年鸡，虫体寄生于单核细胞和红细胞内，造成病鸡严重出血，全身组织器官点状出血或大面积出血，导致病鸡贫血，鸡冠和肉髯苍白，故称白冠病。在病鸡的肌肉、肝脏、脾脏、肠管、肾脏等处可见灰白色、针尖到粟粒大小的结节，此即裂殖体，其中含大量裂殖子（图3.4.2.1、图3.4.2.2、图3.4.2.3、图3.4.2.4、图3.4.2.5）。在病鸡末梢血液中可见红细胞和白细胞内含有裂殖子或配子体（图3.4.2.6）。

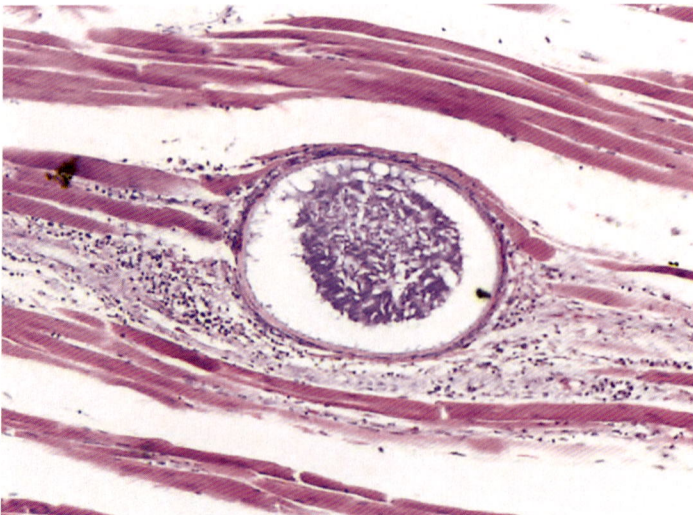

图3.4.2.1 禽住白细胞虫病（鸡，肌肉）

肌纤维间的裂殖体。HE×100

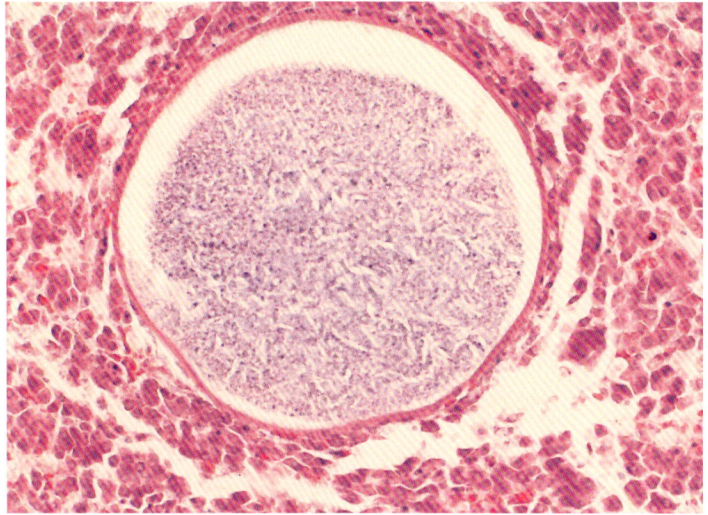

图 3.4.2.2　禽住白细胞虫病（肝脏）
　　肝脏中的裂殖体，充满条索状裂殖子。HE×400

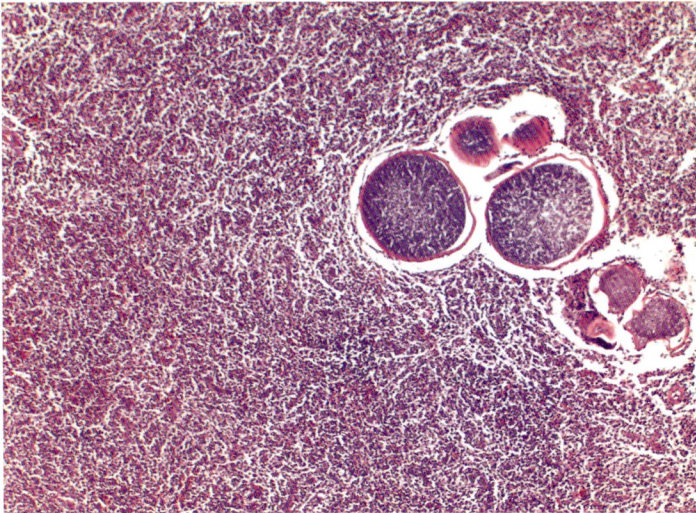

图 3.4.2.3　禽住白细胞虫病（鸡，脾脏）
　　脾脏中集聚的裂殖体。HE×100

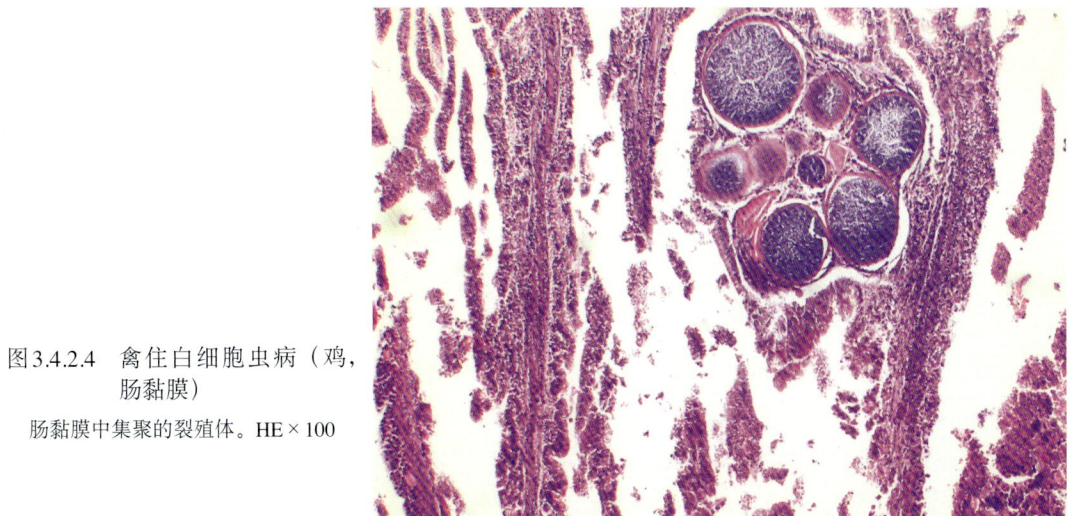

图 3.4.2.4　禽住白细胞虫病（鸡，肠黏膜）
　　肠黏膜中集聚的裂殖体。HE×100

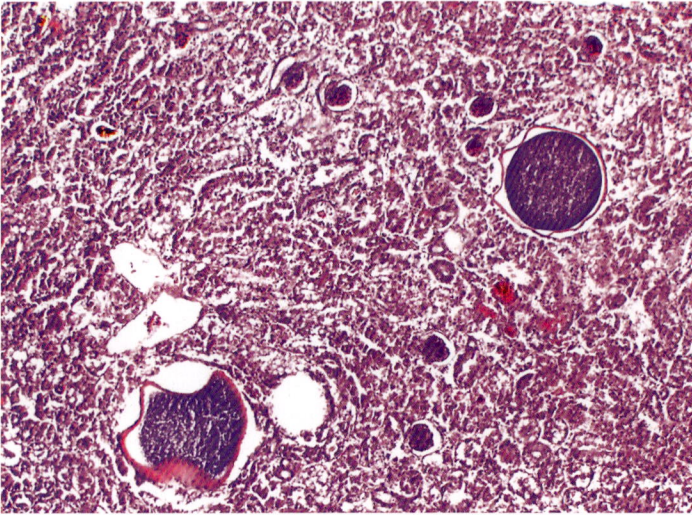

图3.4.2.5　禽住白细胞虫病（鸡，肾脏）

肾脏中住白细胞虫的裂殖体，其内充满裂殖子。HE×100

图3.4.2.6　禽住白细胞虫病（血液涂片）

1、2为配子体；3是红细胞中的裂殖子。HE×400

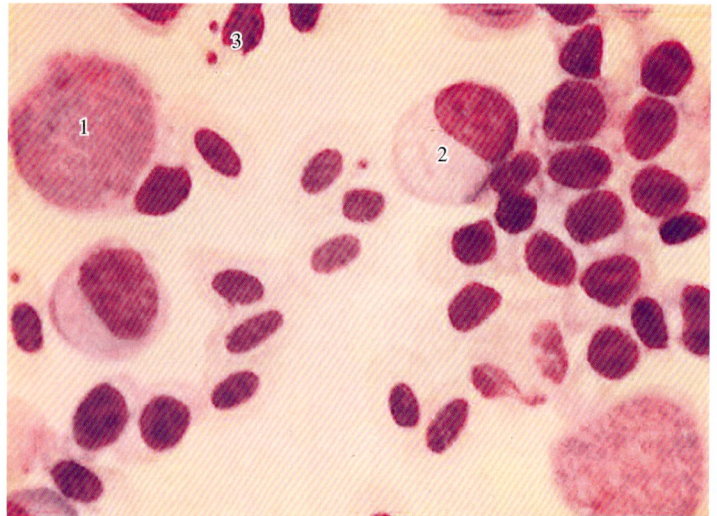

第三节　组织滴虫病

　　组织滴虫病是由火鸡组织滴虫引起火鸡和鸡的原虫病，因病变表现为坏死性盲肠炎和坏死性肝炎，故被称为盲肠肝炎，又因鸡冠髯淤血而称为黑头病。典型病变是：一侧或双侧盲肠发生坏死性肠炎，眼观盲肠明显增粗变硬，肠腔内充满轮层状干涸栓子；肝脏肿大，表面可见有大小不等的圆形坏死灶，坏死灶周边稍隆起，中央凹陷。镜检可见盲肠、肝脏、胰腺等组织坏死灶内有大量圆形、均质、红染的虫体，单个或群集存在。坏死灶中和周边亦见酸性粒细胞、巨噬细胞、淋巴细胞等炎性细胞和组织增生性反应（图3.4.3.1、图3.4.3.2、图3.4.3.3、图3.4.3.4、图3.4.3.5、图3.4.3.6）。

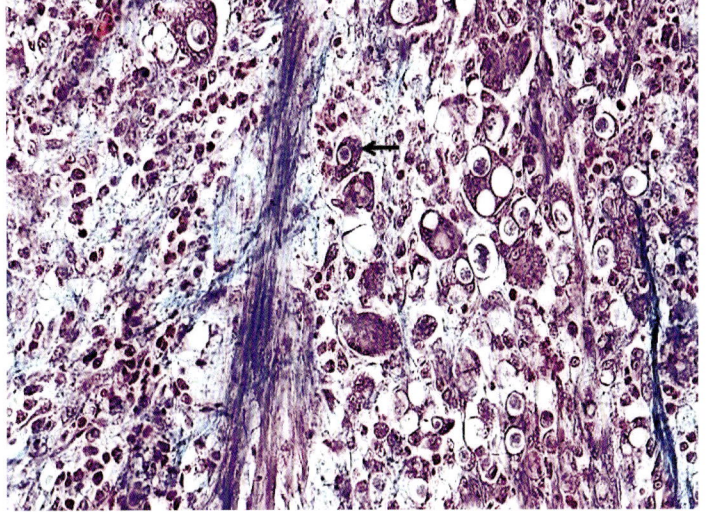

图3.4.3.1　组织滴虫病（盲肠）

盲肠壁肌层分离，其间有大量虫体
（➡）和增生的细胞。HE×400（陈怀涛）

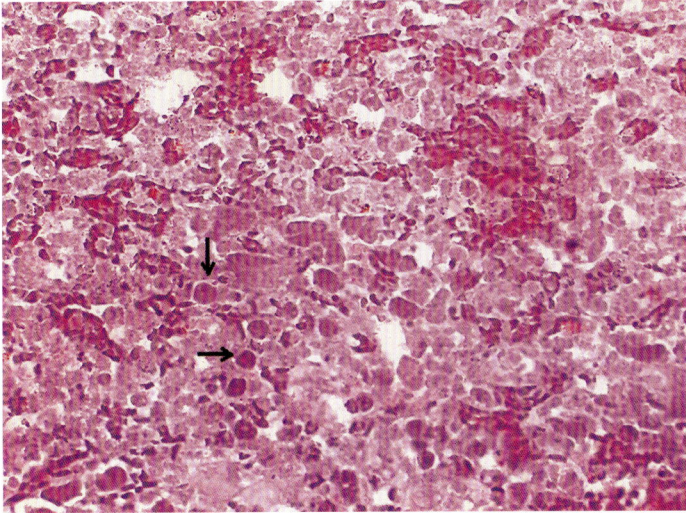

图3.4.3.2　鸡组织滴虫病（肝脏）

肝组织凝固性坏死，正常结构消失，
坏死灶内存在大量圆形、均质、红染的
虫体（➡）。HE×400

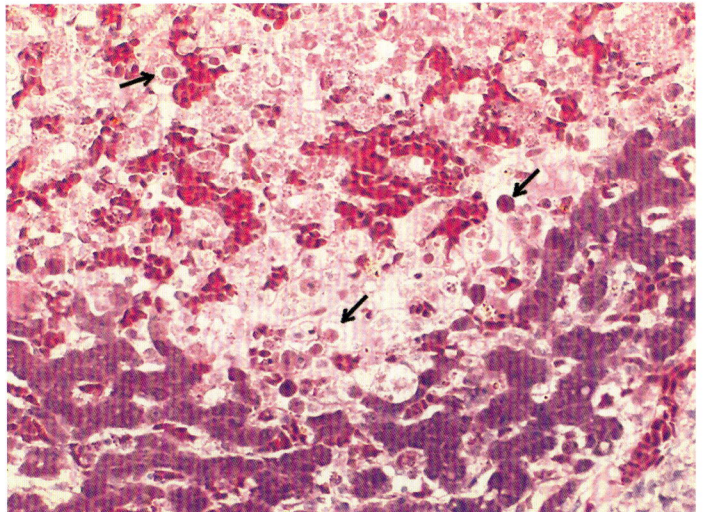

图3.4.3.3　鸡组织滴虫病（肝脏）

病灶内出血，存在圆形、均质、红
染的虫体（➡），图的下方肝组织尚
在。HE×400

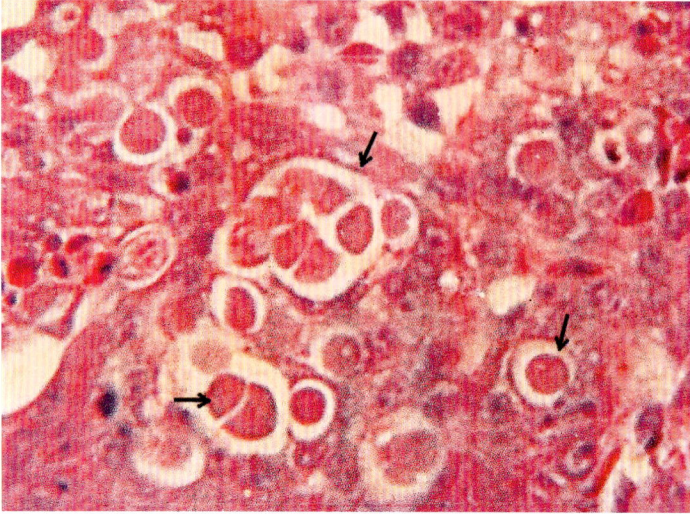

图3.4.3.4　鸡组织滴虫病（肝脏）

肝脏内的虫体单个存在或多个集聚在一起（➡）。HE×132（刘宝岩）

图3.4.3.5　鸡组织滴虫病（肝脏）

肝脏坏死灶周围有大量异物巨细胞（1），上皮样细胞和虫体（2），凝固性坏死（3）等。HE×400（陈怀涛）

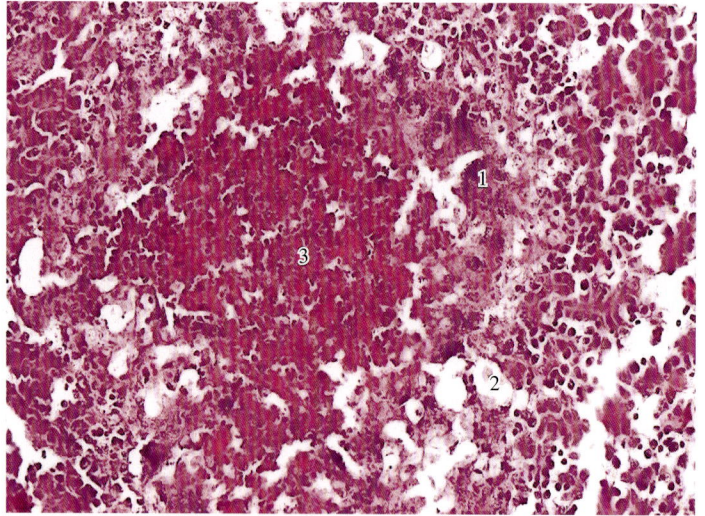

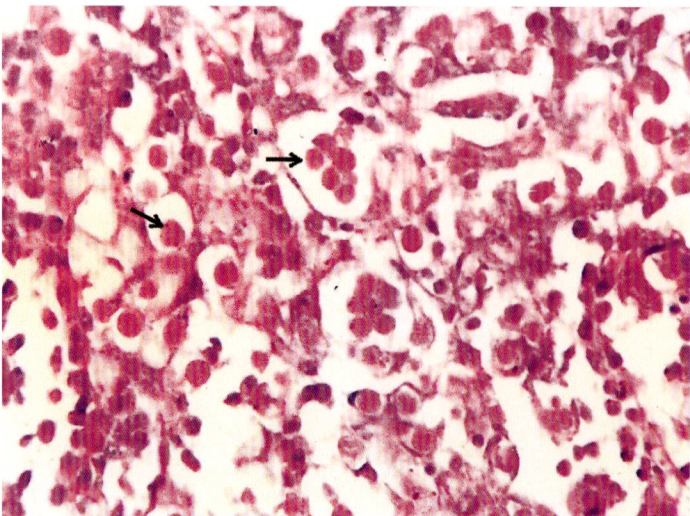

图3.4.3.6　火鸡组织滴虫病（胰腺）

胰腺组织坏死，结构被破坏，成丛或弥散存在着大量虫体（➡）。HE×132（刘宝岩）

第四节　肉孢子虫病

　　肉孢子虫病是由肉孢子虫科、肉孢子虫属的细胞内寄生虫引起的。目前已知的肉孢子虫有100种以上。该虫没有严格的宿主特异性，各种动物和人可以互相感染。常见的有猪、牛、羊、马和人的肉孢子虫病。

　　肉孢子虫主要寄生于宿主的骨骼肌、心肌、食道壁、舌、咽喉和胸腹部肌纤维内，偶见于脑部。虫体包囊呈灰白色圆柱状或绿豆状，通常称此为"米氏囊"。米氏囊在不同动物或其发育的不同阶段，大小差异很大，一般为0.2～0.4cm，最长达1cm以上。米氏囊壁分为两层，外层的厚度因虫种及包囊成熟程度而不同，内层薄并向囊腔延伸，将囊腔分隔成许多小室，靠近囊壁的室内充满能进行出芽生殖的滋养母细胞，中心区的室内充满香蕉样的慢殖子（图3.4.4.1、图3.4.4.2、图3.4.4.3）。

　　动物感染肉孢子虫时，除在动物肌纤维内看到米氏囊外，随着虫体的变化、衰老、死亡，还可见肉芽肿形成、嗜酸性粒细胞脓肿和假性结核性结节样病变，有时可见米氏囊钙化。

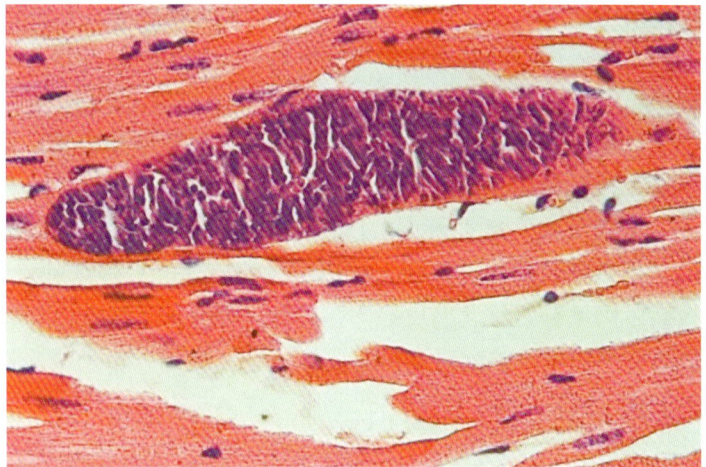

图3.4.4.1　肉孢子虫病（纵切面）
骨骼肌中肉孢子虫的包囊（米氏囊）。HE×132（刘宝岩）

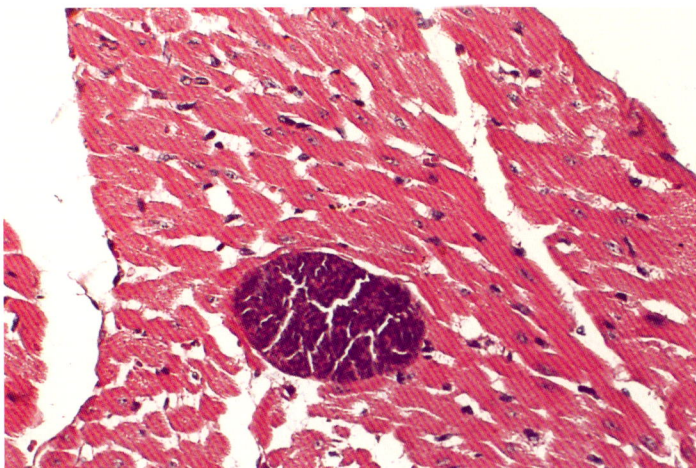

图3.4.4.2　肉孢子虫病（横切面）
骨骼肌中的虫体包囊（米氏囊）。HE×100

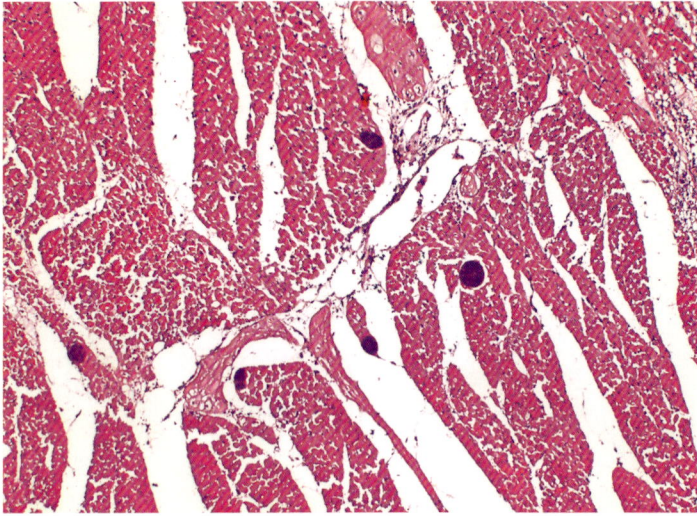

图3.4.4.3　肉孢子虫病（横切面）
骨骼肌中多个肉孢子虫包囊。HE×40

第五节　弓形虫病

　　弓形虫病的病原主要是真球虫目、弓形虫科、弓形虫属的刚地弓形虫，本病为人畜共患寄生虫病。弓形虫的形态包括滋养体、包囊、裂殖体、配子体和卵囊，大的滋养体在宿主细胞胞质簇集成团，还会形成假囊。滋养体和包囊存在于中间宿主体内，裂殖体、配子体和卵囊只存在于终末宿主(猫)体内。

　　本病对猪的危害最大，病猪高热，呼吸困难，全身血液循环障碍，后期出现皮肤坏死，视力障碍和神经症状。病理变化特点是严重肺水肿、肺泡隔炎，肝淤血、质地变硬，被膜下常见有粟粒大小灰黄色坏死灶。镜检可见局灶性坏死和增生性炎，在肝窦内可见滋养体，淋巴结、脾脏可见出血性坏死灶，脑部有非化脓性脑炎变化，肺组织中可见弓形虫的假囊（图3.4.5.1、图3.4.5.2、图3.4.5.3、图3.4.5.4）。

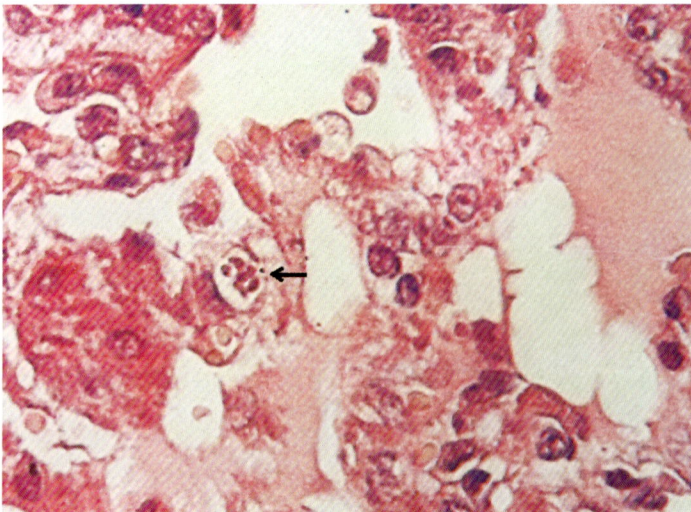

图3.4.5.1　猪弓形虫病（肺脏）
　　肺泡隔增厚，肺泡腔内充满浆液，其中可见弓形虫假囊（➜）。HE×132
（刘宝岩）

图3.4.5.2　猪弓形虫病（肺脏）
肺泡腔内的一个巨噬细胞，其胞质
中有充满椭圆形速殖子的假囊（→）。
HE×132（刘宝岩）

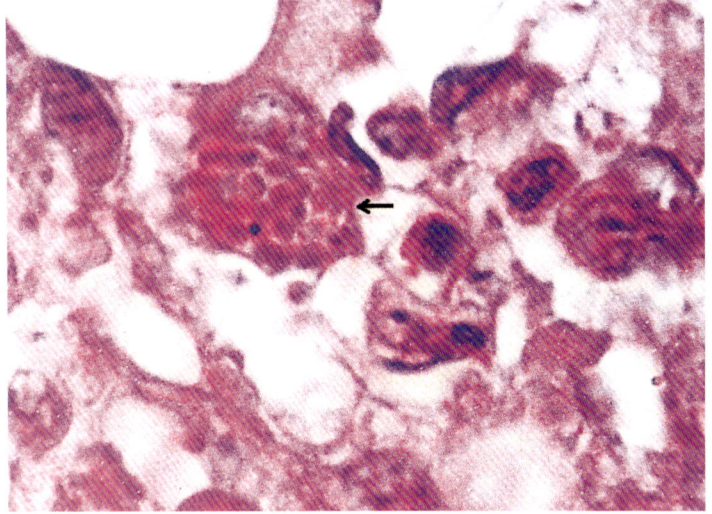

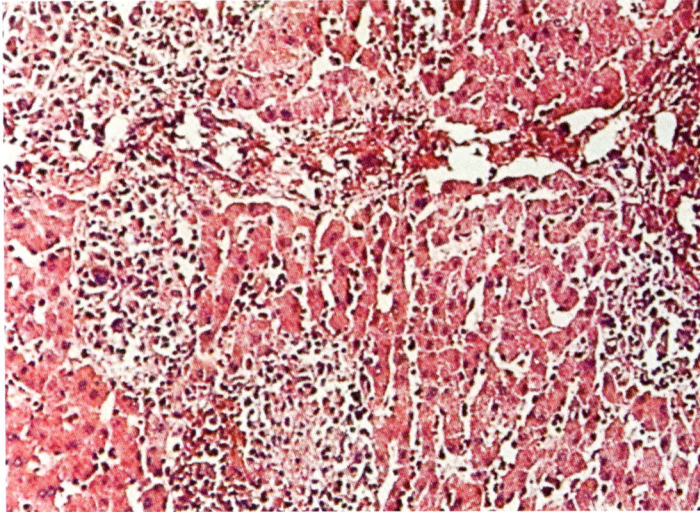

图3.4.5.3　猪弓形虫病（肝脏）
肝小叶内有许多小坏死灶，坏死灶
由坏死的肝细胞、巨噬细胞、淋巴细胞
和网状细胞组成。HE×33（刘宝岩）

图3.4.5.4　猪弓形虫病（脑）
脑组织血管套形成，弥漫性胶质细
胞增生，嗜神经现象（→）。HE×132
（刘宝岩）

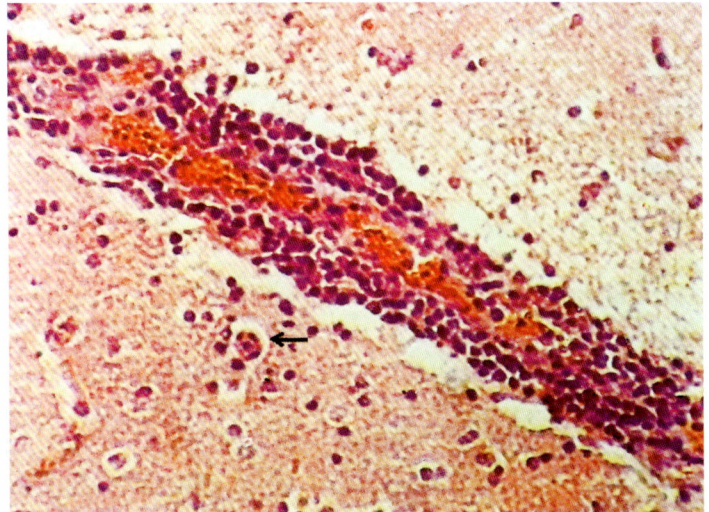

第六节　旋毛虫病

　　旋毛虫病是由毛首目、毛形科毛形属的旋毛虫的幼虫和成虫引起的一种人畜共患寄生虫病。成虫寄生于肠道（肠旋毛虫病），幼虫寄生于宿主的各部位肌肉内。人、猪、犬、猫、鼠及野生动物均可感染，其中猪、犬、野猪旋毛虫病对人类危害严重。

　　人和动物食用含有旋毛虫包囊的肉食后，在胃酸作用下旋毛虫幼虫从包囊中移出，在肠道内变为成虫。雌、雄虫交配后，雄虫死亡，雌虫进入肠黏膜的肠腺腺管和淋巴间隙内分批产生大量幼虫。幼虫随淋巴和血液循环到各部位肌肉后进入肌纤维中，在此成长发育。初期肌纤维中的幼虫呈杆状，以后逐渐卷曲并形成包囊。典型的旋毛虫包囊由囊壳和囊角构成。囊壳呈梭形（猪）或圆形（犬、羊），囊内有一条或数条幼虫。当旋毛虫死亡时，包囊部位有炎性细胞浸润，主要是淋巴细胞，间或有单核细胞、中性粒细胞以及少量嗜酸性粒细胞。随着病情发展，炎性细胞增多，而形成肉芽肿性病灶。包囊内虫体死亡后可发生钙化（图3.4.6.1、图3.4.6.2、图3.4.6.3、图3.4.6.4、图3.4.6.5）。

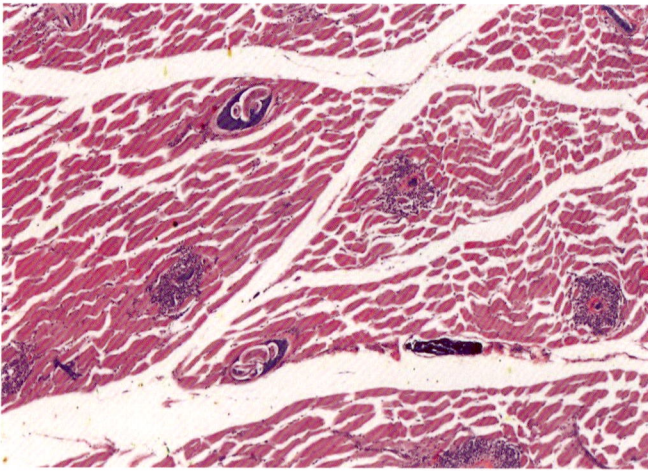

图3.4.6.1　旋毛虫病（猪）

肌肉组织中有许多旋毛虫幼虫虫体、包囊、肉芽肿和钙化的虫体。HE×50

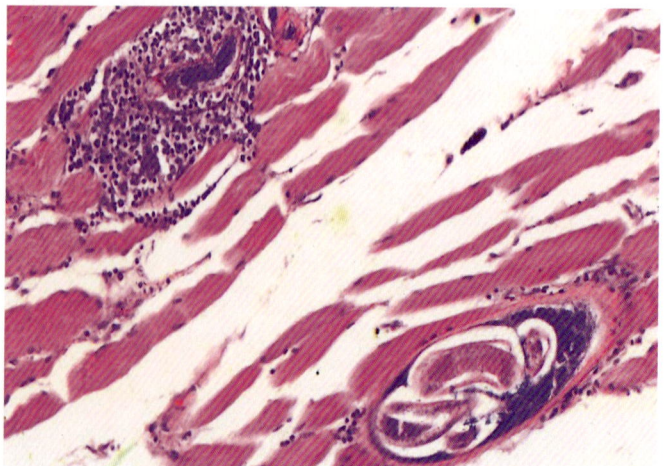

图3.4.6.2　旋毛虫病（猪）

骨骼肌内的旋毛虫包囊，其中有盘曲的虫体，另一病灶中为虫体死亡后形成的肉芽肿，肉芽肿周围嗜酸性粒细胞浸润。HE×200

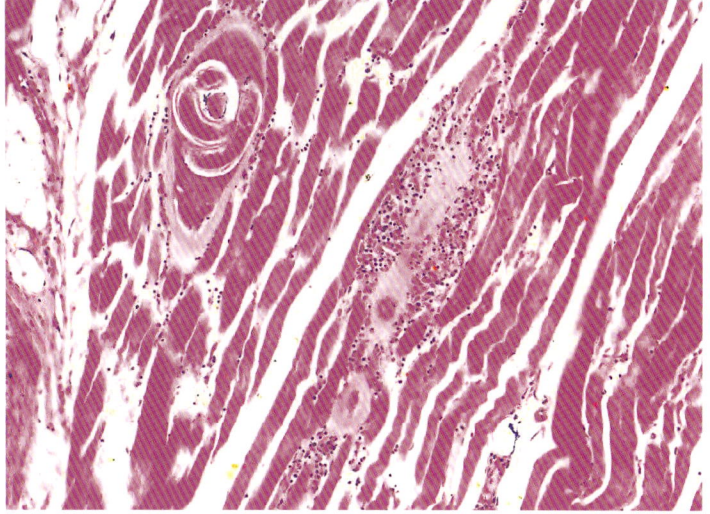

图3.4.6.3 旋毛虫病（猪）
图中有一个盘曲的虫体，一个肉芽肿包囊。HE×200

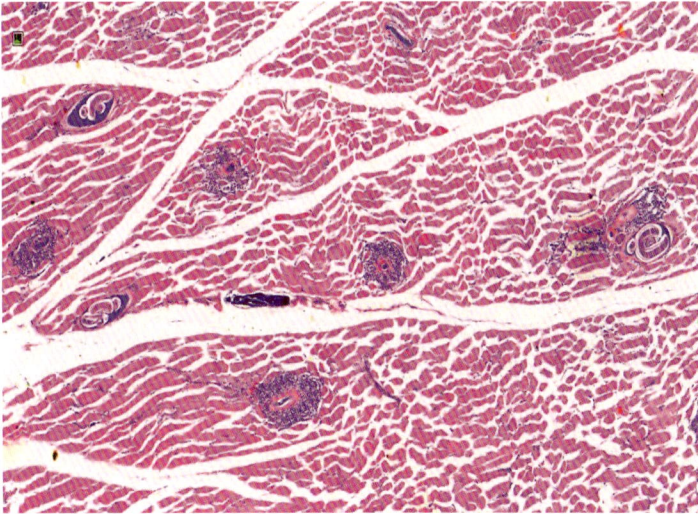

图3.4.6.4 旋毛虫病（猪）
骨骼肌内可见钙化虫体和肉芽肿形成。HE×40

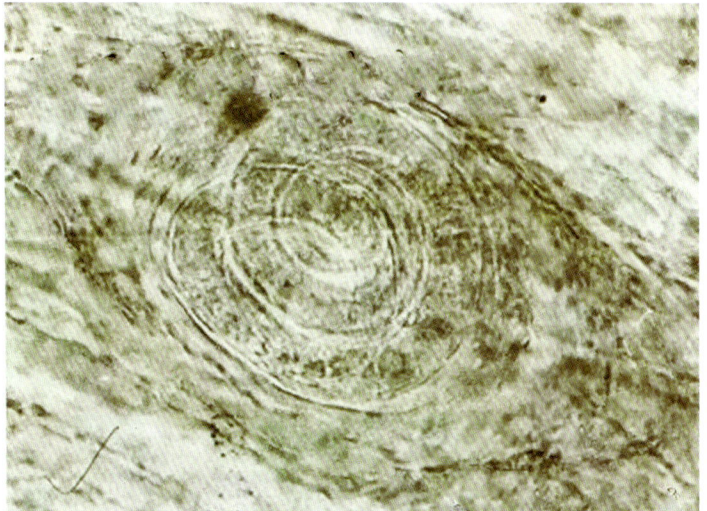

图3.4.6.5 旋毛虫病（猪膈肌脚压片）
卷曲的活虫体存在于梭形包囊内。未染色×100

第五章

营养代谢性疾病

第一节　仔猪白肌病

　　白肌病是由于饲料中缺乏微量元素硒、维生素E等导致多种畜禽发生的一种营养缺乏性疾病，主要发生于幼龄动物，以犊牛、仔猪、羔羊多发。其病理特征是骨骼肌和心肌发生变性、坏死及炎性细胞浸润（图3.5.1.1、图3.5.1.2、图3.5.1.3、图3.5.1.4）。

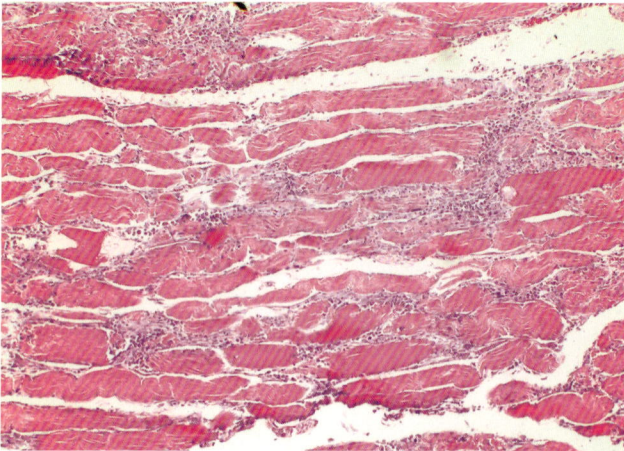

图3.5.1.1　仔猪白肌病（骨骼肌）

骨骼肌发生凝固性坏死，间质炎性细胞浸润。HE×100

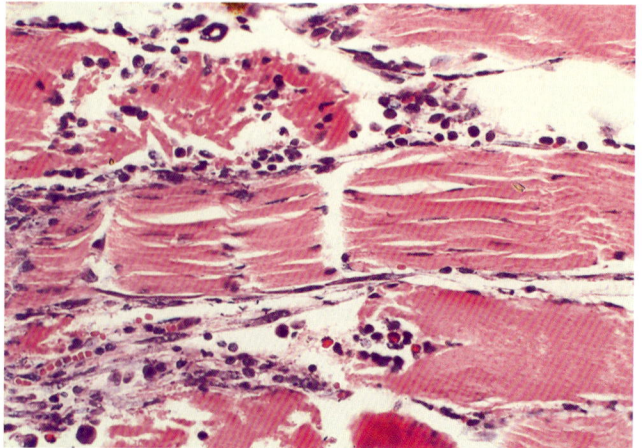

图3.5.1.2　仔猪白肌病（骨骼肌）

肌纤维溶解、断裂，炎性细胞浸润，成纤维细胞增生。HE×400

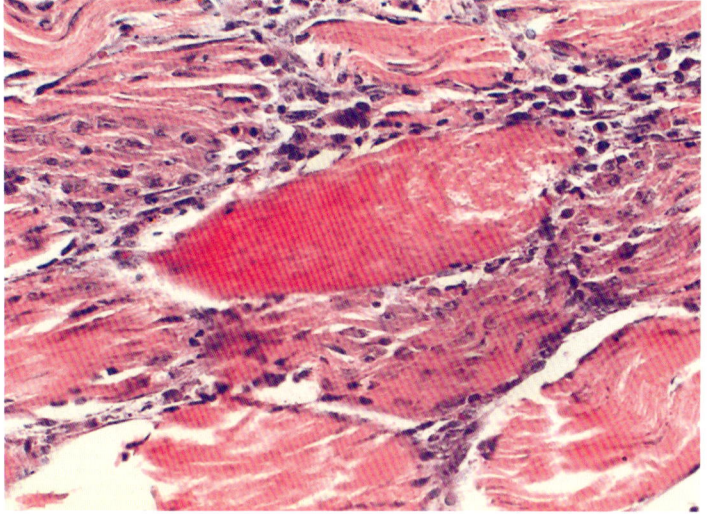

图 3.5.1.3　仔猪白肌病（骨骼肌）
图中间一束肌纤维发生蜡样坏死，周围肌纤维出现再生现象，同时伴有成纤维细胞增生。HE×400

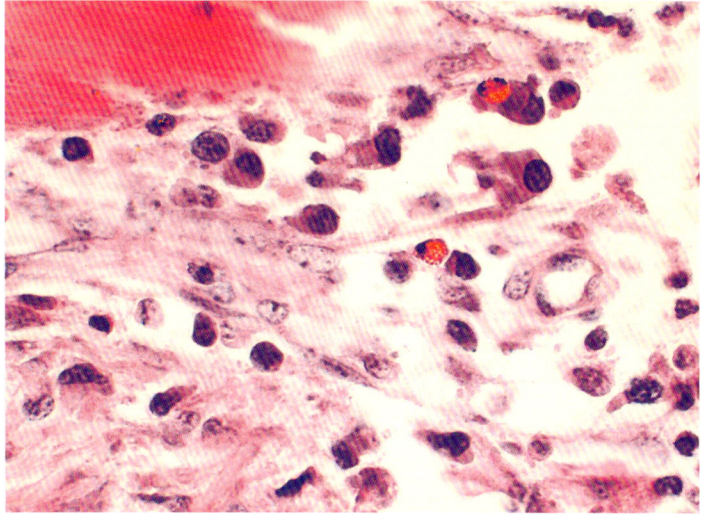

图 3.5.1.4　仔猪白肌病（骨骼肌）
肌纤维间淋巴细胞、浆细胞、嗜酸性粒细胞浸润，成纤维细胞增生，并出现毛细血管再生。HE×1 000

第二节　断奶仔猪铁过负荷

　　断奶仔猪铁过负荷时，可造成体内铁过多，超过机体的代谢能力，而在体内以含铁血黄素形式存在，含铁血黄素被单核吞噬细胞系统吞噬，因此，在淋巴结、肝脏、脾脏、肺脏和肾脏中可检出大量含铁血黄素。组织病理学变化表现为淋巴器官中淋巴细胞的数量显著减少，血液中的单核细胞、肝脏的枯否氏细胞、肺脏的巨噬细胞的数量显著增多。因这些吞噬细胞中沉积有大量含铁血黄素颗粒，HE染色时可见组织中有大量不规则的棕褐色颗粒，普鲁氏蓝染色时含铁血黄素呈蓝色（图3.5.2.1、图3.5.2.2、图3.5.2.3、图3.5.2.4、图3.5.2.5、图3.5.2.6、图3.5.2.7、图3.5.2.8）。

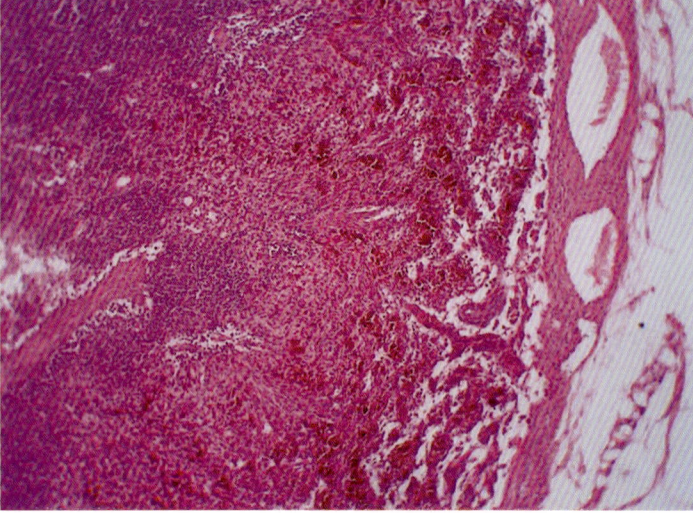

图3.5.2.1　断奶仔猪铁过负荷
（淋巴结）

淋巴结内大量棕褐色的含铁血
黄素沉积。HE×100

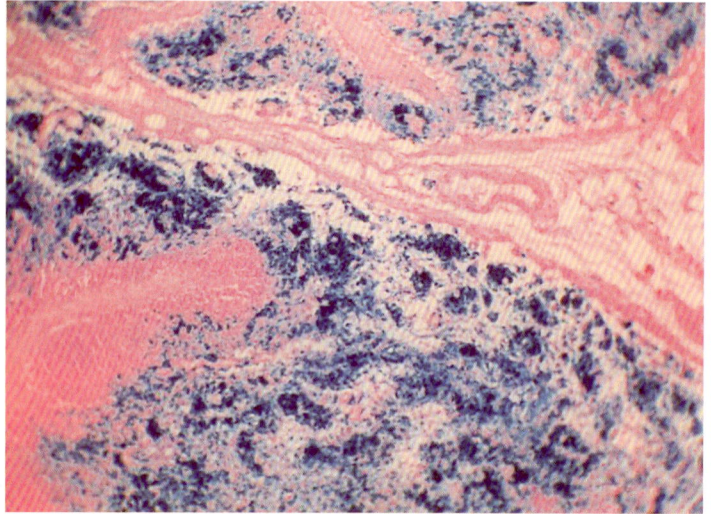

图3.5.2.2　断奶仔猪铁过负荷
（淋巴结）

淋巴结内的含铁血黄素。普鲁
氏蓝染色×100

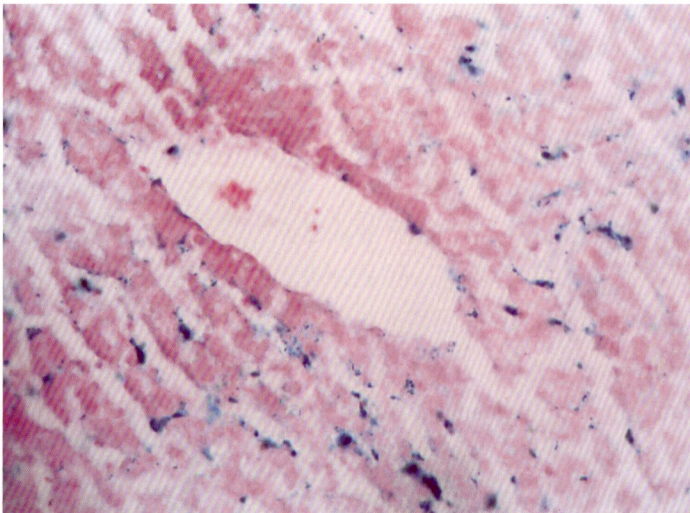

图3.5.2.3　断奶仔猪铁过负荷
（肝脏）

中央静脉、肝窦内皮细胞和枯
否氏细胞均吞噬有蓝色的含铁血
黄素颗粒。普鲁氏蓝染色×100

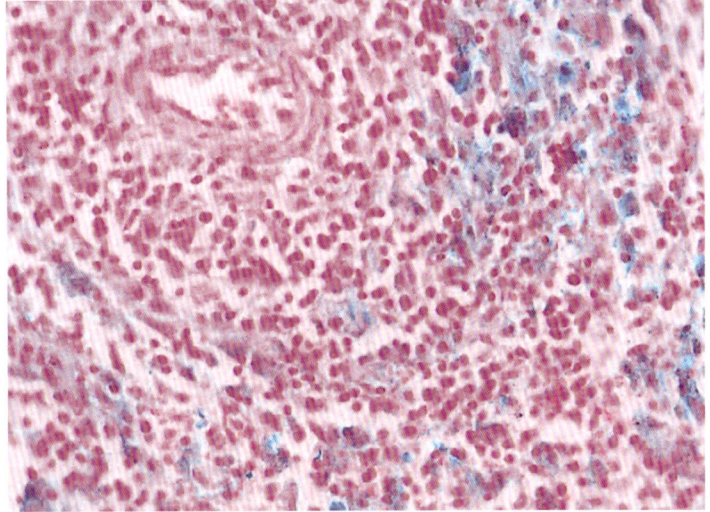

图3.5.2.4　断奶仔猪铁过负荷
（脾脏）

　脾脏中央动脉周围淋巴鞘变薄。脾小体数量减少，体积变小，巨噬细胞的数量大幅度增多，吞噬含铁血黄素颗粒。普鲁氏蓝染色×400

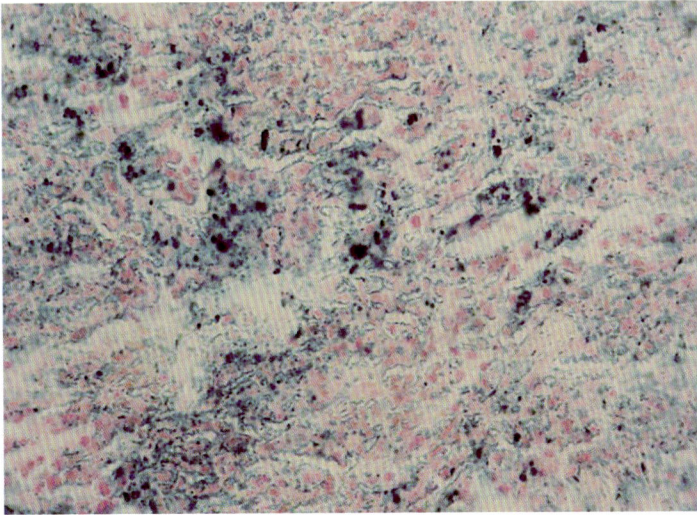

图3.5.2.5　断奶仔猪铁过负荷
（脾脏）

　脾脏边缘、脾索和脾窦内巨噬细胞数量大幅增多，吞噬有含铁血黄素。内皮细胞中亦有含铁血黄素颗粒。普鲁氏蓝染色×200

图3.5.2.6　断奶仔猪铁过负荷
（肺脏）

　肺巨噬细胞数量增多，其胞质内含有大量含铁血黄素颗粒。肺泡毛细血管的内皮细胞内也可见有含铁血黄素颗粒。普鲁氏蓝染色×400

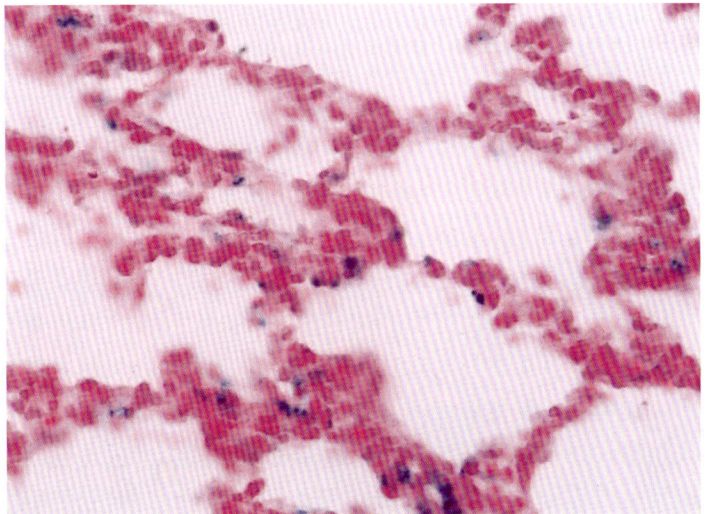

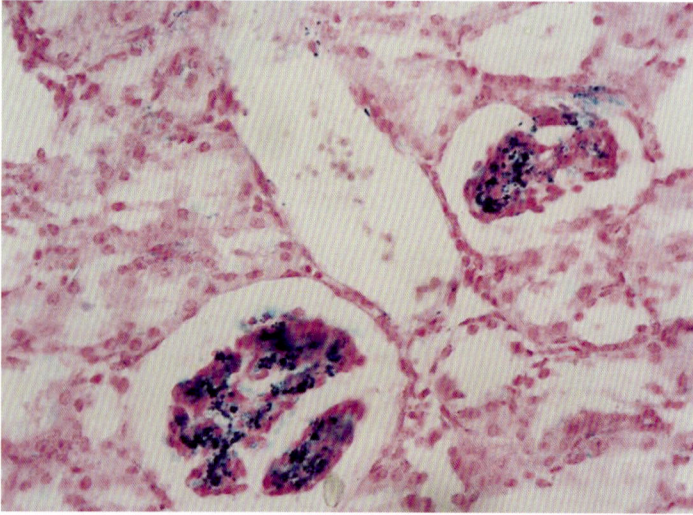

图3.5.2.7 断奶仔猪铁过负荷（肾脏）

肾小体肾小球萎缩变小，球内系膜细胞数量增多。球内系膜细胞、毛细血管内皮细胞均吞噬有含铁血黄素颗粒。普鲁氏蓝染色×100

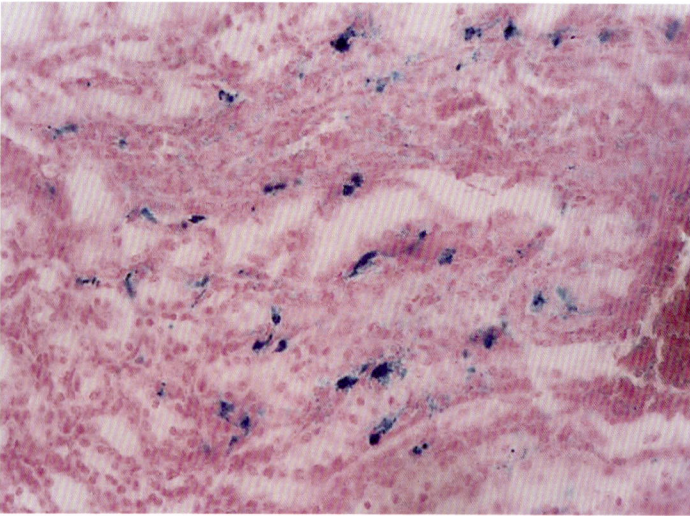

图3.5.2.8 断奶仔猪铁过负荷（肾脏）

近曲小管和远曲小管上皮细胞变性、坏死。球后毛细血管内皮细胞和巨噬细胞均吞噬有不同数量的含铁血黄素颗粒。普鲁氏蓝染色×100

第三节 禽 痛 风

禽痛风是由于尿酸产生过多或排泄障碍导致血液中尿酸含量显著升高，进而以尿酸盐形式沉积在关节囊、关节软骨、关节周围、胸腹腔以及各种脏器表面及其间质组织中的一种疾病。临床上以病禽行动迟缓、腿与翅关节肿大、厌食、跛行、衰弱和腹泻为特征。其病理特征是血液中尿酸水平增高，病理剖检时可见到关节表面或内脏表面有大量白色尿酸盐沉积。由于尿酸盐沉积部位不同，可分为内脏痛风和关节痛风。

内脏痛风最典型的病变是内脏浆膜上（如心包膜、胸膜、肝脏浆膜、脾脏浆膜、肠系膜、腹膜表面和气囊）覆盖有一层白色的尿酸盐沉积物。肾脏肿大，灰白色花纹状，俗称花斑肾。肾实质及肝脏有白色的坏死灶，其中有尿酸盐结晶。在严重的病例中，肌肉、腱鞘及关节表面也受到侵害。内脏浆膜上尿酸盐的沉积肉眼可以观察到，而内脏实质中的沉积需在显微镜下才可见到。

组织学变化主要集中在肾脏。肾小球肿胀，肾小球毛细血管内皮细胞坏死；肾小囊囊腔狭窄；近曲小管及远曲小管上皮细胞肿胀，出现颗粒变性，部分核浓缩、溶解。肾小管管腔变窄呈星形，甚至闭锁，有的管腔内有细胞碎片及尿酸盐形成的管型。特征性的变化是肾脏组织中可见尿酸盐沉积而形成的痛风石（tophus）。痛风石是一种特殊的肉芽肿，尿酸盐结晶沉积在坏死的组织中，周围聚集着炎性细胞、吞噬细胞、巨细胞、成纤维细胞。另外，在肝脏、脾脏、肺脏、心肌等也可见痛风石，但也并不是在所有痛风病例中均可见到痛风石（图3.5.3.1、图3.5.3.2、图3.5.3.3、图3.5.3.4、图3.5.3.5、图3.5.3.6、图3.5.3.7）。

关节痛风时，关节周围出现软性肿胀，切开肿胀处，有米汤状、软膏样的白色物质流出。在关节周围的软组织中有由于尿酸盐沉积而呈白垩颜色的物质。关节周围的组织和腿部肌肉偶尔会有广泛性的尿酸盐沉积。受损关节腔出现尿酸盐结晶，滑膜呈急性炎症，受损肌肉中有大量尿酸盐结晶，周围出现巨噬细胞。对发病时间长的病鸡，在滑液膜、受损关节的软骨和骨、肌肉、皮下组织及肾脏等处可见到痛风石。

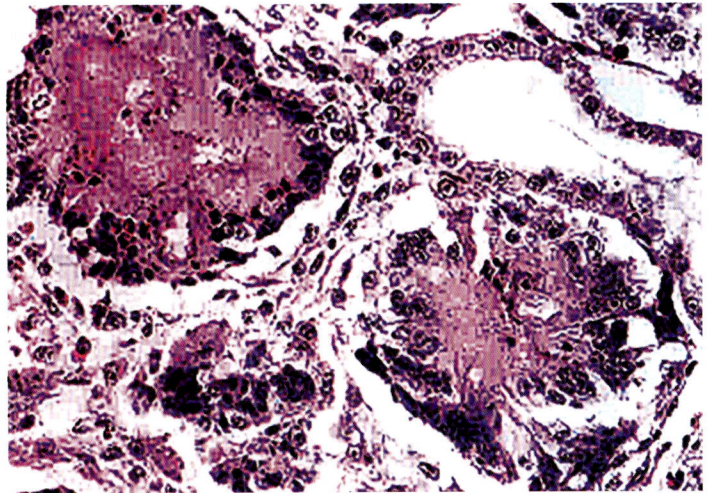

图3.5.3.1　禽痛风（肾脏）
肾小管内尿酸盐沉积形成的肉芽肿（痛风石），痛风石中间是沉积的尿酸盐，周围深染的是异物巨细胞。HE×400（崔恒敏）

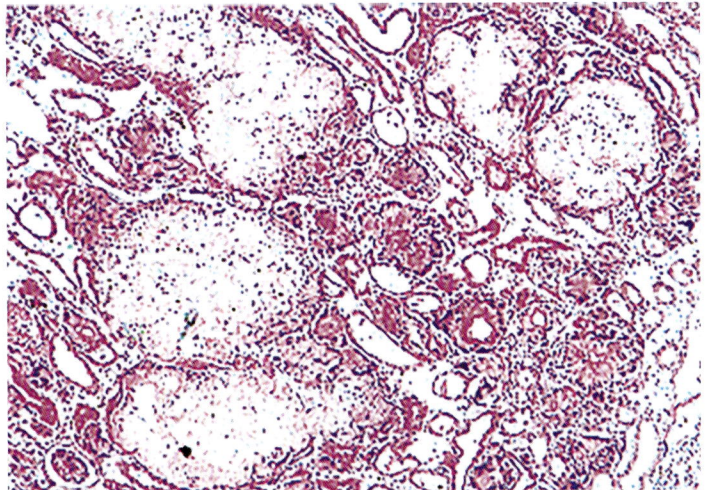

图3.5.3.2　禽痛风（肾脏）
肾小管内尿酸盐沉积致使肾小管上皮细胞坏死、崩解，肾小管扩张，其内充满尿酸盐，致使肾小管基本结构被破坏，变得大小不一，形态不整。HE×400（崔恒敏）

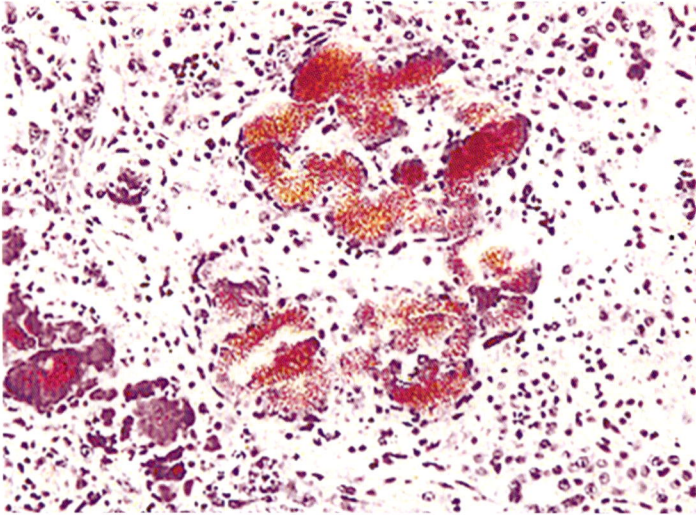

图3.5.3.3　禽痛风（肾脏）

肾小管中沉积的尿酸盐，呈黄褐色。
尿酸盐染色 ×400（陈怀涛）

图3.5.3.4　禽痛风（肝脏）

肝脏内尿酸盐沉积，形成肉芽肿。
HE×400（崔恒敏）

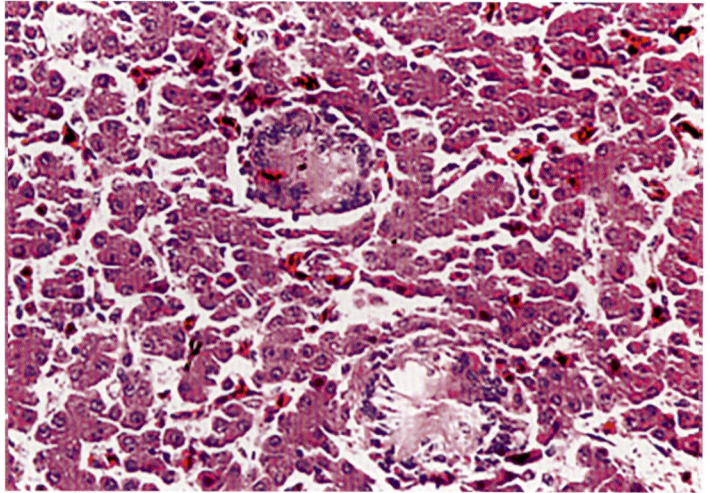

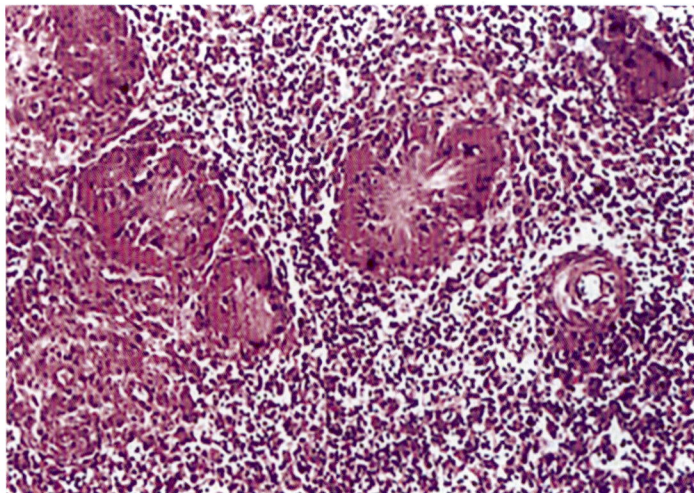

图3.5.3.5　禽痛风（脾脏）

脾脏内尿酸盐沉积，形成肉芽肿。
HE×400（崔恒敏）

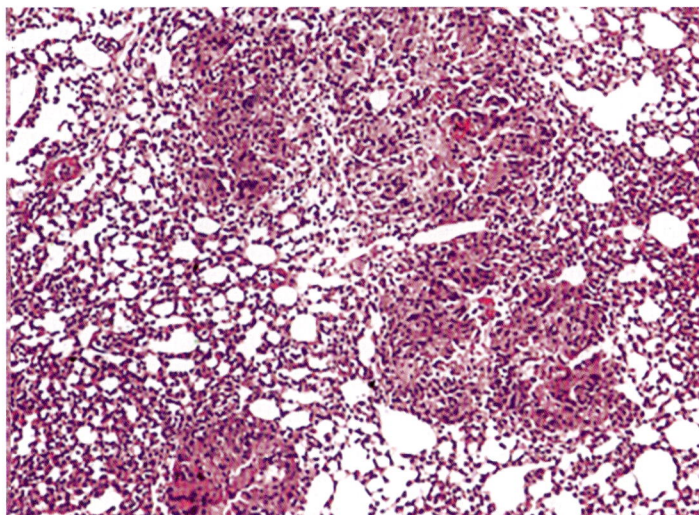

图3.5.3.6　禽痛风（肺脏）
　肺脏组织内尿酸盐沉积，局部组织
坏死并形成肉芽肿。HE×400（崔恒敏）

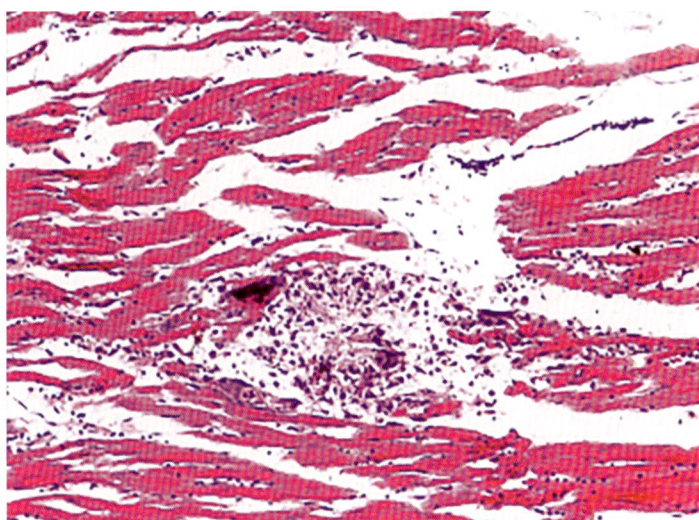

图3.5.3.7　禽痛风（心脏）
　心肌中尿酸盐沉积，形成肉芽肿。
HE×400（崔恒敏）

主要参考文献

陈怀涛, 2005. 兽医病理学 [M]. 北京: 中国农业出版社.

陈怀涛, 2008. 兽医病理学原色图谱 [M]. 北京: 中国农业出版社.

陈怀涛, 2013. 动物肿瘤彩色图谱 [M]. 北京: 中国农业出版社.

崔恒敏, 2007. 禽类营养代谢病病理学 [M]. 成都: 四川科学技术出版社.

刘宝岩, 邱震东, 1990. 动物组织学彩色图谱 [M]. 长春: 吉林科学技术出版社.

祁保民, 王全溪, 2018. 动物组织学与胚胎学图谱 [M]. 北京: 中国农业出版社.

赵德明, 周向梅, 杨利峰, 等, 2015. 动物组织病理学彩色图谱 [M]. 北京: 中国农业大学出版社.

图书在版编目（CIP）数据

动物组织学与组织病理学彩色图谱 / 王选年, 王新华, 王天有主编. -- 北京：中国农业出版社, 2024.
12. -- ISBN 978-7-109-32728-3

Ⅰ.Q954.6-64; S852.3-64

中国国家版本馆CIP数据核字第20249EH623号

中国农业出版社出版

地址：北京市朝阳区麦子店街18号楼

邮编：100125

责任编辑：刘 伟

版式设计：杨 婧　责任校对：吴丽婷　责任印制：王 宏

印刷：北京通州皇家印刷厂

版次：2024年12月第1版

印次：2024年12月北京第1次印刷

发行：新华书店北京发行所

开本：787mm×1092mm　1/16

印张：20

字数：486千字

定价：298.00元